跨进设计院系列丛书

建筑结构设计快速入门

（第2版）

刘 铮 编著

中国电力出版社
CHINA ELECTRIC POWER PRESS

内 容 提 要

本书针对刚跨进设计院的年轻结构设计人员，不仅明确了年轻工程师必备的基本功和基本概念，还提供了结构设计人员在设计中需要记忆的一些数据和内在规律，以及记忆这些数据的方法与窍门。通过类比和实例，提供了各类混凝土构件（梁、板、柱、各类基础）的简化手算方法，同时笔者还增补了“快速提高部分”作为概念设计的深化与规范的延伸以及细化。考虑到目前由于市场原因，结构加固改造工程日益增多，“似是而非”的错误加固做法泛滥，于是笔者有意增加了一章节的比重，着力讲述了如混凝土梁、柱扩大截面法中最可靠、最禁得起实践考验和反复推敲的设计方法，以及加层工程中增设楼层梁典型的可靠做法——支座侧面“槽键连接法”与“围套法”等正确做法，用以纠正目前泛滥已久的动辄“植筋”加固等错误做法。

本书适用于刚跨进结构设计这一行的结构设计人员和一些在读的学生使用。

图书在版编目（CIP）数据

建筑结构设计快速入门/刘铮编著. —2版. —北京：中国电力出版社，2011.3（2022.8重印）

（跨进设计院系列丛书）

ISBN 978-7-5123-1125-1

Ⅰ. ①建… Ⅱ. ①刘… Ⅲ. ①建筑结构-结构设计 Ⅳ. ①TU318

中国版本图书馆CIP数据核字（2010）第227528号

中国电力出版社出版发行

北京市东城区北京站西街19号　100005　http://www.cepp.sgcc.com.cn

责任编辑：梁　瑶　联系电话：010-63412605

联系方式：yao-liang@ydm.com.cn

责任印制：杨晓东　责任校对：郝军燕

三河市百盛印装有限公司印刷·各地新华书店经售

2007年8月第1版　2011年3月第2版·2022年8月第17次印刷

700mm×1000mm　1/16　21.75印张　412千字　2插页

定价：48.00元

前　言

——结构设计“必有捷径”、“终有捷径”

真诚感谢广大读者一直以来对《建筑结构设计快速入门》的关注和支持，自2007年3月第1次出版，本书深受读者欢迎是笔者与编辑最初构思此书时始料未及的。

为了回报读者长期以来的支持，应读者的普遍要求，为了强调和灌输结构的“概念”设计，本书进行了改版，第2版中占用了近70%的篇幅，着力新增了很多结构设计的“新观点”，如结构加固改造设计的新观念和新措施、单跨框架并非都被禁用、“短柱未必都可怕”、各类结构基础选型、“短连梁构造”的新措施等章节作为快速提高部分，用以深化“概念”设计与延伸及细化目前的现行结构规范。

此外，为了能让刚跨入设计院的年轻结构设计人员坚定设计信心，充分认识：结构设计对于不同起点的人都能胜任，并非有些设计院宣传的那么“深不可测”和“高不可攀”，结构设计其实只要有个计算器，做几个加减乘除的线性计算就能很快结束。

于是笔者于本书中提供了较多不同于规范方法的简化手算方法和经验公式，其源于结构设计前辈们或笔者的推导，是多年来工程设计经验的提炼和总结。这些简算方法主动快捷，不被动依赖电算，力求读者读后能够“速成”为一个概念清晰、思路敏捷，对大小结构问题敢于且善于拍板的高水平结构设计师。

同时笔者一直认为，规范是用来不断“突破”的，而不是用来“机械执行”的，只要我们有充分的科学依据。当然，对于现行规范中大部分正确合理的条文，执行，显然是设计师的天职。

但是对于个别错误条文，也包括个别强制性条文，不识别、不分析就教条的“抱残守缺”，肯定不是结构师的本分和水平。只有“善于突破规范”，技术才能不断进步，僵化教条的“恪守规范”肯定会约束科技的发展。

北京市建筑设计研究院（全国设计大师）程懋堃总工程师的观点是“工程是千变万化的，一个规范实施一两年后都是落后的”，规范依据的是过去的科研成果，但科学技术是不断进步的，用过去的规范，约束将来的发展是不正确的。笔者理解为，永远是先有实实在在的工程实践，然后才会有对应的规范面世。“工程本身永远先于规范。”

由于水平和精力的限制，不能穷尽所有的设计失误，笔者会在后续的著作中加以补充，力求完善。

编著者

第 1 版前言

这本书旨在说明有关结构设计的三点内容：

第一，结构设计是“平民”设计，不是高学历者垄断着的设计，笔者虽然也是结构专业的工学硕士，但实在感到对于结构设计，任何一个中专生、高中生都能胜任。如果同年开始做设计，只要认真做每一个工程，不断总结和记忆有用的经验数据，做到善于积累，低学历不一定就比高学历差，因为真正设计实用的计算方法，只要有个计算器，加减乘除就能完成。

第二，结构设计，不是多神秘的设计，多年来由于同行业的竞争，结构设计工作经常被有些设计院有意无意地神化，好像是多么高不可攀，一般人不能胜任。本书旨在逐层剥开结构设计的神秘“面纱”，如果读完这本书，觉得结构设计只不过就是在正确的概念设计指导下作的加减乘除的线性运算，那么本书的目的就达到了。

第三，结构设计，也更不是教科书中步骤繁琐复杂的设计作业，因为复杂繁琐的方法永远是短命的东西，总会有简化了的手算方法替代常规教科书中的理论算法，有时也能完全替代精确的电算方法，笔者将几年来本人或前人归纳提炼的简化手算方法或公式，单独提出来，呈现给刚参加工作的年轻结构设计人员，使之感到结构设计终有捷径，并非教科书中那样繁琐复杂，令人望而生畏。

本书特色：

针对刚跨入设计大门的结构设计人员，本书力求把复杂的概念设计，深入浅出，通过类比和实例，说深讲透。

本书大部分算法和公式不同于规范方法的简化手算法和公式，而是经过笔者或结构设计前辈较严谨的推导，是多年来工程设计经验的提炼和总结。算法和公式简单实用，易于操作，化繁为简，一步到位。简化手算法不被动依赖电算，主动快捷。

本书定位为设计院入门丛书，力求读者读后能速成为一个概念设计清晰，思路敏捷，对大小结构问题敢于且善于拍板的高水平结构设计师。

编著者

目　录

第 1 章　结构设计人员所必须具备的基本功和所必须掌握的基本概念

1.1　年轻结构设计人员所必须具备的基本功和所必须掌握的基本概念

行行都有基本功，建筑结构设计也不例外。基本功是内功，是自己的东西。有基本功在身，就能熟练、快速地进行计算和设计，下面谈的内容对电算、手算工作都很重要。不仅包含一些基本要求，还提出了一些年轻设计师在设计中需要记忆的一些数据（包括记忆这些数据的方法和窍门）和应该了解其中的规律。基本功内容不胜枚举，下面有选择地罗列几条笔者认为较重要的基本功，作为示意。

1.1.1　重点阅读勘察报告

对刚跨进设计院的年轻结构设计师，当开始第一次独立担任专业负责人或者设计人时，按照施工顺序，首先要完成的施工图就是基础施工图。而进行基础设计时惟一有效的基础资料或法律依据，就是勘察单位提供给我们勘察报告。勘察单位对勘察报告负全部责任，设计单位的责任就是采用和正确运用这些数据进行合理、安全、经济的基础设计。勘察报告主要是科学详尽地分析工程所在场地的地基情况。这里说的地基，通俗地说，地基其实就是土，这是个重要概念，话虽“粗糙”，但是硬道理，以后还要在 CFG 桩复合地基的基本概念里展开叙述，由于篇幅原因，这里不再赘述。

基础是上部结构的落脚点，而地基（或土）又是基础的落脚点，换句话说，土是“基础”的基础。所以刚开始进行结构设计的工程师，要想把结构弄明白，必须先把土弄清楚。幸运的是，对于这部分工作，勘察单位为我们承担了绝大部分的基础工作，他们也提供了结构设计所必需的基础参数和数据，比如持力层的地基承载力和地下水位标高等。设计师只需要会看会用这些基础资料，就完全可以迈出基础设计的第一步，这也是最关键的一步。

但这也非易事。现在的勘察报告，越做越厚。年轻工程师第一次接触到勘察报告，第一句话就是“这么厚，看什么，怎么看呀!”第二句话则是“要全看完了，得看到什么时候呀?”笔者 5 年前接触到的勘察报告还只是几页，最近看到的某些勘察单位出具的几份三四层框架—剪力墙结构小楼的勘察报告，动辄就有二十多页，而对基础设计实际有用的基本内容还是那么多。笔者原因分析有两条：①GB 50007—2002《建筑地基基础设计规范》的出台严格界定了勘察单位与设计单位的责任和义务，以强制性条文的形式明确或增加了一些必须由勘察单位提供的勘察内容和基础数据。例如，规定对饱和砂土和饱和粉土（不含黄土）的地基，除了6度设防外，应进行液化判别；存在液化土层的地基，应根据建筑的抗震设防类别、地基的液化等级，结合具体情况建议采取相应的措施以及评价场地稳定性和抗震效应等，这当然是勘察报告内容和页数增加的合理原因。②这是勘察市场放开后，竞争的结果，一些小勘察单位为了体现自己的工作量和认真态度，对自己的报告进行了细腻的“精装修”，笔者2003年看到一份外地某个小勘察单位出具的3层框架—剪力墙结构小楼的勘察报告，里面又是彩图又是勘察原理和方法，使得一份本来6～7页就可以表达清晰的报告“加肥加大”到17页。笔者对这种做法不做评论，只是建议初搞结构设计的设计师两点：①切忌一看到“体重肥胖”的勘察报告就晕，没耐心也没信心看了。②也别逐字逐句，从头到尾，一字不漏地阅读，这样非但浪费宝贵的设计时间和精力（设计任务往往时间紧迫，争分夺秒），还会造成抓不住重点，“稀汤喝了不少，干的没吃到就撑饱了”的恶果。以上两种极端和误区，一定要避免。笔者鉴于此，下文就逐条展开说一下。刚跨进设计院的年轻结构师该有选择有重点地看哪些内容和数据，次要地看哪些东西，少看甚至根本不看哪些东西。

1. 有选择有重点地看哪些内容和数据

（1）直接看结束语和建议中的持力层土质、地基承载力特征值和地基类型以及基础砌筑标高。

持力层，顾名思义是支持全部上部结构的受力土层，该名字就形象地表达了其土层的重要性。没有了持力层，全部结构就没有了落脚点。地基承载力肯定是持力层提供的承载力，一般用千帕（kPa）为单位，特别指出千帕和吨的换算关系式，$10kPa \approx 1t/m^2$，比如地基承载力为180kPa（千帕），实际上就是我们一些工作时间长的同志所说的$18t/m^2$，这不是叫法的区别，而是概念的不同。往往刚跨进设计院，一般年轻设计人员都会有老同志“传帮带”，同他们沟通的一个前提就是将学校教材里的法定计量单位，及时换算成老同志常说的他们熟知的单位。举个例子，老工程师常说：“楼面活载取200kg”，实际就是法定计量单位制的活荷载取$2kN/m^2$（这里切记$1kN \approx 100kg$的换算公式）。年轻结构设计人员不会熟练迅速的换算这些单位，就很难与有经验的老同志顺畅交流，迅速成长为结构设计的“业内”人士。

从持力层土质提供的承载力特征值大小可以初步判断该土质的好坏。一般认为持力层土质提供的承载力特征值不小于180kPa（即18t）的为好土，低于180kPa的土可认为土质不好。一般情况下，按照地基承载力由大到小排序为，稳定岩石、碎石土＞密实或中密砂＞稍密黏性土＞粉质黏土＞回填土和淤泥质土。此外，北京地区土质较好，而且北京西部比东部土质更好一些。希望在北京进行工程结构设计的设计师，应牢记这个规律和经验。例如一幢 22 层左右的建筑建在西部，则一般天然地基就可以满足要求，但若建在东部，由于此地区一般为黏质粉土或粉质黏土，而且相对地下水位较高，所以天然地基一般不能满足承载力的要求，故北京常采用 CFG 桩复合地基，这是一种用桩挤密和加固地基而形成复合地基土的地基处理技术和方法。经过处理后的复合地基承载力特征值可达到 600～700kPa（即 60～70t），笔者曾设计的地上 30 层地下 2 层的建筑地基处理就是采用了 CFG 桩复合地基。土质的好坏往往关系到基础形式的确定。

举个工程实例，笔者曾设计过一个地下 1 层，地上局部 3 层和 4 层，大部分为两层的框架—剪力墙结构的基础，由于勘察报告提供的持力层土质的承载力特征值为 150kPa（即 15t），因为 150kPa 小于 180kPa，不算好土，于是考虑到基础面积需要大些，故此基础类型就选择了筏形基础（反梁板式），而没有选择勘察报告建议的单独柱基加防水板（顺便解释一下，有地下室时一般加防水板，是让它作为地下室地面，如果不设地下室就会从地面向上渗漏水，若本工程没有地下室只做单独柱基就可以了）。当然不是说做成单独柱基加防水板就绝对不可以，只是考虑到土质不好，选择单独柱基时基础面积会比较大，单独柱基底板配筋也会跟着加大，另外防水板构造的最小厚度也需 200～250mm，其构造的最小配筋也不会小。而选择筏形基础底板厚度按照经验估计 3～4 层的房子不会超过 300mm，事后计算 250mm 已经就满足设计要求了，于是分析后觉得选择筏形基础也许更经济，至少不会亏损。这样经过综合考虑，无论是从土质好坏的结论分析，还是从经济角度对比，选择筏形基础比单独柱基要合理些。

说到承载力有必要记住一个常识性的数据，即回填土的承载力特征值。回填土，也就是老工程师们所常说的“虚土”，承载力特征值一般为 60～80kPa（即 6～8t）。虽然任何勘察报告都不会建议持力层选择在回填土上，但往往一些层数低矮的丙丁类建筑物，例如单层的砖房住宅、单层大门、荷载比较小的临时建筑或构筑物，基础往往没必要挖得很深。持力层落在回填土上，也是允许的。设计这些基础的时候，需要牢记住回填土的承载力特征值，很必要，因为这些不算重要的或荷载很小的建筑物，一般不要求写出正规的勘察报告。

最后再看勘察单位所建议的基础砌筑标高，也即确定埋深。勘察方一般建议一个大致标高，例如“基础砌筑标高建议 43.7m 或以下”，有个大的原则性规定即可。具体数值还要由设计人员结合工程实际情况确定。在不危及安全的前提下，基础尽量要浅埋。这可能是从经济的角度考虑，因为基础开挖得越深，土方量就越

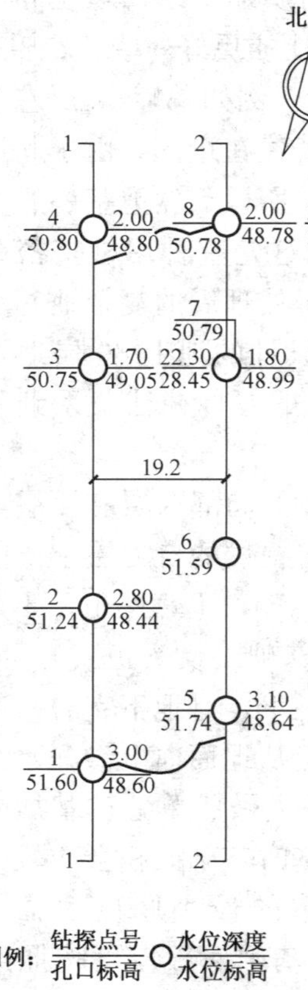

图 1－1　现场实测钻探点建筑平面配置图

大，人工费也就越高，工期拖的时间就越长。依据经济专业测算，地下部分所占的造价一般是工程总造价的30%～50%，这笔费用也很可观。

除了浅埋外，还有埋深的上限，那就是基础至少不得埋在冻土深度范围内，否则基础就会受到冰反复胀缩的破坏性影响。这里应记住常用数据，即北京地区市区内或其近郊区冻土深度一般为 0.8m，远郊区冻土深度为 1m（顺便插一句，我们的结构施工图按照中华人民共和国住房和城乡建设部规定进行图样外审时，“基础的冰冻深度和±0.000的绝对标高”两项一般要求明确书写在结构总说明的基础一般说明中，做到审查时对基础概况一目了然）。

在不违反上面两大规定的前提下，下面具体分析一下怎样结合现场实测钻探点建筑平面配置图（图 1－1）以及钻探点号对应的地质剖面图（图 1－2），共同确定埋深的具体标高。

（2）怎么结合钻探点号看懂地质剖面图，并一次确定基础埋置标高。

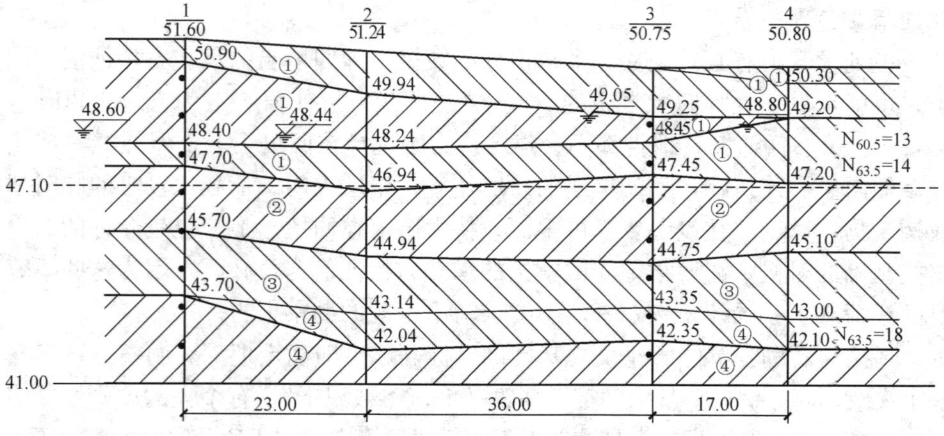

图 1－2　钻孔点所对应的各层土质 1—1 竖向剖面图

一般勘察单位会在工程所在地现场选取有限的几个有代表性的点，通过钻孔深入探察各点的竖向各层土质，然后将所选取的钻探点号的各层土质情况通过连线段的方式绘制一张地质剖面图（图1-2）。这张剖面图则是设计师确定基础埋置标高的关键图。

确定方法：设计人员第一步应该以报告中建议的最高埋深为起点（用铅笔），画一条水平线从左向右贯穿剖面图（图1-2中水平虚线），看看此水平线是否绝大部分落在了报告所建议的持力层土质标号层（如粉质黏土②层）范围之内，这时一般有3种情况：①此水平线完全落在了报告所建议的持力层土质标号层范围之内，这是最好的结果，那么可以直接判定建议标高适合作为基础埋置标高。②此水平线绝大部分落在了报告所建议的持力层土质标号层范围之内，极小的一部分（小于5%）落在了建议持力层土质标号层之上一邻层，即进入了不太有利的土质上，这时本着基础宜浅埋的经济原则，仍然可以判定建议标高适合作为基础埋置标高，但日后与勘察单位一起现场验槽时，必然要共同配合，采取有效的措施处理这局部的不利软土层，目的是使得软土变硬些，一般处理措施是局部换填或是局部清掉，视具体情况加豆石混凝土或素混凝土替换。③此水平线绝大部分并非落在了报告所建议的持力层土质标号层范围之内，而是大部分进入到了持力层之上一邻层，这说明建议标高不适合作为基础埋置标高，须进一步降低该标高，直到以降后的标高为起点所绘制的水平线绝大部分或完全落在了持力层土质标号层范围之内为止。

举个工程实例，图1-1是××大学生公寓勘探点在建筑物平面中的配置图，图1-2是勘探点（钻孔点）所对应的土质1—1竖向剖面图，勘察报告中提供的建议基础埋置标高为47.1m及以下，持力层土质为粉质黏土②层，持力层土质的承载力特征值为160kPa，地层土质概述中提及回填土①层为粉质黏土、粉土。

下面运用上述方法判定报告建议标高是否作为最终基础埋置标高。按照上述步骤，在1—1竖向剖面图中用铅笔以47.1m为起点绘制一条水平线段，左右贯穿剖面图（如图1-2中水平虚线所示），应注意到此水平线绝大部分落在了粉质黏土②层范围之内，仅仅一小部分进入了持力层之上一邻层，即①层回填土，符合上述的第二种情况，可直接判定建议标高47.1m适合做基础埋置标高，对于局部未进入持力层的小部分回填土，后来在与勘察单位一起现场验槽时，我们共同协商，采取了有效的措施，视现场具体情况，采取局部清除，用级配砂石或豆石混凝土替换掉小部分回填土的方法进行处理。

（3）重点看结语或建议中对存在饱和砂土和饱和粉土（即饱和软土，但不含黄土）的地基，是否有液化判别。

饱和软土在地震强度的作用下的液化判别现其重要性已上升为抗震规范中的

一条强制性规范，过去一段时间勘察单位出具的勘察报告中往往不太重视饱和软土在地震作用下的液化判别，大部分报告不明确提供液化判别，也许是因为提供此液化判别，就要相应作大量细致的技术工作，另外提供准确了当然没问题，提供不准确要冒一定风险，也要承担责任，所以干脆就不提及这部分内容。但在现在肯定不行，既然抗震规范中已经将它明确为强制性内容，就意味着没有突破的余地。我们的设计人员如果发现没有饱和软土液化判别的勘察报告，完全有权力退回报告，让勘察设计院重新补充且明确液化判别，这样做会保护设计人员自己，万一由于土质液化问题而造成了工程震害或工程事故，设计院将会不承担任何责任。

为什么液化判别如此受到重视，下面展开来说一下饱和软土的液化问题对建筑物地震时的破坏性影响。一般来说，高宽比再大的高层钢筋混凝土结构建筑，在强震时，往往不会发生整体倾覆，这是个重要工程经验，要切记。有过这方面的计算结果表明，8度地震区，二类场地土，钢筋混凝土建筑的高厚比假定为5，在常遇地震时地面处的倾覆安全系数为3，安全储备相当大。估计是因为地震震动的反复性，当震动经历第一个半周期时，建筑物竖向一侧假定被拉压，而经历了第2个半周期时，这一侧又被压实，如此反复循环，所以不会整体倾倒。实际上即使遭遇到罕遇地震时，建筑物一般也是坍塌而不会倾覆，唐山大地震震害也印证了这个观点。但对液化地基上的建筑倾斜或是倾倒却是很可能的，这是因为平时地基土中的水分同土“紧密团结”为一体，与土共同承托支持整个建筑物的重量，这时土中水分是有利的。而当地震时，地基土会被振实下沉，而水分会漂上来，基础原来是坐落在坚实的地基上，而此时却落脚在含水量急剧加大后的地基上，类似完全漂浮在水上，可想而知，泡了水的地基土承载力会大幅度丧失，于是漂浮在水中的建筑物会整体倾斜甚至倾倒在水中。

综上所述，我们可形象地理解饱和软土的液化判别对地基来说是至关重要的一项技术指标，必须要求明确提供，责任重大，不得含糊。

（4）重点看两个水位——历年来地下水的最高水位和抗浮水位。

现在的报告一般要提供几个水位，其中有2个对设计来说是必要的水位，一个是历年来地下水的最高水位，比如某勘察报告这样写：“历年来地下水的最高水位：1959年、1971～1973年水位接近自然地面。”一般设计地下构件如地下混凝土外墙配筋时，要使用这个水位，来计算外墙受到的水压力。

另外一个是抗浮水位，抗浮水位顾名思义是对于地下室层数较多，地下水的浮力对建筑物较大，而地上层数少的竖向荷载小的低矮建筑物，为了防止建筑物施工完成后活荷载未施加（通俗地说人还没踩到楼地面上去）时，在水浮力的作用下，“漂浮”起来的设计水位。当估计建筑物有可能抵抗浮力不满足要求时，一般设计院会要求勘察单位提供明确的抗浮水位。抗浮水位一般要比历年来地下水的最高水位低一些，有时则会低很多。抗浮水位过去的勘察报告，由于种种原因，一般不太重视，有很长一段时间不明确提供。只有当设计院特别明确要求补充时才被动补充，而且一般不会把抗浮水位提供的很准确，大部分情况都是让设计人员照搬历年来的最高水位。可想而知，抗浮水位提得越高，结构设计就要采取加大压重或者多设置抗拔桩等方法，来“压住”这高水头产生的浮力，这必然造成大量的人力、财力、物力的浪费。事实上，抗浮水位不可能同历年来最高水位一样高，而且一般要比历年来的最高水位低很多，这就要求设计人员首先当看到地下室层数较多而地上层数不多的工程，有可能不满足抗浮要求时，要坚持要求勘察单位配合，补充提供准确的抗浮水位。其次要根据工程经验，具体分析报告中可能不合理的水位，及时同勘察单位沟通，互相协商配合，最终要求勘察单位提供真实、科学、合理的抗浮水位数据，作为设计的正确依据。

举个工程实例，笔者刚参加工作时，曾经设计过北京××住宅小区的一个3层的框架—剪力墙结构的高层住宅的裙房。此裙房局部有3个地下室，地下2.2m的层高，作为变电室夹层，夹层地面采用常用的结构抗水板。笔者预估当抗浮水位很高时，裙房抵抗浮力可能不满足要求。当时依据的勘察报告没有提供抗浮水位，只是提及“历年来地下水的最高水位：1971～1973年水位接近自然地面。”于是笔者要求勘察院补充。几天后，勘察单位来文补充，写到“抗浮水位可以考虑同于历年来地下水的最高水位。”如果按照来文设计，不仅地下室地面要压重接近2.5m的素混凝土或钢渣混凝土，而且还要在地下室柱间地面标高处安装近1.3m高的大地梁，来抵抗抗水板传来的很大浮力，这样势必造成很大的人力、财力、物力的浪费。况且常识也告诉笔者，抗浮水位不可能达到历年来最高水位的自然地面，北京地区历年来最高水位也是在好几种最不利情况，叠加组合后才会达到，如北京官厅水库放水，南水北调，或北京拟建的地下水库建成等不利情况一起发生时，才会接近自然地面。所以笔者以上述为依据，同勘察单次再次协商，要求重新提供合理准确的抗浮水位。勘察单位这次也很配合，作了很细致的实际工作，再次提供了合理的水位数据，比第一次下降了近3m，也即抗浮水位完全在地下室地面以下，这样笔者设计的结构抗水板，板厚和配筋设计均可按照规范构造的最低要求设计。原先用来压重的素混凝土或钢渣混凝土，以及用来抵抗浮力的高截面大尺寸的反地梁一并取消，为甲方节省了一大笔工程造价。

(5) 特别“扫读”一下结束语或建议中定性的预警语句，并且必要时将其转写进基础的一般说明中。

一般勘察报告结语或建议中，常有这样的“套话”，比如“1. 本工程地下水位较高，基槽边界条件较为复杂，应妥善选择降水及基坑边坡支护方案，并在施工过程中加强观测。降水开始后需经设计人员同意方可停止。”“2. 采用机械挖土时严禁扰动基底持力层土，施工时应控制机械挖土深度，保留300mm厚土层，用人工挖至槽底标高，如有超挖现象，应保持原状，并通知勘察及设计单位进行处理，不得自行夯填。”“3. 基槽开挖到位后应普遍钎探，并及时通知勘察及设计单位共同验槽，确认土质满足设计要求后方可进行下步施工。”

年轻的设计人员往往觉得这些内容数据信息量不大，就不读或漏读这些内容，其实这些信息，虽没有定量的东西，但往往是勘察单位传达给设计人员和施工单位的重要的预警或预报语句。比如“施工时应注意，在降水时应采取有效措施，避免影响相邻建筑物。建议对本幢楼沉降变形进行长期观测。”如果设计人员不在总说明或基础的一般说明中，突出表达出这类警告，万一发生工程意外，比如降水时产生流沙，造成相邻建筑物倾斜、倾倒或其他不利影响，设计者本人也要负一定责任。

因此建议年轻结构设计人员每逢遇到报告中的此类用语，一定要不厌其烦的用重点符号标识出来，并且将它们转写进基础的一般说明中，这样做是为了突出矛盾，一方面在脑海中加深印象，告诫自己这些地方日后挖土时可能存在安全隐患，可能会出现一些非结构自身的问题，另一方面也是为了加深施工单位对这些问题的印象，挖槽时先敲响警钟。比如“持力层以下埋藏有砂层，且有承压水的条件下，施工时应注意不宜钎探，以免造成涌砂，降低地基承载力和加大基础沉降量。”这样的警告，设计人如果不写在图样中，施工单位不可能钎探时注意，必定是按常规做法进行普遍钎探，于是有可能造成安全隐患，或发生工程事故。设计人员原引或转写这些预控的建议，施工中因为轻视万一出了问题，很显然设计人员可以不负责任。换个角度说，这些看似“套话”式的基础一般说明，实际并不一般，其实是设计人保护自己的文字依据。

经过对几个工程的提炼，总结了一些具备共性的“套话”，基本“放之四海皆准”，每个工程都适用。建议结构设计工程师基础一般说明中必写的一些“套话”如下：“1. 本工程地下水位较高，基槽边界条件较为复杂，应妥善选择降水及基坑边坡支护方案，并在施工过程中加强观测。降水开始后须经设计人员同意方可停止（此条款多用于北京地下水位较高的地区）”。“2. 采用机械挖土时严禁扰动基底持力层土，施工时应控制机械挖土深度，保留300mm厚土层，用人工挖至槽底标高，如有超挖现象，应保持原状，并通知勘察及设计单位进行处理，不得自行夯填（此条款各个工程基本通用）”。“3. 基槽开挖到位后应普遍钎探，并及时通知勘察及设计单位共同验槽，确认土质满足设计要求后方可进行下步施工（此条款各个工程基本通用）”。“4. 基槽开挖较深，施工时应注意，在降水时应采取有效措施，避免影响相邻建筑物（此条款各个工程基本通用）”。“5. 建议对本幢楼沉降变形进行长期观测（此条款多用于加层、扩建建筑物和基础设计等级为甲级或者复合地基或软弱地基上基础设计等级为乙级的建筑物与受到邻近深基坑开挖施工影响或受场地地下水等环境因素变化影响的建筑物，当然也包括那些需要积累建筑经验或进行设计反分析的工程)”。

(6) 特别“扫读”一下结束语或建议中场地类别、场地类型、覆盖层厚度和地面下 15m 范围内平均剪切波速。

一般报告中结束语处的第 2 条就要交代地面以下 15m 范围内各土层的剪切波速平均值，并根据此数值判定拟建场地土的软硬类型，并结合拟建场地的覆盖层厚度，进一步判定拟建场地的场地类别，场地类别规范分为四类，一类最好，四类最差。比如某勘察报告提供：“根据 6 号钻孔实测波速资料计算，地面下 15m 内各个土层剪切波速平均值 $v_{se}=207\text{m/s}$，由此数值判定拟建场地土为中软场地土，又由于拟建场地的覆盖层厚度大于 80m，由此判定拟建场地的建筑场地类别为Ⅲ类。”

下面介绍一下剪切波速的概念。剪切波速实质上就是剪切波竖向垂直穿越过各个土层的速度，一般来说，土层土质越硬，穿越速度就越快，在坚硬的岩石中最快，在软弱土中最慢。所以剪切波速可作为判别土质软硬的科学指标。表 1-1 给出了土的类型划分和不同类型土所对应的剪切波速范围。

表 1-1　土的类型划分和剪切波速范围

土地类型	岩土名称和性状	土层剪切波速范围/(m/s)
坚硬土或岩石	稳定岩石，密实的碎石土	$v_s>500$
中硬土	中密、稍密的碎石土，密实、中密的砾、粗、中砂，$f_{ak}>$ 200kPa 的黏性土和粉土，坚硬黄土	$500\geqslant v_s>250$
中软土	稍密的砾、粗、中砂，除松散外的细、粉砂，$f_{ak}\leqslant 200\text{kPa}$ 的黏性土和粉土，$f_{ak}>130\text{kPa}$ 的填土，可塑黄土	$250\geqslant v_s>140$
软弱土	淤泥和淤泥质土，松散的砂，新近沉积的黏性土和粉土，$f_{ak}>130\text{kPa}$ 的填土，流塑黄土	$v_s\leqslant 140$

注　f_{ak}为由载荷试验等方法得到的地基承载力特征值（kPa）；v_s 为岩土剪切波速。

土层的等效剪切波速，应按式（1-1）及式（1-2）计算

$$v_{se}=d_o/t \tag{1-1}$$

$$t=\sum_{i=1}^{n}(d_i/v_{si}) \tag{1-2}$$

式中　v_{se}——土层等效剪切波速（m/s）；

d_o——计算深度（m），取覆盖层厚度和 20m 两者的较小值；

t——剪切波在地面至计算深度之间的传播时间；

d_i——计算深度范围内第 i 土层的厚度（m）；

v_{si}——计算深度范围内第 i 土层的剪切波速（m/s）；

n——计算深度范围内土层的分层数。

场地覆盖层厚度的概念建立在剪切波速的概念之上。它的含义实质上是从地面起算至坚硬土层顶面（如岩石）的覆盖土层总厚度。显而易见，覆盖土层总厚度越小，也就是说从地面到达坚硬土的距离越近，说明场地土质越硬、越好些。建筑场地覆盖厚度的确定，应符合下列要求：

1）一般情况下，应按地面至剪切波速大于500m/s的土层顶面的距离确定。

2）当地面5m以下存在剪切波速大于相邻上层土剪切波速2.5倍的土层，且其下卧岩土的剪切波速均不小于400m/s时，可按地面至该土层顶面的距离确定。

3）剪切波速大于500m/s的孤石、透镜体，应视同周围土层。

4）土层中的火山岩硬夹层，应视为刚体，其厚度应从覆盖土层中扣除。

建筑场地类别的判别，应根据土层等效剪切波速和场地覆盖层厚度按表1-2划分为四类。可以看到这样一个规律，等效剪切波速越大，覆盖层厚度越小，说明场地土质越硬，而且距离越接近岩石层，于是场地土质越好，场地类别的判别级别就越高。建筑场地类别，一般在结构进行三维地震电算的时候，是设计人必须录入的一项数据，所以要重点阅读勘察报告的这部分内容。建筑场地类别的判别结合设计地震分组，会进一步确定场地本身的特征周期。顺便说一下，北京地区属于8度地震区，设计地震分组为第一组，一般首都和直辖市的全部县级及县级以上设防城镇，设计地震分组均为第一组，这是个重要常识。拟建工程所处几度地震区和设计地震分组，一般要求在施工图结构总说明里的工程概况中写明。当有可靠的剪切波速和覆盖层厚度且其值处于表1-2所列场地类别的分界线附近时，应允许按照插值方法确定地震作用计算所用的设计特征周期。

表1-2　　各类场地的覆盖层厚度　　（单位：m）

等效剪切波速 v_{se}/(m/s)	场地类别			
	Ⅰ	Ⅱ	Ⅲ	Ⅳ
$v_{se}>500$	0			
$500\geqslant v_{se}>250$	<5	≥5		
$250\geqslant v_{se}>140$	<3	3～50	>50	
$v_{se}\leqslant 140$	<3	3～15	>15～80	>80

只说判别原理比较空泛，下面结合两个算例来说明建筑场地类别的判别步骤。

【例1-1】 确定场地类别（Ⅲ类）

条件：已知某建筑场地的地质钻探资料见表1-3。

要求：试确定该建筑场地的类别。

【解析】 第一步，确定地面下20m范围内土的类型

表1-3　场地的地质钻探资料

层底深度/m	土层厚度/m	土层名称	土层剪切波速/(m/s)
9.5	9.5	砂	170
37.8	28.3	淤泥质黏土	135
48.6	10.8	砂	240
60.1	11.5	淤泥质粉质黏土	200
68.0	7.9	细砂	330
86.5	18.5	砾石夹砂	550

剪切波从地表到20m深度范围的传播时间：

$$t=\sum_{i=1}^{n}(d_i/v_{si})=(9.5/170+10.5/135)\text{s}=0.134\text{s}$$

等效剪切波速：$v_{se}=d_0/t=20\text{m}/0.134\text{s}=149.3\text{m/s}$

因为等效剪切波速：$250\text{m/s}>v_{se}>140\text{m/s}$，故表层土属于中软土。

第二步，确定覆盖层厚度

由表1-3可知68m以下的土层为砾石夹砂，土层剪切波速大于500m/s，覆盖层厚度应定为68m。

第三步，确定建筑场地的类别

根据表层土的等效剪切波速$250\text{m/s}>v_s>140\text{m/s}$和覆盖层厚度大于50m两个条件，查《建筑地基基础设计规范》表4.1.6得该建筑场地的类别属Ⅲ类。

【例1-2】 确定场地类别（Ⅱ类）

已知条件：表1-4为某工程场地地质钻孔地质资料。

表1-4　某工程场地地质钻孔地质资料

土层底部深度/m	土层厚度 d_i/m	岩土名称	剪切波速 v_s/(m/s)
2.50	2.50	杂填土	200
4.00	1.50	粉　土	280
4.90	0.90	中　砂	310
6.50	1.60	砾　砂	520

要求：试确定该场地类别。

【解析】 因为地面下4.90m以下土层剪切波速$v_s=520\text{m/s}$，所以场地计算深度$d_0=4.90\text{m}$。按《建筑地基基础设计规范》式（4.1.5-1）计算：

$$v_{se}=\frac{d_0}{\sum_{i=1}^{n}\frac{d_i}{v_{si}}}=\frac{4.90}{\frac{2.50}{200}+\frac{1.50}{280}+\frac{0.90}{310}}\text{m/s}=236\text{m/s}$$

由《建筑抗震设计规范》表1-2查得，当$250\text{m/s}>v_{se}=236\text{m/s}>140\text{m/s}$且$3\text{m}<d_{ov}=4.90\text{m}<50\text{m}$时，该场地属于Ⅱ类场地。

2. 次要地看哪些东西

比如好的土层下是否存在不良工程地质中的局部软弱下卧层。

一般持力层下面存在局部软弱下卧层的不良工程地质现象，实际工程中比较少见，所以笔者建议设计人员次要的看，只需扫读一下勘察报告是否含有此内容。如果有，也不必紧张，根据自己所作的基础形式验算一下。局部软弱下卧层验算的计算原理，概念上很容易理解，就是将原来基础基底的附加压应力，再叠加上局部软弱下卧层顶部以上的自重压应力，与软弱下卧层承载力特征值作个比较，如果大于其承载力特征值，说明不满足承载要求，要进一步采取措施处理，要么局部深挖到好土，要么局部换填处理。

验算方法和过程：当地基持力层范围内有软弱下卧层时，应按式（1-3）验算

$$p_z + p_{cz} \leqslant f_{az} \tag{1-3}$$

式中 p_z——相应于荷载效应标准组合时，软弱下卧层顶面处的附加压力值；

p_{cz}——软弱下卧层顶面处土的自重压力值；

f_{az}——软弱下卧层顶面处经深度修正后地基承载力特征值。

对条形基础和矩形基础，式（1-3）中的 p_z 值可按式（1-4）及式（1-5）简化计算

条形基础

$$p_z = \frac{b(p_k - p_c)}{b + 2z\tan\theta} \tag{1-4}$$

矩形基础

$$p_z = \frac{lb(p_k - p_c)}{(b + 2z\tan\theta)(l + 2z\tan\theta)} \tag{1-5}$$

式中 b——矩形基础或条形基础底边的宽度；

l——矩形基础底边的长度；

p_c——基础地面出土的自重压力值；

z——基础底面至软弱下卧层顶面的距离；

θ——地面压力扩散线与垂直线的夹角，可按表1-5采用。

表1-5 地基压力扩散角 θ

E_{S1}/E_{S2}	z/b	
	0.25	0.50
3	6°	23°
5	10°	25°
10	20°	30°

注 1. E_{S1}为上层土压缩模量；E_{S2}为下层土压缩模量。

2. $z/b<0.25$时取$\theta=0°$，必要时，宜由试验决定；$z/b>0.50$时θ值不变。

只说判别原理比较空泛，下面结合两个算例来说明建筑场地类别的判别步骤。

【例 1-3】 轴心压力作用时软弱下卧层承载力验算

条件：地基土层分布情况如图 1-3 所示，上层为黏性土，厚度 2.5m，重度 $\gamma_1=18\text{kN/m}^3$，压缩模量 $E_{S1}=9\text{MPa}$，修正后的地基承载力特征值 $f_a=187\text{kPa}$。下层淤泥质土 $E_{S2}=1.8\text{kPa}$，承载力特征值为 $f_{ak2}=84\text{kPa}$。现修建一条形基础，基础顶面轴心荷载标准组合值 $F=300\text{kN/m}$ 暂取基础埋深 0.5m，底宽 2m。

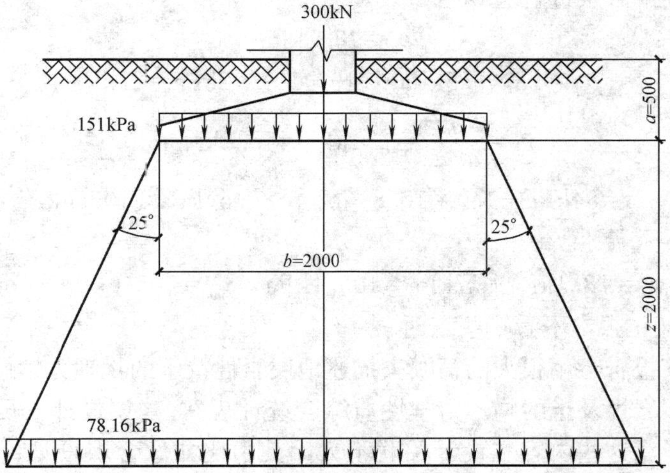

图 1-3　地基土层分布情况

要求：验算基底宽度

【解析】 第一步，持力层验算

$$p_k=\frac{F}{b}+20d=\frac{300}{2}+20\times0.5=160\text{kPa}<f_a=187\text{kPa}\text{（可以，但 }b\text{ 偏大）}$$

第二步，软弱下卧层验算

$$p_k-p_c=\frac{F}{b}+20d-\gamma_0 d=\frac{300}{2}\text{kPa}+20\times0.5\text{kPa}-18\times0.5\text{kPa}=151\text{kPa}$$

$$E_{S1}/E_{S2}=\frac{9}{1.8}=5$$

$$z/b=\frac{2}{2}=1.0>0.5$$

由《建筑地基基础设计规范》表 1-5 得　$\theta=25°$

$$p_z=\frac{b(p_k-p_c)}{b+2z\tan\theta}=\frac{2\times151}{2+2\times2\times\tan25°}\text{kPa}=78.1\text{kPa}$$

$$p_{cz}=\gamma_0(d+z)=18\times(0.5+2)\text{kPa}=45\text{kPa}$$

查《建筑地基基础设计规范》表 5.2.4 得　$\eta_d=1.0$

$f_{az}=f_{ak2}+\eta_d\gamma_m(d-0.5)=84kPa+1.0\times18\times(2.0-0.5)kPa=120kPa$

验算：

$$p_z+p_{cz}=78.1kPa+45kPa=123.1kPa\approx f_{az}=120kPa \quad（可以）$$

所选基础埋深及底面尺寸合适。

如果假定：地下水位在基础底面处，黏性土的饱和度重度 $\gamma_{sat2}=19kN/m^3$，试重新对软弱下卧层进行验算。

$$p_z=78.1kPa$$

$$p_{cz}=18\times0.5kPa+(19-10)\times2kPa=27kPa$$

$$\gamma_m=\frac{p_{cz}}{d+z}=\frac{27}{2.5}kPa=10.8kN/m^3$$

$$f_{az}=84kPa+1.0\times10.8\times(2.5-0.5)kPa=105.6kPa$$

验算：

$$p_z+p_{cz}=78.1kPa+27kPa=105.1kPa<f_{az}=105.6kPa \quad（可以）$$

3. 少看甚至根本不看哪些东西

一般勘察报告会用很大的篇幅去描述地层岩性及土的物理力学性质，往往出具几张“地层岩性及土的物理力学性质综合统计表”，建议设计人员不看或少看这些内容，毕竟这些内容和设计关联不大，其中比如像含水量 w、土的密度 ρ、土的孔隙比 e 和孔隙率 n、土的饱和度 S_r、土的干密度 ρ_d、饱和密度 ρ_{sat}、有效密度 ρ'、抗剪强度指标 c、ϕ、缩限 W_L、土的塑性指数 I_P、土的液性指数 I_L 等，都可以不看，因为这是勘察常使用的计算参数，设计计算基本不用。

对于土的压缩性指标中的压缩模量 E_s，在基础设计手算地基变形时可能使用到，但由于现在地基变形有成熟的电算软件如PKPM系列的JCCAD软件协助设计计算，简单快捷，所以压缩模量 E_s 也很少使用，于是也属少看之列。

有的勘察报告中往往会展开写一些轻、重型动力探测，标准贯入实验和静力三轴实验的勘察原理和方法，设计人员可根本不看，知道结论对设计人员才是重要的。

小结：对于时下越来越厚的勘察报告，逐字逐句，从头到尾地全部阅读，时间上是不允许的，为了能尽快地与勘察单位配合共同确定基础做法及埋深，应该有侧重点地阅读下述部分：第一，直接看结语和建议中的持力层土质、地基承载力特征值和地基类型以及基础建议砌置标高；第二，结合钻探点号看懂地质剖面图，并一次确定基础埋置标高；第三，重点看结束语或建议中对存在饱和砂土和饱和粉土（即饱和软土）的地基，是否有液化判别；第四，重点看两个水位——历年来地下水的最高水位和抗浮水位；第五，特别扫读一下结语或建议中定性的预警语句，并且必要时将其转写进基础的一般说明中；第六，特别扫读一下结语或建议中场地类别、场地类型、覆盖层厚度和地面下15m范围内平均剪切波速，尤其是建筑场地类别，一般在结构进行三维地震电算的时候，是设计人员必须录入的一项数据；除了必读部分外，我们就可以比较放松地，次要地看下述内容：比如持力层土质下是否存在不良工程地质中的局部软弱下卧层，如果有，根据自己所做的基础形式简单验算一下软弱下卧层的承载力是否满足要求；在基础设计手算地基变形时，可能使用到土的压缩性指标中的压缩模量 E_s，但现在一般用软件协助计算，因此对于压缩模量可以一扫而过；地层岩性及土的物理力学性质综合统计表以及勘察原理和方法可以忽略不看。

1.1.2　如何配合建筑专业拟订结构布置方案

建筑专业伴随着时代的发展，观念的更新，审美的需求，业主的需要，不可否认，同结构专业、设备专业和电气专业相比，尤其在近年来已经上升为第一专业。建筑专业是“龙头”专业，对一个好的建筑创作，结构专业要给予全力支持，创造性地解决和克服难题，使建筑在使用和美观上成为优秀的作品。英国国际空间结构委员会主席、结构博士及教授麦考斯基（Z. S. Makowski - British.）的一句结构名言是“一位土木工程师不能仅仅是个应力计算者，还要能欣赏形象的艺术美。这样设计才能在结构功能上，而且在审美观念上成为优秀的作品。”特别是近年来，建筑理念越来越求新求变，建筑造型越来越光怪陆离，外观越来越不规则和复杂多变，建筑师“逼迫”着结构师不断突破常规做法有时甚至是国家规范的限制，创造性地解决和克服本专业的难题，以实现建筑师“标新立异”的设计理念。

但同时对建筑专业的全力支持和配合也是有原则、有底线的。这个底线就是不能为了配合和支持一个美新怪的理念或想法，而牺牲安全和经济为代价。一个合格的好的结构工程师应该在建筑专业提出极其不合理的方案时，有依据的让建筑师知道；“好的设计方案不是我行我素，而是在理解其他工种的基本要求的前提下创造出来的和谐统一体。”建筑专业和结构专业的关系永远是辩证统一的。结构本身要成为健美的作品，结构设计或构件布置一定要考虑其均匀性、规律性、统一性和其他各专业的和谐性，同时也要最低限度地保证受力承载的有利性。

上面的大道理对年轻设计师来说感觉似乎起点很高，太过空泛，好说但不好操作。下面就按照结构布置形式分类，将每种结构布置形式配合以工程实例，来形象的阐述结构专业如何最大限度地支持建筑师和最低限度地保全结构自身的安全性的。

[工程实例1]　笔者曾经设计过一个中国科学院微电子研究生公寓楼，结构形式为框架—剪力墙结构，本工程地上大部分为2层办公用房，局部有3层和4层，另有一层地下室，图1-4为柱网和剪力墙布置图，本工程建筑专业给结构设计提出了两个难题，一个是由于此建筑和已有的建筑物相距太近，为了避免对已有建筑形成丝毫遮挡，害怕居民起诉甲方，建筑总高和层高需压制到极限，并

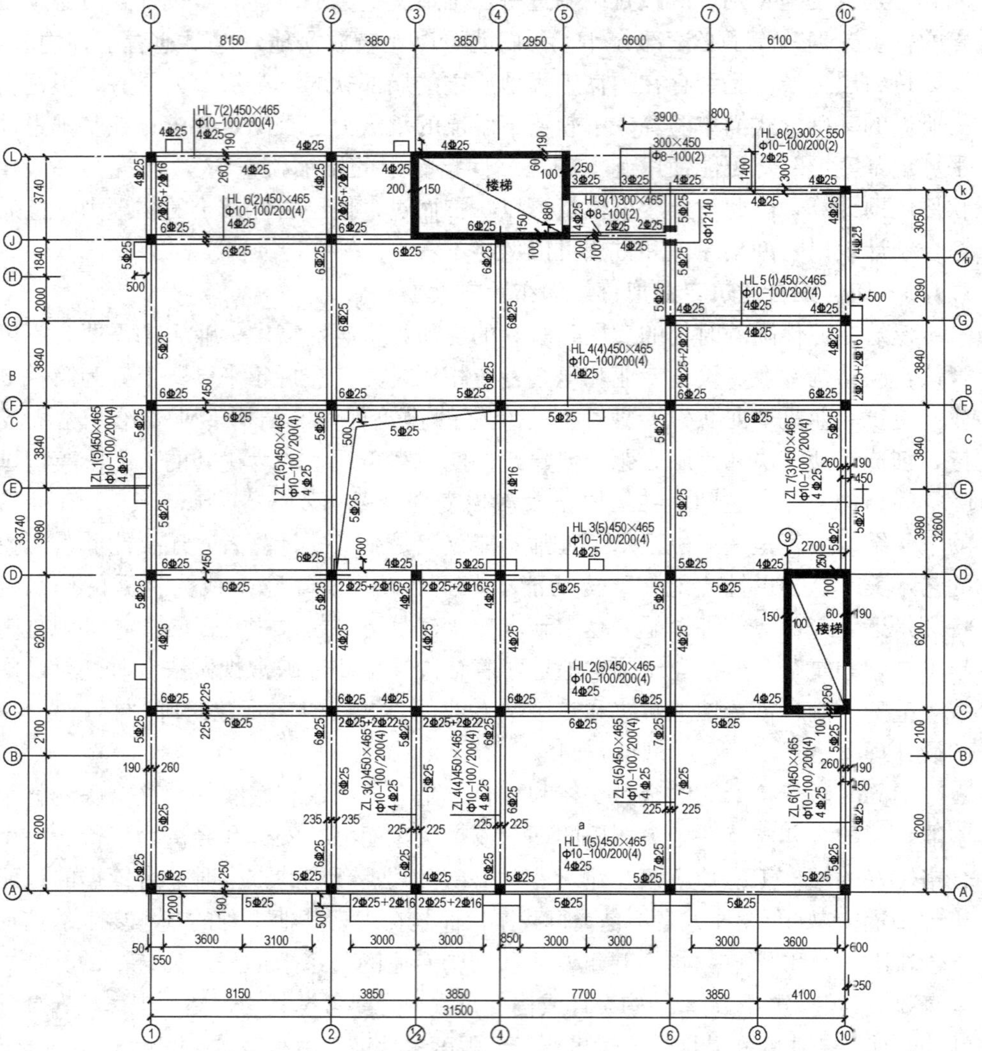

标准层、剪力墙、柱网、梁结构平面 1:100

图1-4　柱网和剪力墙布置图

且由于研究生宿舍双层床位的净空必须保证，于是建筑专业给定各个专业层高为2.8m，净高最少要2.3m高，这样扣去建筑3.5cm的楼面做法，结构梁高只能是465mm高，不足500mm的梁高对于8.35m的跨度，梁高跨比接近1/18，远超出了梁的高跨比1/15～1/10的常规范围，另外由于甲方控制工程档次和造价的原因，不准备把研究生公寓建造的过于豪华和铺张，因此不建议结构设计采取代价较大的预应力梁设计，否则甲方分析总造价要上涨25%～31%。于是在结构梁高受限制的前提下，还要做非预应力的常规普通混凝土梁，这对结构专业提出了严格苛刻的要求。如果结构专业强调自己的困难，对建筑专业说“不”，这个建筑可能就要被规划委员会依据有关条文要求被驳回停建。为了有力的配合甲方和支持建筑专业的需要，笔者没有轻易动用结构的否决权，而是同建筑师说只要采取有效的措施，8.35m 跨度仅做 465mm 高的普通梁，结构设计可以做得了，建筑师很高兴。

笔者很自信，并非脑袋一热，而是有理论依据的。第一，规范中主梁常规跨高比 1/12～1/8 也好，或者 1/15～1/10 也好，均是可以不计算挠度的常年来经验跨高比限值，并非固定不变，且对于楼面荷载又是不算大的民用建筑，只要笔者把挠度、裂缝计算足够，满足规范要求，对经验跨高比有突破的余地。也就是说突破一些并不可怕，不一定有安全问题。第二，主梁最大的受力荷载投影面积为8m×8m，属于常规轴网尺寸，不算很大，于是板向梁传递荷载不是很大，梁高做得低些问题应该不是很大。第三，可以通过对梁混凝土强度等级稍做提高的措施，来弥补梁高受到压制带来强度的损失，但混凝土强度等级也不宜太高，否则挠度、裂缝（且因本工程使用强度较高的 HRB400 即通常所说的新三级钢会造成裂缝偏大些），可能不满足规范要求，顾此而失彼，因此笔者把常规做法中 C30 的梁强度等级略提高为 C35。基于以上三方面的综合考虑，笔者感到配合建筑专业不是以牺牲结构安全为代价的，而是以概念设计作为依据的。事实上经过对 8.35m 跨度最大受荷梁的强度、挠度、裂缝的计算，梁高 465mm，跨高比 1/18 尽管突破常规经验限值，但也是满足规范要求的，非预应力的普通梁完全可以正常承载。

此外，本工程第二个难点，是建筑因为房间功能要求，必须要在±0.000 标高⑪轴/①轴～⑥轴处结构局部大降板，降板处位于大板内部（图 1-5），按经验降板处一般要求做次梁，于是给②轴/Ⓒ轴～Ⓓ轴之间的主梁在⑪轴处带来了变标高的麻烦，笔者第一反应是主梁局部做 90°折梁，但此做法在施工图样外审时，引发了不同的意见，认为小角度 30°～70°折梁可以作主要受力构件，局部作 90°大弯折折梁（图 1-6），转折点自身传力突然，会带来应力集中，对主要结构构件影响很不利。虽然笔者以前作过更大跨度（13m 跨度）90°大弯折的折梁，并没有发生问题，但考虑到外审意见的合理性，于是放弃了原来的做法。选择了另外一条解决主梁局部变标高的措施，笔者统一按梁上皮低标高拉通主梁，在需要支撑较高标高的板下，局部做一段“小细脖子”（图 1-7），此“小细脖子”并非结构受力构件，而是传力构件，它的作用是支撑较高标高的结构楼板，并将板荷载传递给主梁。对主梁来说，“小细脖子”是外“荷载”，笔者考虑到“脖子”越细，即自重越轻，外“荷载”就越小，对主梁就越有利。于是主梁上在“小细脖子”处梁宽两边内缩 50mm，来作为结构“受力”构件和“传力”构件的分水岭。

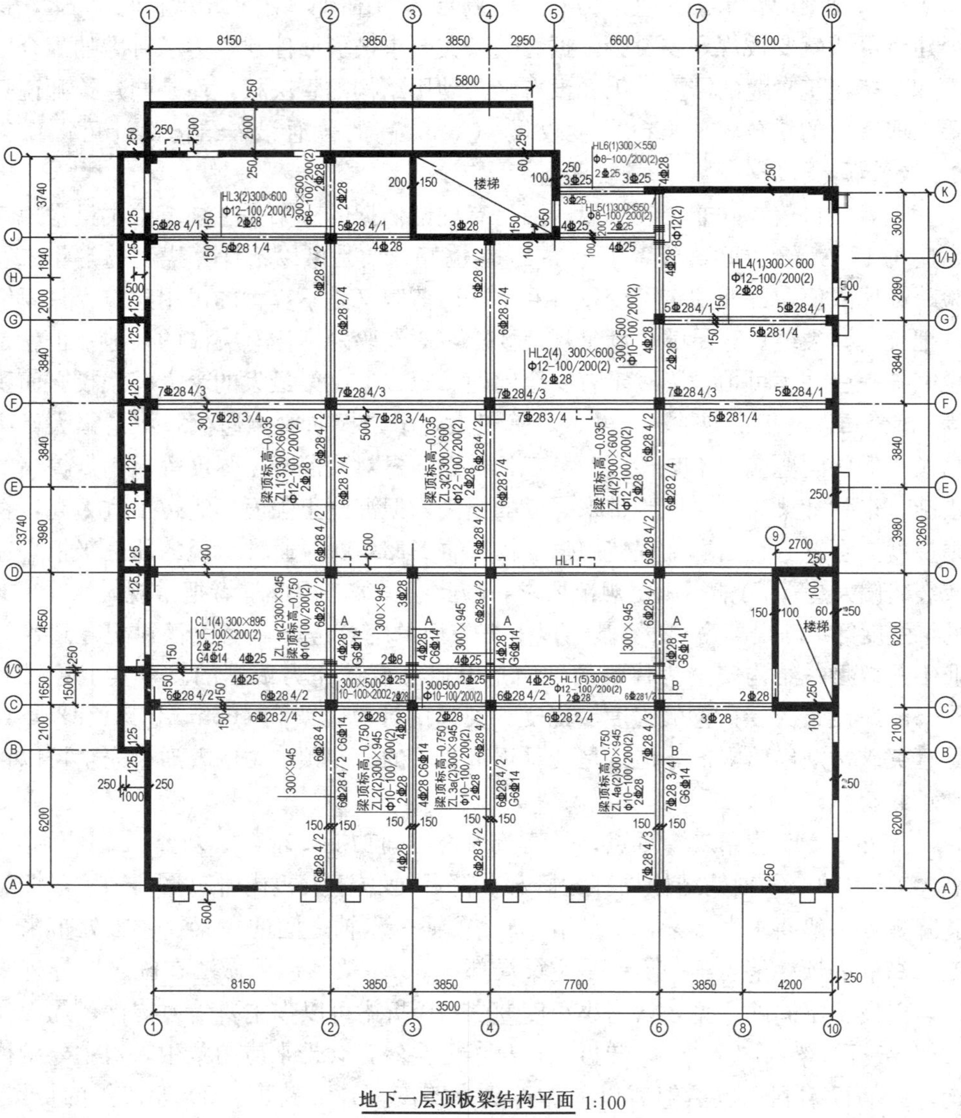

图1-5　地下一层顶板梁结构平面图

本工程在上述两个难题的解决上，充分发挥了结构专业的创造性，极大限度的配合和支持了建筑专业设计，赢得了建筑师的好评。

关于大跨度混凝土梁由于种种原因反而不能作预应力梁的工程实例，笔者在某体育中心游泳跳水馆工程中作设计代表时，还接触到一个类似实例。

[工程实例2]　工程概况：某大型体育中心游泳跳水馆，主体结构为3层混

凝土框架—剪力墙结构，两层单边看台，为承托看台板主梁一般做斜梁，因建筑大空间需要，该游泳跳水体育馆有若干根斜梁，跨度长达 18m，且纵向为折线形，该斜折梁最大受荷从属面积达 18m × 9m（图 1－8）（见文后插页），又因其为折线梁，不能考虑做预应力混凝土梁，否则预拉后的高应力钢筋会在转折处将梁混凝土崩开，于是只能设计为非预应力的普通混凝土梁。

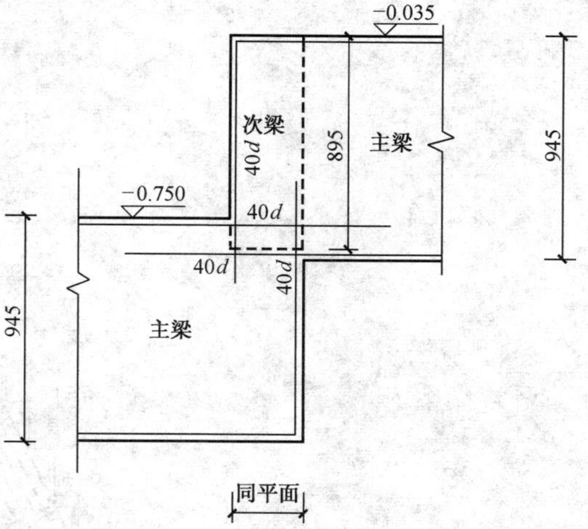

图 1－6　90°大弯折折梁

这种 18m 大跨度的非预应力的普通混凝土梁，国内设计还比较少见，这样的大跨梁势必造成截面很大，但建筑净空不允许被梁高占用过多，此梁成为设计的一个难点。为了极大限度的满足建筑大净空的要求，经过反复计算，受荷最大的梁截面设计为 900mm×1600mm，高跨比为 1/11.25，斜折梁大样如图 1－9 所示。对如此大截面大自重，对结构极关键的梁，由于该梁自重和受力都很大，结构设计稍有不慎，非但不能实现建筑设计意图，做出好的成品，同时也会给体育馆投入使用后留下极大的安全隐患。设计方和施工方对此梁均极度重

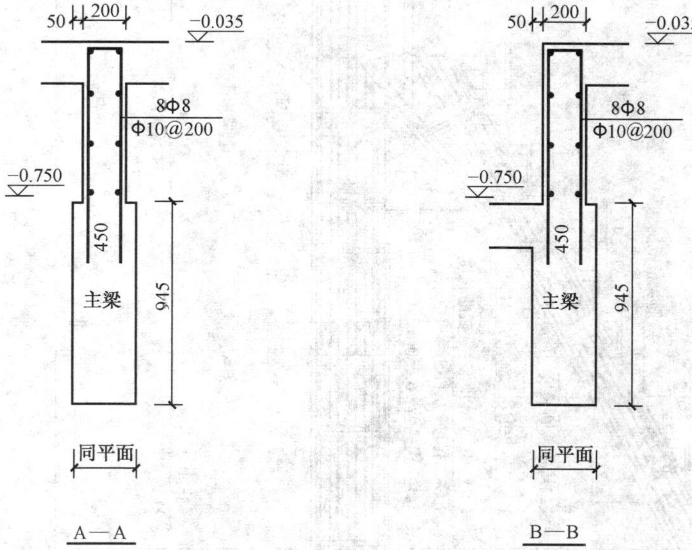

图 1－7　主梁配筋同平面主梁上立短墙托板做法

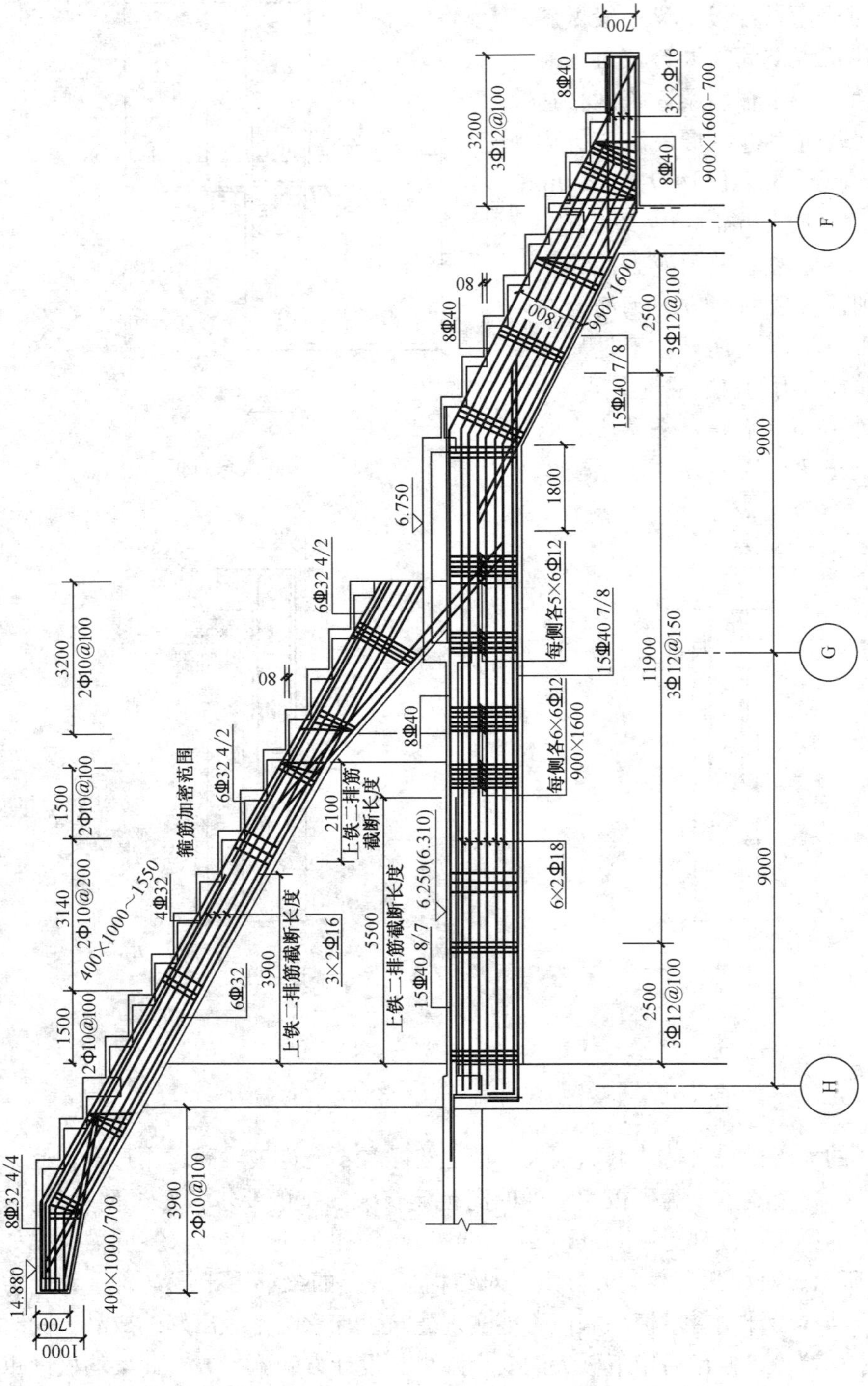

⑧～⑫轴看台斜梁立面图

图 1－9 斜折梁大样

视，设计人经过多种软件（PKPMSAP，SATWE 等）和有限单元法的电算，进行了较严谨的试算分析，加之配以手算校核，最后确定了梁高跨比仅为 1/11.25 的结构方案，该梁主筋配筋率不足 1.4%，经济合理，赢得了甲方的好评。这种 18m 的大跨度用普通混凝土梁来实现承载和抗震，一般认为是不可思议的设计选择。现体育馆结构已顺利封顶，实践证明该设计禁得起检验和推敲，笔者现给出此方案，仅供设计施工人员探讨和参考。

通过这个工程实例，笔者无非想建议年轻的结构师在做设计时，能“放下疑虑，解放思想”，只要设计概念清晰，以合理正确的计算为依据，没有结构专业不敢和不能实现的难题。

最后笔者展开介绍另外一个工程实例，该实例由笔者亲身参与，带有一些结构创意和科研性质，集中体现了为满足建筑创造平面和竖向活动大空间的要求，结构专业极大限度地发挥专业能动性和创造性，希望通过这个实例能给年轻结构

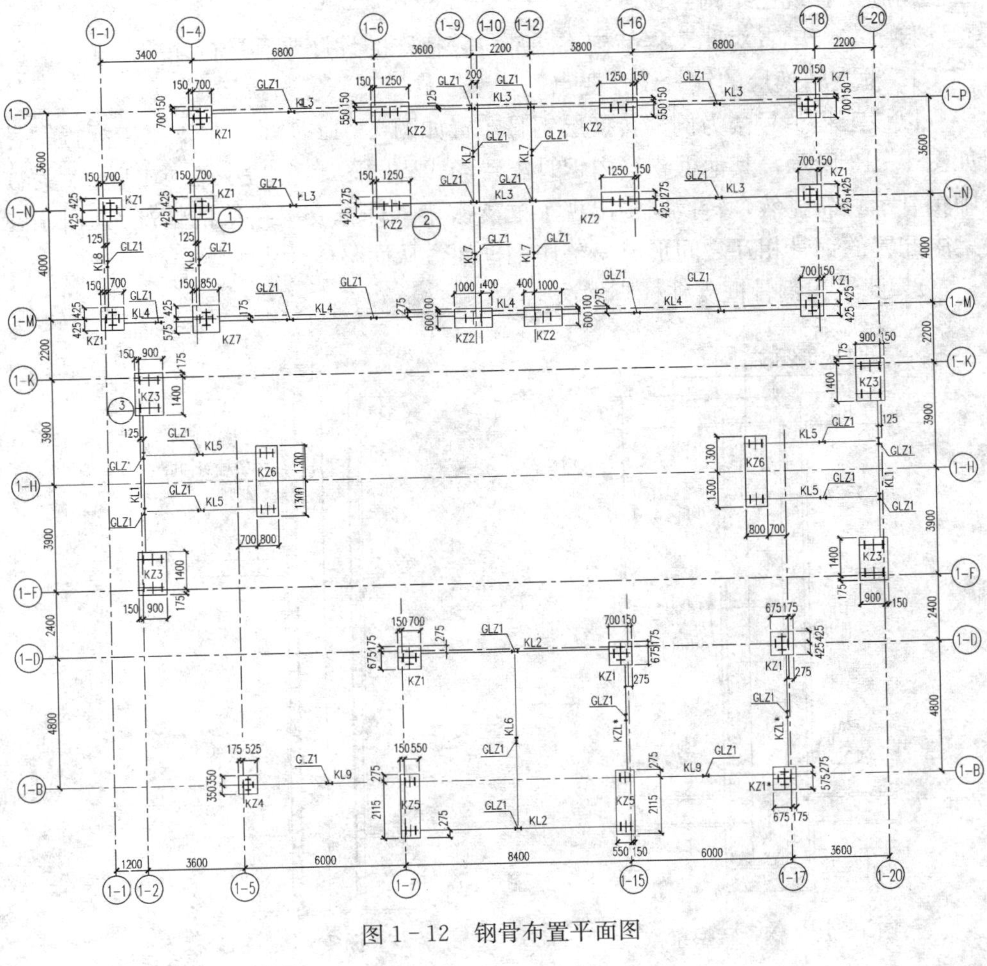

图 1-12　钢骨布置平面图

设计人员以启发，敢于和善于完成有难度的工程。争取达到“别人做不了的工程，我们照样能做，别人能做的工程，我们能做的更经济、更好”的设计境界。

欧元·北欧印象住宅小区地上28层，地下2层，一、二层应甲方要求须有大空间的“北欧大堂”作为卖点。3层及以上是住宅，转换层设在二、三层之间（图1-10～图1-12）（图1-10、图1-11见文后插页）。住宅承重墙多处与一、二层墙、框支柱不对齐，使框支层不可避免地出现多处“框支梁搭梁”。众所周知，框支结构是一种抗震性能较差的“鸡腿”结构，历次地震都有惨痛教训，而且框支“梁搭梁”在规范中并未明确认可。同时，为了创造较大的平面活动空间，建筑师要求最大限度地减小框支梁柱断面。为了解决这些矛盾，经过几种方案的比较，该工程采用在转换梁中配钢骨及钢骨混凝土框支柱，因为：①解决了普通钢筋混凝土框支梁纵筋超筋问题。②减小了梁柱断面，满足了建筑要求。③增强了延性，提高了抗震性能。④避免了与规范的冲突。该工程由北京城建第二公司施工，现已结构封顶。

接下来，笔者对此工程结构不同部位较特殊的设计要点进行介绍。

1. 框支转换层的钢骨设计要点

以该工程1号楼为例，转换层钢骨布置如图1-12所示，框支梁中配置钢骨如图1-13所示，其他框支梁内钢骨配置形式皆同图1-13所示。图1-14为柱中钢骨示意。显然，转换层中出现了框支次梁（即框支梁搭梁的情况），由于在梁中配置的钢骨相互之间形成一整体钢框架，从而整体性大大增强。

2. 此工程钢骨框支柱柱脚做法

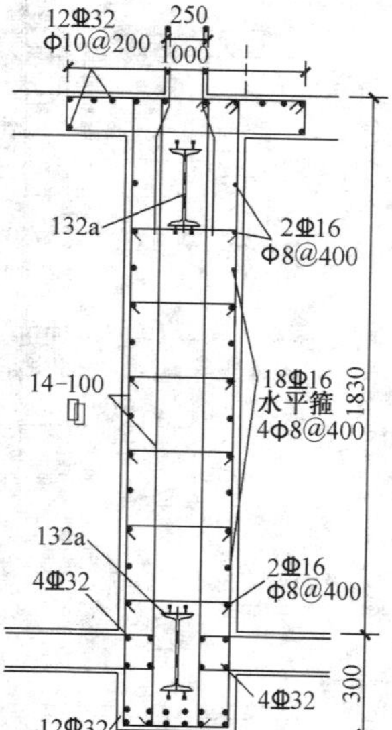

图1-13 钢骨转换梁截面

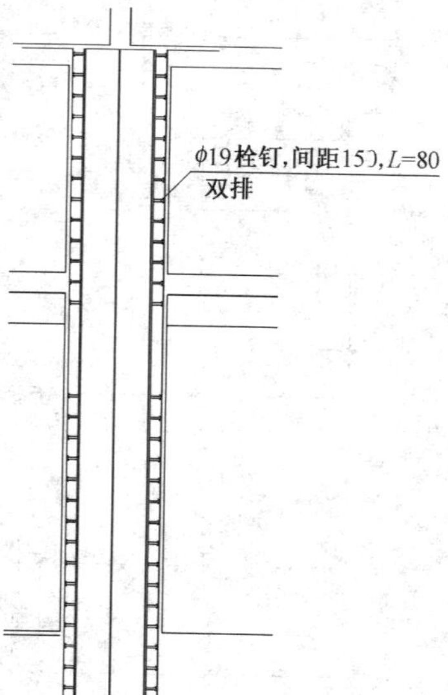

图1-14 钢骨框支柱

钢结构相关规范规定超过 12 层钢结构的刚性柱脚宜采用埋入式柱脚，笔者认为，此条款适用于钢骨柱底有抗震要求时。若基础埋置较深，无抗震要求时，如柱底标高位于地下 2、3 层底板，笔者推荐 SRC 钢骨柱脚采用地脚螺栓（图 1－15）来定位、固定柱中钢骨，具体做法可参照外包式刚性柱脚构造而不必采用规范埋入式做法，这样可有效避免柱中钢骨与地梁中钢筋相撞，使地梁钢筋顺利贯通，方便施工。

3. 本工程框支层节点构造

图 1－16、图 1－17 为本工程框支柱与混凝土剪力墙及框支梁节点构造。该做法参照了相关钢结构规范及图集 OIS G519，规程 JGJ 138—2001（图中 * 号部位表示应竖直向上或向下锚固 15d）。

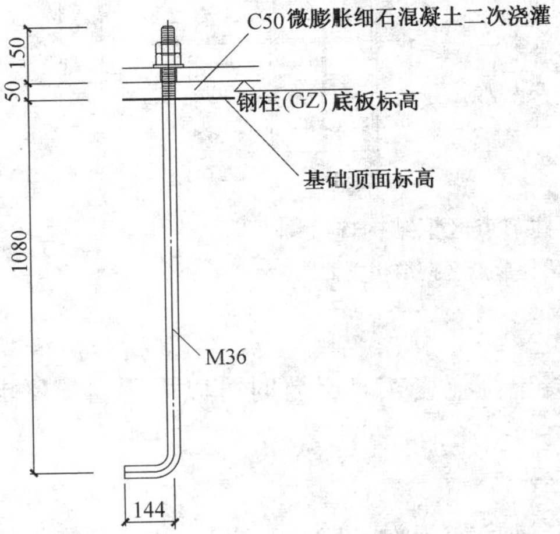

图 1－15　地脚螺栓图

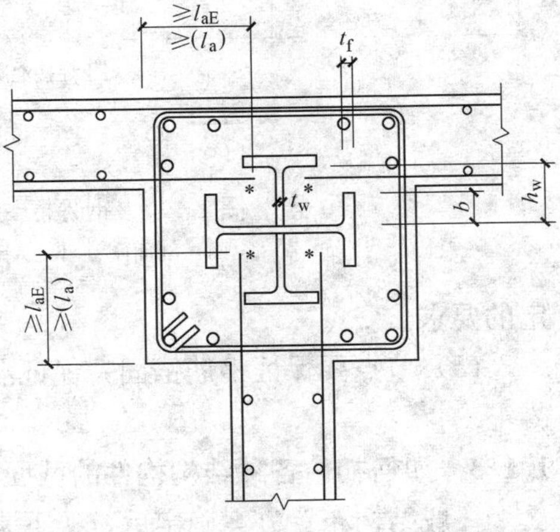

图 1－16　钢骨混凝土柱与剪力墙的节点构造

通过此工程的设计参与，笔者对钢骨混凝土设计施工有以下几点切身体会，仅供设计师指正和推敲。

（1）钢骨混凝土不同于纯钢结构，由于混凝土的侧向约束，同纯钢结构相比，钢骨长细比一般可放为 50％～60％。

（2）当框支梁上下配钢骨时，可于梁跨中及与框支次梁相交处配一钢连柱，增强内置钢结构的整体性。

（3）框支梁中钢骨要考虑让柱筋上升，锚固；尽量避免柱筋在梁钢骨翼缘上穿孔过筋，否则对钢骨翼缘支座抗弯不利。为避免梁柱节点区钢筋碰撞，可考虑梁筋穿钢骨柱腹板后与小钢板块穿孔塞焊锚固。

（4）钢骨柱翼缘要窄、厚，建议翼宽为 250mm 左右，便于混凝土墙、梁筋穿过，钢骨梁中型钢翼缘宽建议也同柱要求，当钢板厚度大于等于 36mm 时，板厚方向断面收缩率要求不小于《厚度方向性能钢板》（GB 5313）Z15 级规

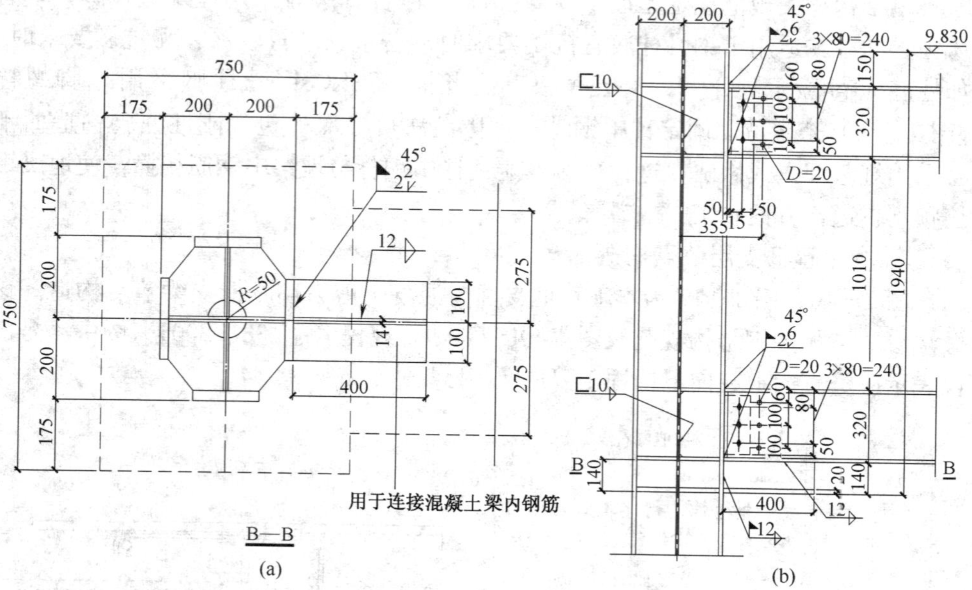

图 1－17 钢骨框支梁柱节点区钢结构连接图

（a）剖面图；（b）钢骨梁柱节点区钢结构立面图

定的要求。

（5）节点要保证钢筋锚固，保证混凝土浇捣密实，必要时可以采用自流平混凝土。

1.1.3 如何初估各种结构构件的截面尺寸

一般结构布置方案确定后，接下来会进入初步设计阶段，此时建筑专业就要问我们柱子估计要多大，梁高要多高。有经验的老设计师一般当场就能确定，一次给定尺寸或者初估的尺寸八九不离十。而年轻人往往却不知所措，于是说“不好说，要试算一下才知道。”实际上，众所周知，计算机也不会直接算出合适的梁柱的具体断面尺寸，一般必须先初估一个大致尺寸，然后让计算机去试算和验证初估的合理准确性。如果经过电算验证，满足要求，“全部绿灯”，就认可通过。否则要经过局部“微调”或者全部“大调”，再次试算，直到完全满足要求为止。有经验的工程师可能初估一次尺寸，就能直接过关，或者只经过很少次数的“微调”就能到位。有两个原因，一是他们积累了丰富的工程经验，也就是“做的工程类型多”；二是他们积累了丰富的常识性的二程数据，也就是“记的常数多”。当然年轻设计人员也期望能少走弯路，一下具备足够的设计经验，这就需要年轻设计人员主动去记忆一些常识性的工程数据，比如梁板的跨高比，剪力墙墙厚，平常注意积累分析，多问多算，大工程做细，小工程做精。

下面就将前人总结和提炼的一些结构构件用于初估时的参考截面尺寸列为表格（表 1-6），仅供设计人参考。本表格只列举一些常用和常规情况，视具体情况，以后还要在各章中进一步补充。

表 1-6　　**结构构件参考尺寸**

分　类	板 厚 度	分　类	梁截面高度
单向板	$L/25 \sim L/35$	简支梁	$L/12 \sim L/15$
单向连续板	$L/35 \sim L/40$	连续梁	$L/12 \sim L/20$
双向板	$L/40 \sim L/45$	单向密肋梁	$L/18 \sim L/22$
轻挑板	$L/10 \sim L/12$	双向密肋梁	$L/22 \sim L/25$
楼梯跑板	$L/30$	井字梁	$L/15 \sim L/20$
无柱帽无梁楼盖	$L/30$	框支梁	抗震时 $L/6$ 非抗震 $L/7$
有柱帽无梁楼盖	$L/30$（重荷载）	悬挑梁	重挑梁 $L/5 \sim L/6$ 轻挑梁 $L/7 \sim L/8$
无黏结预应力板	$L/40$	单跨预应力梁	$L/12 \sim L/18$
基础底板		多跨预应力梁	$L/18 \sim L/20$
平均地基反力 150～200kN/m²	单向板 $L/8 \sim L/6$ 双向板 $L/12 \sim L/9$		
平均地基反力 400～500kN/m²	单向板 $L/4 \sim L/3$ 双向板 $L/5 \sim L/4$		

注　1. 表中 L 为梁的计算跨度（井字梁为短跨）。
2. 梁的荷载较大时，截面高度取较大值，必要时应计算挠度及裂缝宽度，梁的设计荷载的大小，一般可以均布设计荷载 40kN/m 为界，可认为是属于荷载较大。
3. 在计算挠度时，应考虑梁受压区现浇板（翼缘）的有利作用。
4. 在验算挠度时，可将计算所得挠度值减去构件的合理起拱值。
5. 双向密肋梁截面高度可适当减少。

人的大脑容量往往是很有限的，这么多数据要都牢记，对谁来说都非易事。记忆这些数据也有几个技巧。

（1）找典型代表记忆，例如主梁高跨比只需记住 1/15，单向板高跨比只需记住 1/30，双向板高跨比只需记 1/40，悬挑板高跨比 1/10，悬挑梁高跨比 1/5。

（2）根据设计常识和概念定性记忆，这样不会记混记反，比如单向板单向受力（两个支座承载），支座少于双向受力的双向板（四个支座承载），所以因为帮忙承载的支座少，于是自身厚度要求就要高于支座多的双向板，于是高跨比 1/30 要求厚的一定是单向板的要求，而非双向板。另外，同是悬挑构件，挑梁一般是挑板的支座，因此挑梁要比挑板更重要，要求更严格，一定是高度要大些，大些的高跨比 1/5 一定是属于挑梁的，而小些的高跨比 1/10 则应该归属于挑板，这样记混或记反尺寸的现象就避免了。再比如框支梁往往支撑上部的很多剪力墙的沉重荷载，重要性不亚于挑梁，梁高要求应该很严格，它的梁高要求根据定性分析，应该很接近或者基本等于挑梁的高跨比 1/5，表格中的 1/7 不难记忆。

值得注意的是，跨度 l 的含义和取值还有长跨和短跨的区分，以及何时取长跨，何时取短跨，也要根据设计常识和概念定性记忆，机械记忆很容易记反。比如双向板跨度肯定取短跨，因为短向跨度受力大，厚度肯定要和受力大的主要受力方向相关。井字梁高跨比的跨度 l，指的是短跨也不难理解，可以采用极限的想法，假定井字梁间距趋近于零，此时井字梁比邻，等同于一个很厚的双向板，确定梁高实为确定一块厚双向板的板厚，因为双向板的板厚是由短向跨度确定，那么井字梁的梁高也就无疑由短向跨度确定。

1.1.4 熟记民用建筑设计荷载

作为年轻的结构设计人员，要具备一个重要的基本功，那就是不仅要记住一些常用的民用设计荷载，而且要做到脱口而出，不翻查规范。这是检阅一个结构设计人员是否做过较多工程，是否有工程经验的一个基础指标。下面就分类介绍该记忆些什么，和怎么记忆。

（1）恒荷载，现在一般多高层住宅楼多为商品房，住户买房后还将要进行二次装修，为给装修、改造留有适当余地，楼面荷载算法笔者多个工程统一取 2.0kN/m^2（这是个常识数据，希望设计人员牢记）。这样在对构件截面和配筋估算时，不必追问建筑专业楼面做法的具体细节和翻查相关图集图册，更不必手算楼面做法自重，比较主动。

（2）住宅中轻质隔墙的自重（无论是固定隔墙，还是位置有可能灵活自由布置的隔墙），一般作近似简化，统一按照恒荷载考虑，并且一律取值为 2.0kN/m^2，对于固定隔墙自重按恒荷载考虑，这是有荷载规范支持和允许的，而对于位置有可能灵活自由布置的隔墙，荷载规范的取值方法是把每延米长墙重的 1/3 作为楼面活荷载的附加值，简单说是将墙重线荷载按一定的比例折算后作为活载计算。笔者经过几个工程的实践比较，认为这两种方法只是算法和分类角度的不同，都是近似方法，计算结果相差不多（而一般算法的结果为控制，偏于安全）。非要追究到底划归为恒载合适还是活载合理，几乎没有实际的工程意义。所以将轻质隔墙一律算为恒荷载，一下跳过了计算轻质隔墙的线荷载再按一定的比例折算的计算步骤，实践证明简单快捷，易于操作。

而住宅的活荷载根据荷载规范规定，恰恰取值还是 2.0kN/m^2，于是对于住宅荷载可参照表 1-7，结构设计人员只需记住“3 个 2.0kN/m^2”，就可以直接完成板和梁的手算荷载，甚至配筋计算。这 3 个 2.0kN/m^2，见表 1-7，一个是楼面做法取自重值 2.0kN/m^2，一个是轻质隔墙自重取值 2.0kN/m^2，一个是活荷载取值 2.0kN/m^2。

表 1-7　　一般民用住宅荷载经验取值

楼面做法自重/(kN/m²)	轻质隔墙自重/(kN/m²)	活荷载取值/(kN/m²)
2.0	2.0	2.0

对于住宅和办公的屋面做法，只要建筑专业和甲方没有专门提出特别较重的保温防水做法要求，一般屋面恒荷载在 4.0kN/m² 左右，与实际不会有太大出入。方案和估算时不宜将屋面做法拘泥于做法图集中所查的自重，否则偏于不安全，因为一般屋面做法均有排水坡度，坡度最高点的做法厚度才是控制点。

对于屋面的活荷载，不上人时 0.5kN/m²，上人时仍为 2.0kN/m²（旧规范时上人屋面荷载为 1.5kN/m²，新规范有所提高），这是不难理解的。这里的 0.5 和 2.0 作为常识数据是要掌握的，根据笔者的经验，对于轻钢加层结构，结构基础一般没有条件加大截面加固时，简单地说也就是基础不能大动时，一定要在结构总说明中写上这样的语句："本工程为不上人屋面，设计活荷载为 0.5kN/m²，严禁超载。"因为轻钢结构的屋顶，一般要由结构专业做出排水坡度（比如本身带坡度的门式刚架），也不适合上人踩踏屋面。

当然上人屋面活荷载也不是一成不变一定要取 2.0kN/m²，要根据屋面使用的实际情况，具体问题具体分析，下面举个例子。

【例 1-4】 上人屋面活荷载计算

条件：某展览馆的屋面于晚上放映电影和露天舞场使用

要求：确定设计屋面板时应考虑的屋面活荷载设计值

【解析】

1）查《荷载规范》表 4.3.1 项次 2，上人屋面 $q_k = 2.0\text{kN/m}^2$

2）根据《荷载规范》表 4.3.1 注 2 的规定，应根据相应楼面活荷载采用

查《荷载规范》表 4.1.1 项次 4，无固定座位的看台 $q_k = 3.5\text{kN/m}^2$

查《荷载规范》表 4.1.1 项次 5，舞厅 $q_k = 4.0\text{kN/m}^2$

3）综合上述，按最不利考虑，取 $q_k = 4.0\text{kN/m}^2$

4）根据《荷载规范》表 3.2.5 的规定，$\gamma_Q = 1.4$

5）屋面活荷载设计值为 $q_k = 4.0 \times 1.4 = 5.6\text{kN/m}^2$

对于一般民用建筑的活荷载（见表 1-8），可以不用全部记忆，毕竟大脑有限。

经过分析和简单归类后，个人认为只需记住 3 个典型的数据，一个 2.5kN/m²，一个 4.0kN/m²，一个 7.0kN/m²。2.5kN/m² 用于人或物有可能比较集中的楼面，换句话说，呆在这些地方的人一般比较多，比如楼梯，阳台，厕所，一般厨房，会议室，阅览室，医院门诊，教室等，所以比住宅活荷载 2.0kN/m² 要稍大一些。

表 1－8　　民用建筑楼面均布活荷载标准值

项　次	类　　别	标准值/(kN/m²)
1	(1) 住宅、宿舍、旅馆、办公楼、医院、病房、托儿所、幼儿园 (2) 教室、实验室、阅览室、会议室、医院门诊室	2.0 2.0
2	食堂、餐厅、一般资料档案室	2.5
3	(1) 礼堂、剧场、影院、有固定座位的看台 (2) 公共洗衣房	3.0 3.0
4	(1) 商店、展览厅、车站、港口、机场大厅及其旅客等候室 (2) 无固定座位的看台	3.5 3.5
5	(1) 健身房、演出舞台 (2) 舞厅	4.0 4.0
6	(1) 书库、档案库、储藏室 (2) 密集柜书库	5.0 12.0
7	通风机房、电梯机房	7.0
8	汽车通道及停车库 (1)单向板楼盖(板跨不小于 2m) 客车 消防车 (2) 双向板楼盖和无梁楼盖(柱网尺寸不小于 6m×6m) 客车 消防车	 4.0 35.0 2.5 20.0
9	厨房 (1) 一般 (2) 餐厅	 2.0 4.0
10	浴室、厕所、盥洗室 (1) 第一项中的民用建筑 (2) 其他民用建筑	 2.0 2.5
11	走廊、门厅、楼梯 (1) 住宅、宿舍、旅馆、办公楼、医院、病房、托儿所、幼儿园 (2) 教室、办公楼、医院门诊室 (3) 消防疏散楼梯、其他民用建筑	 2.0 2.5 3.5
12	阳台 (1) 一般情况 (2) 当人群有可能密集时	 2.5 3.5

注　1. 本表所给各项活荷载适用于一般使用条件，当使用荷载较大或情况特殊时，应按实际情况采用。

2. 第6项书库活荷载当书架高度大于2m时，书库活荷载尚应按每米书架高度不小于 2.5kN/m² 确定。

3. 第8项中的客车活荷载只适用停放载人少于9人的客车；消防车活荷载是适用于满载总重为 300kN 的大型车辆；当不符合本表的要求时，应将车轮的局部荷载按结构效应的等效原则，换算为等效均布荷载。

4. 第11项楼梯活荷载，对于预制楼梯踏步平板，尚应按 1.5kN 集中荷载验算。

5. 本表各项荷载不包括隔墙自重和二次装修荷载。对于固定隔墙的自重应按恒荷载考虑，当隔墙位置可灵活自由布置时，非固定隔墙的自重应取每延米长的墙重（kN/m）的 1/3 作为楼面活荷载的附加值（kN/m²）计入，而且附加值不小于 1.0 kN/m²。

4.0kN/m² 用于人或物有可能更集中更密集的楼面，比如健身房是人和健身器械很集中的地方，再如看台（包含有固定座位和无固定座位的看台），舞厅，商店，旅客等候室，展览厅，消防疏散楼梯，人群可能集中的阳台，也是人流很集中的地方，而餐厅的厨房和车库分别是厨具、灶具和轿车很密集的地方，所以取值为 4.0kN/m²，可想而知当然要比“较集中的楼面”更大些（顺便解释一下，按规范规定，商店、旅客等候室，无固定座位的看台，消防疏散楼梯，人群可能集中的阳台，活荷载取为 3.5kN/m²，一般一律近似记为 4.0kN/m²，一方面更偏于安全，另一方面仅相差 0.5kN/m²，属于工程可以忽略的范畴，也无须在多记一个 3.5，破坏了分类）。

7.0kN/m² 则用于两个机房和一个变电室，即通风设备机房、电梯机房和高压变电室。笔者在此特别提出来作为一类，是为了醒目和突出。因为刚参加工作的同志，在整体电算时，经常将电梯机房和变电室活荷载误输为 2.5kN/m² 或 4kN/m² 的错值。电梯几乎每一个多高层建筑都要接触到，所以 7.0kN/m² 实在是很关键的常用数据，应该牢记。为什么活荷载这种地方达到 7.0kN/m²，道理不难理解，比如电梯机房，进去过的人都会知道，机房除了曳引机设备外，还有电气控制柜。通过楼板上的预留孔，曳引钢丝绳牵拉着沉重的电梯轿厢。钢丝绳牵拉轿厢的牵拉力很大，且直接作用在结构楼板上。

而高压变电室，配合过电气专业的人会知道，在变电室里，布满了很多排巨大的高压电气控制柜，大柜子里面盘绕着很多匝很粗的线圈，这种房间的功能和布局势必造成楼面的活荷载很大，7.0kN/m² 是不算过分的荷载数值。

最后特别提一下，通风设备机房为什么活荷载也取 7.0kN/m²。其实和设备专业经常配合的结构设计人员，应该会有这样的经验。当设备专业给结构提条件时，往往所提的设备重量不会很重，最大的不过 1～2t，再等效均匀分布在结构楼板上大部分也不足 2.0kN/m²，于是怀疑规范规定 7.0kN/m² 是否太大，偏于保守。但实际上这种担心是多余的，因为设备专业提供的只是设备本身的重量，而且大而重的设备一般不会直接搁置在结构楼板上，否则设备工作时的起伏振动和其他动力因素对楼板会产生不利影响，为此设备于楼板之间通常要作设备基础，来缓解设备动力振动对结构的不利影响。设备专业提供的设备自重当然不会包含设备基础的重量，因为不知道基础的大小。笔者手算过一个等效折算后活荷载大致为 2.0kN/m² 的设备基础，而设备基础的重量均匀分摊到楼板上的荷载大约 4.7kN/m²，叠加后为 6.7kN/m²，所以规范规定通风设备机房的活荷载取值为 7.0kN/m²，并非是个保守值，而是有科学依据的，这里特别提醒刚工作不久的同志，不要仅仅把设备专业提供的设备自重直接当最终活荷载套用，而漏算了设备基础的关键重量，方案阶段或估算时候，设备机房可按照 7.0kN/m² 取值，应该不会有太大问题。

最后将上述内容汇总为一张表格作为分类助记的小结，见表1－9。

表1－9　　民用建筑楼面均布活荷载标准值分类助记表

助记特点	类　别	标准值/(kN/m²)
用于人或物有可能比较集中的楼面	（1）楼梯、阳台、厕所、厨房、浴室 （2）教室、实验室、阅览室、会议室、医院门诊室、食堂、餐厅、一般资料档案室	2.5
用于人或物有可能更集中更密集的楼面	（1）礼堂、剧场、影院、有固定座位的看台 （2）公共洗衣房 （3）展览厅、车站、港口、机场大厅 （4）有固定座位的看台 （5）健身房、演出舞台 （6）舞厅 （7）商店、旅客等候室 （8）无固定座位的看台 （9）消防疏散楼梯 （10）人群可能集中的阳台	3.5～4.0
用于设备有可能集中、密集的大荷载楼面	通风机房、电梯机房、高压变电室	7.0
用于有可能集中堆放工程备料，如钢筋、砂石的结构顶板	地下一层顶板即±0.000板	8.0～1.0

关于活荷载最后要特别指出一个常识数据，纯粹来源于工程经验，这在规范中没有提到，所以要格外关注。要说的其实就是地下一层顶板（或近似称±0.000板）的活荷载取值，较其他部位的楼层结构板有特殊的地方，它不再按照各个房间功能翻查规范，对应取值，而是各个房间活荷载一律取8.0～10.0kN/m²。其道理主要是由于施工到±0.000时，施工单位往往工程备料统统堆放在地下一层顶板上，这样做便于施工随时取用。笔者就亲眼见过施工现场把成吨的钢筋和砂石随意堆放在±0.000板的任一房间里。考虑到这个实际情况，该楼层楼板活荷载要加大些是合理的。

但同时应该注意的是，当±0.000板活荷载取8～10kN/m²时，此时恒荷载中的隔墙自重可取1kN/m²或者更小，因为堆放大批施工备料时，隔墙的施工一般还未完成。否则会限制材料的随意堆放。

设计中有过这种教训，笔者认识的一个40多岁的有一定经验的结构工程师，在地下一层顶板的设计中，就是因为大意而忽视了活荷载在此处的特殊性，而一律取了2.5kN/m²，导致结构楼板配筋设计很小，基本为Φ8@200/100和Φ8@150，结果很快造成了结构还没封顶，这层楼板上下皮多处开裂，幸好由于双向板有利因素多，安全储备大，没有发生安全问题，最后花了不少钱，采取很多措施来补救裂缝，甲方对设计人很不满。笔者举这个工程反例，无非是想提醒年轻设计师，不要犯类似错误。笔者设计一±0.000 板时，在截面尺寸相同的情况下，板和梁的配筋往往一般要比其他楼层大，这无疑是由于特殊部位板活荷载较大在配筋中的直接反映，否则肯定有 2 种情况——要么±0.000 板活荷载取错，要么其他楼层板梁设计偏大而浪费（切记这个规律，规范中不会查到，掌握这个规律，不仅有助于自查，也是审图的一个要点）。

1.1.5　熟记各种钢筋以及多根同规格钢筋的总截面面积和助记技巧

一般结构计算类丛书列在表 1-10 中，单个钢筋的面积对于刚工作的结构设计人员来说很重要，一般需要记忆，作为设计配筋的基础。

表 1-10　各种规格的钢筋截面积

同种钢筋面积表 A_s/mm^2										
钢筋直径/mm	钢筋根数									重量(1 根)/(N/m)
	1	2	3	4	5	6	7	8	9	
3	7.07	14	21	28	35	42	49	57	64	0.55
4	12.57	25	38	50	63	75	88	101	113	0.99
5	19.63	39	59	79	98	118	137	157	177	1.54
6	28.27	57	85	113	141	170	198	226	254	2.22
8	50.27	101	151	201	251	302	352	402	452	3.95
10	78.54	157	236	314	393	471	550	628	707	6.17
12	113.10	226	339	452	565	679	792	905	1018	8.88
14	153.94	308	462	616	770	924	1078	1232	1385	12.08
16	201.06	402	603	804	1005	1206	1407	1608	1810	15.78
18	254.47	509	763	1018	1272	1527	1781	2036	2290	79.98
20	314.16	628	942	1257	1571	1885	2199	2513	2827	24.66
22	380.13	760	1140	1521	1901	2281	2661	3041	3421	29.84
25	490.87	982	1473	1963	2454	2945	3436	3927	4418	38.53
28	615.75	1232	1847	2463	3079	3695	4310	4926	5542	48.34
30	706.86	1414	2121	2827	3534	4241	4948	5655	6362	55.49
32	804.25	1608	2413	3217	4021	4825	5630	6434	7238	63.13
34	907.92	1816	2724	3632	4540	5448	6355	7263	8171	71.27
36	1017.88	2036	3054	4072	5089	6107	7125	8143	9161	79.90
40	1256.64	2513	3770	5072	6283	7540	8796	10053	11310	98.65

注　计算钢筋公称质量时，将重量×0.1kg/m。

但从直径为 6～40mm 的钢筋面积，都是零碎的数字，强行记忆不是很容易，于是笔者通过找出不同级别钢筋面积之间的规律，建议采用一种近似的记忆方法，当然肯定不是最好的方法，仅供结构设计人员参考。

通过表 1-11 看出，$\phi12$（包括 12）以内的相邻级差的钢筋面积之差值基本为 $25mm^2$ 左右，$\phi12$～$\phi18$（包括 $\phi18$）之间的相邻级差的钢筋面积之差值基本为 $50mm^2$ 左右，$\phi22$～$\phi36$（包括 $\phi36$）之间的相邻级差的钢筋面积之差值基本为

100mm² 左右，于是记住 ϕ6 或 ϕ8 的钢筋初始面积就能根据这个规律，连续推算记忆出全部不同规格的单个钢筋面积。

表 1-11　　各种规格的钢筋截面积

钢筋直径 /mm	单根实际面积 /mm²	与上一级钢筋面积大约差值或其他助记方法 /mm²	助记面积 /mm²
6	28.27		25
8	50.27	25	50
10	78.54	25	75
12	113.10	25	100
14	153.94	50	150
16	201.06	50	200
18	254.47	50	250
20	314.16	面积为半径 10 的平方乘以 3.14 故此得到 314	314
22	380.13	50	380
25	490.87	100	500
28	615.75	100	600
30	706.86	100	700
32	804.25	100	800
34	907.92	100	900
36	1017.88	100	1000
40	1256.64	200	1200

其中直径为 ϕ20 的钢筋面积需要另外的方法单独记忆，因为该面积为半径 10mm 的平方乘以 3.14 故得到 314，也不难记忆。

板钢筋的不同直径规格和间距的总面积，一般设计人员会通过查板钢筋面积表得到，如果手边没有板钢筋面积表的话，笔者建议可以采用通过记住了的单个钢筋面积，来推算每延米板钢筋总面积的方法。

方法为：比如要计算Φ12@200 的板钢筋总面积，因为知道直径Φ12 的面积约为 113mm，同时单位板宽为 1000mm，1000mm 中含有 5 个 200mm 的间距，于是 113×5＝565mm²。

再比如要计算Φ12@100 的板钢筋总面积，因为知道直径Φ12 的面积约为 113mm²，同时单位板宽为 1000mm，1000mm 中含有 10 个 100mm 的间距，于是 113×10＝1130mm²。

再举个例子，如要计算Φ12@150 的板钢筋总面积，因为知道直径Φ12 的面积约为 113mm²，同时单位板宽为 1000mm，1000mm 中大约含有 7 个 150mm 的间距（因为 7×150＝1050mm²），于是 113×7＝791mm²。

一般板配筋的常用到的间距也就是 100mm，200mm，150mm 三种，所以上面方法也就有了一般性。

1.1.6　熟记常用到的不同梁宽单排最多能放置各种规格钢筋的总根数

能熟记常用到的不同梁宽单排最多能放置各种规格钢筋的总根数（包括上下铁）也是个重要的基本功，见表1-12。

表1-12　梁内单排钢筋最大根数

梁宽 b/mm	钢筋直径/mm										
	10	12	14	16	18	20	22	25	28	30	32
150	3	3	2	2	2	2	2	2			
200	4	4	3/4	3/4	3	3	3	2/3	2/3	2	
220	4/5	4/5	4	4	4	3/4	3/4	3	2/3	2/3	
250	5/6	5	5	4/5	4/5	4	4	4	3	3	
300	6/7	6/7	6	5/6	5/6	5	4/5	4/5	4	3/4	
350	7/8	7/8	7	6/7	6/7	6	5/6	5/6	4/5	4/5	
400	9/10	8/9	8/9	7/8	7/8	7/8	6/7	6/7	5/6	5/6	
450								7/8	6/7	6/7	5/6
500								8/9	7/8	6/7	6/7
550								8/9	8/9	7/8	7/8
600								9/10	8/9	8/9	7/8

注　1. 表内分数值其分子为梁截面上部钢筋排成一派是最大根数；分母为梁截面下部钢筋排成一排时最大根数。

2. 梁的上部纵向钢筋的净距不应小于30mm和1.5d（d为钢筋的最大直径），下部钢筋的净距不应小于25mm和d；梁的下部纵向钢筋配置多于2层时，钢筋水平方向的中距应比下面2层的中距大一倍。

至少要记住常用到的梁宽为300mm的梁内，单排上下铁最多能放到4根直径28mm的钢筋，这样要放直径小于28mm的钢筋比如常用直径为22mm和25mm就更没问题了。

1.1.7　熟记常用到的混凝土强度设计值和记忆方法

工程一般用到的混凝土强度设计值见表1-13。

表1-13　混凝土强度设计值　（单位：N/mm²）

强度种类	混凝土强度等级													
	C15	C20	C25	C30	C35	C40	C45	C50	C55	C60	C65	C70	C75	C80
f_c	7.2	9.6	11.9	14.3	16.7	19.1	21.1	23.1	25.3	27.5	29.7	31.8	33.8	35.9
f_t	0.91	1.1	1.27	1.43	1.57	1.71	1.8	1.89	1.96	2.04	2.09	2.14	2.18	2.22

注　1. 计算现浇钢筋混凝土轴心受压及偏心受压构件时，如截面的长边或直径小于300mm，则表中的混凝土的强度设计值应乘以系数0.8；当构件质量（如混凝土成型、截面和轴线尺寸等）确有保证时，可不受此限制。

2. 离心混凝土的强度设计值应按专门标准取用。

通过观察表1-13，混凝土强度设计值和混凝土强度等级之间也存在着近似规律，笔者建议结构设计人员可以参考和利用。

我们可以看出 f_c 大约为混凝土强度等级数值的1/2减去1或者2得到，C40（包括C40）以下时减1，C40到C60之间（包括C60）时减2。

比如 f_c 在C40时，为40/2−1=19，实际为19.1，相差0.1，基本一致。

再如 f_c 在C25时，为25/2−1=11.5，实际为11.9，相差0.4，也基本一致。

f_c 在C60时，为60/2−2=28，实际为27.5，相差0.5，基本一致。

而 f_t 与 f_c 也存在着倍数关系，f_t 在C40（包括C40）以下时，基本为 f_c 的0.1倍。

比如 f_t 在C30时，为 $0.1\times f_c=0.1\times14.3=1.43$，实际亦为1.43，一致。

再比如 f_t 在C35时，为 $0.1\times f_c=0.1\times16.7=1.67$，实际亦为1.57，基本一致。

1.1.8 学会利用计算手册的结论，提高设计效率

钢筋混凝土结构计算图表，就是为了方便设计师查取，提高设计效率而编制的。由于笔者在本书第1版中已将各个计算图表的适用范围、使用说明和如何查取通过举例展开介绍给结构设计人员，由于内容所限，不再赘述。

1.2 结构设计师所必须掌握的基本概念

绝大部分的年轻结构设计人员，尤其在大学本科或研究生刚毕业时，由于常年以来受到教科书式结构计算的教育影响，往往“重计算，轻概念”。有一个年轻设计师就曾把一个仅有两个支座支撑的单向板错当成了一个有四个支座支撑的双向板，计算了半天，就因为这个板块是标准形状的正方形，这是个可笑的反例，但很说明问题。正好印证了瑞士教授斯亭的一句名言：“整天埋头于资料和结构计算的人往往把常识给忘掉。”

所以笔者感觉到，尤其是我们的结构专业，应该足够地重视概念设计，即“概念第一位，计算第二位”，下面就把我能想到的一些设计上的大概念和大原则一一列举出来，仅供设计人员参考和指正。

1.2.1 结构或构件尽可能拉结成整体，不宜“各自为政”

这实际是结构设计中很基本也很重要的设计概念，可简称为“能连不分”。毕竟“众人拾柴火焰高”，构件靠单打独斗，肯定不如联手有利。下面举几个问题结合工程实例来展开阐述这个设计概念。

（1）单独柱基间宜设置拉梁。拉梁的实际作用就是将各单独柱基拉结成一体，以避免个别独立柱基个体独立沉降，导致各个柱基产生沉降差，对结构产生次生应力，致使结构产生开裂等其他不良影响。设置了拉梁，一个柱基沉降就会

通过拉梁波及到相邻柱基随之沉降，一方面消除或减少了相邻柱基间的沉降差，一方面拉梁中的主筋也会吃掉（或者称抵抗）由于沉降差产生的次生弯矩，当然这就要求拉梁的截面尺寸要足够大，具备一定刚度，一般拉梁高度至少取跨度的1/20～1/15．否则拉梁的高度过小，不会起到有效拉结构件、一起沉降的作用。

原因很简单，可采用极限的想法，企图用一根细钢丝来拉结两个独立柱基，肯定达不到一起沉降的效果，因为细钢丝明显刚度不够。此外当两个独立柱基距离很远（超过8～9m以上时），不宜考虑再设置拉梁，因为此时拉梁的拉结作用很小，拉结意义不大。

(2) 加层屋顶各柱间同样要设置构造拉梁。笔者曾作过一个较典型的加层改造的工程——青岛市委党校健身会议综合楼结构加层改造工程，该工程原为全现浇框架—剪力墙结构，地下一层，地上二层，现增加一层健身房［见图1-18(a)和加层建筑剖面图1-18(b)］平面南北两个边跨及③～⑤轴间，加层结构采用框架结构，层高4.2m，平面中间其余部分31.8m×19.8m（Ⓔ～Ⓒ轴间/②～⑥轴间）范围内采用大空间钢网架结构，网架净高4.65m（见图1-19）。由于原建筑物位置临海，海风很大（基本风压可达到0.6kN/m^2），而且各框架边柱柱距较大，柱间还须增设抗风柱。设计人将新框架柱与原框架柱通过新旧主筋焊接的方法接起一层，网架支座设置于后作柱柱顶，为减少柱弯矩，避免后作柱超筋，柱顶设为铰接。

此外为了防止水平力作用下各个柱成为独立悬臂柱，于是利用建筑该加层周边竖向窗间的空间，设置了高低两个拉梁LL1和LL2，而且利用拉梁连带作了网架的混凝土封边（见图1-20），两个拉梁把几个本来“各自为政”的独立悬臂柱拉结为一个整体，即一柱受侧力，立即波及扩散到其他各柱，共同抵抗y方向水平力。显然，多道拉结肯定比单道拉结更有利。

(3) 加固改造项目中后作构件与原结构构件均宜有构造拉结。还是上面同一个工程，再展开介绍一下后作柱与原剪力墙结构拉结的平面节点设计构造和施工做法：该工程在平面拐角的个别地方，由于原结构剪力墙已先局部占位的原因，有的后作柱没有条件达到600mm×600mm的尺寸，只能做到350mm×600mm，这时首先应验算并确保该截面轴压比及强度满足要求，同时为了增大其刚度，构造上应与原混凝土墙进行有效拉结，在概念上使原结构部分剪力墙尽可能成为后作柱的一部分，换而言之，就是创造条件让后作结构柱与原结构部分剪力墙共同工作，以成为一个抗侧力整体，而不是完全脱开的两张皮。为此设计与施工时，每隔300mm，竖向用一根ϕ14mm短筋一部分刺入原结构混凝土墙，剩余部分浇入后作柱内（见图1-21与图1-22）这样实现新结构与原结构的有效拉结。值得一提的是，此ϕ14mm短筋竖向间距的确定在设计时有不同意见，一种意见是间距取为200mm，基本同非加密区柱箍筋间距，笔者认为此间距偏密，且可能破坏原剪力墙水平筋Φ12@200（间距取为200mm的倍数都会出现此问题），从概念设计的角度讲，笔者感觉此做法对原结构破坏较间距稀疏时要大，从改造工程尽量少或不破坏原结构的原则出发，间距选择了疏密适中的300mm。

后作梁与原结构剪力墙横剖面节点设计构造和施工做法：该工程个别后作梁因梁宽方向同样也有原结构剪力墙已先局部占位的问题，而迫使后作梁的梁边要与柱一边平齐（见图1-21），不可避免的对与原结构剪力墙拉结的“组合柱”

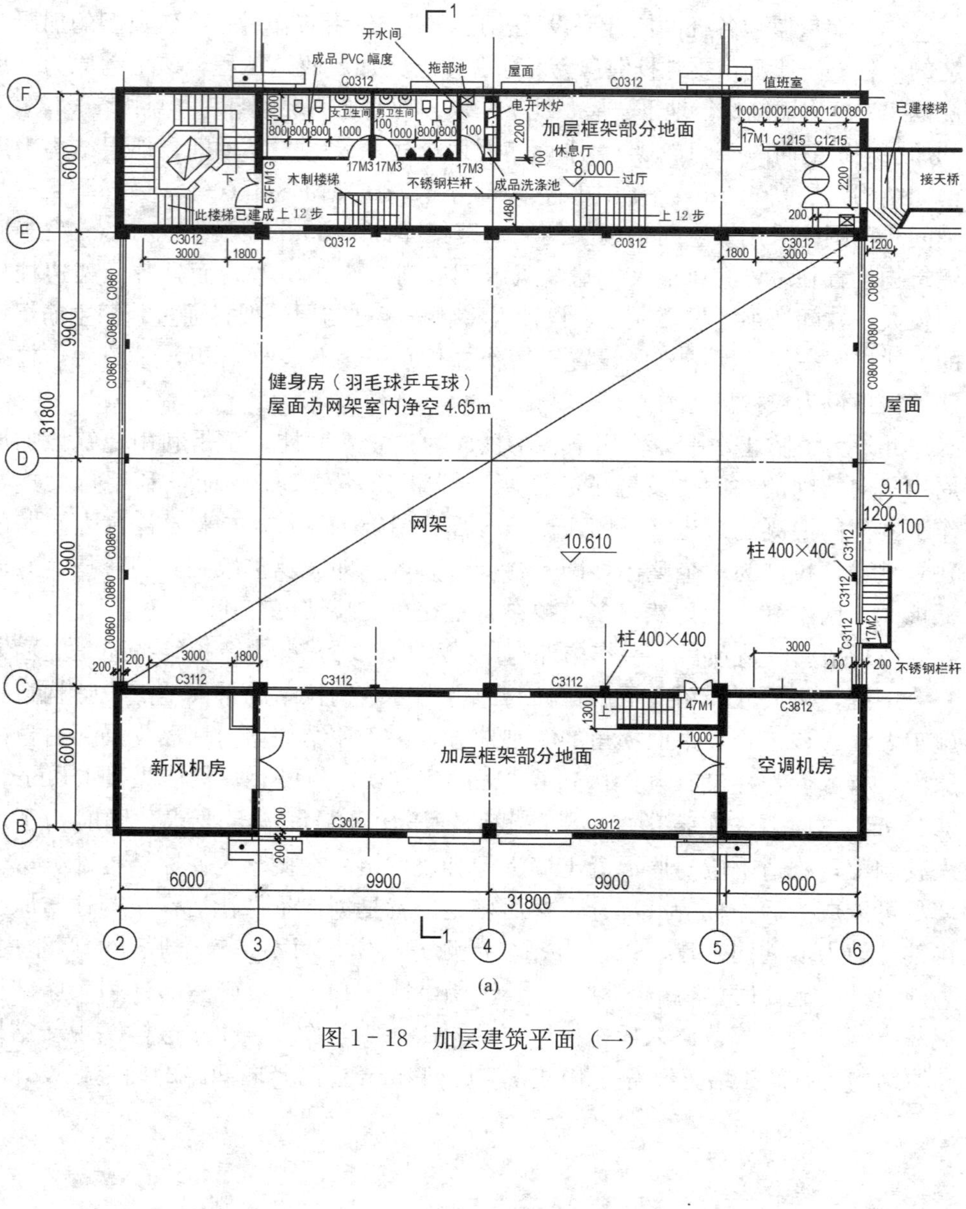

(a)

图1-18 加层建筑平面（一）

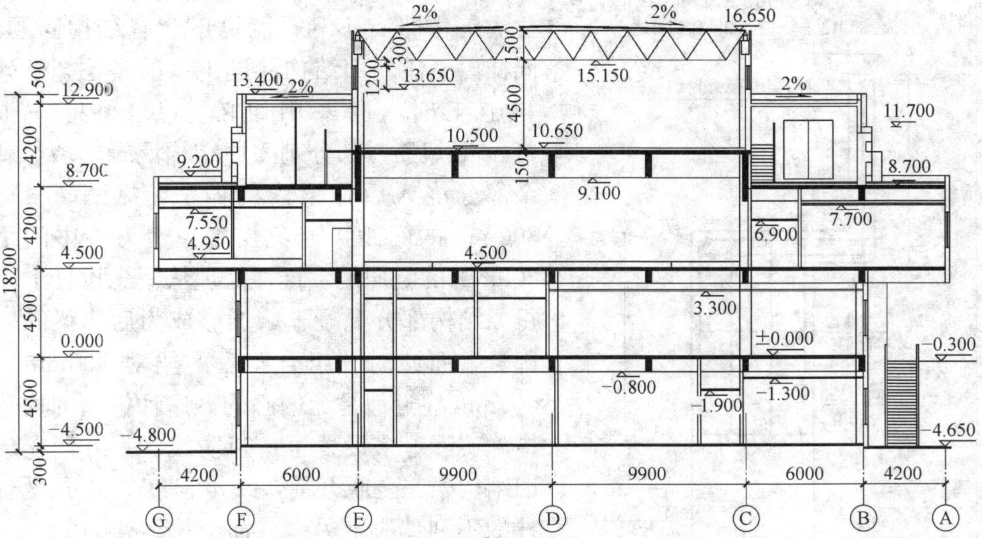

(b)

图 1 - 18　加层建筑剖面（二）

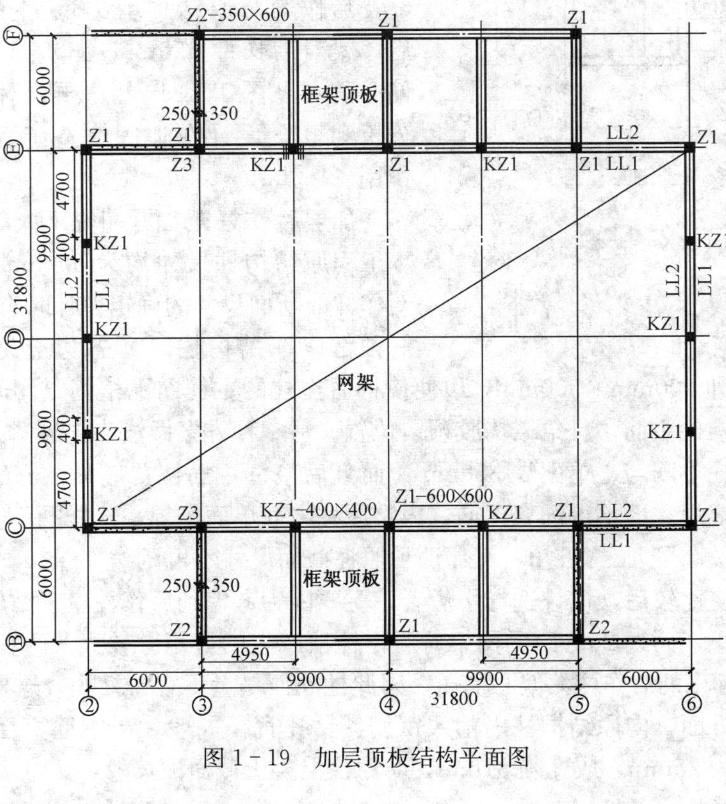

图 1 - 19　加层顶板结构平面图

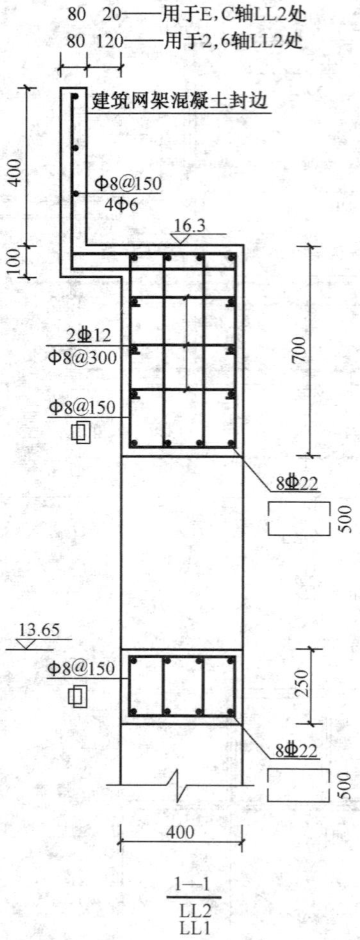

图1-20 拉梁LL1和LL2配筋图

（600mm×600mm）存有偏心。尽管这样对柱的工作略有不利，但也不会有结构问题。同样出于让新旧结构共同工作的考虑，设计与施工时，也采用每隔300mm将一根ϕ14mm短筋一部分刺入原结构混凝土墙，剩余部分浇入后作梁内的做法，见图1-23 300mm的间距可避免伤害原剪力墙中间距200mm的竖向筋，这种处理从概念设计上使得原结构部分混凝土墙能够成为后作梁的一部分，而此时“组合”后的梁对600mm×600mm柱近似是无偏心的。这种拉结的构造措施实际上多设置了一道防线，一方面在新旧结构未完全脱开前，一定程度的减弱梁对柱的不利偏心，另一方面当拉结处的混凝土界面受剪破坏时，新旧结构完全脱开，这里指双脱开，即后作柱与原结构剪力墙完全脱开，后作梁与原结构剪力墙完全脱开，此后，梁对后作柱350mm×600mm仍然是无偏心的（见图1-21），这再次体现了定性分析和概念设计在加固改造工程中的关键作用。

加层后作柱断面尺寸的确定及其依据：本工程原结构柱尺寸均为600mm×600mm，新作柱的断面尺寸的确定设计时有两种方案。一种是以原结构柱尺寸各边分别向内缩进100mm，即500mm×500mm，以便使得后作柱的主筋向下植筋锚固时，能完全避开原结构柱主筋，且给结构胶预留位置。另一种方案做法为先剔凿露出原柱主筋，后接柱主筋与之单面焊350mm，而且后接柱主筋位置应紧贴箍筋，与原柱主筋平行施焊，而不得远离箍筋，内贴原柱主筋单面施焊，这样既不会使后接柱主筋的有效高度h_0打折扣，又保证了原柱截面尺寸不再压缩。（图1-24）。两种方案经反复比较后，设计选择了后者，主要因为考虑到后作柱位于结构顶层，柱轴压力较小，而近20m跨的网架对后作柱顶产生的弯矩会较大，两者共同作用，会使新接起来的后作柱大偏心受压，因此柱断面尽量不宜再缩小，这样对抗弯有利。另一方面，向原结构柱内植入钢筋，钻孔直径一般大于主筋直径6mm，本工程主筋为25mm，成孔须31mm，对原柱混凝土截面破坏较大，本着多保留少

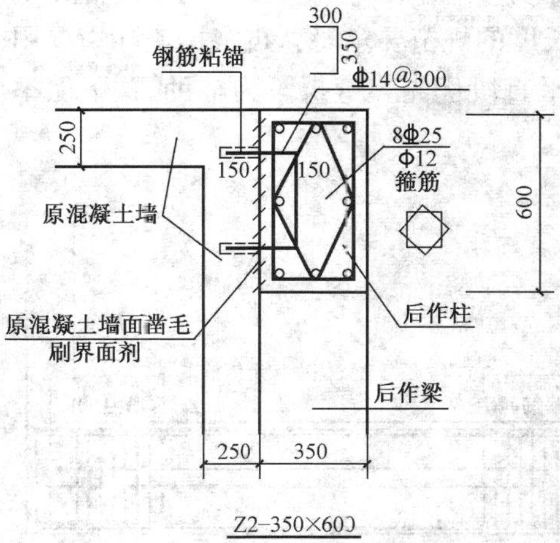

图 1－21　后作柱 Z2 与原剪力墙结构拉结的平面节点大样

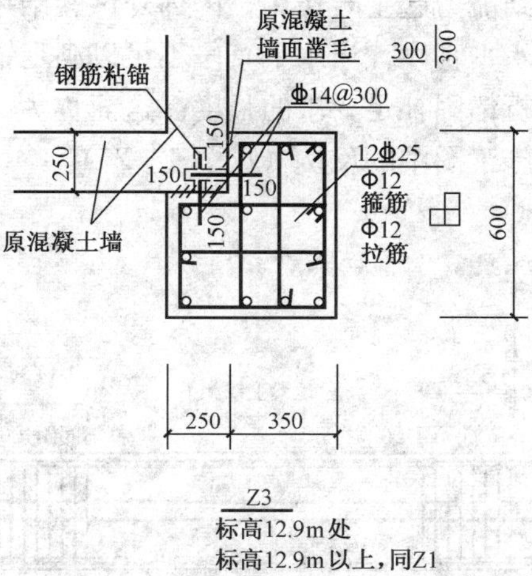

图 1－22　后作柱 Z3 与原剪力墙结构拉结的平面节点大样

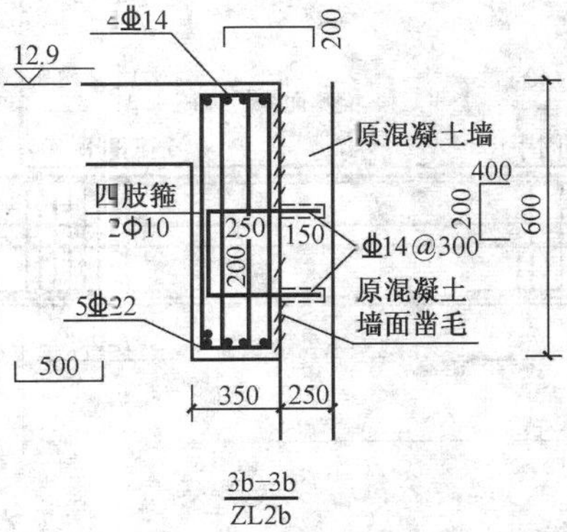

图 1－23　后作梁 ZL2b 与原结构剪力墙拉结的横剖面节点大样

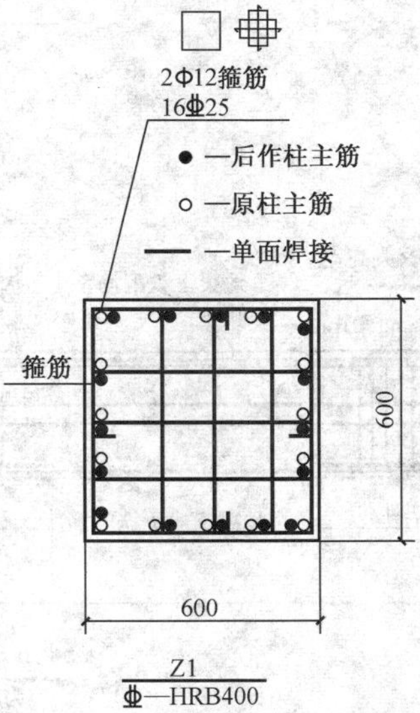

图 1－24　后作柱 Z1 配筋图

破坏的原则，主筋间焊接要明显优于植入钢筋。

1.2.2　有关钢筋锚固的构造原则——优先采用平直段锚固，并且构件优先自锚

这主要涉及钢筋锚固中的两个重要概念。钢筋锚固长度中水平段的作用是显著的，弯折后锚固长度的作用，明显要大打折扣，有试验证明，弯折后的锚固效果还不足水平段的 70%，也就是说，在承受静力荷载为主的情况下，水平段的

黏结能力起主导作用，国内外试验结果也证明了这个结论。所以钢筋锚固优先采用水平直段，当水平直段不足以满足锚固长度的规范要求时，再根据实际情况用弯折锚固补足要求的长度。这简称为“水平直段优先，弯折段为辅助。”下面举个施工图中的反例（见图1-25）。

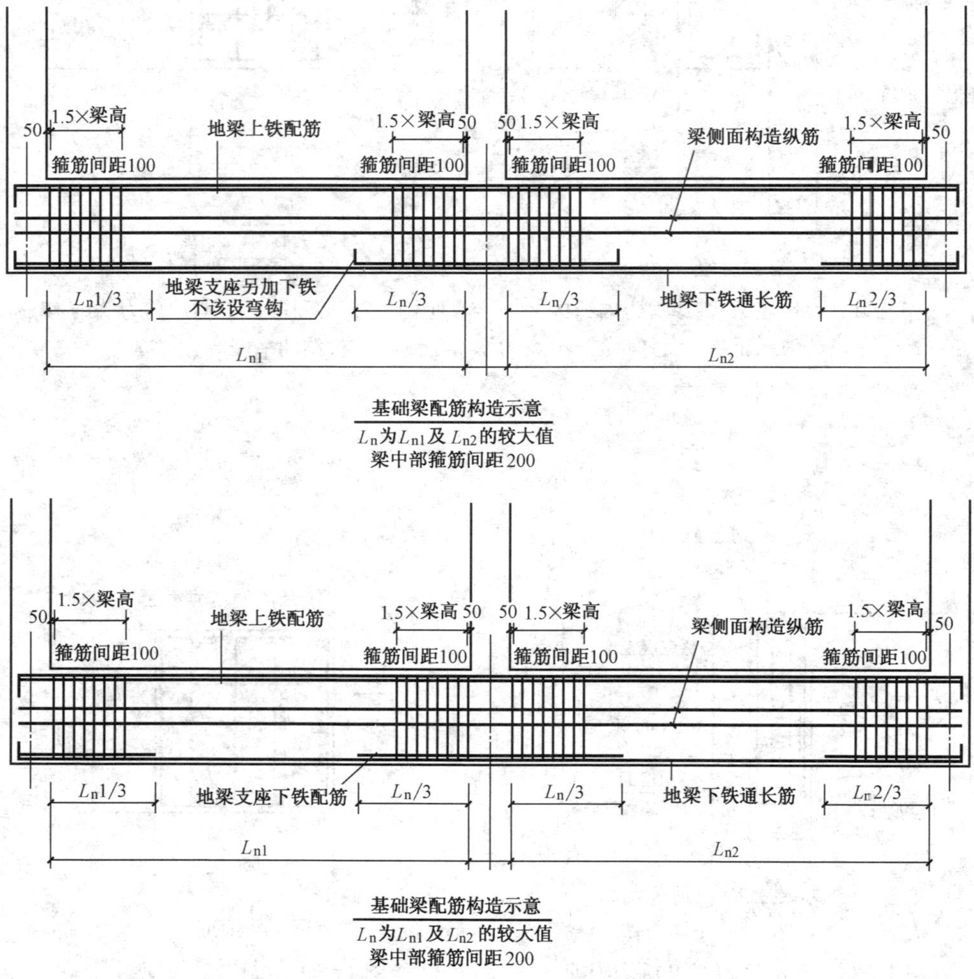

图1-25　基础梁主筋锚固的错误与正确构造做法

还有一个概念，就是构件内的钢筋锚固尽量在本构件内部完成，当本构件锚固确实不足以满足锚固长度的规范要求时，再被迫进入其他构件内锚固，以补足长度要求。

这个道理也是不难理解的，构件本身的钢筋锚固应该是在自己内部解决为主，如果进入其他构件中锚固，一方面会造成其他构件内部钢筋密集，混凝土难浇筑，难振捣，另一方面，和其他构件的内部钢筋也会有位置打架的可能，所以应尽量避免。这种自锚为主的原则，有时与“水平直段优先，弯折段为辅助”是一致的要求。举个施工图中的反例，如图 1－26（a）所示地梁上铁进柱锚固的错误做法．正确做法如图 1－26（b）所示。

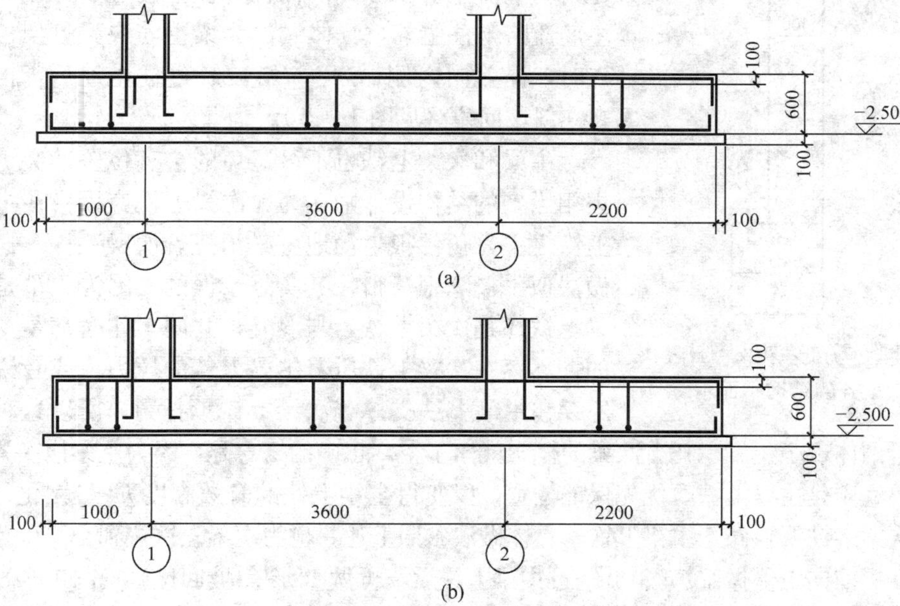

图 1－26　地梁上铁

（a）地梁上铁进柱锚固的错误做法；（b）地梁上铁在本构件锚固的正确做法

1.2.3　“次要让位于主要”的原则——明确哪些钢筋的位置对结构设计来说更重要

钢筋在争夺同一位置时，应把握谁更重要就优先保证谁的位置，次要钢筋让位于主要钢筋的原则。工地现场施工中，纵横交错几个方向的钢筋经常出现因争位置钢筋打架的实际问题，等待设计人员来现场解决。如果没有清晰的结构概念，设计人员很容易搞反搞晕。这其实不是多么复杂的计算难题，只要通过简单定性分析．头脑中把握住大的结构概念，问题就会迎刃而解。

这个大的原则就是钢筋打架必须有一方让步，其实就是谁让谁，显然次要的让主要的．那么问题就转换为哪个方向钢筋更重要，就应该先确保这个方向重要钢筋位置不失，而次要的钢筋失去这个位置让位于主要钢筋，举几个例子，来形象地阐述这个概念。

一般层数不太高的框架—剪力墙结构（10 层以下不大于 28m 的多层建筑），为了外砖墙不露柱子，经常柱子外皮与外砖墙平齐，这就导致结构承托外砖墙的

图1-27 梁外皮与柱外皮平齐的结构平面示意

边梁外皮也与柱子外皮平齐，而此时梁的外侧主筋与柱外皮主筋位置必然严重打架，这时要判断谁让谁，就要清楚梁和柱，谁对结构更重要，因为梁是构件，而柱是梁的有效支座，显然支座比构件重要，也即柱比梁更重要，所以优先确保柱外侧主筋位置不动，梁主筋让路于柱主筋，具体做法为梁主筋快到打架位置点时，提前向内侧做1∶6斜坡绕过柱主筋后，再做1∶6斜坡回位（见图1-27）。

主梁和次梁上铁也不可避免的会有位置冲突，过去相当多的结构设计师认为，次梁上铁应该搭在主梁上铁之上，仿佛很生动地主梁承托着次梁一样，这种做法似乎概念很清晰，其实是错误的，因为无论是主梁上铁还是次梁上铁，与混凝土共同工作时都是受拉的，不存在次梁上铁压着主梁上铁的压力，或者说也不存在主梁上铁支撑着次梁上铁承托力，所以这种做法所谓体现了主梁承托着次梁的概念就落了空，正确的概念是，因为主梁比次梁更重要，于是主梁上铁要优先保证位置，以使得主梁上铁的有效高度 h_0 最大化，所以次梁上铁要让路于主梁上铁，具体做法参照上述，也为次梁上铁快到交叉位置点时，提前向下侧做1∶6斜坡绕过主梁上铁后，再做1∶6斜坡回位（见图1-28）。

同理，可以类比地解决板上皮与梁上皮平齐时，板上铁与其支座梁上铁争位置打架的问题，有了上面的概念，梁是板的可靠支座，显然梁比板更重要，具体做法参照上述也为板上铁快到打架位置点时，提前向下侧做1∶6斜坡绕过梁上铁后，再做1∶6斜坡回位（见图1-29）。

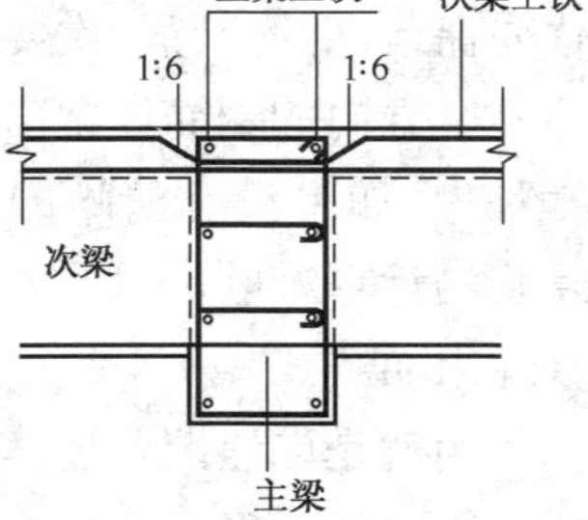

图1-28 次梁上铁避让主梁上铁的构造做法

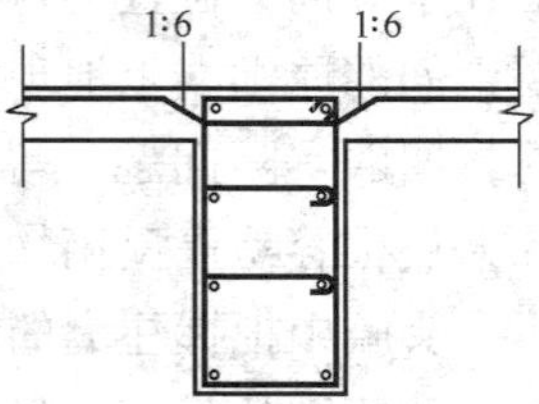

图1-29 板上铁避让梁上铁的构造做法

下面解决双向板配筋时上下双层双向钢筋，哪个方向放在板的外侧，谁在上谁在下的问题，这是技术交底时，施工单位提问最多的问题。可以理解，在双向板配筋的图样中一般只画双层双向钢筋的规格和间距，不可能一块板一块板逐一交代哪个方向在上，哪个方向在下被问到这个实际问题在情理之中，在所难免，结构设计人员一般都会大概看一下顶板结构大平面中所有双向板块的短跨方向大多数在 X 方向还是在 Y 方向，多数在哪个方向，哪个方向的钢筋就在外侧，这种解答大概念是对的，但有时太笼统，毕竟这种做法会导致一些非主流双向板的主要受力钢筋位置放反，即可能放到次要钢筋的内侧，喧宾夺主，对结构还是不利的。

要准确解决这个问题，还是要概念清晰，谁放在外侧，谁的有效高度 h_0 就大、就有利，当然是重要的钢筋放在外侧，那么谁该是重要钢筋，显然受力大的钢筋叫重要钢筋，它应首当其冲放在重要的外侧位置，这样 h_0 最大，抗弯最有利。于是得出结论，受力大的钢筋应优先放在外侧，另一方向的钢筋（受力较小）的钢筋应放在内侧。

但直接告诉施工单位受力大的钢筋放在外，受力小的钢筋放在内，施工单位操作起来也有困难，因为只有本人才最清楚哪个方向钢筋受力大，哪个方向钢筋受力小，施工方不是设计方，设计概念肯定不如设计人员自己清楚。笔者考虑到这个实际情况，技术交底时，一般说图样上钢筋直径大、间距密的钢筋放在外侧，相反的放在内侧。施工单位也认同这个说法，因为很直观且容易操作。道理很简单，受力大的方向设计人配筋计算时用的钢筋自然大而密，所以笔者的说法肯定"放之四海而皆准"，除非设计人配筋时设计错。

顺便提一下，混凝土剪力墙竖向筋和水平筋的位置问题，也体现出设计人的结构概念是否清晰，一般来说剪力墙习惯将水平筋放在竖向筋外侧，这种习惯做法不是没有理论依据的（见图 1－30）。

剪力墙顾名思义是以抗剪为目的的混凝土墙，为了更好地理解水平筋的位置问题，可将剪力墙类比为一个扁长的长条柱子，该柱子要抗剪，肯定要配置箍筋，而柱子箍筋一般要套在抗弯主筋的外侧，（这可能也是体现强剪弱弯的设计宗旨），而剪力墙的水平筋很类似柱箍筋的抗剪作用，于是理所当然地应放置在竖向筋外侧，以达到水平抗剪（或抗震）的目的。

而用于挡土的混凝土墙则不同于一般剪力墙的水平筋位置，原因很简单，挡土混凝土墙挡土压抗弯是矛盾的主要方面，抗剪是次要问题，而竖向筋是用于抗弯的钢筋，它的有效高度 h_0 越大，抗弯就越有利，所以要优先保证竖向筋的外侧位置，于是水平要筋"退居二线"，相应要放在内侧（见图 1－31）。

当然工程中常有这样的地下室外墙，既是竖向贯穿全楼始终的剪力墙，同时又是肩负着挡土、抗弯的挡土外墙，这样的墙一般认为水平筋在外在内无所谓哪种方案更有利，但笔者认为这还是要具体问题具体分析，主要看地下室外墙的竖向位置，当位于地下一层时，抗震和挡土同等重要，但为了方便施工的连续和统一，建议可以同地上剪力墙一样处理，水平筋放在外侧。但地下室墙位于地下二层及以下位置时，由于地下二层及以下的墙深埋于土中，可不用考虑抗震，而竖

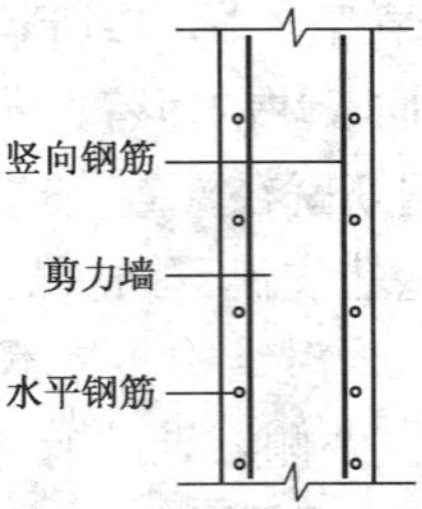

图1-30 剪力墙水平与竖向筋的正确位置

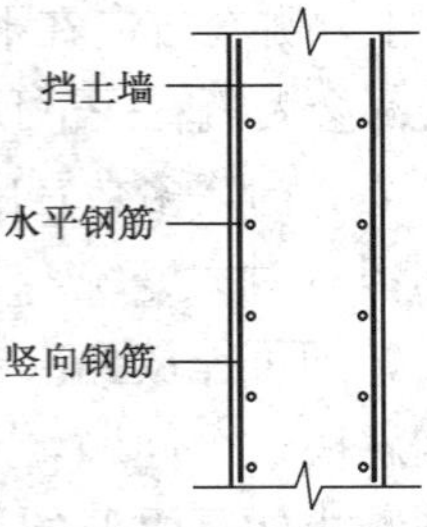

图1-31 挡土墙的水平与竖向筋的正确位置

向埋置越深，土压力越大，所以这种墙挡土墙的性质就越突出，故此竖向筋宜放在外侧，水平筋宜相应放在内侧，当然实际施工中往往笼统地当剪力墙处理了，虽然不会有安全问题，但毕竟概念上有失误。

1.2.4 混合结构未必都可采用

这个概念涉及了混合结构的概念，混合结构工程中不仅是可以采用的，而且至今已很普遍地得到了大量工程的验证，最简单的混合形式就是过去常见的多层砖混结构。砖混结构顾名思义就是砖墙承重和混凝土现浇楼板承重之混合承重结构。这里的混合是指砖和混凝土两种承重材料的混合。其他应用到高层建筑中的混合结构有由钢框架或型钢混凝土框架与钢筋混凝土筒体联合组成的共同承受竖向和水平作用的高层建筑结构。一句话，混合结构是可用的，不是不能用。

但如果结构方案确定为混凝土框架结构或框剪结构，就严禁局部有砖墙来参与承重，否则就造成概念上承重体系不清。既然是框架结构，柱梁就是承重和抗侧力的主体构件，因为砖墙同框架相比材料刚度小，只能是自承重或当作轻质隔墙使用。如果局部出现砖墙参与承重或抗侧力，就意味着让材料刚度小的承担材料刚度大的任务，砖墙是不能胜任的，最终要提前垮掉，所以局部出现砖墙承重的混合结构形式应严禁采用。尤其在框架结构中楼梯，电梯间及局部出屋顶的电梯机房，水箱间应采用框架承重，不应采用砌体承重。因为这些部位都是竖向力或水平力作用很大的地方，应该让材料刚度大的混凝土来承担，而不是材料刚度小的砌体来承担。

框架结构按抗震设计时，严禁采用局部砌体承重之混合形式。

抗震设计时应有意识地设置多道防线，使得地震作用先破坏刚度较大的第一道防线，当一部分地震作用耗散在大刚度的材料上后，其余较小的地震力再被刚度小的材料来吸收，这样的概念设计才是合理的，框架—砖墙承重的混合形式使得地震作用一次集中破坏了两种承重材料，没有体现多道防线的设计理念。

说个工程反例，外地某个大型体育场主体为框架剪力墙结构，笔者就看到过把一个短跨混凝土梁两端直接放置在轻质砖墙上的结构变更洽商，当时办理这个洽商的，是个工作了十三四年的中年结构设计人员，其理由是此梁受力小，直接放在砖墙上，砖墙的强度没问题。说的确实不错，砖墙局部承压和稳定是没有问题，但在大的设计概念上出了问题，框架—剪力墙结构按抗震设计时，框架与局部砌体承重之混合形式是严禁采用的。因此结构设计师不该目光仅仅集中于小的构件设计，还要头脑中有大的结构体系概念，通过这个“只见树木，不见森林”的工程实例，作为年轻的结构设计人员应该有所启发。

1.2.5 钢筋和混凝土强度等级何处用高，何处用低

材料在何处用高强的，何处用低强的，在设计概念不清的时候，有些保守的结构设计人员往往认为采用高强度等级的钢筋或混凝土肯定比低强度的要安全，其实这种做法实在太过笼统，有些情况恰恰与实际是背道而驰。

举个简单的例子，比如钢筋在用作吊钩时，不宜用高强度的HRB335和HRB400（即Ⅱ和Ⅲ级）钢筋，而应该用低强度的HPB235（即Ⅰ级）钢筋，电梯吊钩一般直径为ϕ22mm或ϕ25mm的HPB235（即Ⅰ级）钢筋，因为Ⅰ级钢延性好，破坏前征兆明显，预警性能好。如果此处用高强度的HRB335和RRB400（Ⅱ和Ⅲ级）钢筋，其破坏为脆性，无明显征兆。另外吊钩在设计时，除应用HPB235（即Ⅰ级）钢筋外，施工图中还必须注明，不得采用冷加工钢筋，其原因也是因为冷加工处理的钢筋强度虽高延性差，用于吊挂重物不合适。

下面说说何处宜优先用高强度等级的钢筋。直径大于等于12mm受力控制时的钢筋，宜优先选用HRB335和HRB400（即Ⅱ和Ⅲ级）钢筋。有些图样中箍筋经常出现HPB235钢筋ϕ12mm的情况，设计没问题，但施工单位一般都会要求设计人用HRB335和HRB400（即Ⅱ和Ⅲ级）12的钢筋代换。因为供货市场上ϕ12mm的钢筋数量少，即使买得到，由于“物以稀为贵”的原因，造成HPB235钢筋ϕ12比HRB335和HRB400 ϕ12的钢筋还要贵，所以施工单位宁可用强度等级高的Ⅱ和Ⅲ级12的钢筋，代换HPB235钢筋ϕ12，也不会高价购进ϕ12。这是个经济常识，设计师要注意。

另外新规范推出后，设计图纸中大地梁，框支梁或剪力墙约束边缘构件箍筋以及柱子箍筋用HRB335和RRB400（Ⅱ或Ⅲ级），直径为12mm和14mm的钢筋已经是司空见惯，市场和经济原因是一方面，另一方面原因是受力控制。施工中Ⅱ和Ⅲ级直径12mm的箍筋因其直径小，所以90°或135°弯折并不困难，所以设计人大可放心使用Ⅱ和Ⅲ级直径12mm的箍筋。

此外重要构件如梁柱，主筋宜优先用HRB335和HRB400的钢筋，而且受力较大的梁柱，主筋首选较大直径HRB400的钢筋如直径28mm和32mm，有时甚至直径40mm（但比较少见一般用于公共建筑），这样会使钢筋排放间距较采用直径22mm和25mm的情况宽松，混凝土会容易浇筑，有利于混凝土与钢筋共同工作。

值得一提的是现浇板中经常使用直径小于12mm的钢筋，过去的设计师一

般都采用HPB235（Ⅰ级）钢，2002年新规范实施后，笔者不主张受力控制时也采用HPB235（Ⅰ级）钢，有两个原因，第一，从供货市场角度上讲，Ⅲ级钢从直径6mm到40mm规格齐全，供货不是问题。第二，HRB400的新Ⅲ级钢强度高，用HRB400可最大限度地节约钢材。众所周知，新规范推行后，板的最小构造配筋率是双控，一是定值0.2%，另一个是$45f_t/f_y$，当采用HPB235的（Ⅰ级）钢筋时，后者往往是控制因素，例如现浇板采用C30，钢筋HPB235（Ⅰ级）钢，最小构造配筋率45×1.43/210×100%＝0.31%，大于0.2%（由后者$45f_t/f_y$控制），如果改用HRB400（Ⅲ级）钢筋45×1.43/360×100%＝0.179%，小于0.2%（由前者控制）。所以得出结论，有些中小跨度的板采用Ⅰ级钢就会浪费钢材，用HRB400的Ⅲ级钢会避免此问题。

混凝土也非一律用高强度的就有利，举个简单例子，比如基础中就应该慎用高强度等级，因为高强度等级混凝土，水泥含量较多，水化热较大，很容易造成干缩裂缝，而基础全在地下，一旦有裂缝产生，防水和钢筋水腐蚀的问题就会接踵而来。所以过去基础一般强度等级最高用到C30，现在思想解放了，新高层规范中12.1.9条规定“高层建筑基础的混凝土等级不宜低于C30”。于是有很多工程图样中用到了C35～C40，笔者认为，特殊情况除外，基础中混凝土强度等级用到C40就该到了上限，再高除非有相应有效的抗裂措施，否则就不宜一味求高。

基础设计中，往往有这样的经验，为了满足强度要求，一味地提高混凝土强度等级，比加大混凝土截面，经济效果要差的多。所以一般通过扩大混凝土构件截面的方法，来满足地梁或者筏板的强度要求，混凝土强度等级一味求高是以牺牲经济为代价的笨方法，也容易造成非结构安全的防水防腐问题。

再比如，素混凝土垫层也不宜用强度等级太高的混凝土。原因很简单，垫层主要目的是隔水防水，强度等级太高，混凝土会因为上述相同的原因造成开裂，加之素混凝土中无抗裂钢筋，开裂会更严重，从而事与愿违，素混凝土垫层过去一般用到C7.5，现在思想解放了，大量工程中使用C10或C15的，再高就是笑话了。顺便说一句，对于素混凝土垫层，施工单位一般更愿意强度等级设计到C15，因为商品混凝土一般泵送的最低强度等级就是C15，尤其当筏板垫层面积较大时，泵送施工速度快。

1.2.6 结构设计（特别是基础设计时）何时用荷载设计值，何时用标准值

荷载设计值和标准值的关系，可以简单地说，荷载设计值是标准值为了安全起见或人为或科学的安全放大。

上部结构设计中，除了变形（挠度或刚度）、裂缝计算中，采用标准组合或准永久组合外，（也就是采用标准值计算外），其余强度，内力，配筋等计算均采用设计值，即标准值乘以一个相应的分项系数再进行组合，2002新规范称之为基本组合，对应着过去所谓的设计值。但是基础结构设计中，有时要用到基本组

合（完全遵从上部结构的设计原则）即设计值，有时却要反常的用到标准组合，即标准值。刚参加工作的年轻结构设计人员，常常形成惯性思维将设计值（或基本组合）从上部结构一用到底，尤其在确定基础底面积时，仍采用设计值，而且错算的基底面积和用正确方法计算的数值又相差不多，不易被发觉，于是造成积重难返，纠正困难。为了好记忆，避免搞混或搞反，笔者列出表 1－14，以分类助记。

表 1－14　　荷　载　规　定

计算项目	计算内容	荷载组合	抗力限值
地基承载力计算	确定基础底面积以及埋深	正常使用极限状态下的标准组合，一句话，采用标准值	地基承载力特征值或单桩承载力特征值
地基变形计算	建筑物沉降	正常使用极限状态下的准永久组合，一句话，采用标准值	地基变形允许值
稳定性验算	土压力、滑坡推力、地基以及斜坡的稳定性	承载力极限状态下的基本组合，但分项系数取 1.0，实际是采用标准值	
基础结构承载力计算	基础或承台高度、结构截面、结构内力、配筋以及材料强度验算	承载力极限状态下的基本组合，采取相应的分项系数，一句话，采用设计值	材料强度的设计值

特别指出，基础一般底面积计算对应采用标准值，标准值为荷载设计值除以一个系数，过去旧规范时一般取 1.25。

关于“新规范颁布后，荷载标准值换算成设计值，近似将标准值乘以 1.25，是否还适用”的讨论，经理论推导，建议取 1.26 较合理，下面顺便展开说一下道理。

旧规范时，一般民用建筑结构计算中，常需将荷载标准值换算成设计值，过去近似将恒载和活载标准值和乘以 1.25 的系数（下称转换系数），得到设计值，这当然是基于旧规范恒载分项系数 1.2、活载分项系数 1.4 的前提。新荷载规范中，恒载控制时恒载的分项系数 1.35，活载的分项系数实为 $1.4\times0.7=0.98$，此时将标准值换算成设计值，乘 1.25 是否还适用。有些设计者提出乘 1.35，有些设计者仍采用 1.25，若不经理论验证，很难说两者谁更合理。

笔者认为，旧规范时转换系数 1.25 的确定，显然不是严密理论推导的结果，而是积累了大量工程实践后得到的经验数值，实践证明是合理的。旧规范时，转换系数可近似简化为 1.25，是恒载标准值所占总荷载标准值中的份额乘以分项系数 1.2 与活载标准值所占总荷载标准值中的份额乘以分项系数 1.4 两者之和，也就是设计值，再除以恒载和活载标准值之和的比值结果。据此可返算出恒载标准值所占总荷载标准值中的份额和活载标准值所占总荷载标准值中的份额或者叫权重。据此权重，可计算出2002新规范恒载控制时的转换系数，即恒载的分项系数为1.35，活载的分项系数实为1.4×0.7=0.98时，分别乘以恒载或活载标准值所占总荷载标准值中的份额，再除以恒活标准值之和，而得到的新转换系数，此法理论上较简单合理。

过程如下，为简化起见，假设旧规范时恒载标准值所占总标准值权重为1，则活载所占权重为a倍的恒载，权重即为a，简化认为旧规范时转换系数1.25，是恒载标准值所占总荷载标准值中的份额乘以分项系数1.2与活载标准值所占总荷载标准值中的份额乘以分项系数1.4两者之和，再除以恒载和活载标准值之和，而得到的转换系数。即有

$$1.2\times1+1.4a=1.25(1+a)\quad 解得\ a=0.333$$

据此权重，可计算出新规范恒载控制时的转换系数

$$(1.35\times1+0.98\times0.333)/(1+0.333)=1.257\ 近似取\ 1.26$$

其中分子为基本组合的设计值，分母为恒载和活载标准值之和。

故荷载标准值与设计值互换时的转换系数，笔者建议取1.26较合理。由上述可知，1.26是基于恒载占到总荷载75%时的转换系数，表1-15是假定当恒载占到总荷载80%～90%时对应计算出的转换系数。

表1-15　　荷载标准值与设计值互换时的转换系数

恒载所占总荷载的比重（%）	75	80	85	90
荷载标准值与设计值互换时的转换系数	1.26	1.28	1.29	1.31

由此可见，对于民用建筑的柱、基础等构件，转换系数宜取1.26～1.31，不宜直接取1.35。

1.2.7　结构设计中哪些构件适合手算，哪些适合电算

很显然手算起来，如果耗时、费事、步骤烦琐，而且结果也未必准确的时候，就该借助软件电算，否则手算代价太大。笔者建议，钢结构工程应尽量借助软件电算，此外的混凝土结构主张手算，混凝土结构有几种情况适合手算。对现浇板配筋最适合手算，因为板不抗震，是纯粹的静力计算。

以承受竖向荷载为主的梁也适合静力手算，当然静力手算后，可以用乘以放大系数的方法来粗略考虑地震作用的内力增大影响，一般放大系数取1.2～1.5。

柱因其组合较多，内力复杂，内力虽然适合软件电算，但真正控制设计的关键环节，好在手算就能实现。因为柱的配筋，经验上一般是构造配筋率控制，简单手算就能立即确定。柱截面确定，经验上一般由轴压比限值控制，往往非柱内

力的不利组合控制，所以实际上手算也是控制算法。

上部结构的地震作用应以软件电算为主，手算的简化算法，众所周知步骤烦琐，效率很低，而且结果误差会很大。

地下部分的结构构件埋深较深时（埋深超过地下一层的高度时），由于可不考虑抗震，故也适合手算，比如地下室的外墙，附壁柱，各类基础。

可以惊喜的发现，混凝土结构多数情况，可不用依赖软件电算，静力手算即可解决关键设计，所以下面几章就按构件——基础、板、梁、柱，一一介绍它们的简化手算方法，使得年轻结构设计人员不再畏惧结构设计所谓的神秘复杂性，如果阅读下面各章后，感到结构设计就是可以实实在在掌控在手中的东西，那么笔者写这本书的目的也就达到了。

1.3　快速提高部分——概念设计的深化与规范的延伸以及细化

经历了上述结构设计的“入门”学习和记忆后，刚跨进设计院年轻的结构师就已成为结构行业的“业内人士”了。由“业外”转变为“业内”的过程，希望走了以上捷径的年轻结构设计人员不会感到痛苦。

但“业内人士”距离“业内骨干”甚至是“业内专家”，还有天壤之别。于是唯有活学活用，不断更新旧观念，接受结构的新观点，快速提高自己的概念设计，方能达到北京市建筑设计研究院程懋堃顾问总工程师所提出的“别人作不了的工程，我们照样能做，别人能做的工程，我们能做的更好更经济”的设计境界。

下面笔者就针对混凝土结构中很有必要“旗帜鲜明、澄清明确”的若干有关概念设计的深入理解问题，有的也是规范的延伸与具体化，尽管因为篇幅限制，不能穷尽所有问题，但笔者还是不怠于一一列举，力求完善，期望和同业设计师，资料与经验共享。

1.3.1　钢筋的三种连接方式——焊接、搭接、机械连接“孰优孰劣”

新规范对于钢筋连接的规定，与过去相比有较大变化。

过去对于结构的重要部位，钢筋的连接皆要求焊接，JGJ 3—2002《高层建筑混凝土结构技术规程》已改为宜采用机械连接，这是由于焊接会使得被焊钢筋变脆，在抗震的重要部位，反而成了“最坏”的做法，这是因为：

(1) 目前施工现场的钢筋焊接，质量较难保证。各种人工焊接，常不能采取有效的检验方法，仅凭肉眼观察，对于焊接的内在质量问题，不能有效检出。当前焊接工人的技术水平、素质等，也往往不理想。

(2) 1995年日本阪神地震震害中，观察到多处采用气压焊的柱纵筋在焊接处拉断的情况。

(3) 英国规范规定："如有可能，应避免在现场采用焊条电弧焊"。

(4) 美国"钢筋协会"提出："在现有的各种钢筋连接方法中，焊条电弧焊可能是最不可靠和最贵的方法"。

(5) 目前机械连接的技术已比较成熟，可供选择的品种较多，质量和性能比较稳定。

(6) 在结构的重要部位，应优先选用机械接头（见JGJ 3—2002《高层建筑混凝土结构技术规程》第6.5.3.4），此外，剪力墙之端柱及约束边缘构件之纵筋，也应优先选用机械接头。但直径小于20mm之纵筋，可选用搭接接头。

综上所述，JGJ 3—2002《高层建筑混凝土结构技术规程》规定，在结构的重要部位，首选机械接头。

机械接头分不等强与等强之分，Ⅰ级为等强连接，Ⅱ、Ⅲ级则为不等强连接，是针对"钢筋接头处的强度是否大于钢筋母材强度"而言的，等强连接也即是作拉断试验时，不会断在接头处，而是断在母材上。Ⅱ、Ⅲ级即为锥螺纹连接接头，优点是制作简单，价格较低，在ϕ25mm的接头不足10元一个。多数人认为，这种锥螺纹连接接头因为有更好的Ⅰ级存在，Ⅱ、Ⅲ级就不应采用，笔者认为这纯粹是误解，锥螺纹不仅可以用，用的还应该不少（至少比电渣压力焊，还是强得多）。比如：一是可大量用在不受地震影响的结构部位，例如筏形基础的梁、板等，二是可大量用在构件受力小的部位，例如梁、柱应避开其两端箍筋加密区。

机械接头一般分为Ⅰ、Ⅱ、Ⅲ三个等级。设计中可根据JGJ 107—2003《钢筋机械连接通用技术规程》中的相关规定，选择与受力情况相匹配的接头。Ⅰ级接头，即等强连接，还细分为三种：①套筒挤压；②敦粗接头；③剥肋滚螺纹。

套筒挤压：需要的工具重，体积较大，如果钢筋密集之处，夹头根本伸不进去。此外，套筒的要求较高，既要强度高，又需韧性好，(因为要挤压)。北京西客站工程中，局部某区段发现有40%的接头套筒有微细裂缝，因此此类接头目前的使用者已逐渐减少。

镦粗接头：由于锥螺纹套螺纹后，削弱母材，强度较低，所以就构思出来，在钢筋端部先冷镦粗，类似于先压密实后，再套螺纹，这样在螺纹连接处的强度不会低于母材。但是，钢材冷镦之后，其金属组织会悄然发生变化，影响其延性。此外，此做法的锥螺纹多了工序，造价当然会较高，但是换取的是接头强度提高了。

特别值得注意的是，对于Ⅰ级接头，在理论上，接头部位和接头百分率上是没有限制的，甚至"同一截面接头率为100%也无问题"，但是实践中除非迫不得已，还是不要用足为好。

剥肋滚螺纹：利用特制机械，将螺纹钢筋的肋滚平，压入母材，然后压出螺纹。此处理方法，虽然对金相组织也有些影响，但是不大，接头强度则可超过母材，同上述的“套筒挤压”、“镦粗接头”相比对，目前是一种较好的接头。

设计师在选用各种接头时，不能只着眼于性能最好者，要权衡性能价格比。例如锥螺纹接头，虽然强度较低，但只要选用得当，比电渣焊接接头，还是强得多。

剪力墙之水平与竖向分布筋，因钢筋较细，不是抗震的关键部位，适合采用搭接的方式，不宜采用机械接头。

下面着力讨论一下搭接连接：

搭接接头应满足：

(1) 选择正确的接头部位。

(2) 有足够的搭接长度。

(3) 搭接部位的箍筋间距加密至满足要求。

(4) 有足够的混凝土强度与足够的保护层厚度。

如能满足以上四款基本要求，则其质量可以保证，即使在抗震构件上也是可以应用的。而且，它一般不致出现如焊接或机械连接那样的人为失误的可能。因此，它也是一种较好的钢筋接头方法，而且往往是最省工的方法。

其缺点为：

(1) 在抗震构件的内力较大部位，当构件承受反复荷载时，有滑动的可能。

(2) 在构件钢筋较密集时，采用搭接方法将使浇捣混凝土较为困难。

此外，当受拉钢筋直径大于28mm，受压钢筋直径大于32mm时，不宜采用搭接（美国规范规定搭接钢筋直径可达36mm）。

框架梁底部钢筋的搭接，应位于距支座边不小于 $2h$（h 为梁高）处。

我国对于搭接接头，一般要求搭接钢筋绑扎在一起，这在某些情况下较难做到，现介绍美国规范的规定，以供参考。它规定了，如果满足图1-32的条件，可以不用绑扎（但应注意加强横向钢筋）。

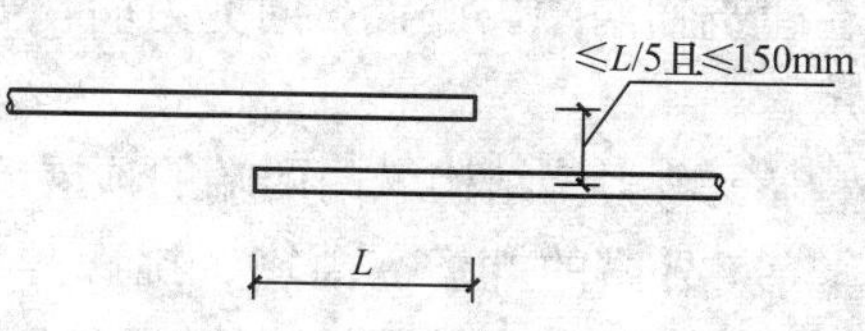

图1-32　搭接构造要求

1.3.2　伸缩缝与解决结构裂缝问题的深入理解与具体措施

伸缩缝、沉降缝、防震缝应结合考虑。伸缩缝与沉降缝的宽度应满足防震缝的要求。缝两侧可设置双榀框架或双墙。对于一般立面装修要求不高、使用上无特殊要求的建筑，其伸缩缝最大间距，应按国家标准GB 50010—2002《混凝土结构设计规范》的规定执行。

对位于市区主要干道上或立面装修要求很高的公共建筑，可以根据具体情况将伸缩缝间距适当加大，但应采取有效措施。例如：

(1) 提高屋面保温性能，适当增加保温层厚度。

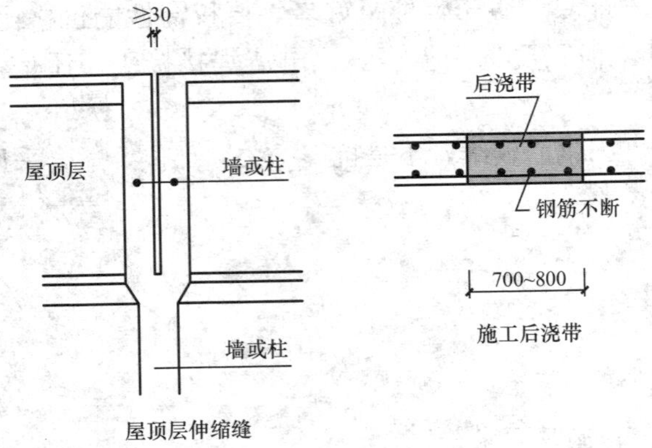

图 1－33 仅在屋顶设置伸缩缝与施工后浇带示意

(2) 屋面设置架空层以提高其隔热性能。一般可在屋面防水层以上，砌筑小砖墩，上面铺设混凝土薄板（厚度40mm 左右），板内可配置 ϕ4mm～ϕ6mm 构造钢筋。在外墙面上需留出通气孔，使架空层内的空气得以流通。

(3) 仅在屋顶层设置伸缩缝（见图 1－33）。

(4) 现浇结构每隔 30m 左右设置施工后浇带待两个月后再以高一级强度之混凝土浇灌后浇带。

应注意，后浇带只能减少混凝土浇灌后在凝固过程中干缩的影响，不能解决建筑物的温度伸缩问题。后浇带不能代替伸缩缝。

(5) 尽可能做建筑物外保温。

(6) 在建筑物两端及可能受温度变化而应力集中之部位，现浇楼板及墙之受力配筋，宜采用细而密的布置，钢筋直径宜为 8～10mm，间距宜为 150mm 左右。当然首先应满足强度要求。对于楼板，在上述部位处，可以采用板面加配 ϕ8@150 的钢筋网。

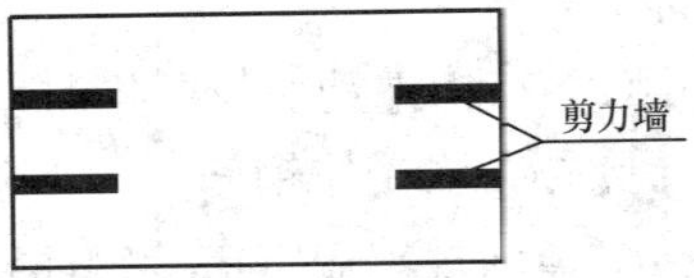

图 1－34 框架-剪力墙结构端头设置剪力墙的错误做法

(7) 对于矩形平面的框架—剪力墙结构，不宜在建筑物两端，设置纵向剪力墙，如图 1－34 所示。

(8) 剪力墙结构纵向两端的顶层墙的配筋，采用细直径密间距的方式。

(9) 外露的挑檐、雨篷、挑廊等结构，应每隔 10m 左右，设一道伸缩缝，缝宽 20～30mm，与之相连的纵向梁，应局部加强配筋。

(10) 对于商品房屋（包括住宅，公寓等个人居住建筑）之伸缩缝间距，不宜超过 GB 50010—2002《混凝土结构设计规范》中表 9.1.1 的规定。

(11) 必要时，可采取施加预应力的方法，使混凝土构件内建立压应力。可以用后张无黏结筋，预压应力应不小于 0.7MPa，预应力筋间距不大于 1800mm（此数值引自美国混凝土规范）。但预应力措施不能解决施工期间混凝土干缩等问题。

1.3.3　关于纵向受力钢筋最小配筋率问题的新观点

GB 50010—2002《混凝土结构设计规范》第 9.5.1 条，表 9.5.1 的注 3 中，受弯构件的最小配筋百分率，不应以全截面计算，而是应当按 h_0 计算。例如当梁宽为 b，梁高为 h 时，其最小配筋率应按 bh_0 计，而不是 bh。并且不小于 $200bh_0/f_y$。

1. 介绍美国规范的有关规定

（1）最小含钢量

对于静定的 T 形梁，当翼缘受拉时，应将式（1-6）中的 b 代以 $2b$ 或翼缘宽度，取较小值。

式（1-6）中，采用英制，使用时应注意。

$$A_{smin}=\frac{3\sqrt{f'_c}}{f_y}bh_0 \tag{1-6}$$

式中　f'_c——直径 150mm，高 300mm 混凝土圆柱体之抗压强度（lb/in^2）；

f_y——钢筋屈服强度（lb/in^2）。

（2）温度及收缩钢筋之最小含钢量

1）采用 40 级或 50 级变形钢筋之板：0.0020。

2）采用 60 级变形钢筋或焊接钢丝网之板：0.0018。

注：40 级即 $f_y=40\ 000lb/in^2$，其余类推。

3）采用屈服应力超过 $60\ 000lb/in^2$ 之钢筋（按屈服应变为 0.35%时量得者）：$0.0018\times60\ 000/f_y$，但不小于 0.0014。

温度与收缩钢筋之间距应不大于 5 倍板厚或 450mm。

（3）当受弯构件在任一截面所配置的受拉钢筋的截面，皆比按实际受力需要者超出 1/3 以上时，式（1-6）的要求可以不遵守。这是目前节约纵筋的一条有力依据，此条款应引起结构设计人员特别的注意。

2. 介绍新西兰规范

（1）收缩及温度钢筋之最小配筋率为 $0.7/f_y$，f_y 为钢筋屈服强度，单位为 MPa，但不得小于 0.0014。

（2）对于大尺寸构件，其截面并非由应力决定；或准确分析不可能时，所有表面上的最小配筋应不小于 $1000mm^2/m$（每个方向），钢筋间距≤300mm。

1.3.4　关于框架柱轴压比限值的深入理解

抗震设计时，框架柱在竖向荷载与地震作用组合下的轴压比，宜满足表 1-16 的规定。

表1-16　　框架柱轴压比限值

结构类型	抗震等级		
	一级	二级	三级
框　架	0.7	0.8	0.9
框架—剪力墙 框架—核芯筒	0.75～0.80	0.85～0.90	0.95
框支剪力墙	0.6	0.7	—

注　1. 轴压比指柱组合的轴压力设计值与柱的全截面面积和混凝土轴心抗压强度设计值乘积之比值；可不进行地震作用计算的结构，取无地震作用组合的轴力设计值。

2. 表内限值适用于剪跨比大于2、混凝土强度等级不高于C60的柱；剪跨比不大于2的柱轴压比限值应降低0.05；剪跨比小于1.5的柱，轴压比限值应专门研究并采取特殊构造措施。

3. 沿柱全高采用井字复合箍且箍筋肢距不大于200mm、间距不大于100mm、直径不小于12mm，或沿柱全高采用复合螺旋箍、螺旋间距不大于100mm、箍筋肢距不大于200mm、直径不小于12mm，或沿柱全高采用复合矩形螺旋箍、螺旋间距不大于80mm、箍筋肢距不大于200mm、直径不小于10mm，轴压比限值均可增加0.10；上述三种箍筋的配箍特征值均应按增大的轴压比由GB 50011—2001《建筑抗震设计规范》中表6.3.12确定。

4. 在柱的截面中部附加芯柱，其中另加的纵向钢筋的总面积不少于柱截面面积的0.8%，轴压比限值可增加0.05；此项措施与注3的措施共同采用时，轴压比限值可增加0.15，但箍筋的配箍特征值仍可按轴压比增加0.10的要求确定。

5. 当柱的纵筋配筋率比计算所需者增加≥0.8%且纵向总配筋率≥3%、箍筋体积配箍率≥1.8%，并采用Ⅲ级钢复合箍筋或螺旋箍筋时，其轴压比限值可增加0.05；当柱的纵筋配筋率比计算所需者增加≥1.6%、且纵向总配筋率≥4%、箍筋体积配箍率≥2%，并采用Ⅲ级钢复合箍筋或螺旋箍筋时，其轴压比限值可增加0.10。

6. 柱轴压比不宜大于1.05。

上述的依据为：

影响柱子延性的因素很多，如，轴压比、配箍率、箍筋强度、混凝土强度、混凝土压应变、剪跨比、纵筋含量和强度、保护层厚度……。其中，轴压比是重要因素，但非唯一因素。如果单纯的限制轴压比而不考虑其他因素的影响，显然是不全面的。例如，在轴压比较高的情况下，如果选用强度高的箍筋，且间距较密，含箍率较高，同样能有较好的延性。

本措施这里进行改写时，对于轴压比，除过去考虑过的因素之外，增加了柱纵筋含量较高时对于轴压比的放松。这是因为柱子延性与其纵向压应变之大小有关，当纵筋较多时，混凝土的压应变将相对减小，是有利的。此外也参考了新西兰规范。

新西兰混凝土结构规范DZ 3101（1994年12月出版）关于柱允许轴压力的要求。

柱所承受的轴压力 N^*，不应超过 $0.7\Phi N^{\circ}$，$\Phi=0.85$。故

$$N^*=0.7\times0.85N^{\circ}\approx0.6N^{\circ}$$

$$N^{\circ}=\alpha_1 f'_c(A_g-A_s)+f_yA_s$$

其中　　$\alpha_1=0.85-0.004(f'_c-55)$ 但 $\geqslant 0.75$

式中　f'_c——混凝土强度（圆柱体抗压强度）；

A_g——柱子全截面；

A_s——柱子纵筋截面；

f_y——纵筋设计强度。

因此，当柱混凝土强度为 C55～C60 时，

$$N^* \approx 0.6\times 0.85 f'_c(A_g-A_s)+0.6 f_y A_s$$
$$\approx 0.5 f'_c(A_g-A_s)+0.6 f_y A_s$$

为慎重起见，对于利用纵筋放宽轴压比，加了限制：①箍筋用 HRB400 钢，且体积配箍率不小于 1.8%～2.0%。②纵筋含量不小于 3%～4%，在此情况下，轴压比仅放宽 6%～12%。

其他国家对于轴压比的要求也比我们宽松。现在我们的高层建筑柱截面，基本由轴压比控制，强度上富余很多，常易形成粗短柱，对抗震不见得有利。

规范在决定轴压比限值时，注意参照了试验室的试验结果。参照试验结果是对的，但试验结果与实际工程还有差距，这也是应当注意到的。

首先，限于试验条件，柱子截面常较小，例如 200mm×200mm，250mm×250mm。试件缩小过多，将会有失真现象。除了试件本身的失真外，试想以 200mm×200mm 的试件柱去推论实际工程中的 1.5～2.0m 柱子，其可靠性究竟如何？

其次，在试验室中轴压力 N 是可变的，在柱截面固定的条件下，柱子的轴力越小（也即轴压比越严）柱子的转动能力越大，也即延性越好。

在实际工程中，设计时轴压力 N 是固定不变的，如果把轴压比规定得越严，柱子就越是短粗，转动能力就越差。因此，单纯严格限制轴压比，对于提高抗震能力，不一定有好处。

因此，在加强柱身的约束且纵筋较多，具有一定数量抗震墙的条件下，可适当放松轴压比。规范中，对于轴压比的限值，写的是“宜”，也即可有一定灵活余地。

1.3.5　改进规范“框架结构适用高度及抗震等级”问题的新观点和深入理解

（1）框架结构适用于体型较规整、刚度较均匀的建筑物。由于其抗侧刚度较弱，当地震发生时，其侧移常较大。因此对其最大适用高度宜予以适当限制。

表 1-17　　建议的框架结构的最大适用高度

设防烈度	6	7	8	9
最大适用高度	30	24	20	不应采用

上述建议值之依据如下：

国内外历次震害经验表明，框架结构由于抗侧刚度较弱，在强震发生时，侧移较大，即使主体结构未损坏，其隔断墙，围护墙以及机电设施等，都可能发生较大破坏，导致很大的经济损失，隔墙破坏倾倒时，还可能造成人身伤害。

1976年唐山地震时，北京和天津的震害调查都表明，框剪结构的抗破坏能力，明显高于框架结构。2008年四川汶川地震的震害也表明，框架结构的震害较重，即使主体结构未倒塌，其隔断墙、外墙等多已严重开裂与倒塌，损失严重，而且容易造成人身伤害。

GB 50011—2001《建筑抗震设计规范》中，框架结构的最大适用高度定得过高，例如8度区为45m。事实上，在8度区要设计高达45m（10层以上）的框架结构，基本上是不可能的。即使我们将柱、梁截面设计得很大，使结构侧移能满足规范要求，在经济上也是极不合理的（用钢量很大，梁、柱截面很大，等）。

因此，本措施将《抗震规范》表6.1.1中框架结构的最大适用高度予以大幅度降低。但对非抗震设计的框架结构，不受本条限制。

(2) 抗震等级。GB 50011—2001《建筑抗震设计规范》中，对于8度区高度不大于30m的框架结构，一律规定为二级抗震等级，这对于层数较少，形状较为规则的框架结构，显然过于严格。

因此仍宜按“89规范”的1993年修改本中所规定的条文执行，也即：8度区高度不大于12m，层数不多于4层的框架结构，如体型较为规则，可按三级抗震等级考虑，见表1-18。

表1-18 框架结构的抗震等级

设防烈度	6		7		8	
高　　度	≤15	>15	≤12	>12	≤10	>10
抗震等级	四	三	三	二	三	二

体型较为规则，是指建筑物的平面不规则和竖向不规则，符合GB 50011—2001《建筑抗震设计规范》表3.4.2.1及表3.4.2.2的要求。

1.3.6 为避免形成短柱，地震区目前要求楼梯折板（休息板）不宜支承在半楼层高处的小梁上

以前楼梯的设计一般不被设计人员所重视，结构设计人员处理的方式也很多，为了节省钢筋，避免使得休息板成为悬挑板，将楼梯折梁或折板直接支承在楼层半高处的与框架柱相连的小梁上的方式，比比皆是。

但是，在汶川地震震害调查中发现框架结构中的楼梯间大部分都遭到了较严

重的破坏，并主要表现在楼梯板被拉断、楼梯间柱子破坏、砌体填充墙开裂甚至倒塌三个方面。

本条的内容主要是针对震害情况采取的相应措施，其中将楼梯折梁或折板与框架柱脱开，主要基于以下两点考虑：

(1) 可在一定程度上减小楼梯刚度对整体结构的影响，避免楼梯折梁或折板在地震作用下产生的拉、压力对框架柱的影响。

(2) 避免在局部形成短柱的不利情况，但同时应注意当采用如图1-35所示做法时，楼梯小柱应按框架柱进行设计，其抗震等级应不低于周边框架柱，柱子箍筋宜沿全高加密，支承楼梯小柱的梁在小柱两侧的箍筋应加密，梁纵筋应能满足平衡柱底弯矩的要求。

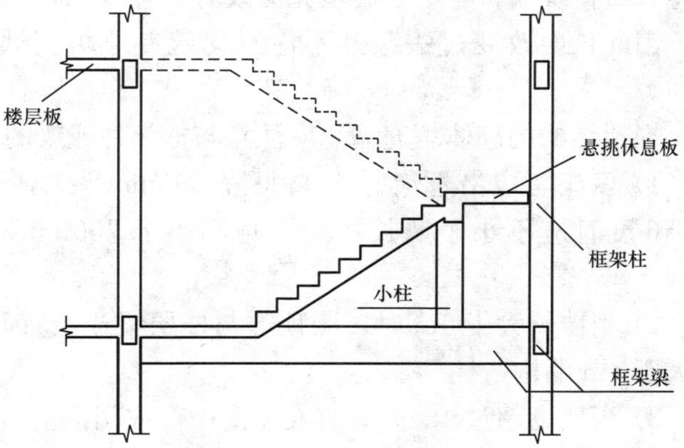

图1-35　楼梯做法

按抗震设计的框架结构，当设防烈度为7度以及7度以上时，楼梯应采用现浇钢筋混凝土楼梯。楼梯板应采用双排配筋，楼梯的折梁或折板（休息板）不宜直接支承在楼层半高处的梁上，以避免形成短柱。可采用在框架梁上承托楼梯小柱来支承楼梯梁或板的做法（图1-35）。

楼梯间周边采用砌体填充墙时，应设置间距不大于2m的构造柱，并在半层高处加圈梁一道。构造柱及圈梁都应与框架梁柱有可靠拉结。

1.3.7　框架结构中被“轻视”的砌体填充墙震害问题的深入理解

在过去，结构设计人员只重视结构的设计，不注意非结构构件的设计，比如不参与承重与抗震的填充墙（包括外围护墙）。这种观点显然经不起实践的考验，教训甚至是极其惨痛的。

20世纪80年代初期，意大利北部发生一次地震。有一栋旅馆，为5层框架结构，填充墙为黏土空心砖。地震后，整个底层破坏，房屋上部4层落下，形成一栋4层房屋。原因是该旅馆上部4层为客房，空心砖隔墙较密，底部是旅馆大堂及餐厅等，隔墙很少，因此形成上下刚度突变，犹如一栋“鸡腿”建筑，所以在地震时遭到严重破坏。

在四川汶川地震中，也发生由于砌体填充墙布置不当而造成的类似震害，轻则填充墙损毁严重，重则整栋建筑倒塌。

抗震设计时，框架结构如果采用砌体填充墙时，填充墙的布置应注意：

（1）避免形成短柱。

（2）避免形成上下层刚度变化过大。

（3）减少因刚度偏心所引起的扭转。

在结构设计时，对于框架结构的砌体填充墙的布置，应予以充分的注意，并对建筑的不利布置提出修改建议。例如，在可能时，将一部分砌体填充墙改为轻钢龙骨石膏板墙；将空心砖填充墙改为石膏板空心墙等。

因此，应改变过去某些不注意建筑专业填充墙（包括外围护墙）布置的倾向。

框架结构的砌体填充墙，应注意与框架柱或梁的拉接及自身的稳定性。

1）填充墙应沿框架柱全高每隔500mm设2ϕ6拉筋，拉筋伸入墙内的长度，6度时应不小于墙长的1/5且不小于700mm，7、8、9度时宜沿墙全长贯通。

2）当墙长大于5m时，墙顶部与楼层梁或板宜有拉接措施，并宜设置间距不大于4m的构造柱。

3）当墙高超过4m时，宜在墙高中部或门洞上口标高处设置一道100mm左右厚度的钢筋混凝土配筋带，配筋3ϕ8。在洞口上面的截面高度及配筋做法应按过梁要求。

4）砌体填充墙砂浆强度等级不应低于M5，砌块强度等级不应低于MU5。

对于砌体填充墙造成短柱的现象，结构设计人员应采用填充墙端头与框架柱或剪力墙边不刚性接触的方法，即预留10mm的缝隙，用嵌缝膏填充的处理措施，如图1－36所示圈梁、构造柱与主结构预留缝的做法大样。

尤其需要注意的是，对于填充墙上的圈梁，其端部也不应与框架柱刚性接触，只需“简单”与框架柱拉结一下，“简单”的具体含义为预先在框架柱中甩出少量钢筋，深入圈梁内部锚固一段，同时圈梁端部也不应与框架柱采用混凝土填实，可用嵌缝膏填充。

圈梁真正应该可靠拉结的是构造柱，而非框架柱。因为它连同构造柱一起，保证填充墙整体不失稳的构造措施。反之，如果圈梁端部与框架柱刚性接触，会使得框架柱多了一个侧向支点，势必造成不利的短柱。

还要特别注意的是，构造柱施工属于二次结构，不能在一次结构中与框架梁板一起施工，否则会参与承重和抗震，为避免主体结构的受力改变，（特别是在主结构悬臂端设置的构造柱，会传递各层的总悬臂荷载，累计到底层结构的悬臂端，结构风险更大），应在构造柱上端预留20mm的缝隙，图1－36圈梁、构造柱与主结构预留缝的做法大样，不与框架梁板刚性接触。缝隙可采用砂浆或嵌缝膏后填充的处理方式。

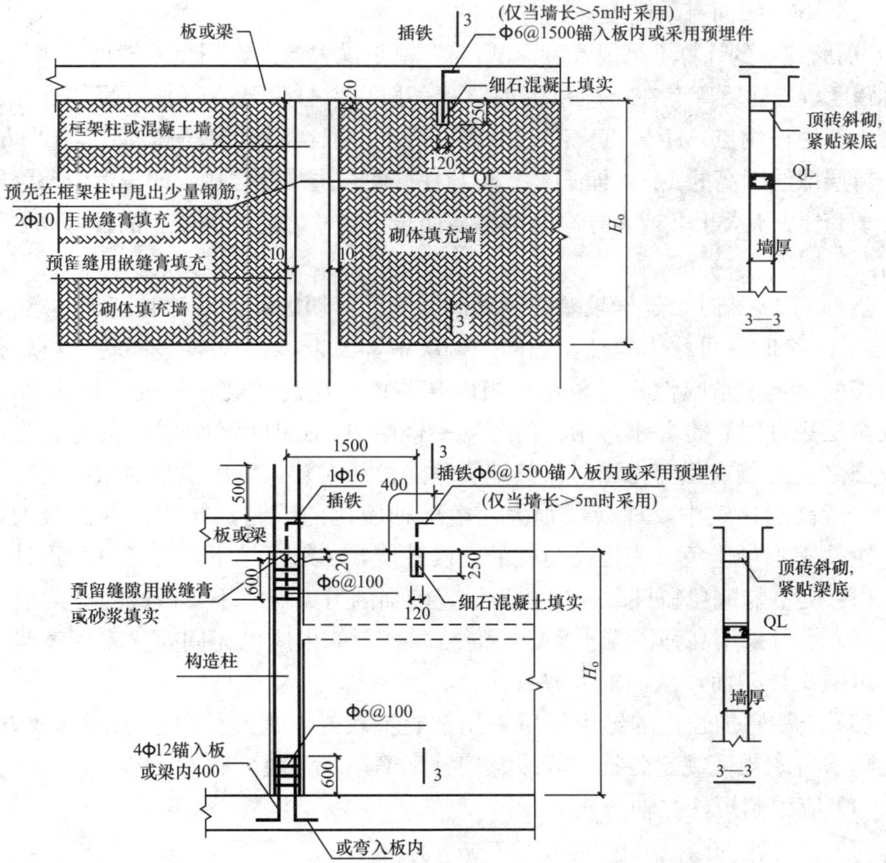

图1-35　圈梁、构造柱与主结构预留缝的做法大样

前文已一再阐述，框架结构与砌体结构是两种材性与受力特性完全不同的结构，如混用在同一结构中，地震时将受到损害。因此，在抗震设防的框架结构中，不得采用部分由砌体墙承重之混合形式；框架结构中的楼、电梯间，其局部出屋顶的电梯机房、水箱间等，也不得采用砌体墙承重，砌体墙只能用于填充墙。

抗震设计时，同一栋建筑物中，不得同时采用钢筋混凝土结构与砌体结构，如必须同时应用，应以防震缝将此两种结构分开。

1.3.8 “短柱未必都可怕”的观点

抗震设计时，应注意剪跨比 $\lambda<2$ 的柱子的设计及构造。

$$\lambda=\frac{M}{Vh_0} \tag{1-7}$$

式中　M——柱端截面组合的弯矩计算值取上下端弯矩的较大值；

V——柱端截面组合的剪力计算值；

h_0——截面有效高度。

"剪跨比"的计算不是很繁琐，"剪跨"就是最大剪力作用点距较近支座的距离或称跨度，当柱反弯点在层高范围内时，一般可取柱反弯点（柱弯矩零点即为理论最大剪力作用点）距较近支座的距离，对于一般楼层取层净高的1/2．即 $H/2$，对于首层取层净高的 1/3，即 $H/3$，再与柱截面长边尺寸之比，即得近似剪跨比。

剪跨比 λ 不大于 2 或者柱净高与柱截面长边尺寸之比不大于 4 的柱箍筋要全高加密。

当柱的 $\lambda<2$ 时，延性较差，较易产生脆性剪切破坏，设计时应予注意。

当 $\lambda<2$ 时，可称为短柱。当同一楼层中皆为 $\lambda<2$ 的短柱，同时又有较强之剪力墙时，地震危险性相对较小；当因某些楼层层高较矮，如设备层 2.2m 高，造成全层短柱时，也并不可怕；但当同一楼层中，同时存在长柱与短柱，且不具有较强之剪力墙或无剪力墙时，其地震危险性相对较大，应慎重对待。

一般高层建筑中，柱荷载很大，由于轴压比的限制，导致柱截面很大，因此，短柱常不可避免。为提高短柱的抗震性能，一般可按下列各条进行设计：

(1) 当不能避免短柱时，应适当设置较强的剪力墙，不应做成纯框架结构。

(2) 尽量采用高强混凝土。C60 商品混凝土的供应已无问题。采用高强混凝土，可减小柱截面，从而加大剪跨比。

(3) 应注意加强柱的约束，以采用螺旋箍较好。螺旋箍可选用圆形或方形。其配箍率可取规范规定各抗震等级螺旋箍配箍率之上限。

(4) 应限制短柱之轴压比。

(5) 剪压比的限制为 $V_c \leqslant 0.15 f_c b h_0/\gamma_{RE}$。

(6) 柱纵筋间距应≤200mm。柱全高度箍筋皆应加密。

(7) 应尽量减小柱端之梁对柱的约束，必要时可将梁做成铰接或半铰接，也可尽量减小梁的高度（也即减小梁的刚度，减少约束）。

关于螺旋箍的几点说明：

1) 螺旋箍（包括圆形及矩形）对柱身有较好的约束，短柱宜优先采用。目前，圆螺旋及矩形螺旋箍皆可用机械制作，与纵筋绑扎成整个钢筋笼子，然后吊装。但用此法时，上下柱子纵筋之间的对中性可能较差，可能不便采用机械接头，此时应与施工单位研究解决方法。

圆螺旋箍的约束能力，优于矩形。使用时，应注意按本措施规定之构造做法。当采用单螺旋圆箍时 [图 1-37 (a)]，主要受力纵筋应配置在螺旋箍以内，但所有纵筋在计算时都可计算在内。例如，内部为 12 Φ32，外部为 12 Φ22，计算受力纵筋面积为 12 Φ32+12 Φ22。

当柱子截面尺寸较大（例如 1m 以上），可以设置双螺旋箍如图 1-37 (b) 所示，内螺旋箍直径 d 可取 1/2b 左右。当小偏压时，柱内所有纵筋皆应作为受力钢筋。

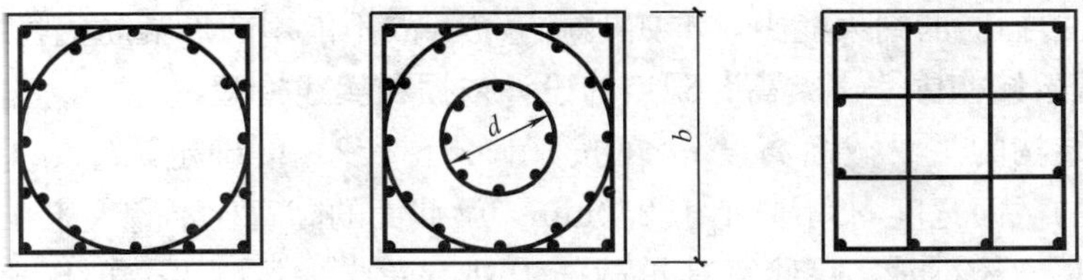

图1-37　设置螺旋箍的位置

(a) 单螺旋箍；(b) 双螺旋箍 $d=b/2$；(c) 矩形连续螺旋箍

配置双螺旋箍时，约束性能较好，柱子轴压比可比规范规定值适当放松。

矩形螺旋箍可使用机械加工，包括外围及内部井式箍皆可连续弯制。经国内外试验证实，约束效果良好。

2) 如采用螺旋箍，应注意其钢筋直径不能大于12mm，因直径超过12mm者，工厂不生产盘条，其钢筋成品的长度为6～8m，无法做成螺旋箍。螺旋箍的构造，如图1-38所示。

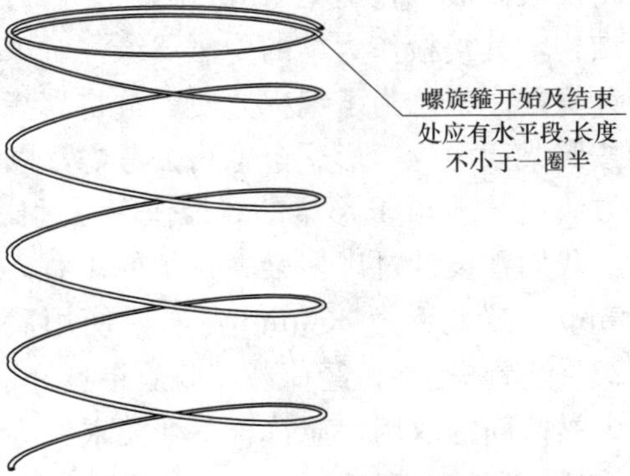

图1-38　螺旋箍构造

如由于柱子体积配箍率的原因，需要大直径箍筋，也不能将螺旋箍直径设计成>12mm。可在纵横方向增加直径较大的拉条（弯钩135°），以满足配箍率的需要。

3) 柱子中心应预留出浇灌混凝土的空间，且不小于300mm×300mm，箍筋做法如图1-39所示。

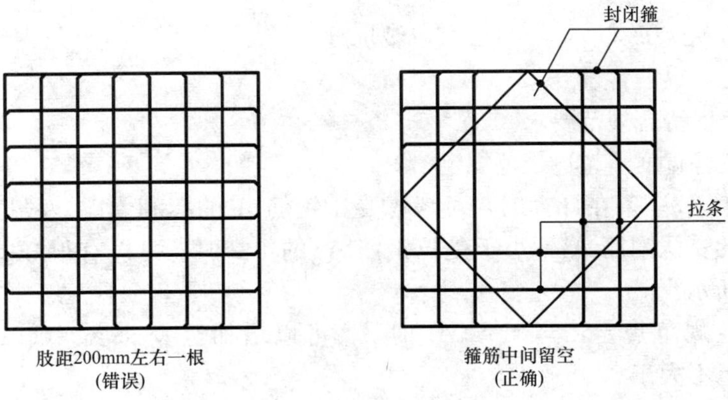

图1-39　箍筋做法

4）圆形箍筋的约束能力，不如螺旋箍筋。故不能用圆形箍筋代替螺旋箍筋。

1.3.9　框架结构中“小梁高”观点的设计依据和实践检验

框架结构的主梁截面高度 h_b 可按（1/18～1/2）l_b 确定，l_b 为主梁计算跨度。主梁的截面宽度 b_b 不应小于 250mm，梁截面的高宽比不宜大于 4。

当梁高度较小时，除验算其承载能力外，尚应满足刚度及剪压比的有关要求。在计算梁的挠度时，可扣除梁的合理起拱值；对现浇梁板，应考虑楼板位于受压区翼缘的有利影响。

根据近 10 多年来的实践经验，对于一般民用建筑的框架结构主梁的高度，可以取得较小，远远小于我国 1950～1970 年的一般习惯做法。当主梁高度为跨度的 1/18～1/12 时，对于一般活载不很大的建筑物，其刚度皆能满足规范的要求。

有的书刊载文说，当梁的高度较小时（例如 h_b/l_b 为 1/15 左右），应将梁的宽度加大做成“宽扁梁”，这完全是一种误解。现在的框架结构，基本上都是现浇结构，其楼板作为梁的受压翼缘，对于提高梁的刚度，起着很大作用。目前某些计算程序中，为了编程方便，常将翼缘忽略不计，这并未反映梁的真实性能，如按照梁截面为矩形这个思路去考虑，以为加大梁的宽度，是增加梁刚度的惟一好方法，殊不知 T 形梁的翼缘作用，远比增加梁腹宽度效果大。

我们曾设计过许多梁高较小的工程，例如 8m 柱网时，主梁高度 450mm 或 500mm，梁宽皆为 350mm 左右，使用后毫无问题。有的工程主梁高跨比达到 1/23（非预应力），经荷载试验效果良好。

梁截面的取用，应符合下列要求：

（1）$V\leqslant 0.25f_cbh_0$　　非抗震

　　$V\leqslant 0.20f_cbh_0/\gamma_{RE}$　　抗震

（2）$x/h_0\leqslant 0.25$　　一级抗震

　　$x/h_0\leqslant 0.35$　　二、三级抗震

（3）支座纵筋含量 $\rho\leqslant 2.5\%$。

（4）挠度符合规范要求。

（5）裂缝宽度不超过规范规定。

以上第（2）条在计算时，可考虑受压钢筋 A_s'的有利影响。根据美国的试验，当梁的受压钢筋 A_s'不小于受拉钢筋 A_s 的 1/2 时，可以有很好的延性，如图 1-40 所示。

新西兰规范规定，当 $A_s'\geqslant A_s$ 时 ρ_{max} 可以增加至少 30%。$0.025\times1.3=0.0325$，但不大于 3.0%。

在实际工程中，有时会因梁高受限制，ρ 又大于 2.5%而发生矛盾。可采取下述两种方法之一加以解决：

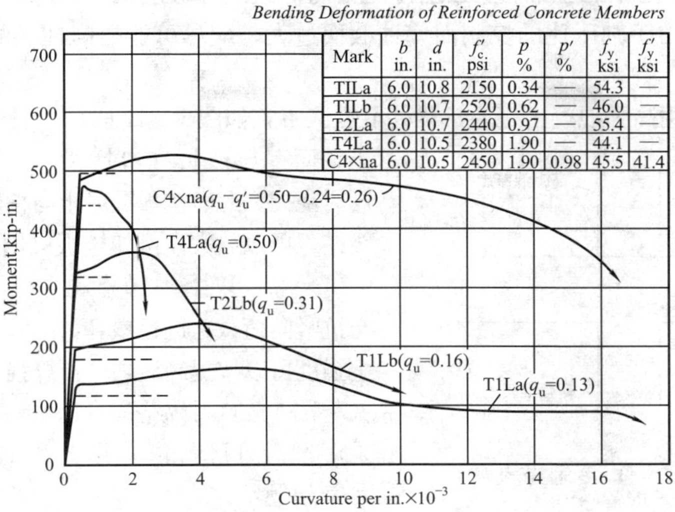

图 1-40 梁内受拉钢筋（ρ）及受压钢筋（ρ'）含量对延性的影响

1）在梁的支座采用水平加腋，使梁的宽度加大，从而减小 ρ 值。

2）在支座处增加 A_s' 的量，使 $A_s' \geqslant 0.75A_s$，此时 ρ 可增加至 3%。但应注意箍筋间距应符合受压钢筋的要求。

如果是后张预应力梁，为了容纳预应力束，梁适当放宽是应当的，但绝不能像有些文章中所介绍的，以及某些工程中所做的，毫无必要地将梁宽做到 1m 甚至更多，造成混凝土折合厚度很大，增加自重，造成抗震及基础负担加大，形成不必要的浪费。

本书第 4 章中表 4-2 与表 4-3，分别摘录了美国及新西兰规范中关于梁高的规定，显然可以发现，他们所规定的梁高，比我们过去规范中所规定的梁高，减少很多。JGJ 3—2002《高层建筑混凝土结构技术规程》规定，框架主梁的梁高，可取其跨度的 1/18～1/10。

梁截面取用应符合要求的第（4）条在验算时，可以扣除梁的合理起拱值。事实上，施工规范都规定，在支模时应有适当起拱。扣除此起拱值之后，一般民用建筑中梁的挠度都不会有问题。

梁截面取用应符合要求的第（5）条的裂缝允许宽度，在我国的西北、华北、东北地区，气候较干燥，均可取 0.4mm。

要求所有受弯构件都验算其裂缝宽度，是不必要的。我国 GB 50010—2002《混凝土结构设计规范》中的裂缝计算公式，是由单向受弯构件的实验研究而得出的，对于双向受弯构件，例如双向板，是不适用的。因此，要求设计单位提供双向板裂缝宽度，是没有必要的，也没有适当的计算公式。

1.3.10 “梁柱节点区混凝土强度可随梁的低强度等级浇筑”的新观点

为避免由于轴压比的控制而使柱截面过大，应尽可能提高柱子的混凝土强度等级。

在柱采用高强混凝土之后，梁柱节点区不宜如图1-41所示，局部做高强混凝土，而宜与楼板（包括梁）采用同一强度，同时浇捣。此时楼板混凝土与柱混凝土之强度级差，可以放大，例如楼板梁用C30，柱子用C60，然后再对梁柱节点区之强度（包括抗剪与抗竖向荷载）进行核算，此时节点区之混凝土强度可以按提高后之“折算强度”采用。

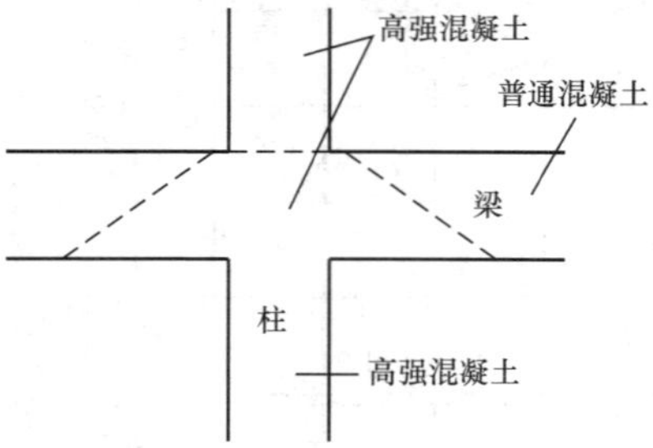

图1-41 梁柱节点

图1-41中做法，过去曾在若干工程中采用过，但目前再采用此种做法，有如下几个问题：

1）目前商品混凝土已普遍采用，其坍落度皆很大，在节点处只浇筑高强混凝土，支模非常困难，节点处先浇筑的高强混凝土可能会流淌较远，如图1-41中虚线所示，将造成梁上很不容易处理的施工缝，而这里正是梁端内力较大，可能形成塑性铰的部位。

2）节点处所用之少量混凝土，理当随搅拌随浇筑，但实际上工地常一次搅拌多量混凝土，再逐个节点使用，在浇筑到最后几个节点时，混凝土的初凝时间可能已经超过，不能再继续搅拌了。

高强混凝土柱的梁柱节点处理方法：

过去，在高强混凝土柱的梁柱节点处，曾采用在节点处局部浇筑一部分高强混凝土，然后再浇筑其余梁板之普通混凝土的方法。但随着商品混凝土的逐渐推广，由于其流动性大，再用以前的方法，已几乎不可能。

JGJ 3—1991《钢筋混凝土高层建筑结构设计与施工规程》中曾规定，柱的混凝土强度与楼板相差不应超过二级。如柱为C60，楼板（包括梁）不能低于C50。JGJ 3—2002《高层建筑混凝土结构技术规程》中已无此限制。因此，可以根据国内外的试验结果，以及工程实践经验，确定梁柱节点的处理方法。以下式（1-8）～式（1-10），适用于中柱。

（1）美国早从20世纪50年代末开始，试验楼板混凝土强度低于柱强度的做法，并于1963年起，在其混凝土规范ACI318中，列出了公式，即

$$f'_{ce}=0.75f'_{cc}+0.35f'_{cs}\leqslant f'_{cc} \tag{1-8}$$

式中 f'_{ce}——梁柱节点处混凝土折算强度；

f'_{cs}——楼板（梁）的混凝土强度；

f'_{cc}——柱的混凝土强度。

例如：柱为 C60，楼层梁板为 C30，节点处也为 C30，则节点的混凝土折算强度

$$f'_{ce} = 0.75 \times 60\text{MPa} + 0.35 \times 30\text{MPa} = 55.5\text{MPa}$$

即可采用 C55 来验算节点的承载能力。

(2) 加拿大规范 CSAA 23.3—1994 也有类似规定，其计算公式为

$$f'_{ce} = 0.25 f'_{cc} + 1.05 f'_{cs} \leqslant f'_{cc} \tag{1-9}$$

如按上例的同样条件：

$$f'_{ce} = 0.25 \times 60\text{MPa} + 1.05 \times 30\text{MPa} = 46.5\text{MPa}$$

其结果小于美国规范。

(3) 分析历年来国外的试验报告，多数设计师认为加拿大规范的公式较为合适。

还有设计师根据试验结果，提出下面的计算公式。

$$f'_{ce} = \left(1.4 - \frac{0.35}{h/c}\right) f'_{cs} + \left(\frac{0.25}{h/c}\right) f'_{cc} \leqslant f'_{cc} \tag{1-10}$$

式中　h——楼板（梁）的厚度；

c——正方形柱的单边长。

(4) 设计建议，本建议只适用于柱混凝土强度不超过 C60 的情况。

1) 当柱混凝土强度为 C60 而楼板不低于 C30，或柱为 C50 而楼板不低于 C25 时，梁柱节点核心区的混凝土可随楼板同时浇捣。

2) 采用本法时，设计时应对节点核心区的承载力，包括抗剪及抗压（轴压及偏压），皆应按折算的混凝土强度 f'_{ce} 仔细验算，满足承载力的要求。轴压比无需验算。

3) 对于中柱，可取式 (1-9)、式 (1-10)，算出节点混凝土折算强度 f'_{ce}，为偏于安全，可取计算结果中的较小值。

此时应注意节点四周的约束程度。当楼板为梁板结构时，若梁宽小于柱宽的 1/2 时，可按图 1-42 所示，在梁端做水平加腋，以加强对梁柱核心区的约束。如节点核心区的抗剪承载力不足，可在如图 1-43 所示的部位加配筋。如梁与柱形成偏心，则应按图 1-42 设置加腋。

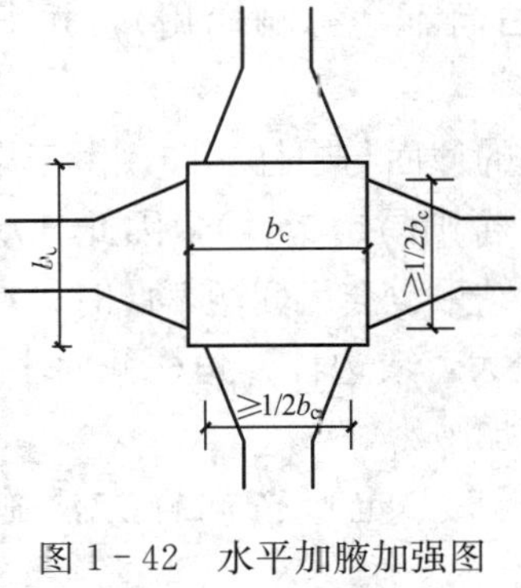

图 1-42　水平加腋加强图

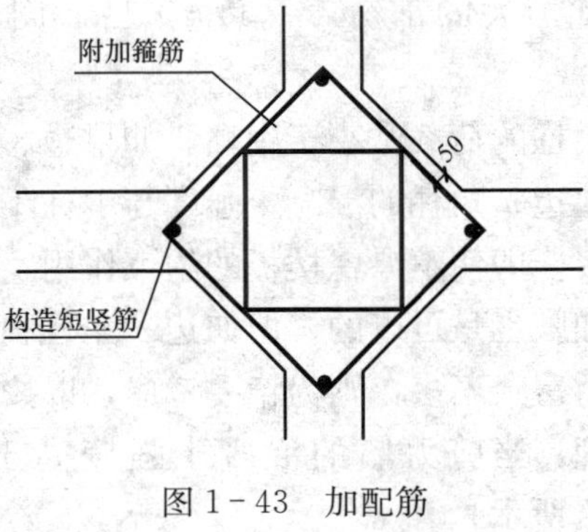

图 1-43　加配筋

4）对于边柱及角柱，一般有两种情况，即不带悬挑楼板（图1-44）及带悬挑楼板（图1-45）两种。

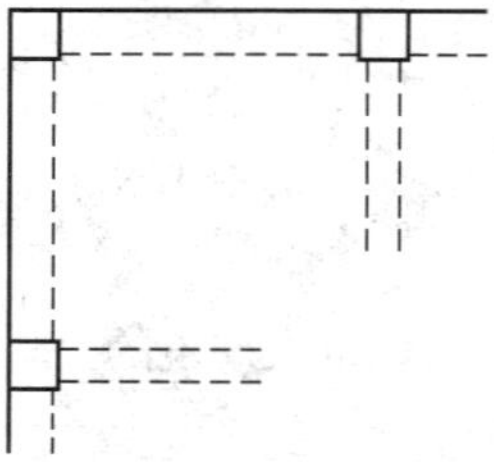

图1-44　不带悬挑楼板

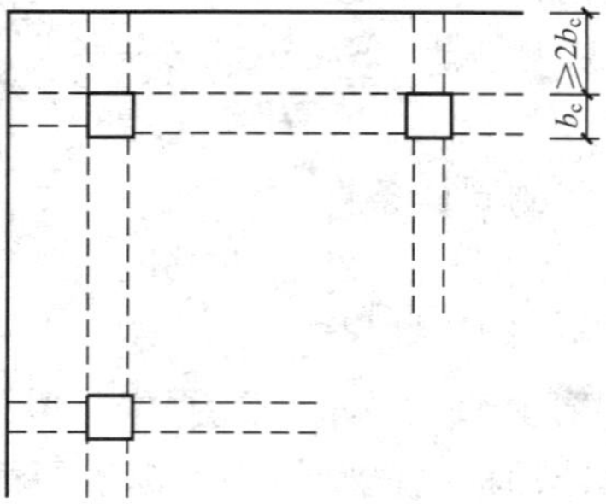

图1-45　带悬挑楼板

如图1-44所示边柱、角柱，可按美国有关试验得出的公式进行计算。

对于边柱：

无梁楼板　$f'_{ce}=0.45f'_{cc}+0.68f'_{cs}\leqslant f'_{cc}$

有梁楼板　$f'_{ce}=0.05f'_{cc}+1.32f'_{cs}\leqslant f'_{cc}$

对于角柱（不分有、无梁）：

$$f'_{ce}=0.38f'_{cc}+0.66f'_{cs}\leqslant f'_{cc}$$

如图1-45所示边柱、角柱，只要悬挑长度大于或等于2*bc*（*bc*为柱截面尺寸），即可按中柱对待，按中柱公式计算其f'_{ce}。

5）根据我们对多栋工程的计算，按以上方法计算所得的f'_{ce}，皆能满足各工程对于柱的承载力的要求（包括剪切、轴压、偏压）。这是因为在抗震结构中，柱截面大多是轴压比决定，而不是由强度决定，因此其截面大小及配筋皆有富余。

如个别情况不能满足，对于中柱，可按图1-43所示方法，加大核心区面积，并配置附加箍筋。对于边柱、角柱，可按图1-46所示方法加大柱核心区面积（此加大的部分，高度与梁高相同，因而不会影响使用），并配置附加箍筋。

边角柱的荷载常小于中柱，如果边、角柱的截面与中柱相同，由于设计上一般不能使边、角柱的混凝土强度与中柱不同（否则易出错误），因此其承载力将富余较多，即使不考虑楼板的约束作用，验算结果也会无问题，此时，在柱边不做水平加腋也是可以的。但如边、角柱荷载较大，或边柱、角柱截面小于中柱，其承载力富余不多，则为稳妥考虑，以按图做加腋为好。

同理，当剪力墙的混凝土强度高于楼板时，也可按同样方法施工，如图1-47所示。

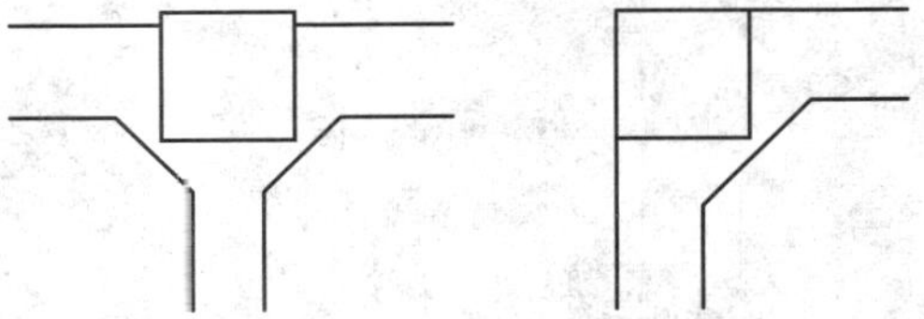

图 1-46　加大柱核心区面积

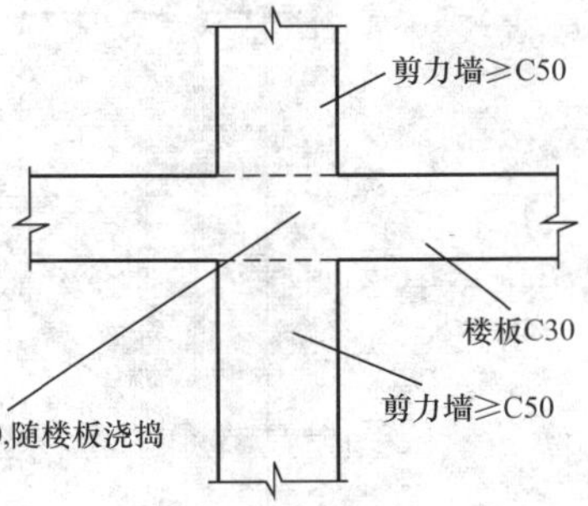

图 1-47　梁柱节点

此时，由于此处的压应力较小，故无需验算墙与板交接处的承载力。

1.3.11　单跨框架并非都被禁用

抗震设计的框架结构，不宜采用单跨框架，因为单跨框架的超静定次数少于多跨的框架结构，支座太少，“一坏俱坏”。

但是绝不能机械理解为单跨框架就绝对被终身禁用，毕竟是“不宜”采用单跨框架，而非“不应”，否则平面狭长、结构布置须空旷的学校、食堂、商业，为了不正面与规范冲突，而刻意增设一排柱列，显然会成为影响建筑大空间使用的障碍。

当单跨框架结构中，设置有一定数量的剪力墙时，可以在抗震设计中采用，显然设有一定数量的剪力墙的框架结构，要么是框剪结构，要么是“少墙”的框架结构，无论属于何种体系，第一道防线已经转化为剪力墙，当第一道防线耗散完足够的地震能量后，单跨框架的风险就基本降至最低了，甚至不再有结构风险，于是“少墙”的框架结构和框剪结构中，单跨框架可以大胆使用。

结构平面狭长的单跨框架，布墙的原则：有的资料建议，高烈度区，分别在纵长平面的三分点处布置横向墙，一方面可避免偶然偏心 5%带来的不利扭转效应，另一方面，可解决纯粹单跨框架的结构风险，见某 8 度区工程实例中图 1-48 所示的狭长平面结构缝的左侧部分。

同时，当一栋建筑物内，除单跨框架外，还有一定数量的多跨（包括双跨）框架时，也可在抗震设计中采用，也即个别的单跨当不是主流时，一样可以大胆使用，同样如图 1-48 中狭长平面结构缝的右侧部分。

1.3.12　“凡是框架柱，就放大底层柱底的截面弯矩”的错误观点

框架结构的抗震设计中，一般希望梁端的塑性铰，先于柱端出现。但根据研究分析，框架结构底层柱底很难避免出现塑性铰。规定对底层柱底截面的弯矩值乘以增大系数，以推迟塑性铰的出现。

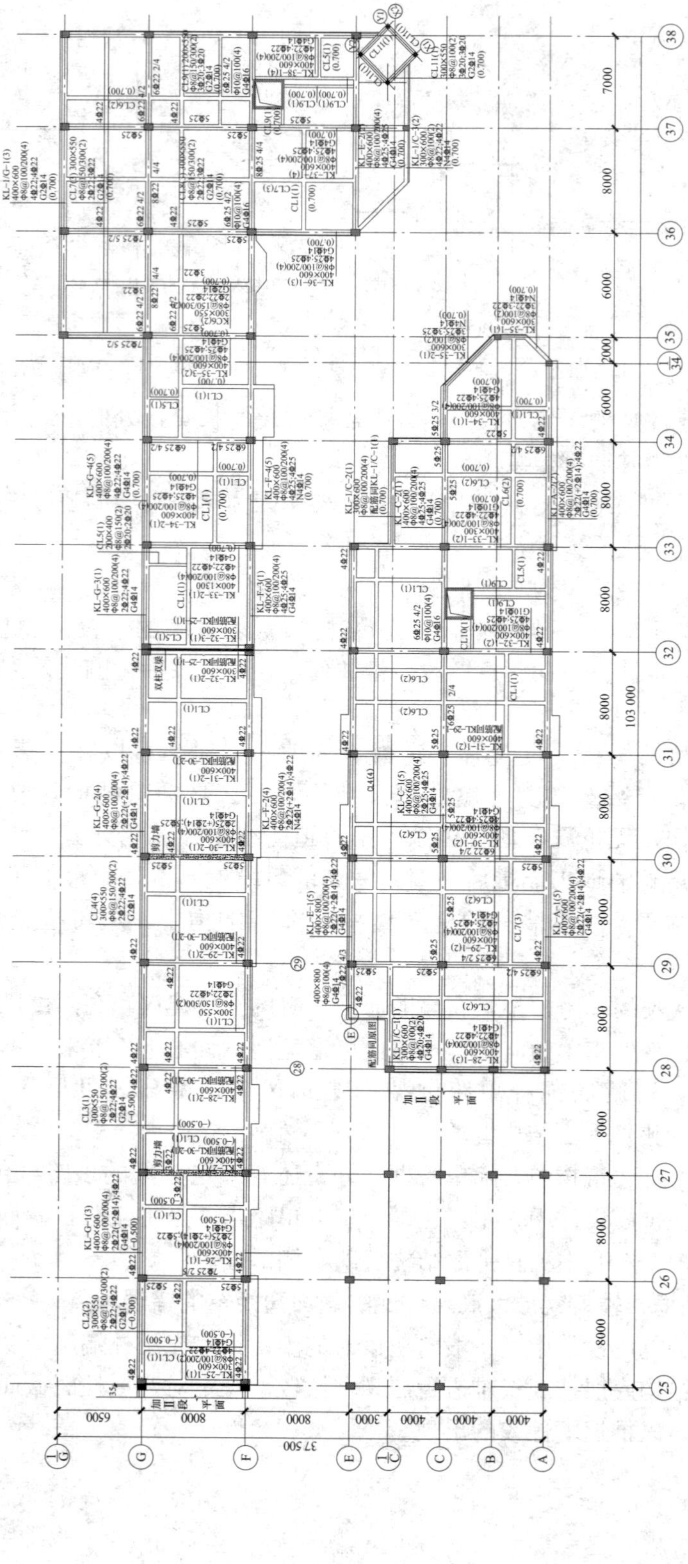

结构平面图

图1-48 某工程实例的狭长平面结构图

《高层建筑混凝土结构技术规程》6.2.2 条中，框架结构底层柱底截面的弯矩增大系数，不适用于框架剪力墙结构中的框架。

但是，框架剪力墙结构因为有剪力墙的第一道防线，所以底层柱底一般不至于先出铰，因而无需按《高层建筑混凝土结构技术规程》6.2.2 条乘以弯矩增大系数。

认为凡是框架柱，就放大柱底截面的弯矩的做法，既教条，又不经济。

1.3.13 "梁上开洞高度不应大于梁高的 1/3 的要求"是无充分依据的

框架梁上可以因功能需要而开洞，洞口位置一般以位于梁中间 1/3L（L 为梁跨度）为宜。但确有需要，经过仔细验算，洞口也可设于梁的端部。

梁上的洞口高度，可以大于梁高的 1/3，但应仔细验算，以保安全。

大部分资料上规定，梁的洞口高度不能大于梁高的 1/3，这种要求，并无充分根据，洞长可以超过梁高。

从广义上说，桁架也是梁的一种，它的"洞口"很大，远远超过其高度的 1/3，空腹桁架（无斜杆的桁架）即是很好的例子。

1.3.14 "梁上洞口四角要求加斜钢筋的构造"并无必要

大部分资料上，要求洞口四角设置斜钢筋的做法，其实这是不恰当的构造，如图 1-49 所示不当构造，是不必要的。

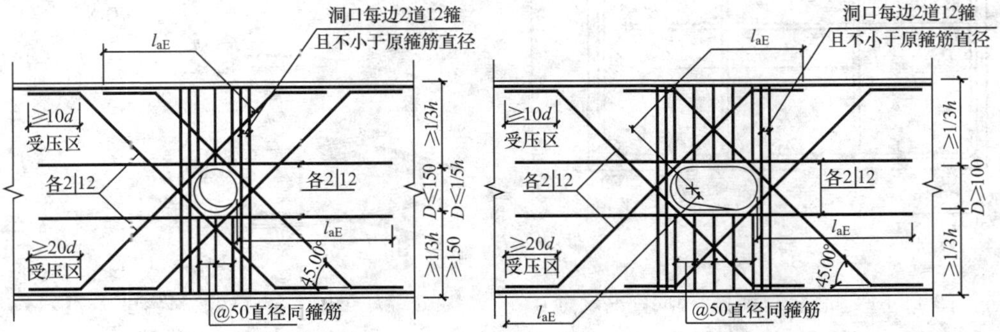

梁上开小圆孔构造　　　　梁上开长圆孔构造

图 1-49　不当构造

因为任何方向的拉力，都可以分解为 X、Y 两个方向，由纵筋和横筋承担。例如，梁端的主拉应力是斜向的，但我们却用施工方便的竖向箍筋承担拉力，如图 1-50 洞口加筋构造所示。

1.3.15 "柱箍筋构造可适度放松"的新观点与"梁纵筋在柱节点外连接"的构造探索与实践检验

柱箍筋可以采用拉条，不一定全部采用封闭箍筋。图 1-51 是美国 2008 年混凝土规范对于抗震设计栏的构造示意。可明显发现，美国的要求比我们宽松得多。例如，箍筋肢距 x 要求≤350mm，135°勾的直段长度为 6d（d 为钢筋直径）。

柱箍筋放松要求的好处：①施工方便，柱箍筋施工难度降低；②混凝土浇筑、振捣时，不会大大受阻，有利于混凝土和钢筋共同工作。

当采用螺旋箍时，螺旋起始与结束处，都应有水平螺旋，如图1-52所示。

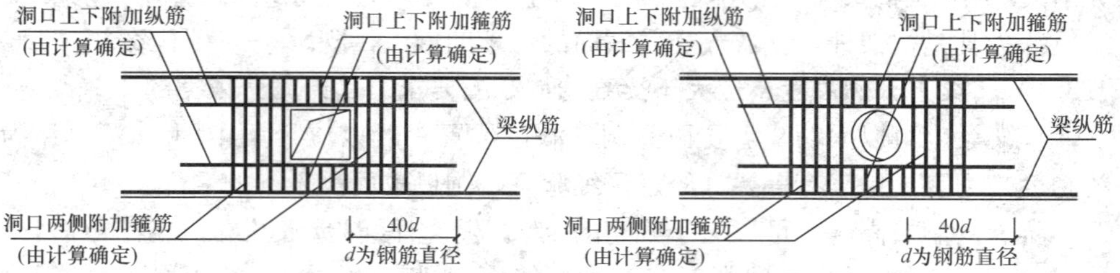

图1-50 洞口加筋构造

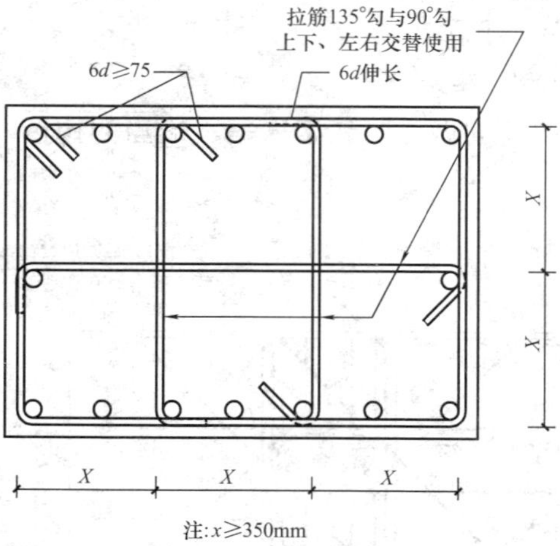

图1-51 抗震设计时柱横向配筋示意
（美国2008年规范）

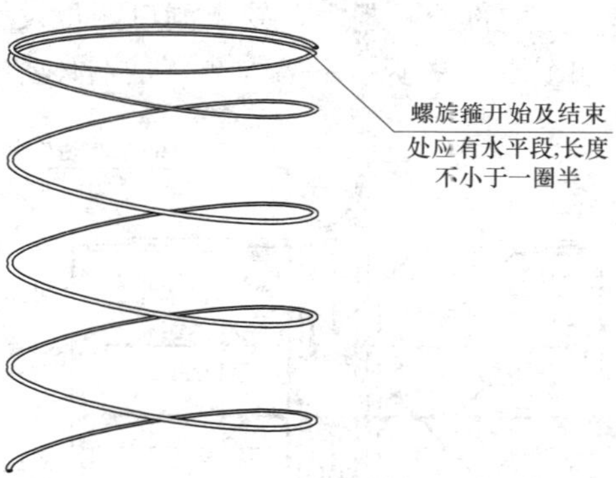

图1-52 螺旋箍构造

我国在连续梁的构造方面，对于梁底部的纵筋，要求在支座柱内锚固。在有些工程中，由于梁底部纵筋根数较多，致使柱内梁底钢筋过于密集，影响施工质量。

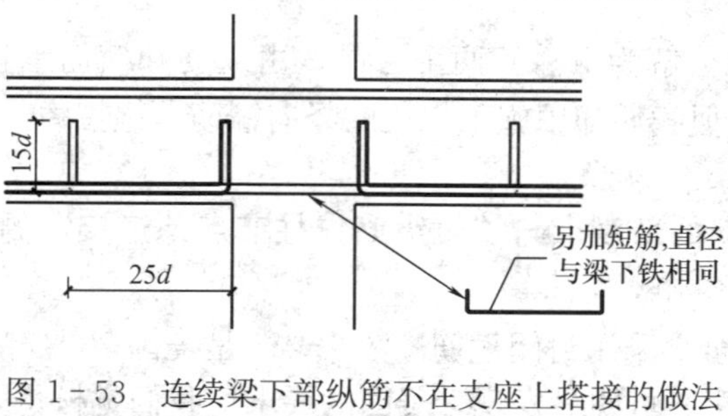

图1-53 连续梁下部纵筋不在支座上搭接的做法
（引自上海市建筑设计院之工程实践）

上海市建筑设计院经过构件试验（东南大学试验）结果，提出了一种新的做法，如图1-53所示，并已在若干工程中采用，反映良好，现介绍于此，供参照采用。

关于框架梁底部纵筋不在支座上锚固之做法，还可参照美国及英国的做法。

美国规范中，关于抗震设计之框架梁的配筋方法，如图 1－54 所示，其纵筋之搭接，应位于距支座边≥2h 处，搭接处箍筋应按规定加密。

图 1－55 是英国规范中的梁纵筋布置示意图（非抗震）。注意主、次梁之底部纵筋皆在柱边截断，在柱内另加底筋，伸出与梁底纵筋搭接。应注意该图中，主梁上部纵筋位于次梁纵筋的上面。该图虽是用于非抗震者，但此做法（主梁钢筋在上面）对于抗震结构也同样适用。过去有一种误解，认为次梁钢筋应放在主梁钢筋之上，这样次梁才能将反力传给主梁，这是错误的概念。

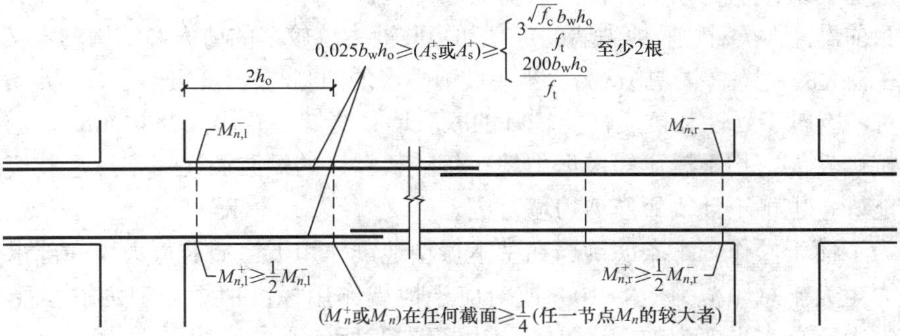

图 1－54　抗震设计钢筋混凝土梁的构造

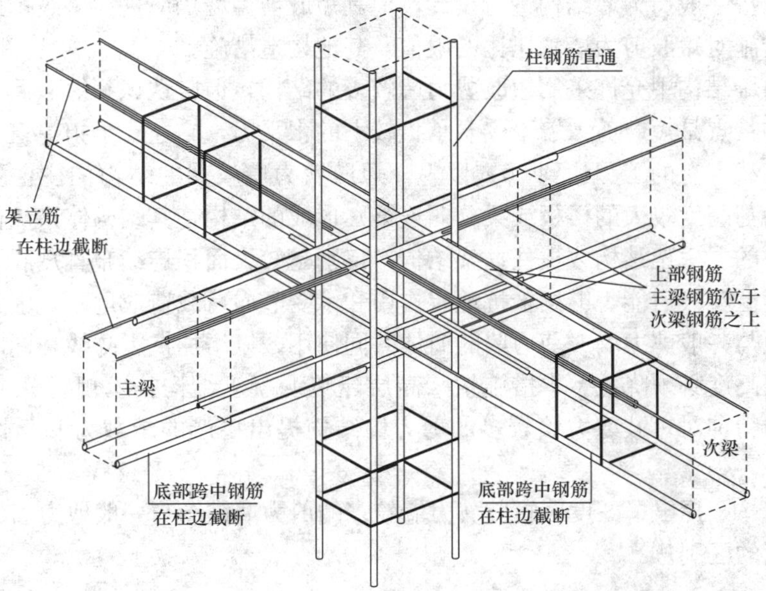

图 1－55　主次梁构造示意（非抗震）（英国规范）

1.3.16 “短肢剪力墙较多的剪力墙结构”的定义和新观点

一般认为，纯粹的短肢剪力墙结构，在高烈度区是经不起强震考验的，所以高层纯短肢剪力墙结构不主张在地震区使用。

近年兴起的短肢剪力墙结构，有利于住宅建筑布置又可减小结构自重，应用逐渐广泛。短肢剪力墙结构原则上属于剪力墙结构。试验表明，当短肢剪力墙满足“规范”规定的水平地震剪力和保证抗震构造措施时，短肢剪力墙结构具有较好的抗震性能。

但短肢剪力墙结构在高烈度地震区应用经验不多，本条款的规定仅适用于高度有一定限制的短肢剪力墙较多的剪力墙结构，且整体结构中仍应具有一定数量的一般剪力墙或剪力墙筒体的短肢剪力墙结构。

目前设计人员对短肢剪力墙的定义和短肢剪力墙较多的剪力墙结构的定义的理解存在较大的差异。本措施认为，当短肢剪力墙的两侧与较强的连梁（$L_t/h_b\leqslant 2.5$）相连时，应属于延性和抗震性能较好的联肢墙；当墙厚较厚（>300mm）也有较好的抗震性能，均不属于短肢剪力墙；带较长翼缘的短肢墙比一字形短肢墙的抗震性能好，也可不计入短肢剪力墙范围。

为了便于操作，本条明确当在基本振型地震作用下由短肢剪力墙底部承受的倾覆力矩大于总倾覆力矩的10%或对应于地震作用标准值短肢剪力墙承受的水平剪力大于总水平剪力的10%时，才属于本章所定义的“短肢剪力墙较多的剪力墙结构”，如果不符合上述范围时，不属于“短肢剪力墙较多的剪力墙结构”，这时仍可按一般剪力墙结构进行设计，但其短肢剪力墙仍应提高一级抗震等级后满足本措施对短肢剪力墙轴压比的限值及其他构造措施。

剪力墙结构中允许采用短肢剪力墙较多的结构，但应认识到短肢剪力墙较多的结构的特点是短肢剪力墙不仅要承担较大的水平力，它还要承担建筑物的大部分竖向荷载，有的工程达到80%以上。短肢剪力墙较多的结构往往主要是由短肢剪力墙与跨度较大的楼板或梁（弱连梁）形成的结构，其结构体系类似于抗震性能较差的弱框架结构或板柱框架结构，特别是较大面积连续布置短肢墙，将对进入弹塑性阶段后能否继续抵抗地震作用和承受竖向荷载造成危险，因此短肢剪力墙必须与一般剪力墙或剪力墙的筒体共同使用，以增加抗震防线，同时这类结构的适用高度必须降低。本措施按《高层建筑混凝土结构技术规程》（JGJ 3—2002）的精神对短肢剪力墙较多的剪力墙结构提出更严的承载力和延性的设计要求。

表1-19提出了8度区短肢剪力墙较多的剪力墙结构与一般剪力墙结构在设计要求上的区别。

表1-19　8度区（0.2g）短肢剪力墙较多的结构与一般剪力墙结构设计要求比较

设计要求	短肢剪力墙较多结构	一般剪力墙结构
高度限值	按表1-20采用	8度区100m，7度区120m
短肢墙的抗震等级	按框剪结构中的剪力墙抗震等级采用	≤80m二级 >80m一级
剪力放大	剪力墙底部加强部位，取1.6	1.4（≤80m）
短肢墙承受的层水平剪力	（20%～60%）总水平剪力	—
短肢墙轴压比	按抗震等级提高一级确定	一级0.5，二级0.6
最小墙厚	短肢墙墙厚180mm	160mm
短肢墙全部纵筋配筋率	底部加强部位≥1.0%，其他部位≥0.8%	—

注　短肢剪力墙的边缘构件设置要求同一般剪力墙结构。

表1-20　短肢剪力墙较多的剪力墙结构最大适用高度

设防烈度	6			7			8		
短肢剪力墙承受的倾覆力矩比值	0.1～0.3	0.3～0.5	0.5～0.7	0.1～0.25	0.25～0.4	0.4～0.6	0.1～0.25	0.25～0.4	0.4～0.5
短肢剪力墙承受的水平剪力比值	0.1～0.3	0.3～0.5	0.5～0.7	0.1～0.3	0.3～0.5	0.5～0.6	0.1～0.3	0.3～0.4	0.4～0.5
最大适用高度 H/m	140～120	120～110	110～100	120～100	100～90	90～80	100～90	90～70	70～60

综上所述，有以下结论，仅供借鉴：

（1）短肢剪力墙是指墙肢截面高度与厚度之比为4～8的剪力墙，但墙肢截面高度与厚度之比虽为4～8，当墙肢均与较强的连梁（连梁净跨与连梁截面高度之比 $L_b/h_b \leqslant 2.5$，且连梁高度 $h_b \geqslant 400$mm）相连，或与翼墙（翼墙长度应不小于短肢墙厚度的4倍）相连，或墙厚>300mm时，可不作为“短肢剪力墙”。

（2）短肢剪力墙较多的剪力墙结构的定义为，在基本振型地震作用下短肢剪力墙承受的底部倾覆力矩大于结构总倾覆力矩的10%或对应于地震作用标准值短肢剪力墙承受的水平剪力大于结构总水平剪力的20%的剪力墙结构。

（3）短肢剪力墙较多的剪力墙结构中必须设置筒体或一般剪力墙，形成短肢剪力墙与一般剪力墙共同抵抗水平力。风荷载作用下短肢剪力墙承受的底部倾覆力矩不应大于结构总倾覆力矩的80%。抗震设计时，对应于地震作用标准值任一层短肢剪力墙所能承担的未经按规范规定进行调整的水平剪力不应小于结构底部总剪力的20%；设防烈度为6度、7度、8度的抗震设计时，在基本振型地震作用下短肢剪力墙承受的底部倾覆力矩分别不应大于总倾覆力矩的70%、60%、50%，对应于地震作用标准值短肢剪力墙承受的水平剪力不应大于总水平剪力的60%。

（4）对于短肢剪力墙较多的剪力墙结构，其短肢剪力墙的抗震等级应比一般剪力墙结构的抗震等级提高一级；对高层剪力墙结构，其短肢剪力墙尚应满足JGJ 3—2002《高层建筑混凝土结构技术规程》（以下简称《高规》）4.3.2条与4.2.3-1条规定轴压比与内力调整要求，见表1-21与表1-22；对于多层剪力墙结构，其短肢剪力墙尚应按表1-23规定采用相应的剪力增大系数。

表1-21　　高层剪力墙结构剪力墙墙肢组合内力计算值调整系数

抗震等级	弯矩调整系数	剪力调整系数			
	底部加强部位及上一层	其他部位	底部加强部位	其他部位	
				一般剪力墙	短肢剪力墙*
特一级	取墙底截面组合弯矩乘以1.1	1.3	1.9	1.2	1.2×1.4=1.68
一级	取墙底截面组合弯矩	1.2	1.60	1.0	1.4
二级	1.0	1.0	1.40	1.0	1.2
三级	1.0	1.0	1.20	1.0	1.1

注　表中短肢剪力墙的剪力调整系数仅指对于短肢剪力墙较多的结构中的短肢剪力墙，若不属短肢剪力墙较多的结构可按一般剪力墙采取其调整系数。

表1-22　　高层剪力墙结构剪力墙底部加强部位剪力墙墙肢轴压比限值

墙肢类型	一级（9度）	一级（7、8度）	二级	三级
$h_w/b_w>8$	0.4	0.5	0.6	0.7
$h_w/b_w=5\sim8$	0.4	0.5	0.6	0.7
无翼缘一字墙	0.4	0.4	0.5	0.6
$3<h_w/b_w\leqslant5$	0.3	0.4	0.5	0.6

注　1. $h_w/b_w\leqslant3$时可按框架柱控制轴压比。

2. 短肢剪力墙应按表1-24中注2规定，即提高一级后再按表1-22确定墙肢轴压比限值。

表1-23　　多层剪力墙结构剪力墙墙肢剪力增大系数 η_{vw}

结构部位	抗震等级	
	二	三
底部加强部位的一般剪力墙	1.4	1.2
其他部位的一般剪力墙	1.0	1.0
底部加强部位的短肢剪力墙	1.4	1.2
其他部位的短肢剪力墙	1.2	1.0

表1-24　　A级高度剪力墙结构抗震等级

设防烈度			6度	7度		8度		9度（≤60m）
建筑类别	总高度	场地类别		0.10g	0.15g	0.20g	0.30g	
丙类建筑	≤80m	Ⅱ	四	三	三	二	二	一
		Ⅲ、Ⅳ	四	三	三*	二	二*	一
	>80m	Ⅱ	三	二	二	一	一	—
		Ⅲ、Ⅳ	三	二	二*	一	一*	

续表

设防烈度			6度	7度		8度		9度（≤60m）
建筑类别	总高度	场地类别		0.10g	0.15g	0.20g	0.30g	
乙类建筑	≤80m	Ⅱ	三	二	二	一	一	特一
		Ⅲ、Ⅳ	三	二	二*	一	一*	特一
	>80m	Ⅱ	二	一	一	特一	特一	—
		Ⅲ、Ⅳ	二	一	一*	特一	特一	

注　1. 建筑场地为Ⅰ类时，除6度外，可按表内降低一度所对应抗震等级采取抗震构造措施，但抗震计算要求不应降低。

2. 对于短肢剪力墙较多的剪力墙结构，其短肢剪力墙的抗震等级应比表中规定提高一级采用，9度区不宜采用。

3. 表中抗震等级一*、二*、三*级，其抗震计算措施分别同一、二、三级，但其抗震构造措施应分别同特一、一、二级。

（5）剪力墙结构中，当短肢剪力墙数量很少，如在基本振型地震作用下由短肢剪力墙底部承受的倾覆力矩小于结构总倾覆力矩的10%或对应于地震作用标准值短肢剪力墙承受的水平剪力小于结构总剪力的10%，可按一般多层剪力墙结构设计，但其短肢墙的轴压比宜满足《高规》4.3.2条关于短肢剪力墙墙肢的轴压比限值的要求。

（6）短肢剪力墙较多的剪力墙结构中的一般剪力墙或筒体宜均匀分布，并满足框剪结构中剪力墙间距的要求。

1.3.17　剪力墙上开洞大小，对墙肢受力的“质”和“量”的影响

剪力墙是截面高度大而厚度相对很小的片状结构，具有承载力大，平面内刚度大等优点，但也有剪切变形相对较大，平面外较薄弱，易发生脆性剪切破坏的缺点。剪力墙的破坏形态可以归纳为弯曲破坏、弯剪破坏、剪切破坏和滑移破坏几种形态，弯曲破坏具有较好延性，剪切破坏是脆性破坏，对结构安全不利，应采取措施尽量避免。

影响剪力墙破坏形态的主要因素是剪跨比$M/(Vh_w)$，剪跨比表示截面上弯矩与剪力的相对大小，剪跨比的大小与剪力墙的高宽比H/h_w有一定的对应关系。

悬臂剪力墙试验表明：当$M/(Vh_w)\geqslant 2$（相当于高宽比$H/h_w\geqslant 2\sim 3$）时，剪力墙一般发生弯曲破坏；当$2>M/(Vh_w)>1$（相当于高宽比$2>H/h_w>1$）时，容易发生出现剪切斜裂缝的破坏，若设计措施得当，能按强剪弱弯合理设计，可能实现延性尚好的弯剪破坏；当$M/(Vh_w)\leqslant 1$（相当于$H/h_w\leqslant 1$）时属于矮墙，一般都是剪切破坏。

因此在本条中提出对较长的剪力墙宜开设洞口，将其分为长度较为均匀的若干墙段，墙段之间宜采用弱连梁连接，每个独立墙段的总高度H与其截面高度h_w之比不应小于2，其目的就是为了避免和减少剪力墙的剪切破坏。剪力墙结构

设计时，宜将墙肢设计成延性较好的以弯曲变形为主的墙肢，即剪跨比$\left(\lambda=\frac{M}{Vh_w}\right)\geqslant 2$的墙肢。

对于各层层高、刚度基本相同的悬臂剪力墙，可近似用底部剪力法分析其底层的弯矩与剪力，从而得出剪力墙高宽比与剪跨比的对应关系见表 1－25。

表 1－25 剪力墙高宽比与剪跨比的对应关系

建筑层数 n	1	2	3	4	5	10	15	20
$\frac{H/h_w}{M/(Vh_w)}$	1	1.20	1.28	1.33	1.36	1.43	1.45	1.46

可见对于悬臂剪力墙，当 $M/(Vh_w)=2$ 时，$H/h_w\approx 2\sim 3$。H/h_w 随层数增加而增加，是由于实际工程中的墙肢均与很多连梁相连，连梁的梁端弯矩（即约束弯矩）减小了墙肢的弯矩。因此为了避免和减少剪力墙的剪切破坏，宜将墙肢设计成高宽比（H/h_w）大于 3 的墙肢，但墙肢截面高度 h_w 也不能太小，以免形成短肢墙，短肢墙对抗震也不利。

较长的剪力墙宜开设洞口，将其分为长度较为均匀的若干墙段，墙段之间宜采用弱连梁连接，其跨高比宜大于 6；每个独立墙段的总高度与其截面高度之比不应小于 2，每个墙段宜设计成有连梁连接的双肢墙或多肢墙，以保证连梁的耗能作用，墙肢截面高度不宜大于 8m，一、二级剪力墙的洞口连梁，跨高比不宜大于 5，且梁截面高度不宜小于 400mm，如图 1－56 所示。

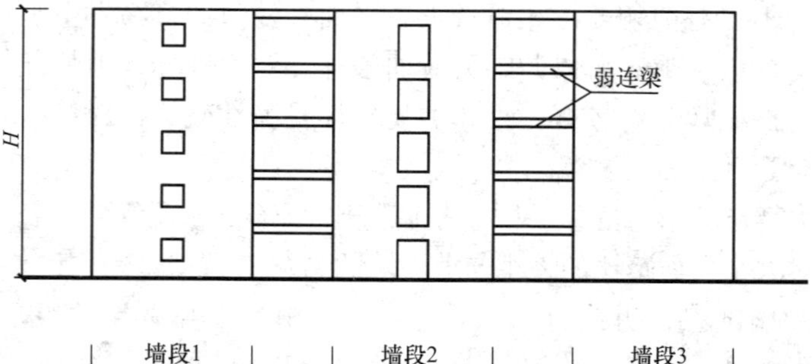

图 1－56 剪力墙开洞不同情况

1.3.18 “《高规》位移限值可适度放松”的新观点

建筑物的楼层水平位移限值应按《高规》第 4.6 节执行。

考虑偶然偏心影响时，应按《高规》第 4.3.5 条执行。但该条并非强制性条文，故在一定程度上可以有所放松。

(1) 该条条文基本上系从美国“UBC”规范引进。UBC 规范对于扭转影响造成的楼层最大水平位移大于该楼层位移平均值的 1.5 倍者，并非绝对禁止，而是给出一些措施以解决问题。

(2) 当楼层最大层间位移角之绝对值很小时，《高规》第 4.3.5 条的限值可以适当放松。

建筑物应满足最大弹性层间位移角限值和位移比的限值要求，但当最大弹性位移角的绝对值小于《高规》表 4.6.3 中的限值的 50%时，例如剪力墙结构的最大层间位移角为 1/2000 时，可以放松 10%，当位移角的绝对值更小时，还可适当放松，但宜以不超过 20%为限。

应注意验算最大弹性位移角限值时是不计入偶然偏心的，而在验算位移比的限值时应考虑偶然偏心的影响。对于平面特别狭长的结构，《高规》第 3.3.3 条规定的偶然偏心矩 $e_i=\pm 0.05L_i$ 可适当调整。

对于质量与刚度分布明显不对称、不均匀结构，及不考虑偶然偏心影响时位移比≥1.3 时应补充计算双向水平地震作用下的扭转影响，但双向水平地震和偶然偏心不需要同时组合。即验算构件承载力时应取考虑偶然偏心单向地震作用与双向地震作用影响二者中的较大者的配筋。但验算最大弹性位移角限值时可不考虑双向水平地震作用下的扭转影响。

1.3.19　剪力墙“约束边缘构件”的要求

特一、一、二级抗震等级的剪力墙在底部加强部位及其上一层应设约束边缘构件。其原因是剪力墙的轴压比虽未超过限制值，但轴压比又比较高时，在墙肢边缘轴压应力和压应变均很大，因此需在墙肢边缘设置约束作用较强的带箍筋的边缘构件。在国外，有的规范要求计算剪力墙截面的应力分布，按照应力的大小设置带箍筋的约束边缘构件。我国规范为了简化设计，规范直接给出了约束范围，并将此范围分为两部分。靠近墙肢端部边缘部分（即规范图中阴影部分）的应力最大，箍筋数量要求多、要求高；靠近墙肢内部部分（非阴影部分）的应力减小，约束钢筋要求降低一些。

在开洞剪力墙中洞口边是否均要设置约束边缘构件，应视具体情况分析。当洞口较小，连梁较高时（如整体小开口墙），墙段应力分布整体上接近直线，计算端部约束边缘构件的长度 l_c 时，h_w 宜按整个墙段长度计算，而内部洞口边缘处应力不大，不一定要设约束边缘构件可仅设置构造边缘构件。反之，当洞口大、连梁跨高比大（或由于弱连梁连接）时，各墙肢的边缘（洞口边）应力均较大，因此各墙肢的端部均应设置约束边缘构件，而计算约束边缘构件的长度 l_c 时，h_w 可按一个墙肢的墙长计算。

由于约束边缘构件内主筋与箍筋均很多，除了按规范配筋方法外，这里在图 1－58 中介绍了利用墙的水平分布筋代替约束边缘构件部分箍筋的方法。

综上所述，故此：

（1）特一、一、二级抗震等级的剪力墙底部加强部位及其上一层的墙肢端部除满足计算要求外，尚应按表 1－26 和图 1－57 要求设置约束边缘构件。

表 1－26　　剪力墙约束边缘构件设计要求

抗震等级		特一级	一级（9度）	一级（7、8度）	二级
配箍特征值 λ_v	≤C60	0.24	0.2	0.2	0.2
	＞C60	0.26	0.22	0.22	0.22
L_c	暗柱	$0.25h_w$	$0.25h_w$	$0.20h_w$	$0.20h_w$
	端柱或翼墙	$0.20h_w$	$0.20h_w$	$0.15h_w$	$0.15h_w$
箍筋直径		$d\geqslant10$	$d\geqslant8$		
箍筋竖向间距 S		≤100	≤100	≤100	≤150
纵筋配筋		$\geqslant1.4\%A_c$	$\geqslant1.2\%A_c$	$\geqslant1.2\%A_c$	$\geqslant1.0\%A_c$
		$\geqslant6\phi16$	$\geqslant6\phi16$	$\geqslant6\phi16$	$\geqslant6\phi14$

注　h_w——剪力墙墙肢长度；

L_c——约束边缘构件沿墙肢长度；

A_c——为图 1－57 中阴影部分面积；

λ_v——配箍特征值；

ρ_v——体积配箍率 $\left(\rho_v=\lambda_v\dfrac{f_c}{f_{yv}}\right)$，体积配箍率 ρ_v 计算时 $\rho_v=\dfrac{\text{一层箍筋的体积}}{A_{cor}S}$；

A_{cor}——外排箍筋内表面范围内的面积；

S——箍筋竖向间距，箍筋体积中应扣除重叠部分的箍筋体积。

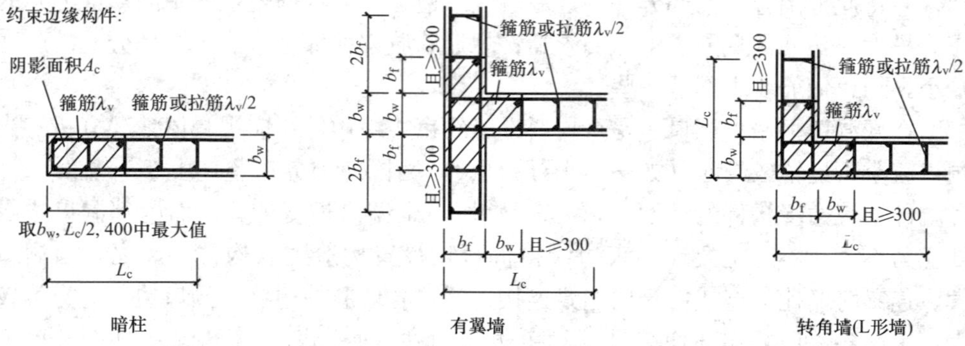

图 1－57　剪力墙约束边缘构件（一）

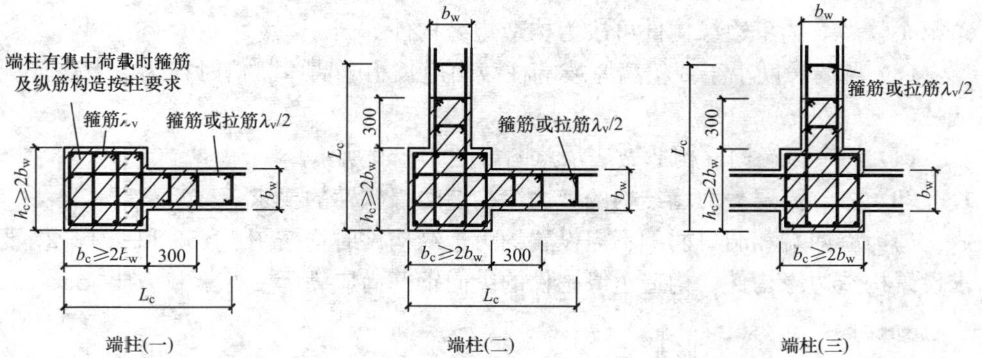

图 1－57　剪力墙约束边缘构件（二）

注：1. 约束边缘构件中阴影部分约束钢筋配置方法，可按下述两种方法采用。

方法一：阴影部分的约束钢筋以箍筋为主，箍筋的长边不宜大于短边的 3 倍，相邻 2 个箍筋宜互相搭接，搭接长度为 1/3 箍筋长边的长度。其他钢筋可用拉筋补齐，但拉筋端部应做 135°弯钩钩住竖向与水平筋，弯钩端部平直段长度不小于 $10d$。

方法二：阴影部分的约束钢筋也可采用箍筋与墙体水平分布筋共同工作的方法（图 1－58），即利用有可靠锚固的水平分布筋作为部分约束边缘构件的箍筋，在水平筋竖向间隔内另增设上述方法一的互相搭接的箍筋，当利用墙体水平分布筋作为约束箍筋时，水平筋之间应增设拉筋，拉筋端部应做 135°弯钩钩住竖向与水平筋，弯钩端部平直段长度不小于 $10d$。

2. 对于有端柱的剪力墙，当 $b_c \geqslant 3b_w$ 和 $h_c \geqslant 3b_w$ 时，阴影部分不必延伸至墙内，即延伸墙内的 300mm 长的延伸段可取消。

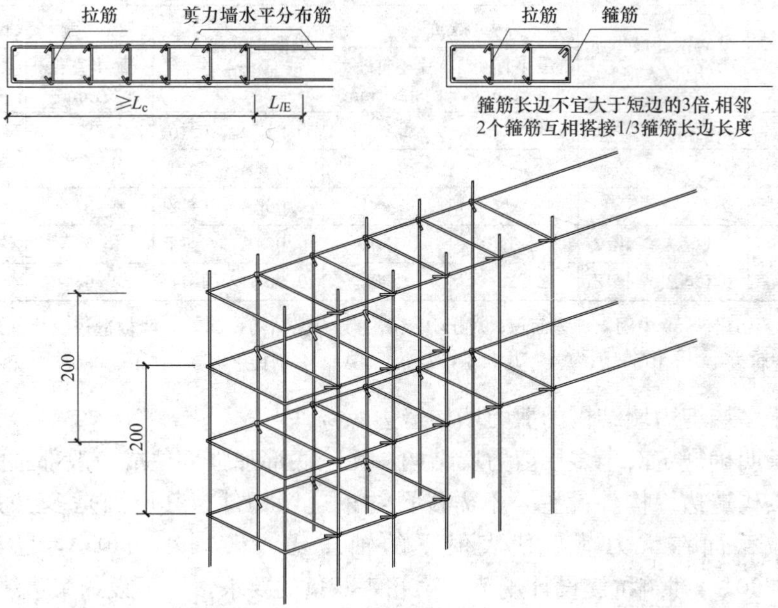

图 1－58　利用墙的水平分布筋代替约束边缘构件部分的箍筋

（2）当一、二级抗震墙符合《建筑抗震设计规范》GB 50011—2001 第 6.4.6 条第 1 款者，约束边缘构件可改为构造边缘构件。

（3）翼墙长度小于 3 倍墙厚或端柱截面边长小于墙厚 2 倍时视为无翼缘或无端柱。

（4）约束边缘构件构造做法示意图如图 1-59 所示。

1.3.20 多、高层剪力墙结构的剪力墙构造边缘构件的要求

剪力墙两端和洞口两侧不需设置约束边缘构件时均按图 1-59 和表 1-27 要求设置构造边缘构件。构造边缘构件的纵向钢筋尚应满足受弯承载力要求。

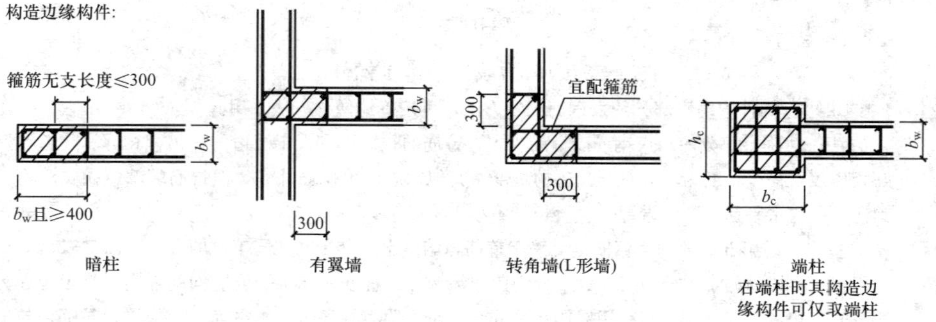

图 1-59 高层剪力墙结构的剪力墙构造边缘构件

表 1-27 高层剪力墙结构的剪力墙构造边缘构件的配筋要求

抗震等级	底部加强部位			其他部位		
	纵向钢筋最小量（取较大值）	箍筋		纵向钢筋最小量（取较大值）	箍筋或拉筋	
		最小直径/mm	沿竖向最大间距/mm		最小直径/mm	沿竖向最大间距/mm
特一级				$0.012A_c$，$6\phi16$	8	150
一级				$0.008A_c$，$6\phi14$	8	150
二级				$0.006A_c$，$6\phi12$	8	200
三级	$0.005A_c$，$4\phi12$	6	150	$0.004A_c$，$4\phi12$	6	200
四级	$0.005A_c$，$4\phi12$	6	200	$0.004A_c$，$4\phi12$	6	250

注 A_c 为图 1-59 中阴影部分面积；对于 B 级高度剪力墙结构，其剪力墙构造边缘构件最小配筋率应将表 1-26 中的 $0.008A_c$、$0.006A_c$ 和 $0.004A_c$，分别代之以 $0.010A_c$、$0.008A_c$ 和 $0.005A_c$。

对于多层剪力墙结构的剪力墙构造边缘构件：

本条明确规定对于多层剪力墙结构，无论底部加强部位或一般部位的边缘构件，均按构造边缘构件设置，不需设置约束边缘构件。其原因是多层剪力墙结构，墙肢截面在重力荷载代表值下的轴压比一般均小于 0.3，已满足 GB 50011—2001《建筑抗震设计规范》第 6.4.6 条的要求，可不设约束边缘构件。

多层剪力墙结构中剪力墙墙肢的轴压比满足关于多层剪力墙结构的墙肢轴压

比限值要求时，不需设置约束边缘构件，可按本条要求按构造边缘构件设计，剪力墙构造边缘构件的配筋除满足计算要求外，其构造边缘构件范围及最小配筋量可按表 1-28 的构造要求。

多层剪力墙结构中剪力墙构造边缘构件的纵向钢筋及墙竖向、水平分布筋的接头均可采用搭接，具体构造应满足图 1-60 要求（光圆钢筋应带弯钩）。

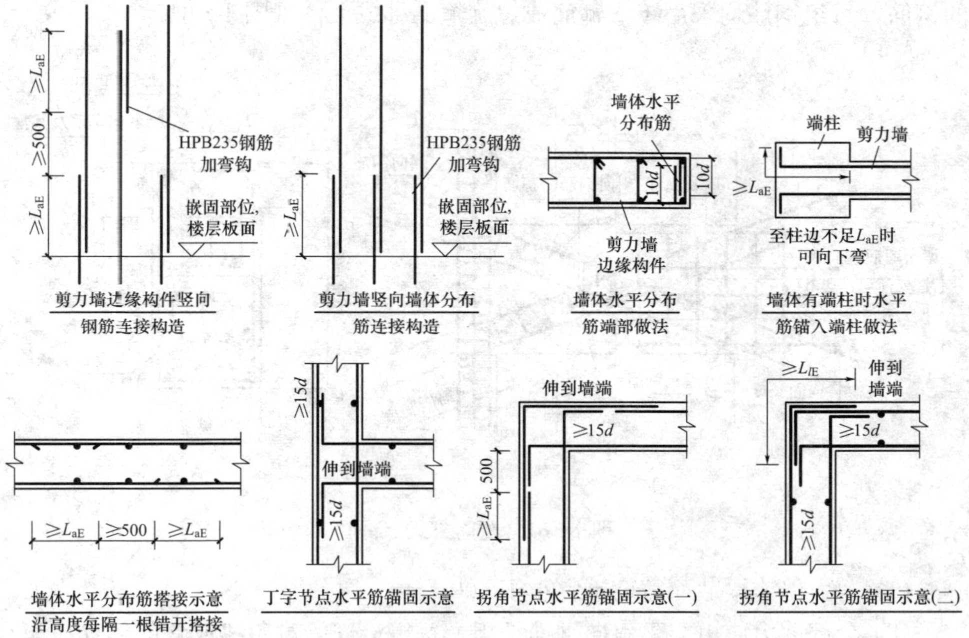

图 1-60　剪力墙水平筋、竖筋构造做法

表 1-28　多层剪力墙结构的剪力墙构造边缘构件类型及构造要求

部位	抗震等级			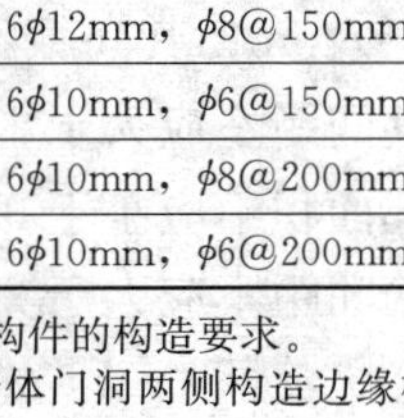
底部加强部位	二*、二级	6ϕ12mm，ϕ8@150mm	6ϕ12mm，ϕ8@150mm	6ϕ12mm，ϕ8@150mm
	三*、三级、四级	6ϕ10mm，ϕ6@150mm	6ϕ10mm，ϕ6@150mm	6ϕ10mm，ϕ6@150mm
其他部位	二*、二级	6ϕ10mm，ϕ8@200mm	6ϕ10mm，ϕ8@200mm	6ϕ10mm，ϕ8@200mm
	三*、三级、四级	6ϕ8mm，ϕ6@200mm	6ϕ8mm，ϕ6@200mm	6ϕ10mm，ϕ6@200mm

注　1. 窗间墙截面长度不小于墙厚的 4 倍时，两端纵筋及箍筋可按构造边缘构件的构造要求。

2. 三级、四级剪力墙当建筑层数低于 4 层时，除底部加强部位外，内墙体门洞两侧构造边缘构件可仅配 2ϕ12 纵向钢筋和 ϕ6@200mm 型开口箍筋，与墙水平筋搭接 l_{aE}。

3. 表中 * 表示含义同表 1-24 注 3。

1.3.21 “短连梁构造”的新观点

对剪力墙连梁，当其跨高比（l_n/h）<1时，应配置交叉斜向钢筋；当其跨高比 $1\leqslant(l_n/h)<2$ 时，宜配置交叉斜向钢筋。交叉斜向钢筋可选用下述的3种配筋方式之一进行布置，并符合相应要求。

交叉斜向钢筋配置方式一：沿连梁对角线斜向放置钢筋，形成两组相互交叉的钢筋，每组钢筋均采用矩形箍筋或螺旋箍筋绑成一体（图1-61）。

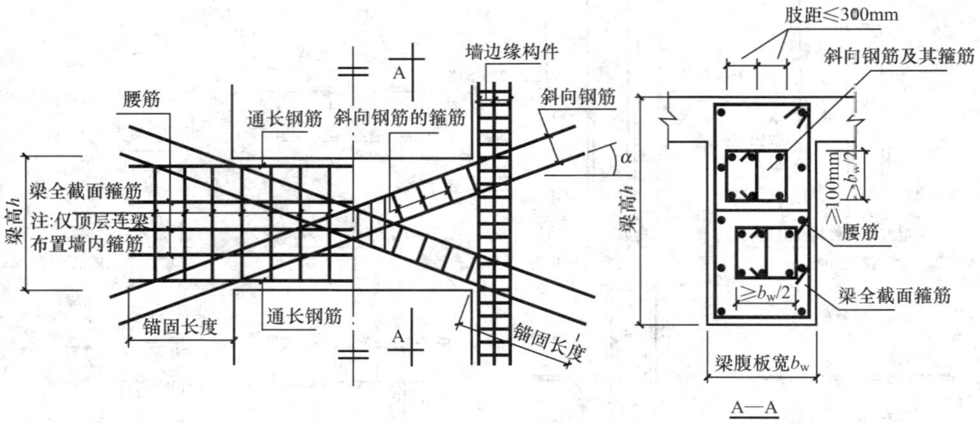

图1-61　配筋方式（一）

(1) 剪力墙连梁截面宽度不宜小于400mm。

(2) 全部剪力应由交叉斜向钢筋承担。每组沿连梁对角线放置的钢筋应至少由4根钢筋组成，钢筋直径不应小于14mm。

(3) 沿连梁对角线放置的每组钢筋应设置箍筋，两组钢筋交叉点处箍筋应对全部交叉钢筋约束并且宜适当加密间距。箍筋外皮尺寸，在平行于梁宽度 b_w 方向应不小于 $b_w/2$，在平行于梁高方向不应小于 $b_w/5$ 与100mm中较大值。箍筋直径不应小于8mm，箍筋间距不应大于200mm及梁截面宽度 b_w 的一半，箍筋或拉筋肢距不宜大于300mm。

(4) 连梁全截面仅需沿周边配置普通箍筋。非抗震设计时，箍筋直径应不小于8mm；其间距不应大于200mm；抗震设计时，箍筋其直径不应小于10mm；其间距不应大于150mm。沿连梁周边配置的普通箍筋和腰筋，在其各方向的全部面积不应小于 $0.002b_w s$（b_w 为连梁腹板宽度，s 为箍筋间距或腰筋间距），腰筋间距不应大于200mm。

美国ACI杂志发表的不同配筋形式短连梁在地震作用下的性能试验研究成果表明，短连梁承受不断重复的剪切荷载时，交叉斜向钢筋配置方式一和方式二相比，试验结果几乎没有差异，但配筋方式二相对来说便于施工。本条参考美国规范 ACI 318—08，提出了采用连梁交叉斜向钢筋配置方式二时的具体要求。

交叉斜向钢筋配置方式二：沿连梁对角线斜向放置钢筋，形成两组相互交叉的钢筋，每组钢筋均未设置矩形箍筋或螺旋箍筋（图 1－62）。

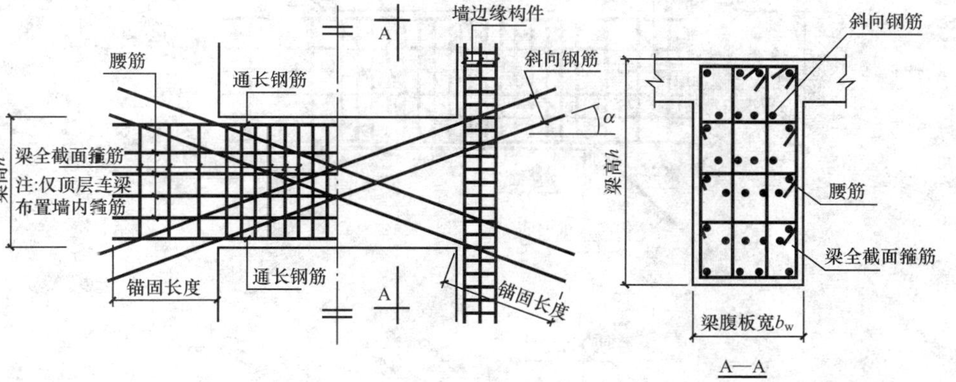

图 1－62　配筋方式（二）

（1）剪力墙连梁截面宽度不宜小于 350mm。

（2）全部剪力应由交叉斜向钢筋承担。每组沿连梁对角线放置的钢筋应至少由 4 根钢筋组成，钢筋直径不应小于 14mm。

（3）连梁全截面箍筋（拉筋）的直径、肢距和间距不应低于现行规范关于连梁箍筋配置的构造要求。连梁两侧腰筋的面积不应小于 $0.002b_w s$（b_w 为连梁腹板宽度，s 为腰筋间距），腰筋间距不应大于 200mm。

美国 ACI 杂志发表的不同配筋形式短连梁在地震作用下的性能试验研究成果表明，短连梁承受不断重复的剪切荷载时，三种配筋方式在耗能方面的区别是可以忽略不及的。交叉斜向钢筋配置方式三与前两种配筋方式相比，同样体积配筋率时强度偏低（约降低 17%），但其在转角延性方面具有显著的优势，另外，交叉斜向钢筋配置方式三避免了发生对角线爆裂裂缝的剪切破坏，并且施工方便。

交叉斜向钢筋配置方式三：连梁顶部和底部纵向钢筋在连梁跨度中点两侧分别交叉弯折并在跨中钢筋交错排列呈菱形状［图 1－63（a）］。

1）剪力墙连梁截面宽度，当在连梁横截面两侧设置弯折钢筋时［图 1－63（b）］，不宜小于 300mm；当仅在连梁横截面中间部位设置弯折钢筋时［图 1－63（c）］，不宜小于 250mm。

2）弯折钢筋直径应不小于 12mm。

3）连梁全截面箍筋（拉筋）的肢距和间距不应低于现行规范关于连梁箍筋

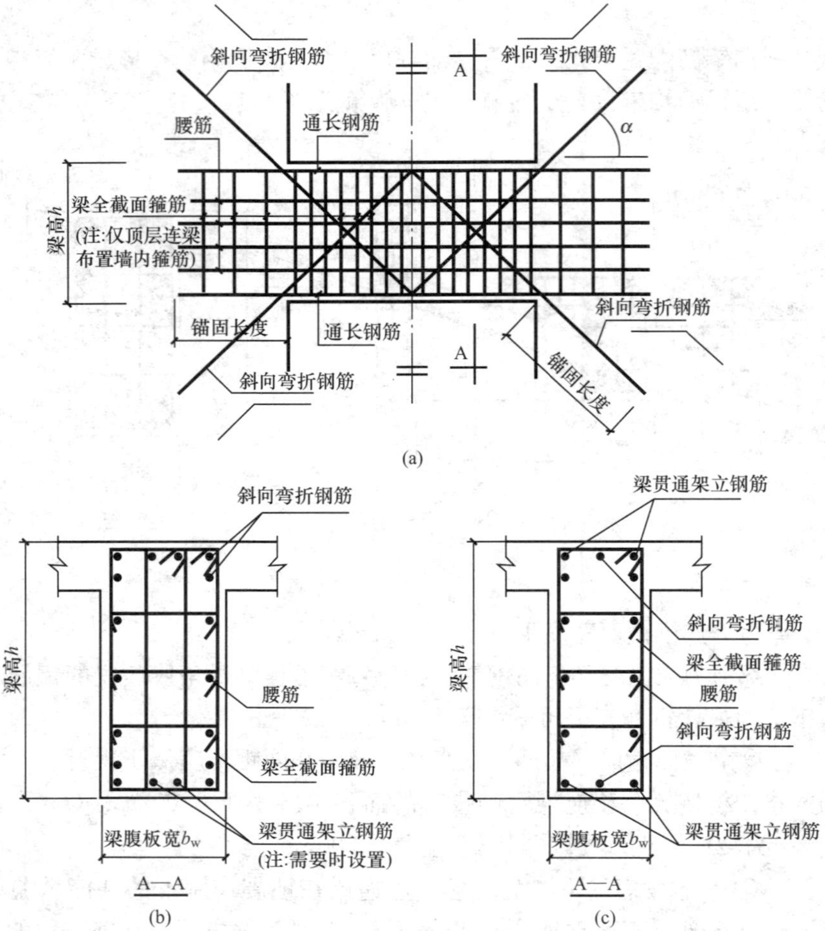

图 1-63　配筋方式（三）

配置的构造要求，箍筋（拉筋）直径宜比构造要求的最小直径适当加大。连梁两侧腰筋的面积不应小于 $0.002b_w s$（b_w 为连梁腹板宽度，s 为腰筋间距），腰筋间距不应大于 200mm。

1.3.22　剪力墙“错洞处连梁纵筋及箍筋”的构造建议

GB 50011—2001《建筑抗震设计规范》及抗震构造标准图集中均未明确边缘构件的主筋锚固及约束箍筋的范围，特别是上下洞口不对齐时的情况，本措施在图 1-64 中提出建议，供设计人员参照采用。

剪力墙边缘构件的主筋锚固及约束箍筋要求，错洞处连梁纵筋锚固及箍筋要求，除计算要求外，一般应符合图 1-64 的要求。

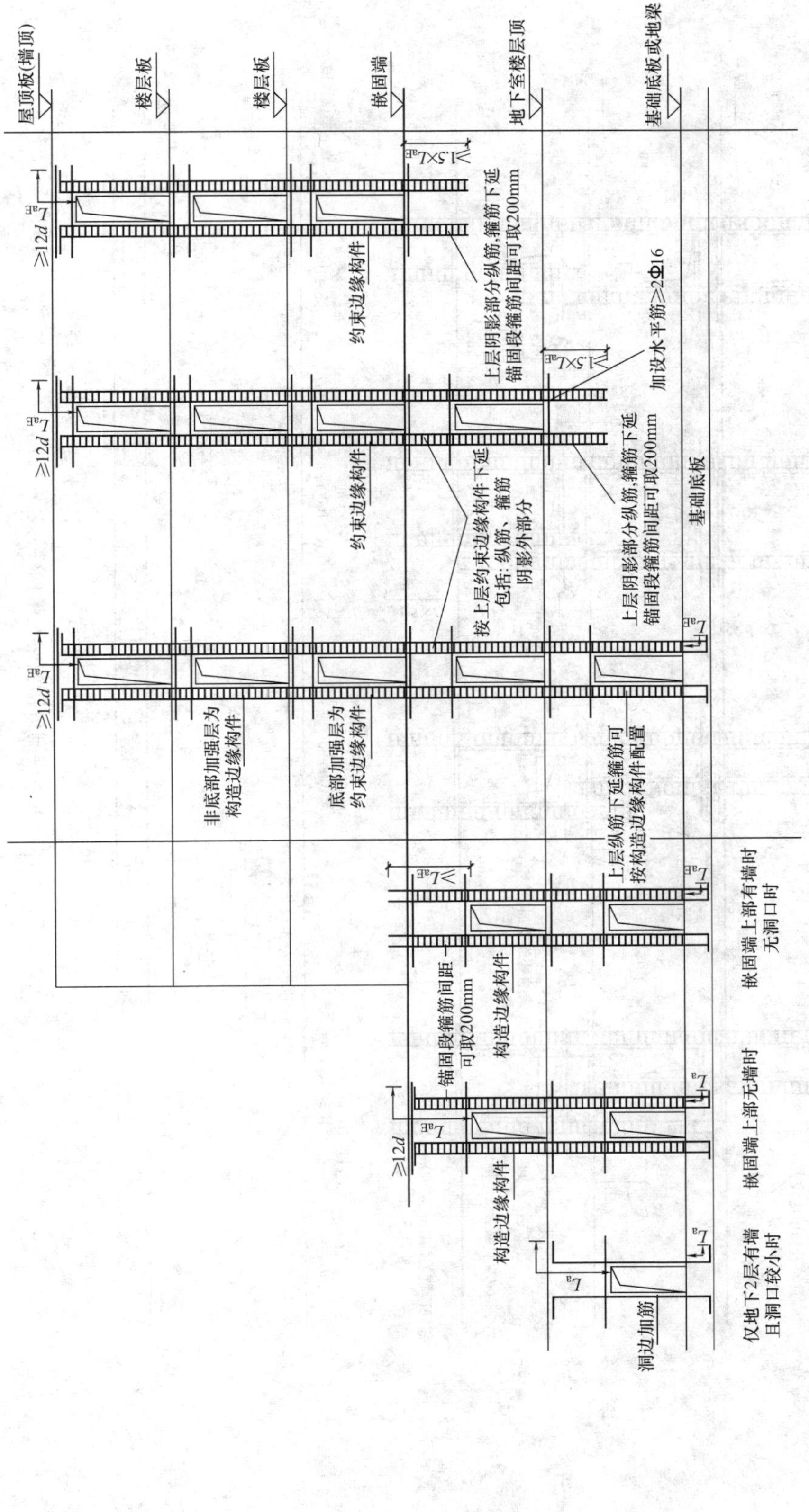

(a)

图 1-64　上下层洞口对应时边缘构件做法（一）

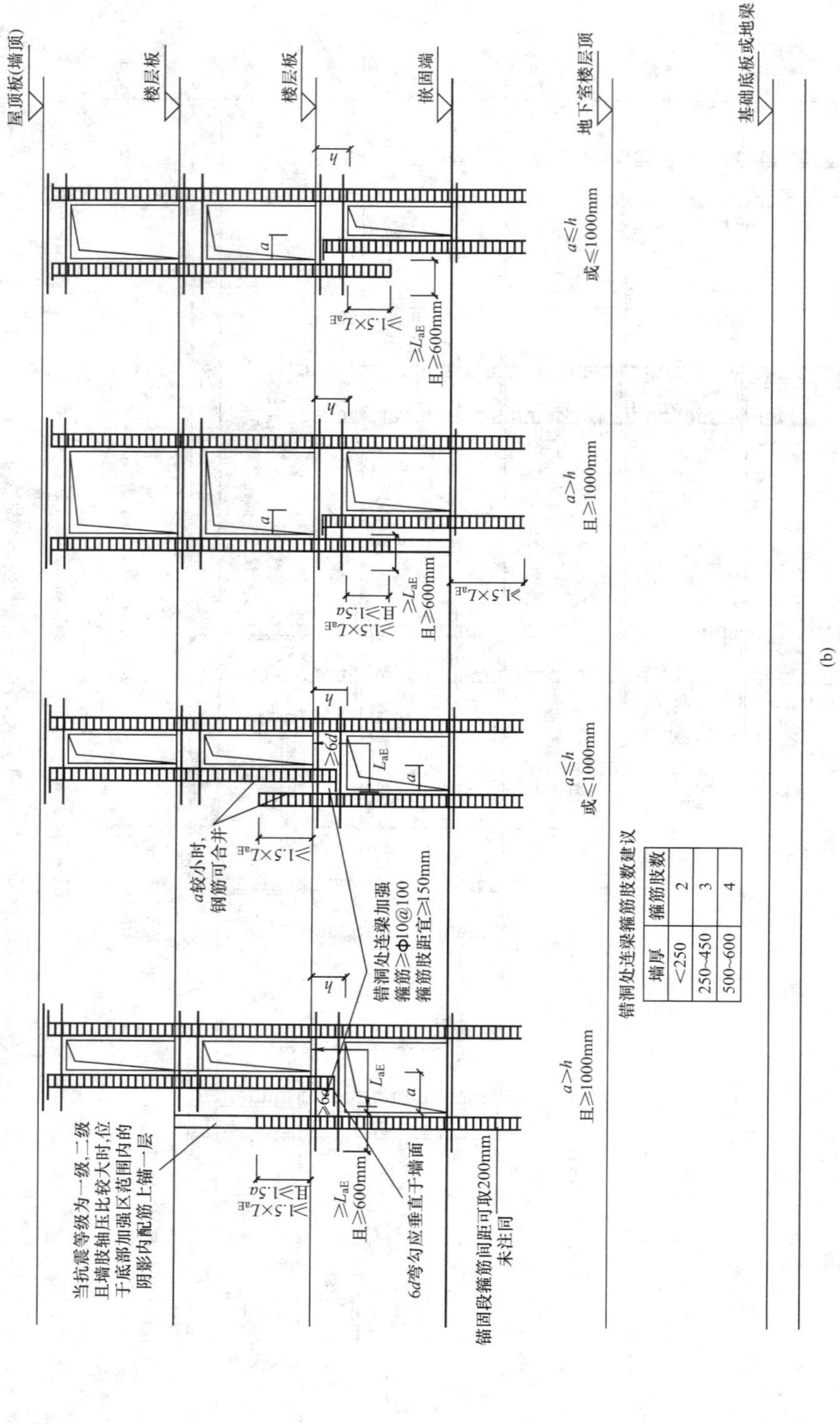

错洞处连梁箍筋肢数建议

墙厚	箍筋肢数
<250	2
250~450	3
500~600	4

图1-64　上下层洞口错位时边缘构件做法（二）

1.3.23 “少墙框架结构”的观点和实践检验

在工程实践中发现GB 50011—2001《建筑抗震设计规范》执行后，多层框架结构很难满足规范对层间变形的限值，其原因是多层框架（4～5层）结构一般周期较短（$T_1=0.4\sim0.6s$），GB 50011—2001《建筑抗震设计规范》的特征周期T_g值比1989年《建筑抗震设计规范》对各类场地分别提高了0.05，使结构地震作用增加较多，据有关资料分析，Ⅱ类场地增加了15%，Ⅲ类场地增加了11.2%. 另外8度区中软场地土（$250m/s\geqslant v_{sm}>140m/s$）覆盖层较厚，1989年规范中当覆盖层$d_{ov}>80m$才作为Ⅲ类场地，但新规范规定$d_{ov}>50m$就是Ⅲ类场地，Ⅲ类比Ⅱ类场地又提高了25.4%，因此很多多层框架结构很难满足层间变形的限值。为此在本条提出了布置少量剪力墙的多层框架结构设计建议。但应注意所加剪力墙，宜为带边框剪力墙，边框的梁、柱应满足竖向荷载下的承载力，所加剪力墙应有较好的延性，如墙开大洞或开竖缝，剪力墙的墙肢剪跨比$M/(Vh_w)$宜大于2.5。

对于无边框的剪力墙应设边缘构件和暗梁，增强其延性，楼板结构宜考虑剪力墙开裂后不发生破坏。另外，由于Ⅱ、Ⅲ类场地地震作用相差较大，因此设计时应注意，对于Ⅱ类与Ⅲ类分界线附近的建筑，GB 50011—2010《建筑抗震设计规范》第4.1.6条规定“当有可靠的剪切波速和覆盖层厚度且其值处于表4.1.6所列场地类别的分届线附近时，应允许按插值方法确定地震作用计算所用的设计特征周期。”具体插值的方法可按GB 50011—2010《建筑抗震设计规范》条文说明中图4.1.6进行。

框架—剪力墙结构中，仅布置少量剪力墙时，结构分析计算考虑剪力墙与框架协同工作，如剪力墙位置较偏而产生较大刚度偏心时，宜采取将此种剪力墙减薄、开竖缝、开结构洞，配置少量单排钢筋等措施，减小剪力墙作用，并宜增加与剪力墙相连柱子的配筋。

多层框架当按纯框架结构计算不能满足框架结构层间位移变形限值时，结构可仅布置少量的纵、横向剪力墙，但仍应按框架结构确定框架的抗震等级，而计算时应按框架—剪力墙结构模型，剪力墙应满足计算承载能力要求，而结构变形即层间位移角限值宜按框架部分承受的倾覆力矩M_c与总倾覆力矩M_0的比值确定，当$M_c/M_0\leqslant0.5$时，结构变形宜满足1/800，当$M_c/M_0\geqslant0.7$时，结构变形可按纯框架结构要求控制，即满足1/550，当$0.7>M_c/M_0>0.5$时，可按线性内插法取值。此时剪力墙的抗震等级可为三级也可不设底部加强区。同时框架部分还应满足不计入剪力墙按纯框架计算时框架的承载能力和抗震构造的要求。

抗震设计时结构两主轴方向均应布置剪力墙，剪力墙的布置宜使结构各主轴方向的刚度接近，宜尽量减小结构的扭转变形；梁与柱、柱与剪力墙的中心线宜重合，当不能重合时，在计算中应考虑其影响，并采取加强措施。

对于多层建筑，当其长宽比较大且沿纵向布置剪力墙确有困难时，可沿横向布置适量的剪力墙。以保证刚度较弱的横向有足够的抗侧能力，提高结构的抗扭刚度。沿结构纵向可视情况布置少量或不布置墙体。设计时横向可按一般的框架—剪力墙结构设计；纵向可按少墙框架或框架结构进行设计。

剪力墙宜贯通建筑物全高，避免刚度突变。当受条件限制剪力墙不能贯通建筑物全高而在顶层或顶部几层形成框架或少墙框架结构时，该部分结构应满足框架结构或少墙框架结构的设计要求。剪力墙截止位置层楼板应采用现浇板，该层相邻上层的柱下端应采取有效地加强措施。

抗震设计时对于高层框架—剪力墙结构，当其顶层或顶部几层取消部分剪力墙、柱形成空旷房间时，应进行弹性动力时程分析计算。

1.3.24 框剪结构之剪力墙设置"边框"的必要性

框架—剪力墙结构的剪力墙应设计成周边有梁、柱（或暗梁、暗柱）的带边框剪力墙，暗梁截面高度可取2倍墙厚或与其他梁同高，其目的是框架—剪力墙结构中剪力墙是第一道防线，当遭遇设防烈度地震作用时，剪力墙出现裂缝，这时剪力墙的边框对剪力墙起到约束作用，同时边框架仍能起支承竖向荷载的作用，防止结构倒塌，对于比较重要的建筑，底部加强区及以上1～2层的边框梁和暗梁宜满足承受本层竖向荷载的要求，一般建筑在底部加强区以上部位也可按构造配筋，且应符合一般框架相应抗震等级的最小配筋要求。但并非所有的剪力墙均设暗梁，一般是指承受竖向荷载较大的，与框架平面重合的剪力墙，设置边框梁或暗梁。对于非抗震设计的剪力墙也可不设置。

框架—剪力墙结构中的剪力墙宜设计成周边有梁柱（或暗梁暗柱）的带边框剪力墙，暗梁截面高度可取墙厚的2倍，对于比较重要的建筑，其底部加强区及以上1～2层暗梁配筋宜满足承受本层竖向荷载要求，且应满足框架梁相应抗震等级的最小配筋要求。为了保证边框对剪力墙的约束作用，剪力墙与端柱的偏心矩不宜大于柱宽的1/4，剪力墙水平筋应全部锚入端柱内，满足抗震锚固要求，剪力墙底部加强区的边框柱的箍筋宜沿全高加密。

1.3.25 框剪结构嵌固部位的构造措施

框剪结构地下室顶板作为上部结构的嵌固部位时，地下1层柱截面每侧纵筋面积，除满足计算要求外，不应少于地上1层对应柱每侧纵筋面积的1.1倍，地下1层柱纵筋比地上1层柱纵筋多出的部分应锚入地下1层梁内，而不应伸入地上1层柱内（见图1-65）。

当墙体地上、地下贯通时，地下1层剪力墙墙肢端部边缘构件的纵筋面积，除满足计算要求外，不应少于地上1层对应墙肢端部边缘构件纵筋面积的1.1倍；对于地下室顶板的梁柱节点，左右梁端截面同一方向实配的抗震受弯承载力之和所对应的弯矩值，与下柱上端实配的抗震正截面承载力所对应的弯矩值之和不应小于上柱下端实配的抗震正截面承载力所对应弯矩值的 1.5 倍（见图 1－65）。梁端截面实配的抗震受弯承载力应根据实配钢筋面积（计入受压钢筋）和材料强度标准值确定，柱端截面实配的抗震正截面承载力应根据轴力设计值、实配钢筋面积和材料强度标准值确定。

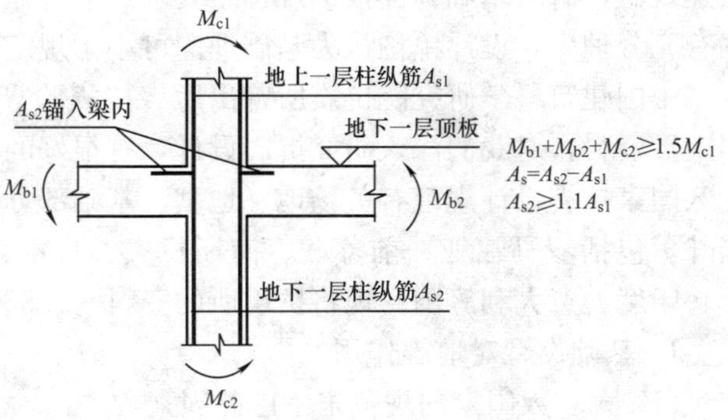

图 1－65　嵌固点处纵筋构造

1.3.26　框剪结构中楼梯的构造措施

抗震设计时，设防烈度为 7 度及 7 度以上的楼梯间，周边宜布置剪力墙，并宜采用现浇钢筋混凝土楼梯。楼梯的折梁或折板应支承在剪力墙上。当楼梯周边不能布置剪力墙时，应满足本章 1.3.6 款的要求。

1.3.27　“少量框架的剪力墙结构”的设计观点

对于剪力墙结构中，仅有很少量框架梁柱的结构（如支承的受荷面积小于 10%的总面积），可按剪力墙结构设计，这时框架部分应满足相应抗震等级的构造要求。

1.3.28　有关基础埋深的新观点

较高的高层建筑应设置地下室。高层建筑基础的埋置深度（由室外地平至基底）为：

1）一般天然地基或复合地基，可取 1/18～1/15H，且不宜小于 3m。H 为建筑物室外地面至主体结构檐口之高度。

2）岩石地基，埋深不受上述第一款的限制。

3）桩基，可取 1/20H（由室外地平至承台底计算）。

如因地下水位太高，施工时排水很困难或费用太大；或坚硬土层位置较浅，其下面有较软土层，使深埋确有困难或不合理时，还可将本条所规定的埋置深度适当减小。

埋置深度一般自室外地面算起。如地下室周围无可靠之侧限时，应从具有侧限之标高算起。如有沉降缝，应将室外地平以下之缝内用粗砂填满，以保证侧限。

《高规》中关于高层建筑的基础埋置深度，天然地基可取建筑高度的 1/15，采用桩基时可不小于建筑高度的 1/18，条文中用词为“可”，但根据规程的用词说明，是允许有选择，在一定条件下，可以这样做，但不是限制条件，在设计高层建筑时，有时基础埋深按该规程之要求设置，往往造成一些不合理与浪费。如确有充分理由，设计单位认为基础埋深可小于规定时，应允许突破。

中国建筑科学研究院抗震所曾出版《抗震验算与构造措施》，其中收集了许多宝贵资料，对我们深入研究抗震设计，有很好的参考价值。他们曾编译了《二十八国家抗震设计规范有关场地、地基、基础部分规定摘编》。这28个国家除我国外，包括罗马尼亚、前苏联、南斯拉夫、日本、希腊、美国、墨西哥、新西兰、印度、意大利等国。现将抗震所的资料（1986年出版），综述如下：

1. 基础类型对地震作用的影响

（1）大多数国家的规范未考虑此因素。

（2）少数国家的规范，在地震作用的计算公式中列有基础类型影响系数，以反映基础类型对地震作用的影响，如希腊、法国等。

该资料将希腊1978规范中的基础类型影响系数作了介绍，见表1-29。

表1-29　基础类型影响系数

刚度变化	基础类别	场地土类别		
刚度	埋深	甲	乙	丙
小	浅（$D/B \leqslant 0.10$）	1.10①	1.30	1.50
	深（$D/B \geqslant 0.40$）	1.00	1.10	1.25
大	浅（$D/B \leqslant 0.10$）	0.90	1.00	1.15
	深（$D/B \geqslant 0.40$）	0.80	0.90	1.00

① 原资料为1.40，应改为1.10。

表1-29中术语可按以下各条确定：

1）基础刚度大小参考表1-30判断。

表1-30　基础刚度大小参考

基础类型	刚度
A. 独立基础	小
B. 柔性系梁联系的独立基础	
C. 顶部不相连的桩基础	
D. 承台用柔性系梁联系的桩基础	中
E. 单方向刚性带形基础	
F. 交叉网状刚性带形基础	
G. 柱下的交叉网状带形基础	大
H. 整体筏式基础	
I. 刚性箱形基础	

（刚度栏注：自上而下↓刚度增大）

2）基础埋深按 D/B 判断。

其中 B 为建筑物外侧基础或承台外缘之间的距离，D 为基础埋深，对于桩基，根据场地土类别及桩群密度，取承台埋深加不大于 1/5 桩长之和。

2. 对基础埋深的要求

前苏联地基规范，对地震区 5 层和 5 层以上房屋，建议设置地下室来加大基础埋置深度。

除此以外，其他国家规范皆未提出对基础埋深的要求。

3. 基础系梁（即拉梁）

在上述抗震规范中，有 15 国规范规定了设置基础系梁的要求。

（1）基础系梁的作用。新西兰规范说明指出："基础间的相互连接是确保建筑物在地震时能起整体作用的重要构造要求"，也即，在不均匀水平和竖向地面运动作用下，保证建筑物的整体性。

（2）基础系梁的设置条件。

1）对于单独基础（包括单独桩承台，下同），一般都要求在纵横两个方向设置通长的基础系梁，将基础相互拉结。

2）有些国家规范规定只要求在高烈度区或软弱、中等地基上设置系梁，对于低烈度区或坚硬地基上则可以不设或少设。

3）基础系梁的最小截面尺寸，各国规范规定不完全相同，有 200mm×200mm，300mm×300mm，200mm×400mm 几种。

（3）基础系梁设置的必要性和灵活性。虽然有超过半数的国家规范都有设置基础系梁的要求，但有些国家的规范中，仍留有一定的灵活性。例如：

1）希腊规范在要求单独基础设置系梁的同时，提出"或采用经证实能同样有效限制单独基础或承台运动的其他措施，如深埋单独基础或桩承台，利用被动土压力"。

2）新西兰规范在要求设置单独基础系梁的同时，提出"也可采用其他能防止在地震期间产生侧向差异运动的方法来约束基础"。

3）意大利规范在要求设置系梁的同时，提出"若上部结构证明可以经受所连接二点的相对位移时，则这种连接（即系梁）可以省去"。该规范又规定："在均匀地基上最小容许相对位移 $\Delta L \leqslant L/100$，L 为所考虑两点之间的距离，ΔL 为位移，最小取 20mm。

以上为建研院抗震所的资料摘编，以下为本措施的说明。

建筑物的基础如果有一定的埋置深度，例如设置地下室，对于抵抗地震，减少震害，确有好处，这从过去的震害调查中得到了例证。但是提高建筑物的抗震性能，有各种途径和方法，不仅仅限于增加建筑的埋深，而且，各国抗震规范中，都没有规定建筑物的基础埋置深度必须是多少，更没有与建筑物的总高度相联系。因此，我们认为，硬性规定高层建筑的基础埋置深度必须为其总高度的若干分之一，是没有必要的。（我国的抗震规范，就没有这个规定）。

上面引述的希腊规范对于地基埋深与基础刚度的要求，值得我们参考。它根据基础的埋深和刚度大小，规定一系列系数。基础刚度大而且埋置较深的，对上部结构的影响系数可取为小于1.0，反之，埋置浅而且刚度小的，则取大于1.0的系数。这样具有灵活性的规定，使设计人员可以根据建筑物的不同情况而有所选择，是比较切合实际的。因为建筑物的情况千变万化，不是简单的一两条条文所能包括的。

另外，关于单独基础的系梁，有些国家的规范，也表现出一定的灵活性。所以，在设计中也应注意，并非所有的单独基础都需要设置基础系梁。例如，对于铰接排架与刚架应有所区别；对于建筑物底层层高较高者与较低者也应有所区别。单层厂房一般采用铰接排架，层高又较高，适应不均匀位移的性能要比民用框架好，故基础系梁的设置条件可以放宽，一般单层厂房可以不设置系梁。关于是否设置基础系梁，可按GB 50011—2001《建筑抗震设计规范》第6.1.11条的要求。

1.3.29 各类结构基础选型的新观点

对于框架结构的基础选型：

（1）地基较好时，可选用单独柱基。

1）如有地下室且有防水要求时，应加防水板（此种做法也适用于高层建筑的裙房）。防水板下应铺设有一定厚度的易压缩材料如聚苯板，以减少柱基沉降对防水板的不利影响。防水板可仅考虑水压力（向上）以及板自重与板上活载（向下）所产生的作用，两种情况分别考虑。当柱网规则时，防水板可按无梁楼板计算，此时柱基础可视为柱帽（柱托板）。此种做法，可不必另加柱间拉梁，只需在各柱之间的板内设置暗梁作为拉梁即可。此暗梁配筋同时可作为防水板之配筋。对于防水要求较高之地下室，应在防水板上增设架空层。

2）如有地下室但无防水要求时，地下室地面可采用建筑地面做法，但基础底面至地下室地面之距离宜不小于1m。

（2）地基较差时，则应选用柱下条形基础或筏板基础。根据不同情况，也可以考虑采用地基处理方案或桩基础。地基条件的好与坏是相对的，同上部结构传至地基的荷载是有关系的。

（3）当上部结构荷载分布不均匀且地基较好时，为尽量减小基础的不均匀沉降，应优先选用单独柱基，或局部选用条形基础、筏板基础，使各个基础底板反力较均匀。

对于剪力墙结构的基础选型：

建筑物如果没有地下室，或虽有地下室但无防水要求，如地基条件较好，应优先选用墙下条形基础。

有防水要求时，可选用满堂底板，也即自然形成箱形。此时无需遵照《箱基规程》中对于箱基的各种要求，只需满足墙及基础底板的承载能力要求即可。当地基条件很好时，也可以选用条形基础加防水板的做法。

高层剪力墙结构，不一定必须选用整体式基础（如筏板基础）。当地基土条件好，持力层为密实的砂卵石，岩石等，又无软弱下卧层而且水位很低时，可考虑选用条形基础。

对于框架—剪力墙结构的基础选型：

框剪结构之基础选型原则，可参照上述框架结构与剪力墙结构基础选型有关要求。

如框剪结构框架柱采用单独柱基，剪力墙采用条基或筏基，应考虑地震作用产生的墙底弯矩对基础的影响（此时墙底弯矩可乘以小于或等于 0.65～0.8 的折减系数）。在设计时，不能因考虑地震作用的影响而使抗震墙的基底面积增加过多。

建筑物建成后，遇到地震的几率很低。如果抗震墙的基底面积因考虑地震弯矩的影响而比无地震时增加过多，则在平时，可能造成墙与框架柱之间的地基沉降不均匀（抗震墙沉降少而框架柱沉降多），引起结构裂缝或其他问题。因此，在设计计算时，应尽量提高地基土承载力，并折减地震弯矩，以尽量减小抗震墙的基底面积，使墙基与柱基之基底压力相差不过多，必要时，可酌量加大柱基础底面积。

当基础埋置深度大于 3m 时，如原设计无地下室，应建议增设地下室。特别是当地基承载力较低、地基土压缩性较大时，如增设地下室确有困难，应考虑设置架空层，以减小基础上的土重。也可考虑采用桩基或地基处理方案。如地基土质较差，采用天然地基不能满足设计要求时（需综合考虑工程造价、工期长短、雨期和冬期施工等条件），可考虑选用人工地基，包括桩基（预制桩，灌注桩）及复合地基（如碎石振冲桩，CFG 桩等）及其他措施。

高层建筑一般情况不宜选用箱形基础，除非根据地下室的使用功能正好适合设计成箱形基础，否则应优先选用筏形基础。

很多设计师认为，箱基的刚度比筏基好得多，所以能设计成箱形基础的地下室，肯定不设计成筏形基础。这种“一刀切”的认识，其实是个误区，实际上，设计多数情况也难以实现。

20 世纪 70 年代的多数高层建筑，一般上部为剪力墙结构，地下室多为人防，自然有较多墙体，它们有条件为结构所利用，成为箱形基础的一部分。

20 世纪 80 年代的大批高层建筑，一般上部为框架—剪力墙或框架核心筒结构，其中旅馆、写字楼等公共建筑居多，其地下室需要有较大的空间作为车库，空调机房，自然没有较多的结构墙体，如果强行设计成箱基，势必影响使用。

此外，建筑物的高宽比，近年来也越来越大。20世纪80年代前的大批高层建筑，高度常常小于宽度。近年来的大批高层建筑，高宽比常为2∶4，甚至更大，其中包括高度超过200m以及层数超过60层的超高层建筑。这种体型的建筑物，一般也没必要再用一个刚度较大的箱基来加强其总体刚度了，即使强行设计成箱基，建筑物的总体刚度也无太大变化。

于是，北京近年来所设计的高层公共建筑，基本上都未采用箱基，而是采用了筏基，一样没有影响结构的稳定和安全。

有的设计师为了刻意设计箱基，在原建筑用于车库和机房的2层地下室下面，坚持加设了第3层地下室，并在其中布置了纵横交错的密集型混凝土墙，形成了箱基。这种设计，造成了很大的人、财、物的浪费，方案极不合理，堪称败笔。

1.3.30 筏板基础设计的新观点

（1）筏板基础可采用具有反梁的交叉梁板结构，也可采用平板结构（有柱帽或无柱帽）。两种形式筏形基础的比较见表1-31。

表1-31 梁板式和平板式筏形基础综合比较表

基础类型	材料消耗	造价	用工量	工期	基础本身高度（厚度）
梁板式	低	低	高	较长	稍大
平板式	高	高	低	较短	稍小

当地下水位较高且防水要求严格时，可在基础底板上面设置架空层。如基础为带反梁的筏基，应在基础板上皮处的梁内留排水洞，其尺寸一般为150mm×150mm。

如何在两种常用的筏板基础类型——梁板结构与平板结构中，选用适宜的类型，需要结合地基条件、基础埋深、施工条件等综合考虑。

一般情况下，梁板结构的材料消耗较少，造价较低，但比平板结构稍费工，工期也会稍长一些。此外，梁板筏基的高度可能比平板筏基大，例如，8m柱网的地基梁，高度可能为1.50～2.0m，而平板基础的厚度可能为1.0～1.5m。所以，如果地基挖土深度，是由基础高度来决定，即采用梁板结构将比平板结构多挖几十厘米至1m多的土，那么在比较两种方案的经济性时，挖土量的多少（包括护坡工程量的增加与可能的降低地下水位费用的增加等等）也应加以考虑。另外梁板结构可利用反梁高度排水，并减小电梯坑、雨污水坑处基槽的开挖深度。

在工期方面，一般是梁板基础较长，平板基础较短。基础类型的选择很重要的一点是工人工资与材料的相对比较，在发达国家及我国香港地区，工人工资较高，所以一般采用平板筏基，而我们则一般优先选用梁板式筏基。

(2) 筏形基础需进行下列计算：

1) 对于梁板式筏形基础：

① 验算双向板的受冲切承载力、单向板的受剪切承载力来确定基础底板的厚度。

在确定基础底板厚度时，通常可根据以往工程经验，先假定一个厚度，然后根据此厚度计算其受冲切承载力，当受冲切承载力能满足规范要求并稍有余量时，即可确定此厚度为基础底板设计厚度，并按此厚度计算底板抗弯所需的钢筋数量。

有一种经验，认为高层建筑的基础底板厚度，可按每层若干厘米（例如每层5cm）来确定。这种说法虽有科学的部分，但不准确。因为基础底板厚度，取决于其受冲切承载力，而冲切力除了与建筑物层数有关外，与建筑物柱网区格之大小也有关。例如，同样30层的建筑物，4m柱网与8m柱网（开间）所需之底板厚度就完全不同。因此，单纯以层数来确定底板厚度，是不可取的。

表1-32中列出三个已建成建筑物的底板厚度，可供参考。

表1-32　　三个已建成建筑物的底板厚度

工程名称	建成年份	地上层数	地下层数	柱网（开间m）	底板厚度/mm
西苑饭店	1984	23	3	4.0	700
首都宾馆	1988	22	2	4.8	800
新世纪饭店	1991	33	2	7.6	1200

以上三个例子，都不满足流传的每层若干厘米厚的要求，但从建成至今，未发现任何问题。

筏板基础底板的厚度，过去我们都由板的抗冲切强度决定，数十年来，并未发现任何问题。

国外规范对于各种构件，何种应当验算剪切、何种应当验算冲切，都有明确规定。例如，美国与新西兰规范规定：单向受力构件，验算剪切强度，例如梁（但深梁除外）；双向受力构件，验算冲切强度，例如双向板。而且对于验算剪切强度，规定其验算截面是横跨整个构件截面，而不是在构件中间截取一段来验算。因此，筏板基础之双向底板，应当如过去一样，仅验算其抗冲切强度即可。

② 计算基础板的弯矩，配置板受弯钢筋。双向板宜按塑性理论假设计算弯矩，且无需验算裂缝宽度。

③ 验算基础梁的受剪切承载力来确定基础梁的截面，并配置梁箍筋。

④ 计算基础梁的弯矩，配置梁受弯钢筋。根据条件可分别采用倒楼盖法或弹性地基梁法计算。

2）对于平板式筏形基础：

① 验算柱底、柱帽底面的受冲切、受剪切承载力来确定基础板的厚度和柱帽的尺寸。对于含墙的结构，还需验算墙边、墙筒周边的受冲切承载力，以及一些情况下的整体受剪切承载力。

② 计算基础板的弯矩，配置板受弯钢筋。根据条件可分别采用倒楼盖法或弹性地基梁（板）法计算。基础板应分为柱上板带和跨中板带分别配筋。

3）当柱、墙混凝土强度大于基础梁、板时，应验算柱、墙与基础交接面处的局部受压承载力。

（3）筏形基础的构造应符合下列要求：

1）筏板基础混凝土强度等级不应低于C25。当有防水要求时，混凝土抗渗等级一般可取S6～S8。梁板式筏形基础底板厚度不宜小于250mm，平板式筏形基础底板厚度不宜小于300mm。

筏板基础混凝土强度等级不宜取得太高，对于一般高层建筑，C30已足够。混凝土强度过高，水泥用量也将相应增加，在混凝土凝固过程中的收缩量及水化热等也会增大。如果养护不及时又不能维持一定天数，对于大面积基础，很容易出现裂缝。

2）在确定基础梁的截面时，应注意：

① 基础梁多数情况下宜设计成比较扁的梁，以尽量减小梁高，从而减少基槽开挖深度和梁间材料的回填量。

② 不应因柱截面较大而加大基础梁的宽度（使其大于柱宽），造成浪费。

③ 如果不能满足受剪承载力的要求，不必在整个跨度加大梁截面，而仅在支座剪力最大部位加腋即可。

④ 加腋的方式有两种：竖向加腋，即在支座处将梁的高度加大；水平加腋，即在支座处将梁的宽度加大。一般情况下对于基础梁采用水平加腋的方式更合理。

3）筏形基础宜在纵、横方向每隔30～40m留一道后浇带，宽800～1000mm。后浇带位置宜在柱距中部1/3范围内。后浇带处梁、板的钢筋可不断开。后浇混凝土应待筏板基础混凝土浇灌后不少于2个月，再行浇灌，后浇混凝土之强度等级应提高一级，并应采用不收缩混凝土。当采用刚性防水时，宜在后浇带筏板下附加防水卷材或在筏板中设置金属止水带。

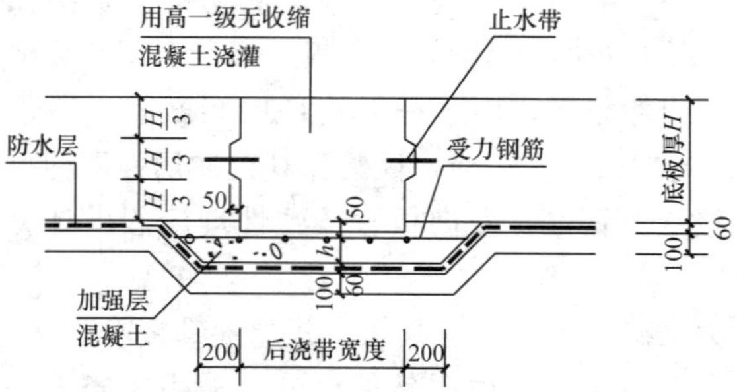

图1-66 另设加强层的后浇带做法

图1-66中“加强层混凝

土”的做法，只适用于施工过程中需要提前停止降水时，其所配钢筋及混凝土厚度 h，应按地下水产生的浮力计算而得。

4）不论筏板的板厚为多少，都不需在板厚的中面增设水平钢筋。板的上下钢筋之间的支撑定位等做法，不需在施工图中详细画出。具体定位做法，应由施工单位提出，并保证在施工浇灌混凝土时，钢筋位置准确、不产生位移。

GB 50007—2002《建筑地基基础设计规范》中规定：“当筏板厚度大于 2m 时，宜在板厚中间部位设置直径不小于 12mm，间距不大于 300mm 的双向钢筋网。”

有些资料则提到，当基础板厚度大于 1m 时，需在板厚度中间部位加一层水平双向钢筋，而且规定的钢筋直径较大，从各方面看这是不必要的。

笔者认为，厚筏板的中层温度钢筋设置并无必要，机械执行此条款没什么道理。实践反复印证了此中层温度钢筋是多余的构造，公路、桥涵、海洋结构设计中常见 4m、5m 的厚板，设计时均没有在板中层设置温度筋的要求，施工后也从未发现板面板底开裂等结构问题。某地铁车站，其上共有 30 层大楼，底板跨度约 11m，底板厚 5.5m，板中未加任何温度钢筋。

中国工商银行总行大楼的基础底板厚 1.5m，板中未加任何温度钢筋，仅在板面主筋上，另加了 ϕ8@150 的双向构造钢筋。上海的金茂大厦，筏板厚 4m，设计人员照搬了中国工商银行总行大楼的做法，板中也未加任何温度钢筋，仅在板面主筋上，另加了 ϕ8@150 的双向构造钢筋。至今无任何问题。

有一种意见以为，规范此规定是出于厚板施工中要分层浇筑的考虑，这个说法的依据也不充分。一方面，即使厚板施工需要分层浇筑，设计人员也不能保证分几层浇筑，分层的位置也未必恰好在设计温度筋的地方。另一方面，即使分层浇筑面恰在设计温度筋的中层，在下层的表面设置较粗钢筋，为了避免或减少混凝土收缩裂缝，从概念上讲也无多大作用。

国外有些资料认为，粗钢筋对减少裂缝反而不利，细而密的钢筋（如 ϕ6～ϕ8@150）往往才有效。

于是笔者坚持认为，不论筏板厚度多大，其中层的温度钢筋一律可以取消，不必机械执行规范中的此条款。至于底板上下两层钢筋如何定位固定，应由施工单位根据其具体情况确定。设计单位在这方面没有必要提出钢筋支撑方案，不应在施工图中画出。

5）筏基底板的钢筋间距不应太小，一般为 200～400mm，且不宜小于 150mm。受力钢筋直径不宜小于 12mm。

6）基础梁、板，应优先采用 HRB400 或 HRB335 钢筋（包括梁的箍筋）。基础梁箍筋直径不宜小于 10mm，箍筋间距不宜小于 150mm。

7）当等跨时基础板支座短筋伸至 $L_0/4$ 为止，不应额外加长，如图 1-67 所示。当底板为不等跨时，应按弯矩确定钢筋长度。

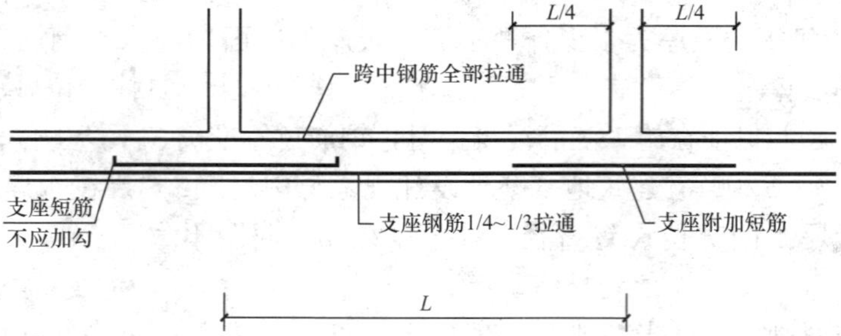

图1-67 支座附加短筋构造做法

8）基础梁、板的下部钢筋应有1/4～1/3贯通全跨，且其配筋率不宜小于0.15%。

9）基础梁、板钢筋之接头位置，应选择在内力较小的部位，宜采用机械连接或搭接。不应采用现场电弧焊焊接接头。

10）GB 50010—2002《混凝土结构设计规范》中10.2.16条规定，当梁的腹板高度 $h_w \geqslant 450$mm时，在梁的两个侧面应沿高度配置纵向构造钢筋，每侧纵向构造钢筋的截面面积不应小于腹板截面面积 bh_w 的0.1%。此规定对于截面面积很大的基础梁是不适用的。基础梁两侧构造钢筋的直径，可取12～16mm，间距可取200～300mm，并沿梁腹板高度均匀配置。在基础底板高度范围内不需配置。

11）基础梁并无延性要求，其纵筋伸入支座锚固长度，箍筋间距、弯钩等都应按照非抗震构件的构造要求进行设计。

基础底板上回填材料顶宜设置厚度80～100mm的钢筋混凝土叠合层，以利于建筑做法的选择（直接选用楼面做法）和减小外墙挡土的高度，如图1-68所示。

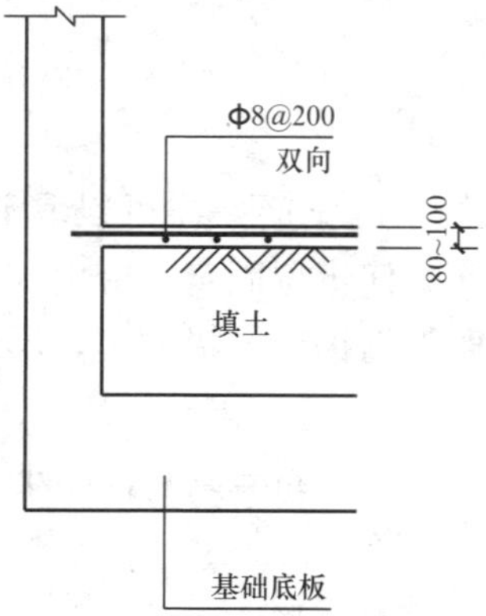

图1-68 基础底板回填材料顶设置叠合层做法

（4）设计时需注意和考虑的问题：

1）当地下水位较高，防水要求严格时，可在基础底板上面设置架空层。如为带反梁的筏基，应在基础板上皮处梁内留排水洞，其尺寸一般为150mm×150mm。

2）筏板基础的底板是否外挑，可按以下原则确定：

① 当地基土质较好，基底面积即使不外挑，也能满足承载力及沉降之要求，且有柔性防水层时，底板不宜外挑。

② 其他条件同第 1 款，但无柔性防水层时，底板宜按构造外挑，外挑长度可取 0.5～1.0m。

③ 当地基土土质较差，承载力或沉降不能满足设计要求时，可根据计算结果，将底板向外挑出。挑出长度大于 1.50～2.0m 时，对于有梁筏基，应将梁一同挑出。对于无梁筏基，宜在柱底设置平托板。

外挑底板构造如图 1－69 所示。

3）当地下水位标高高于基础底面标高时，基础底板所承受的地基反力，与水位标高低于基础底面时并无不同，其平均反力皆为 $P=W/A$，W 为上部建筑（包括地下室及基础自重）的总重，A 为基底面积。此概念也适用于箱基。

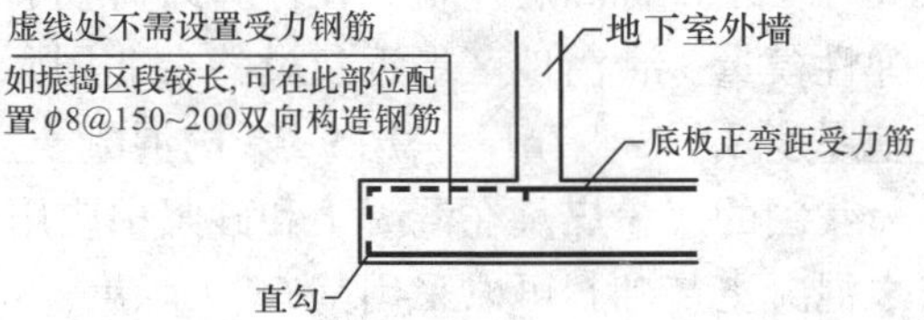

图 1－69　外挑底板构造

4）当上部结构荷载较均匀，地基受力层范围内无软弱土层、可液化土层或严重不均匀土层时，筏基可按倒楼盖方法计算（此时，有梁筏板基础的梁线刚度宜不小于柱线刚度的 3 倍或梁高不小于跨度的 1/6，当为无梁筏板时，可取板的折算刚度）。基底反力可取平均反力，不需再乘大于 1 的系数。

当按倒楼盖方法计算筏基时，如柱荷载（F_1～F_5）相差不超过 20%时，可近似按均布反力 p 计算［见图 1－70（a）］。当各柱荷载相差较大，如图 1－70（b）所示，其中 F_3、F_4 较小，可分段按 p_1、p_2 计算。

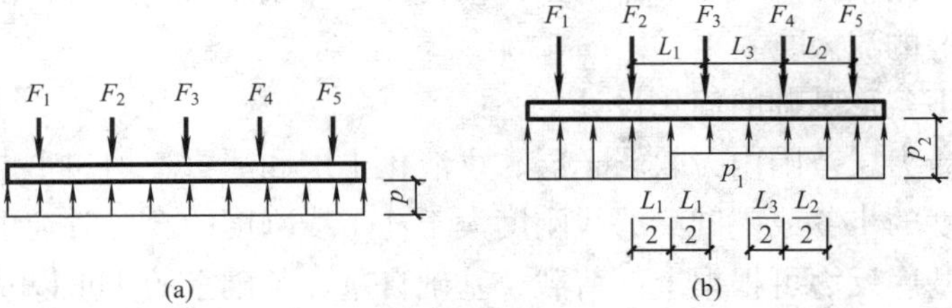

图 1－70　不同柱荷载对应的基础反力图
（a）基础均布反力图；（b）基础分段反力图

5）高层建筑之基础构件，包括筏板、基础梁，当在混凝土中掺有一定数量之粉煤灰，并对混凝土之后期强度能起提高作用时，应利用混凝土的后期强度，不采用常规的 28 天龄期，而用 60～90 天龄期。

高层建筑之基础构件，如基础梁、板、或厚板基础，体积经常很大。由于其受力较大，有时必须采用强度较高的混凝土，如 C40（但 C50 及以上的强度，一般不宜采用）。当混凝土体积大，强度高时，混凝土硬化过程中产生的水化热，以及干缩造成之不利影响，常易导致基础构件开裂。

除了在施工过程中采取一系列措施以减少上述不利影响外，在设计上可以规定按60天或90天的混凝土强度，这样在同一混凝土最终强度的条件下，能够减少水泥用量，可使水化热减少，并减少收缩量。国外对于基础的混凝土强度，不按28天而按60～90天，已使用多年，因为高层建筑的基础要达到满荷，是数倍于60～90天之后，因此，安全上是没有问题的。而且还有上述的优点。曾见过报导，美国一栋高层建筑，在计算风荷载下的位移时，采用了180天龄期的混凝土弹性模量。台湾地区最近建设的台北国际金融中心，主体结构高90层，厚板筏基厚度3.0～4.7m，采用90天的混凝土强度。

我国的《粉煤灰在混凝土和砂浆中应用技术规程》中也有规定，凡掺用粉煤灰之混凝土基础，可以采用其60天强度。

因此，在设计筏基或箱基（含桩基承台）时，在施工图上应说明，可以采用混凝土60天或90天的后期强度。

6）筏板基础的梁、板构件（包括箱基的底板）无需验算其裂缝宽度。

自20世纪50年代至80年代，国内一些单位对基础构件内的钢筋进行了大量实测，发现钢筋的应力一般皆为20～50MPa，最大值70MPa，远小于计算所得应力。此结果表明，我们采用的设计方法与基础的实际工作状态有较大出入。在这种情况下，再要求计算裂缝宽度是不必要的。

7）地下室施工完成后，应及时进行基坑回填工作。

8）很多情况下，基础底板上均需回填大量的回填材料，应预留好回填材料的运输通道。回填时间一般安排在主体结构施工完成以后，以防止混凝土养护时的水和雨水等的流入。

1.3.31 柱下条形基础的简化设计

当地基受力层范围内无软弱土层、可液化土层和严重不均匀土层，基础梁高度不小于跨度的1/6或基础梁的线刚度大于柱子线刚度的3倍时，可按倒置的连续梁计算，基底反力可根据上部荷载、基础自重、基础上的土重以及基底面积来确定。此时应注意：

（1）基础梁两端，在条件允许下宜有悬臂伸出，其长度可取第一跨跨长的1/4。

（2）基础梁两端边跨宜适当增加受力钢筋面积，一般幅度为10%～20%。

此措施依据为：基底反力的分布与地基、基础和上部结构均有关系，整体刚度（含基础梁和上部结构）越大，“架越作用”越强，反力分布越趋向于端部大中间小，反之反力将与荷载分布越接近。地基、基础和上部结构的强弱是相关的，不是绝对的。

（3）对于双向交叉条形基础，交点上的柱荷载，应合理设置基础梁和基础底板，基底反力可按基底面积均匀分布，并按两个方向分别计算。

当上部结构荷载分布不均匀时，可通过合理设置基础梁和基础底板，使基底反力在单位面积上尽量均匀分布，从而基础梁可按倒置的连续梁计算。

当基础梁高度不满足以上要求时，宜按弹性地基梁计算。

1.3.32　高层建筑与裙房之间不设沉降缝的措施

（1）高层建筑的高层部分与多层裙房之间，根据地基及上部结构的条件，也可不设置沉降缝（在地震区兼作防震缝）。

如高低层之间不设沉降缝，应采取措施以减少高层建筑的沉降，同时使裙房的沉降量不致过小，从而使两者之间的沉降差尽量减少。

（2）减少高层部分的沉降的措施大致有：

1）采用压缩模量较高的第四纪中密以上之砂类土或砂卵石为基础持力层，其厚度宜不小于4m，并较均匀且无软弱下卧层。

2）适当扩大基础底面积，以减少基底单位面积上的压力。

3）如建筑物层数较多（例如30层以上）或基础持力层为压缩模量较小，变形较大之土层时，可以采取高层部分做人工地基的做法，以减少高层部分的沉降量。但应作好经济比较，以免造价过高。

高层部分的人工地基，可以采用桩基（如现浇钻孔灌注桩），也可以采用加固地基方法，以减少其沉降量。采用复合地基法，应条件合适，并有必要的试验数据。凡采用复合地基方法者，应进行沉降观测。

（3）使裙房沉降量不致过小的措施有：

1）裙房之柱基础应尽可能减少基底面积，优先选用单独柱基或条形基础，不宜采用满堂筏板式基础。有防水要求时可采用单独柱基或条形基础另加防水板的方法。此时防水板下应铺设一定厚度之易压缩材料，其构造可参见第3.3.3条。

2）尽量提高裙房地基之承载力。如果勘探报告上所提地基土的承载力有一个变动幅度，如180～200kPa，则宜取其上限。土的承载力应进行深度修正，以提高其承载力，应注意尽量使裙房部分的基底压应力大于高层部分，以尽量减少差异沉降。

3）裙房基础的埋置深度可以小于高层部分的基础埋置深度，以使裙房基础持力层土的压缩性高于高层基础受力层土的压缩性。

当前一般高层建筑的地下室层数，有越来越多的趋势，4层地下室已不罕见。而高层建筑的裙房，地面以上层数，往往不超过4层。这样，裙房部分的建筑物重量，往往小于其挖除土的重量。所以，该部分建筑的沉降量，常仅为地基土的回弹再压缩量。对于第四纪中密以上的土，此数量仅为10～20mm。而高层部分的沉降量，如果层数较多或地基土质不是很好，常大大超过此值。如不很好处理，两部分之间的沉降差将可能超过规定。所以在设计时，除了设法减少高层部分的沉降外，还应设法使裙房部分的沉降量不致过少。因为减少高层部分的沉降的各种方法，如打桩，加固地基土等，常常是造价高、工期长，而设法增加基底面积的方法，（如筏板四周向外多挑）对于较高的高层建筑，常不易奏效。所以，设法使裙房部分的沉降量不致太少，是一个很重要的减少高低层之间的沉降差的方法。过去有的设计，将裙房做成筏板基础，既增加了造价，又会使高低层之间的沉降差过大。因此，我们提倡在裙房部分尽量选用单独柱基或条形基础，以减少该部分的基底面积，从而可以减少高低层之间的沉降差。选用单独柱基或条形基础之后，还需设法尽量采用较高地基土的承载力，才能减少其基底面积。

(4) 高层与裙房之间不设置沉降缝，则宜设置后浇带。一般设于高层与裙房交界处的裙房一侧。后浇带的浇灌时间一般应在高层主体结构完工以后，但如有沉降观测，根据观测结果证明高层建筑之沉降在主体结构全部完工之前已趋向稳定，也可适当提前。

后浇带做法之一：如图1-71所示设置在梁（板）的跨中1/3部位，带宽800mm左右，带内钢筋可以连通，混凝土后浇。后浇混凝土应采用不收缩混凝土，且强度应提高一级。

此种后浇带应自基础开始，直至裙房屋顶，每层都留。如果因某种原因，后浇带不能留在梁的跨中部位，则应注意其对于梁的抗剪承载力的影响，必要时可在梁内该部位增设型钢以加强抗剪承载力。在施工图中必须注明，施工单位应将后浇带两侧之构件妥善支撑，并应注意由于留后浇带可能引起各部分结构的承载力问题与稳定问题。图1-72说明由于设置后浇带，使裙房挡土墙的侧压力不能传递至高层主楼，可能导致施工时发生事故。

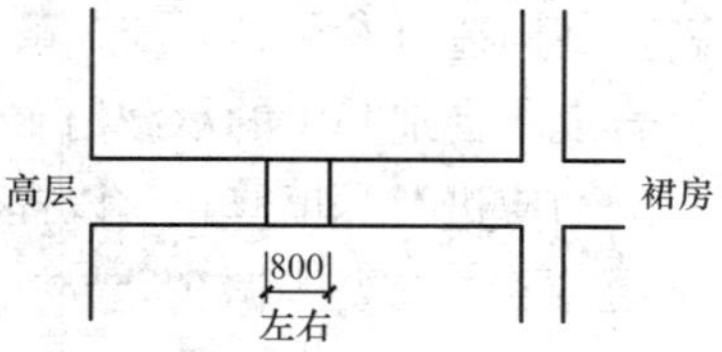

图1-71 后浇带位置与宽度

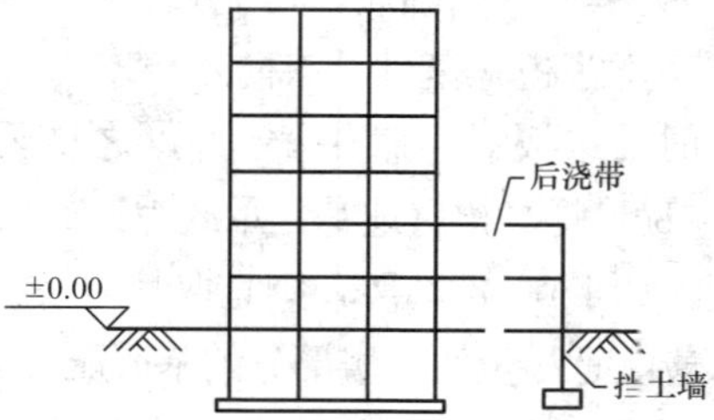

图1-72 改后浇带后，土侧压力不能传至主楼的示意

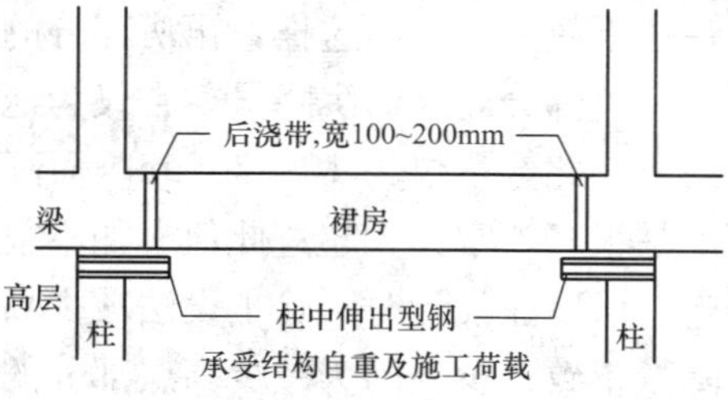

图1-73 柱中增设型钢的后浇带做法

后浇带做法之二：如图1-73所示，除后浇带所留部位及增设型钢等与做法一不同外，其余如浇灌时间，浇灌混凝土强度要求等，皆同做法一。此种做法可以减少支撑，对于安装机器设备及装修进度等方面的影响较小。柱中伸出之型钢宜保留，不要拆除。

采用此法应注意构件两端留缝对于构件抗剪承载力的影响，必要时采取补强措施。

做法一中的各项施工注意事项，也适用于本做法。

(5) 由于高层建筑施工周期较长，因此，后浇带存在的时间也较长。在此期间，施工垃圾掉入带内在所难免，所以需与施工单位研究清理垃圾之方法，尤其对于基础梁。图 1－74 为基础梁后浇带的一种做法。

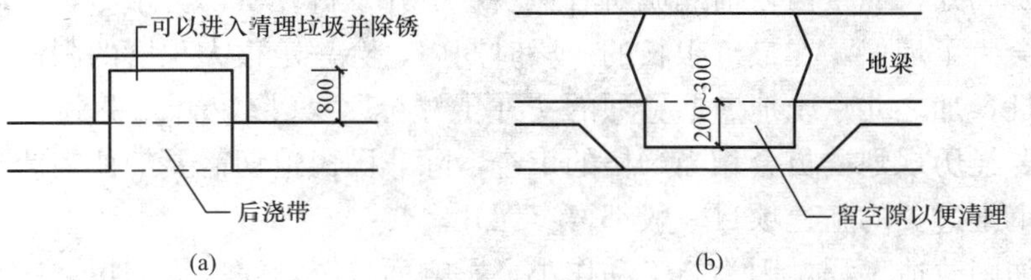

图 1－74　基础梁后浇带示意

(a) 平面；(b) 剖面

(6) 当基础持力层土质较好（例如为第四纪中密以上的砂类土），且该受力层较厚时，如设计人确有依据，也可不再验算高低层之间的沉降差。但高层与裙房之间仍宜设置后浇带，同时，裙房与高层相连接的梁、板，应加强构造。如梁的配筋上下等量，箍筋加密，增加腰筋等。

当基础持力层土质较差，或虽土质较好但厚度较薄时，应考虑高、低层之间的沉降差对于结构的影响，并进行验算。裙房与高层相连之梁，其端部做法一般有两种：当估计高层与裙房之间的沉降不致过大时，可采用两端皆为刚接的做法，此法适用于地基土质较好的条件。当估计沉降差较大时，可采用一端刚接，一端铰接的做法。此法适用于地基土质条件不很好的情况。

(7) 高层建筑与裙房的基础埋置深度相同或差别较小时，为加强高层建筑的侧向约束，不应在高低层之间设置沉降缝，如图 1－75 所示。

(8) 当高层建筑与其裙房之间设置沉降缝时，高层建筑之基础埋深应大于裙房之基础埋深不少于 2m，如图 1－76 所示。

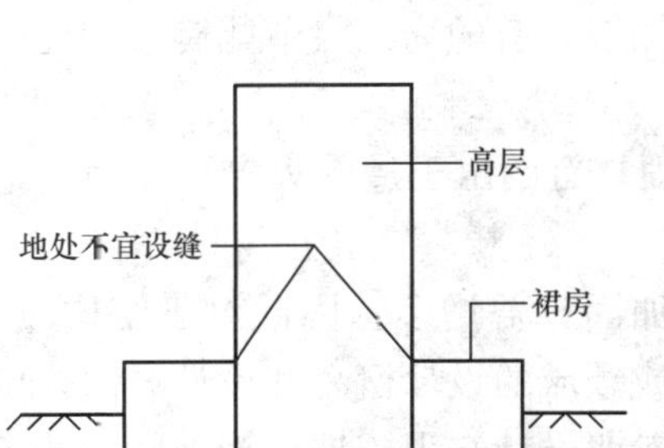

图 1－75　高低楼不设缝

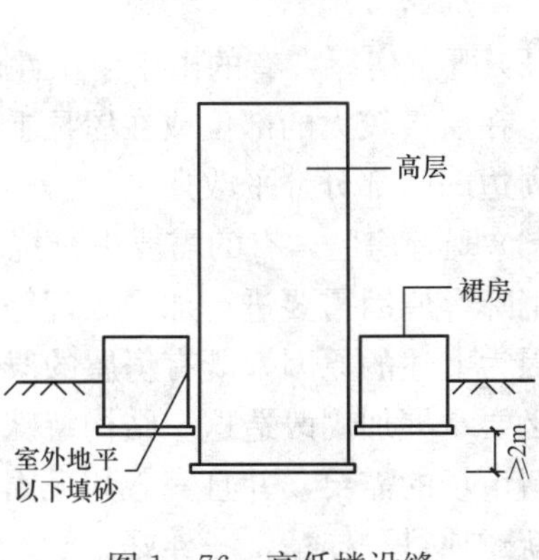

图 1－76　高低楼设缝

第 2 章　结构加固改造设计方法

众所周知，北京市目前北城所有地块已被开发得几乎山穷水尽，市政府和规划委员会为了环保，在最近很长的一段时期内，会一定很大程度的限制对新建项目的审批，加之北京土地愈演愈烈的“寸土寸金”，实际上开发商新建项目的立项上都要经历规划委员会相当严格的审查，除非国民迫切需要的住宅或重大公建项目，审批过关的新建项目一般都寥寥无几。

而加固改造工程，因为施工动作小，影响面较窄，完成周期短，一般原拆原建，不占用新土地，于是项目在立项和审批上远远比新建项目要容易得多，有些开发商因此必然将房地产投资项目转向加固改造项目，当然这只是加固改造工程未来会占据设计市场的一个方面的原因。

另一方面，实际上目前为了规避新建项目的难以立项和过于苛刻的审批过程，有些实为新建的房地产项目均以加固改造的名义立项和申请报批，结果从立项到审批过关一路顺畅，业内人士称之为“曲线立项”。

于是笔者预测未来的至少 10 年的建筑市场，不论是真改造工程，还是“假托改造为名，新建为实”的建筑工程，会占有可观的比例。因此，建筑结构设计人员根据形势的发展应不但能熟练地从事新建筑的结构设计，还要逐渐熟悉和掌握对既有房屋的改造和加固设计工作。

加固改造工程一般发生在以下三种情况：

(1) 边设计边施工边修改的“三边”工程。对于时刻都有可能对结构做设计修改的“三边”工程，设计修改一旦滞后，按照旧版本设计图纸的施工已经完成，比如混凝土已经浇筑完成，木已成舟，再做结构调整，就必然涉及改造和加固。

(2) 既有房屋，有的由于使用性质改变而导致荷载增加；有的为了增加使用面积，在层高较大的部位或在屋顶上进行加层；有的为满足节能有关规定，需将楼层周边凹凸部分补平改造。

(3) 既有房屋，有的需要进行抗震加固；有的由于遭受火灾、超载、地基不均匀沉降等原因需要进行加固处理等。

因为上述的原因，既有房屋的改造、加固日益增多。因此对于结构设计师，很有必要掌握加固改造这一结构特殊类型或领域的设计概念和设计方法，以适应建筑新市场的需要，并且完善和巩固自己专业设计知识，把结构加固改造项目做的同新建项目一样精，一样好。

加固改造项目的结构设计相对独立，自成章节，有自己专门的规范规程，但重要的是，加固改造项目对结构的概念设计要求更高，很多结构师都有同样的感受，虽然加固改造项目的建筑平方米数量不大，甚至有时就是 $0m^2$，但是结构师所做的设计与计算工作，不仅比其他 3 个专业（建筑，设备，电气）要多得多，而且比本专业的新建项目也要至少多 1 倍的工作量。这多 1 倍的工作量，就是在保证原结构安全的基础上，进一步保证改造后的现结构的安全。于是验算原结构的安全，吃透原结构图纸，深挖原结构的潜力或称为安全储备，往往是大量的和基础性的前提工作，这一工作量在新建结构图纸上一般是反映不出来的。

同时加固或改造工程更要本着对原结构多保留少破坏的原则，去思考设计方案，最大限度地保证新旧结构能协同工作，很值得注意的是，设计方案的确定往往是在现状的种种苛刻限制下对结构进行艰难求解，而这个解一般也具唯一性。这同新建结构方案确定的自由性、多样性也即多解性，形成了鲜明的反衬。

2.1　加固改造设计中，应掌握的基本概念和基本知识

2.1.1　检测与鉴定的必要性

为了解既有房屋结构的安全性、适用性和耐久性是否满足要求，在改造加固前必须要对结构进行检测和鉴定，对其可靠性作出正确的评价。检测和鉴定工作应该由有资质的单位承担。检测时可根据房屋结构实际情况和特点确定重点内容，钢筋混凝土结构应着重检测构件的混凝土强度等级、钢筋配置、裂缝情况、混凝土碳化深度、蜂窝缺陷等。结构鉴定的目的是根据检测的结果，依据现行国家和行业标准 GB 50290—1999《民用建筑可靠性鉴定标准》、JGJ 125—1999《危险房屋鉴定标准》、GB 50023—1995《建筑抗震鉴定标准》，对结构进行验算、分析，找出薄弱环节，评价其安全性和耐久性，提出改造、加固的建议。鉴定的评估报告是改造加固设计的依据。

2.1.2　改造、加层、加固设计的责任归属、设计依据、加固后使用年限、设计原则与要点

（1）按有关规定，对既有房屋进行改造加固设计实施以后，承担此任务的设计单位应该对该房屋结构的安全性和耐久性负完全责任，而原来的设计单位未参与改造加固设计时，则不再负此责任。因此，改造加固设计应该由有资质的设计单位或研究单位来承担。

（2）改造加固设计时，应根据鉴定的评估报告对结构目前实际的安全性、适用性、耐久性作分析，在此基础上确定能否进行改造加固及采用何种设计方案。设计要依据现行国家和行业标准 GB 50367—2006《混凝土结构加固技术规范》、JGJ 116—1998《建筑抗震加固技术规程》、CECS 77—1996《钢结构加固技术规

范》、JGJ 145—2004《混凝土结构后锚固技术规程》、CECS 161：2004《碳纤维片材加固混凝土结构技术规程》进行，同时还应遵循结构设计有关的现行规范、规程。

（3）改造加固设计与新建筑的结构设计有很大区别，在验算现有构件的承载力时应按GB 50009—2001《建筑结构荷载规范》第4.1.2条的规定考虑楼面活荷载的折减；钢筋混凝土现浇楼板的梁，核算其受弯承载力时，跨中应考虑现浇板有效受压翼缘宽度，跨中和梁端受压区钢筋的双筋梁作用；框架梁核算端部承载力和裂缝时的弯矩值应取柱边值而不应取柱中值；各构件的混凝土强度应按检测的实测值换算为设计值取用。因此，采用计算软件作整体内力分析后，必须对构件作局部验算，不能像新工程设计那样直接把软件整体计算结果拿来应用。局部计算可以用软件工具箱，也可采用手算。在一些改造加固工程中，由于只采用软件整体计算结果，不作局部补充验算，对实际不需要做加固处理的构件也进行加固，不但增加了材料、工期和造价，而且会对原有构件产生不必要的损伤。

（4）混凝土结构房屋加固后的使用年限，应由业主和设计单位商定，一般定为30年。局部加固结构的使用年限与该结构已使用年数之和不得超过50年，如因业主要求或该工程的特殊性需要有更长的使用年限，设计应采取加强措施，必要时召开专家论证会讨论确定方案。对于原来未进行抗震设计、设防烈度低或按旧规范抗震设计的混凝土房屋结构，多数在改造加固设计时很难达到现行规范的要求。因此，目前许多工程甚至经专家论证会论证的重要工程，可按GB 50023—1995《建筑抗震鉴定标准》和GB 50011—1989《建筑抗震设计规范》的要求，并根据具体情况再适当加强。

（5）多思考施工单位实现设计时的可操作性，不能闭门造车，想当然的进行改造设计，必须充分考虑施工现场的场地局限性和已形成构件，对结构新设计构件的提前占位，而造成对施工空间和浇筑空间压缩而带来的不便。进行改造加固设计时，力求与承担施工的单位进行配合，根据该施工单位的经验和水平确定更合理的设计实施方案。如果由于招投标等原因，在设计时不能确定施工单位，那么在完成设计确定了施工单位后，开工之前应就设计中构造做法和施工要求与施工单位作交底和讨论，必要时进行方案调整和修改设计，以确保工程质量和降低造价。

（6）改造加固的检测鉴定及施工图设计文件，也需要同新建筑工程施工图文件一样，送施工图文件审查部门进行审查，如果在原有屋顶上加层或临主要街道立面有大的改造，设计方案应经当地规划部门批准。设计文件（包括检测报告、鉴定评估资料、设计图纸和计算书、相关审批文件等）应同新建设计工程一样归档保存。

（7）最大限度地挖掘原结构潜力和利用现状的结构构件，与原结构构件能连不分，能拉结就拉结。此外，结构设计人还要兼顾多保留少破坏的经济性原则和对原结构有利的安全性原则。改造加固设计所采用的材料应尽可能轻质，以利于减小地震反应和避免对原有基础进行加固处理；屋顶加层宜采用钢结构和轻质维护结构；确保原有下部结构少加固或不加固，以减少对下部房屋使用的影响；对原有构件进行加固处理应采用传力明确、构造简单、不损伤或少损伤原有构件、施工方便、费用低的方案；需考虑因二次受力导致的后加部分应力的滞后性，对新增材料强度应按有关规范、规程的规定做相应的折减；应遵循加固工程施工操作简单、方便就能保证质量这一道理。

(8) 为满足构件抗弯承载力和受剪承载力，采用粘贴钢板或粘贴碳纤维布加固是常用且有效的加固方法。这两种方法的共同点是均需要通过结构胶受剪使钢板或碳纤维布与原构件共同工作，因此在加固部位必须要进行防火处理，因为一般的结构胶在 60℃以上强度会降低，遇明火会燃烧。粘贴钢板还需要防锈蚀和设置锚栓。有的工程采用粘贴钢板加固，由于温度影响，钢与混凝土线膨胀系数不同，出现钢板鼓起而脱胶现象。因此，采用粘贴碳纤维布加固比粘贴钢板加固更可取。

(9) 经检测保护层已经碳化时，在改造、加固时应采用外涂阻锈剂涂刷构件表面。国内外的阻锈剂质量和价格有所不同，可根据工程情况及构件不同的重要性选用。在涂刷阻锈剂前，构件表面必须清理干净，露出混凝土清洁的表面。

(10) 经检测有裂缝时，在改造加固时应首先根据裂缝的所在部位、形状、宽度，分析其产生的原因及对构件承载力有无影响，然后采用不同的处理方法。如果是因钢筋锈蚀引起的顺筋裂缝，必须剔掉混凝土保护层露出已锈蚀的钢筋，并进行彻底除锈，当锈蚀特别严重已损失较多钢筋截面时应更换补强，然后采用环氧砂浆或聚合物砂浆喷砂浆修补恢复构件截面。对由于受剪、弯曲产生的裂缝，一般宽度较大，应采用环氧灌浆料压力灌浆黏结或其他补强方法。对由于混凝土收缩或温度影响产生的裂缝，为了防止钢筋锈蚀，对于裂缝宽度大于 0.3mm 的采用环氧灌浆料压力灌浆，对于裂缝宽度小于等于 0.3mm 的可采用环氧胶泥进行表面封闭。

(11) 改造加固工程中，植筋、锚栓是最常用的方法，现行 GB 50367—2006《混凝土结构加固技术规范》与 JGJ 145—2004《混凝土结构后锚固技术规程》关于锚固长度有非常大的差别，而且按前者的规定，对于常规的梁、墙、柱等构件，其宽厚度很难满足锚固长度。采用植筋、锚栓时，应注意最小边距和最小中距的规定，还应特别注意在原有构件钢筋密集的部位钻孔和定位的可能性，并应严禁损伤和截断原构件受力钢筋。

2.1.3　材料和施工

(1) 在结构裂缝处理、改造加固中，离不开建筑结构胶，目前结构胶的品种很多，基本材料是环氧树脂。

环氧树脂是一种淡黄～琥珀色的黏稠状液体或固体，黏性很强。它的黏结性能必须由液态转变为固态后才能显示出来，要使它转变为黏结力很强的固体，只需在环氧树脂中加入适量的硬化剂。为了使环氧树脂的硬化物不发脆，具有韧性，需加入适量的增韧剂或增塑剂；为了增加其机械强度，需要加填料（填充剂）；为便于施工操作和降低其黏度，需加入稀释剂。所以，常用的环氧树脂胶是由环氧树脂、硬化剂、增塑剂、稀释剂、填充剂等混合配制而成。

环氧树脂可以溶解于丙酮、二甲苯、酒精、甲苯等溶剂，受热时随着温度的升高变为可塑～流动液体。环氧树脂胶硬化后则不溶解于任何溶剂，具有良好的耐化学稳定性；一般在温度为60℃以上强度开始降低，100℃时失效，但现在已有耐高温的改性环氧结构胶，环氧树脂胶遇明火会燃烧；耐老化性能很好，在仿大气条件的自动老化仪中相当于经受12年，其强度仅降低7%，据对港工建筑室外构件应用环氧树脂胶的观察，经过20余年并未发现异常现象；环氧树脂胶硬化前有毒性，硬化后无毒性。

（2）改造加固工程必须由有资质的施工单位来承担。承担这类施工任务必须要有懂有关技术和有相关经验的管理人员及操作工人，而且这些人员要有高度的责任心，否则不但难以保证施工质量，还可能对原有结构产生大量损伤和破坏，给安全造成隐患。

（3）粘贴钢板、碳纤维布的混凝土表面必须清理干净和平整；植筋或锚栓部位必须用仪器探明原构件钢筋的位置，在梁柱节点等钢筋密集、仪器难以测定钢筋的部位，应剔凿掉混凝土保护层，直接暴露出钢筋位置，然后躲开原有构件的钢筋再钻孔，严禁损伤或截断原有钢筋；在剔凿掉保护层部位植筋或埋置锚栓后必须用环氧砂浆或聚合物砂浆恢复保护层，不得采用一般水泥砂浆（无法养护，难以与原混凝土黏结到一体）；涂抹或浇灌环氧结构胶的基层必须干燥，如果带水或潮湿将成为隔离剂直接破坏黏结强度；对有植筋或埋置锚栓的部位，如有焊接必须有热影响区的距离，距离长度不小于植筋或锚栓直径的15倍，否则植筋或锚栓的环氧结构胶受热甚至燃烧而失效（在这类工程中为避免这种情况发生，植筋和埋置锚栓采用了无机黏结材料CGM1代替环氧结构胶）。

（4）环氧结构胶操作现场严禁烟火，操作人员可能有化学品过敏反应，遇有此情况应及时换人。

2.2　混凝土板典型的加固改造方法——叠合层法

板的加固和改造一般分为两类：一类是后加悬挑板，例如常遇的建筑师通过后加雨篷，或屋面后加女儿墙的手法来重塑建筑新造型。另一类是普通的楼面单、双向板因房间功能改变，荷载增加，原板截面或配筋不足而需要结构的补强加固。

无论以上哪一类情况，目前最常用的，也是最经济可靠的加固方法，就是叠合层法。

2.2.1　叠合层法的实质与设计要点

叠合层法，属于混凝土扩大截面法的一种，实际上就是将原结构板表面凿毛或间隔开齿槽，并清洗干净，涂刷一层高性能混凝土界面剂后，浇筑一层配了筋的新混凝土，其所需厚度和新叠合层内的配筋由抗弯计算确定。

叠合层内的上铁配筋一般是计算要点，因为原结构板抗弯不足的钢筋面积，不再有客观条件于原板下铁中补强，只能通过加大新叠合层内的上铁面积来补强，这样处理才是易操作，也是较有效的设计与施工方法。

叠合层法其实质，简单地说，就是在仅对原结构增加很有限的外部荷载的前提下，通过较大幅度的加大结构抗力截面，来重新满足承载要求，此方法是目前最踏实可靠，也是最常规的加固改造手法。

混凝土板加固的叠合层法，一般有以下几个要点值得特别注意：

(1) 浇筑叠合层前，原结构板表面必须凿毛，清洗干净，并涂刷一层高性能混凝土界面剂，以保证新旧混凝土能共同工作，形成一个扩大了截面的厚板。

(2) 结构工程师应对凿毛深度有明确要求，一般此要求在结构改造图纸中常被忽视，这里特别提出来，希望在图纸设计深度方面引起足够的注意。凿毛深度要适度，深度过浅，新旧混凝土结合面咬合力不够，新旧结构难以共同工作。深度也不宜过深，否则会伤害或影响原结构板的上铁，对旧结构承载不利。凿毛深度常规取法是取板（或梁）保护层厚度再扣除 5～8mm，例如板保护层厚度一般为 15mm，凿毛深度一般取 15－5＝10mm。

(3) 板一般抗剪均满足承载力要求，需加固时基本都是抗弯不足。叠合层因为位于原结构板表面的上部，所以叠合层内的新加配筋，实质为扩大截面后结构的上铁，当原结构板无论是上铁，还是下铁配筋不足时，只能通过加大新叠合层内的上铁面积来补强。

特别是原结构板跨中下铁配筋不足时，这时叠合层内新加的上铁面积在设计时，至少大于等于原结构板跨中下铁不足部分的配筋面积，这个概念的道理应该不难理解。

其实这是板塑性内力重分布概念的逆操作，或者说反常规应用。塑性内力重分布的常规做法是支座弯矩向跨中调幅，即人为地把降低了的支座弯矩转由跨中截面来承担，简单地说是减掉一部分上铁，其面积加到下铁上。而叠合层法却反其道而行，将跨中弯矩向支座调幅，让叠合后的厚板上铁来承担一部分转移过来的跨中弯矩，即把原来薄板不足的下铁面积，加到叠合后结构的上铁上。

就这个问题，笔者这里不妨展开阐述一下，对于板的设计一般来说，只要满足板跨中弯矩加上支座弯矩之总弯矩大于 $qL^2/8$，就都是合理的，因为板内弯矩的分配是按照钢筋集中度分布的，钢筋集中使用在了支座，那么支座会相应的多些承担弯矩，跨中相应少一些。这实际是一种支座向跨中调幅（简称“向下调幅”）的反方法“向上调幅”，也即跨中向支座调幅。假定某单向板支座负弯矩设计为 $qL^2/8$，此时板跨中理论弯矩为0，跨中可布置一些构造下铁，若整个结构是稳定的，结构受力是不会有安全问题的。当然，上述“向上调幅”的反调幅设计方法，笔者提出来并不是为了标新立异，对于新建结构构件的设计也并不推荐此方法，但是在加固改造工程中反调幅的设计方法却反而更常用。

叠合层法的特点和优势：

(1) 叠合层法的施工对原结构的影响比较小，施工简捷，易操作。

(2) 同粘贴钢板加固法和粘贴纤维复合材加固法相比，叠合层法最踏实可靠，因为无论采用哪一种粘贴法，其结构胶的可靠性都很重要。随着时间的推移，结构胶一般会老化改性，粘贴力于是会下滑，于是钢板或者碳素纤维布难以与原结构形成一个整体共同工作，相反所粘贴的钢板或者碳素纤维布会由承载构件变身为外部荷载，加剧原结构的负担。从长远来看，不如叠合层法踏实可靠。

(3) 粘贴纤维复合材加固法中的碳素纤维布与混凝土因为材料强度差异过大，（一般来说，碳素纤维布强度是钢材的8倍），与混凝土共同工作时只能发挥不足1/10的强度。这样的配备，一方面是对高强材料的浪费，另一方面强度差异过大的两种材料，难以依靠一层普通的结构胶就达到协同工作的效果。叠合层法很好地克服了粘贴纤维复合材加固法的缺点，叠合的材料与原板结构材料同一，无疑更容易协同工作。

(4) 叠合层法施工费用低，粘贴钢板加固法和粘贴纤维复合材加固法经济代价大。

2.2.2 叠合层法的工程实例

下面通过笔者设计的一个工程实例，介绍第一类板的加固与改造即叠合层法用于后加悬挑板的情况，例如常遇的建筑师通过后加雨篷，或屋面后加女儿墙的手法来重塑建筑新造型。

该工程为河北张家口容辰庄园商业街，建筑面积共4.5万 m^2，地下1层，地上3层，各层高均为4m的框架—剪力墙结构，该工程为典型的“三边”工程，因为开发商和建筑专业不断的变动，结构专业的设计于是成了边新建，边改造的“二合一”性质的工程。

下面展开介绍的是当房间结构楼面已经浇筑完成后，建筑专业这时要求后增补悬挑近2m的雨篷，结构设计人员是怎样克服“木已成舟”所造成的困难，最终以安全和经济的结构改造方案实现建筑后增补悬挑构件的。

该工程现状是结构首层顶板和梁结构（图 2-1 为新增挑板与原结构平面图）都已经浇筑完成，建筑要求于虚框位置后增补一个悬挑雨篷，悬挑近 2m，一般做法有两种，一种是挑板解决，另一种是后做挑梁，笔者考虑到后作挑梁，必然要在内部板块新增次梁，在对原结构构件（边梁，柱，内部板块）改动和破坏较大，工程施工技术复杂，工期长，甲方不会接受。

所以原则上确定能用挑板解决，就绝对不挑梁（见图 2-1 和图 2-2）。

笔者充分考虑到建筑地面做法为 110mm 厚，结构可以局部占用掉 70mm，为本专业所用，于是采用叠合层法，在阴影范围内新浇筑 70mm 厚的混凝土，作为悬挑板的根部，平衡挑板支座负弯矩。

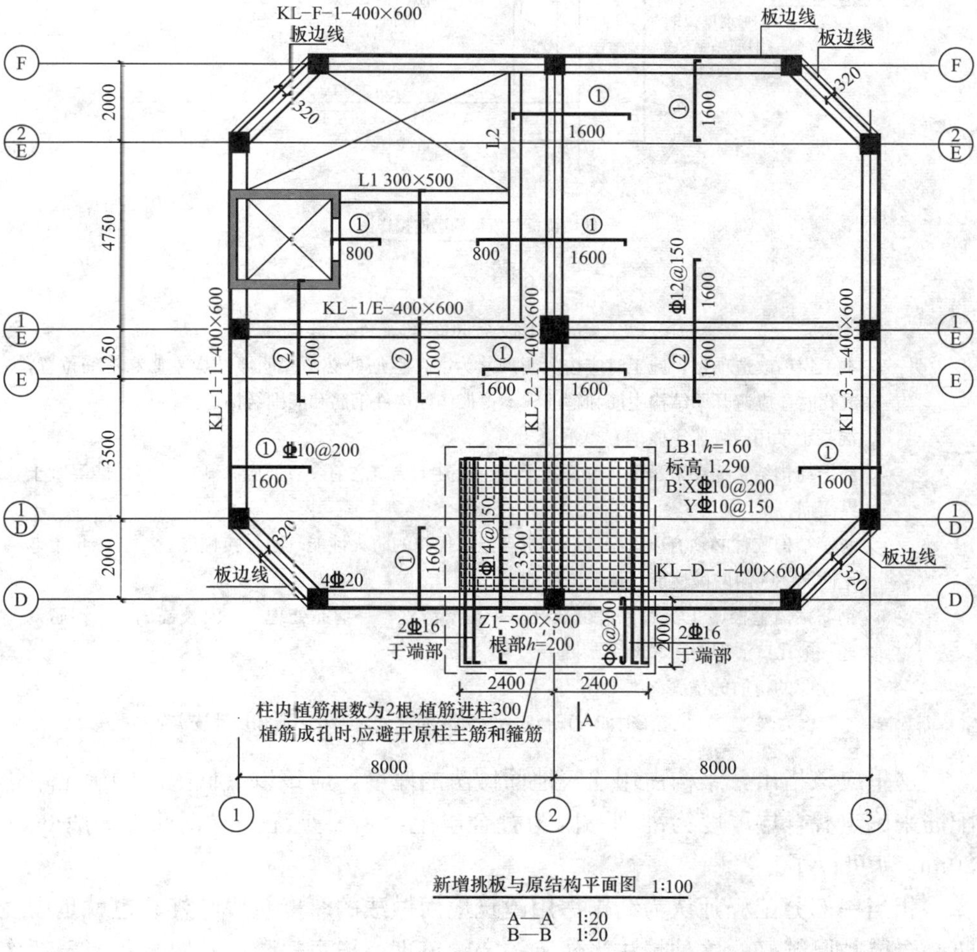

图 2-1　新增挑板与原结构平面图

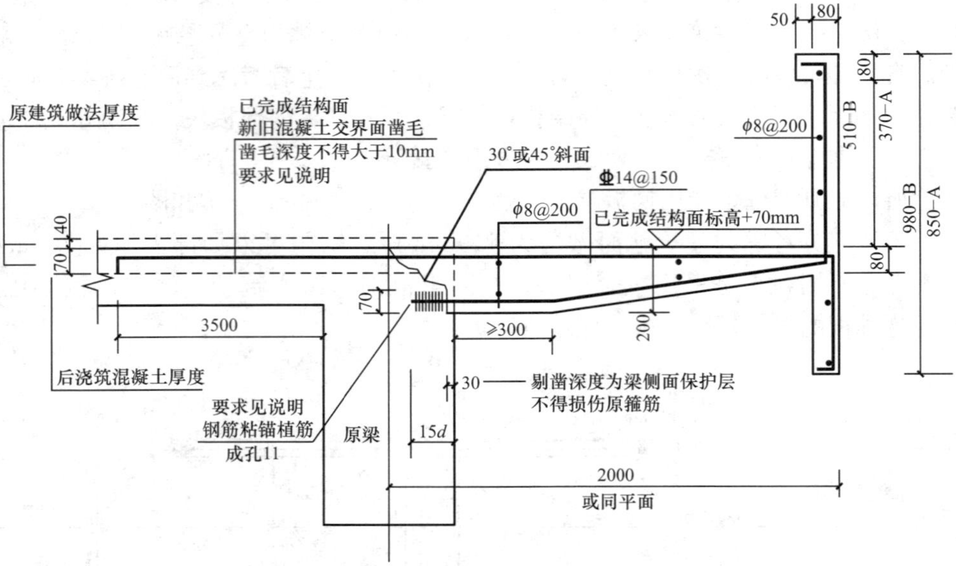

新增挑板与原结构梁连接详图

A—A 1:20
B—B 1:20

图 2-2 新增挑板与原结构梁连接详图

说明：1. 本工程为改造项目，施工时应按实测尺寸为准，植筋前必须探明原结构主筋和箍筋位置，成孔时，应避开原结构主筋和箍筋，不得损伤原构件钢筋和周围结构构件。

2. 混凝土采用微膨胀不收缩 C30 混凝土。

3. 新旧结构结合面要求凿毛，并清洗干净。混凝土浇筑之前，表面应涂刷一层高性能混凝土界面剂。

4. 对于结构胶种必须有以下特性：①抗高温，优越的防火性能，耐焊接性能。②五十年耐老化性能。③耐酸碱性能，抗融冻性能。

5. 钢筋粘锚生根施工流程：机械成孔——孔壁清洗——钢筋处理——灌胶锚固——钢筋调直——孔口清理——24h 后结束。

6. 未注明的植筋的锚固深度 $20d$。

7. 本工程为改造项目，施工时如发现与实际建筑不符之处，须及时通知设计按实际情况变更。

这里应该指出，结构占用建筑地面做法的厚度，应该以最低限度的满足单排配筋来确定叠合层厚度为准则，因为叠合层里，主要是配一层钢筋，一般 60～80mm 就可以了。

相当一部分工程师认为结构占用建筑地面做法的厚度越厚越好，也就是后浇筑叠合层越厚越好，这种想法当然有一定的道理，毕竟叠合层越厚，相当于新作的板厚就越大，对板的抗弯剪更有利。但是，叠合层越厚，附加的外荷载也就越大，叠合后的厚板即使本身强度够了，原结构梁强度却未必满足要求。一旦原结构梁核算后强度不满足要求，也要随着对应进行加固，那样所付出的经济代价就远比单单加固板要大得多。

所以结构局部“吃掉”建筑地面做法的厚度确定时一定要相当克制，无限求大，往往会顾此失彼，与我们好的想法背道而驰。

下面特别强调此工程中的几个设计要点，基本都是共性的东西，希望在类似设计项目中得以借鉴与参考。

(1) 新浇筑叠合层范围的确定依据。叠合的阴影范围确定时，应以保证上铁进入支座即挑板根部后，有足够的水平段锚固长度为准，至少 $40d$，且最好大于板出挑的净尺寸，又因为是二次结构的悬挑改造工程，在此基础上还应该放大 1～2m。故此叠合层的 Y 方向长度为板出挑的净尺寸 2m+1.5m=3.5m。

(2) 挑板上铁的计算。此工程挑板荷载取值时，由于挑板外边缘建筑要“翻边”(见图 2-2)，因此要充分考虑到下雨时积水深度至少到建筑翻边半高处的附加荷载。否则设计会偏于不安全。

上铁按常规挑板计算，则弯矩设计值按式 (2-1) 求得

$$M = qL^2/2 \tag{2-1}$$

式中　q——挑板线荷载设计值；

L——板悬挑净跨。

弯矩获得后，上铁配筋面积可由式 (2-2) 计算得到

$$A_s = M/(0.9 f_y h_0) \tag{2-2}$$

式中　M——弯矩的设计值；

f_y——主筋抗拉强度设计值；

h_0——板的有效高度。

(3) 下铁的构造。下铁为受压钢筋，按外露环境构造配筋，虽然不受力，但其对减少挑板挠度变形有关键作用，所以也很重要，构造上要可靠。根部处钢筋端头应植入边梁 15～20d (d 为钢筋直径，下同)(见图 2-2)。

图纸中笔者下铁采用 ϕ8@200，而不是 150mm 或者更密集的间距，是考虑到钢筋间距比较疏松，植筋成孔对原结构边梁的破坏不会很集中。植筋间距的“疏松原则”其实是结构设计人员改造工程中应该具备的常识性概念。

(4) 另外值得一提的是，为了下铁植筋时施工容易操作，笔者在挑板根部处，结构板端有意作了一段 300mm 长的平直段，因为短筋水平植筋，比倾斜植筋施工要容易得多。(见图 2-2) 这也是前面所述，改造设计中要多思考施工单位实现设计时可操作性的体现。

(5) 柱内植筋根数与长度的确定。这部分设计往往是此类工程中，常常被设计师忽略的细节。后增挑板上铁遇到原柱时，必然要局部植筋进入柱子锚固，原则上应先探明原柱主筋和箍筋位置，成孔时要避开原柱的主筋和箍筋。因为图纸

中后增挑板上铁笔者采用了 $\phi14@150$，500mm 宽的柱子按挑板上铁 150mm 间距折算，至少可植筋 2 根 $\phi14$，植筋进入柱长度为 $20d=20\text{mm}\times14\text{mm}=280\text{mm}$，实际取为 300mm。

（6）此外，植筋前必须探明原结构主筋和箍筋位置，成孔时，应避开原结构主筋和箍筋，不得损伤原构件钢筋和周围结构构件。这也是植筋说明中共性的“套话”，基本“放之四海皆准”，每个工程都适用。

（7）浇筑新增挑板与原边梁节点前，需剔凿梁侧面保护层，使得新增挑板的可靠支座是原结构边梁。不剔凿梁侧面保护层，仅仅依靠新增挑板下铁植筋进入原结构边梁，来抵抗支座剪力构造上是不可靠的，也是可笑的。剔凿深度一般为梁侧面保护层，不得损伤原梁箍筋。剔凿深度满足要求后，最好要求沿着 30°或者 45°斜面，继续斜向上剔凿，使得抗剪薄弱面，不是齐刷刷的集中在梁侧的竖向截面。当然，这样沿着 30°或者 45°斜面剔凿，施工比较复杂，一般常被现场取消，实际上抗剪也未必就存在着安全问题。

（8）核算原结构边梁的承载力。因为原结构边梁附加了新增挑板传来的和后加叠合层的荷载，边梁的抗剪与抗弯都要重新验算是否满足要求，实际工程中验算后强度一般都满足。

上述就是常遇的原结构后加雨篷，或屋面后加女儿墙的结构一般处理方法，当悬挑尺寸不大（一般不超过 2m），此方法有一定的共性和适用性。

当新增雨篷与原室内楼板不在同一标高，或当新增雨篷悬挑尺寸很大时，笔者建议采用钢结构拉杆拉住新增雨篷的简捷方法，见图 2-3 新增结构与原结构平面图与图 2-4 大样图。

另外一类是普通的楼面单、双向板因房间功能改变，荷载增加，原板截面或配筋不足而需要结构的补强加固。

下面还是结合一个工程实例来阐述。

工程概况：某工程原结构二层顶板因为建筑的房间功能发生变化，由原来的会议室变为健身房，结构改造范围如图 2-5 所示的阴影部分，原建筑地面做法 100mm。

因为活荷载由 2.0kN/m^2 增大为 4.0kN/m^2，显然要核算原结构梁板配筋，是否满足重新承载要求，经核算原结构梁均满足要求。

但局部板 B1a 与 B1 下铁配筋面积不足，见原二层顶板结构平面图，于是可以考虑采用叠合层法，这时叠合层内新加的上铁面积在设计时，至少大于等于原结构板跨中下铁不足部分的配筋面积，让叠合后的厚板上铁来承担一部分转移过来的跨中弯矩，即把原来薄板不足的下铁面积，加到叠合后结构的上铁上。

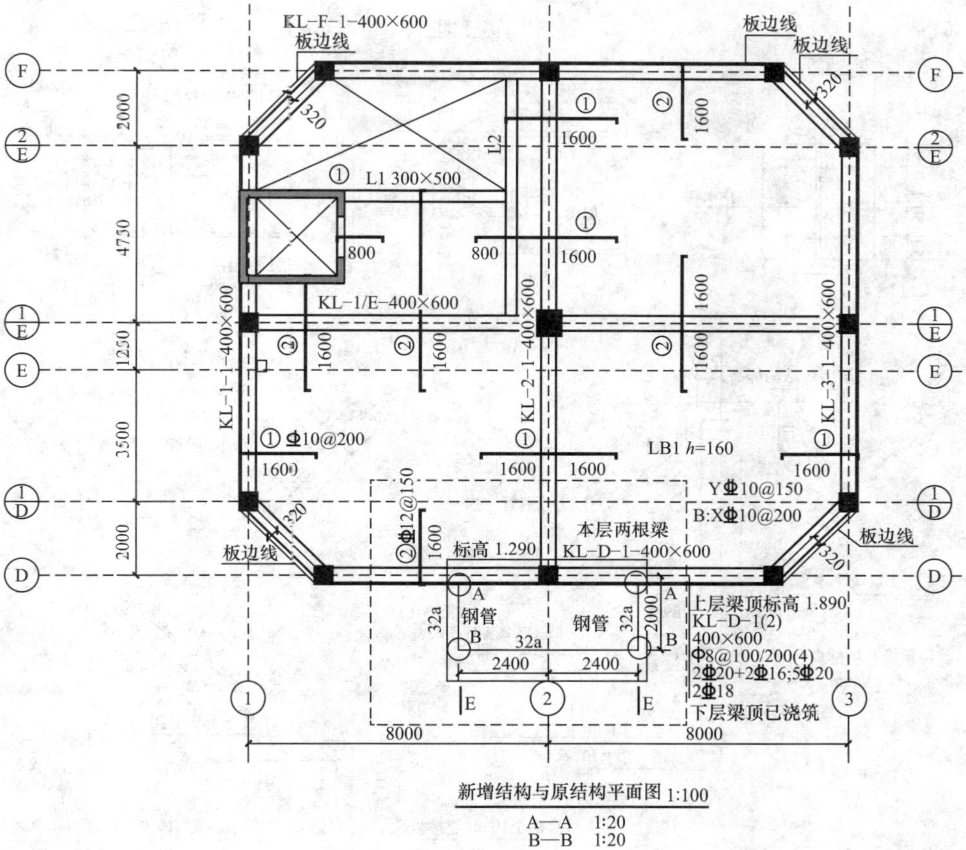

图 2-3　新增结构与原结构平面图

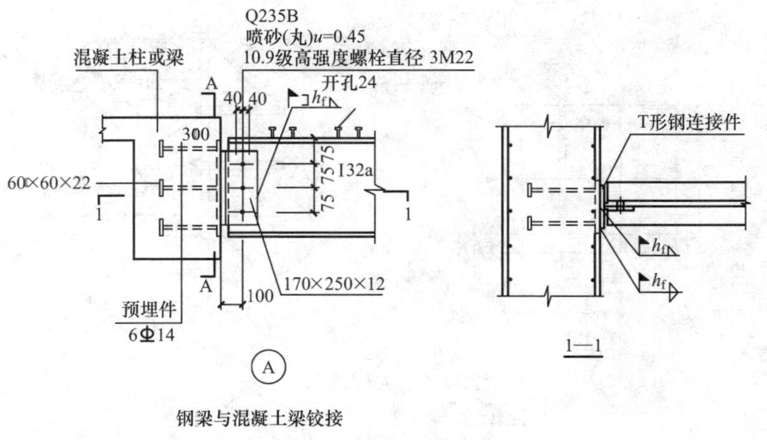

图 2-4　大样图（一）

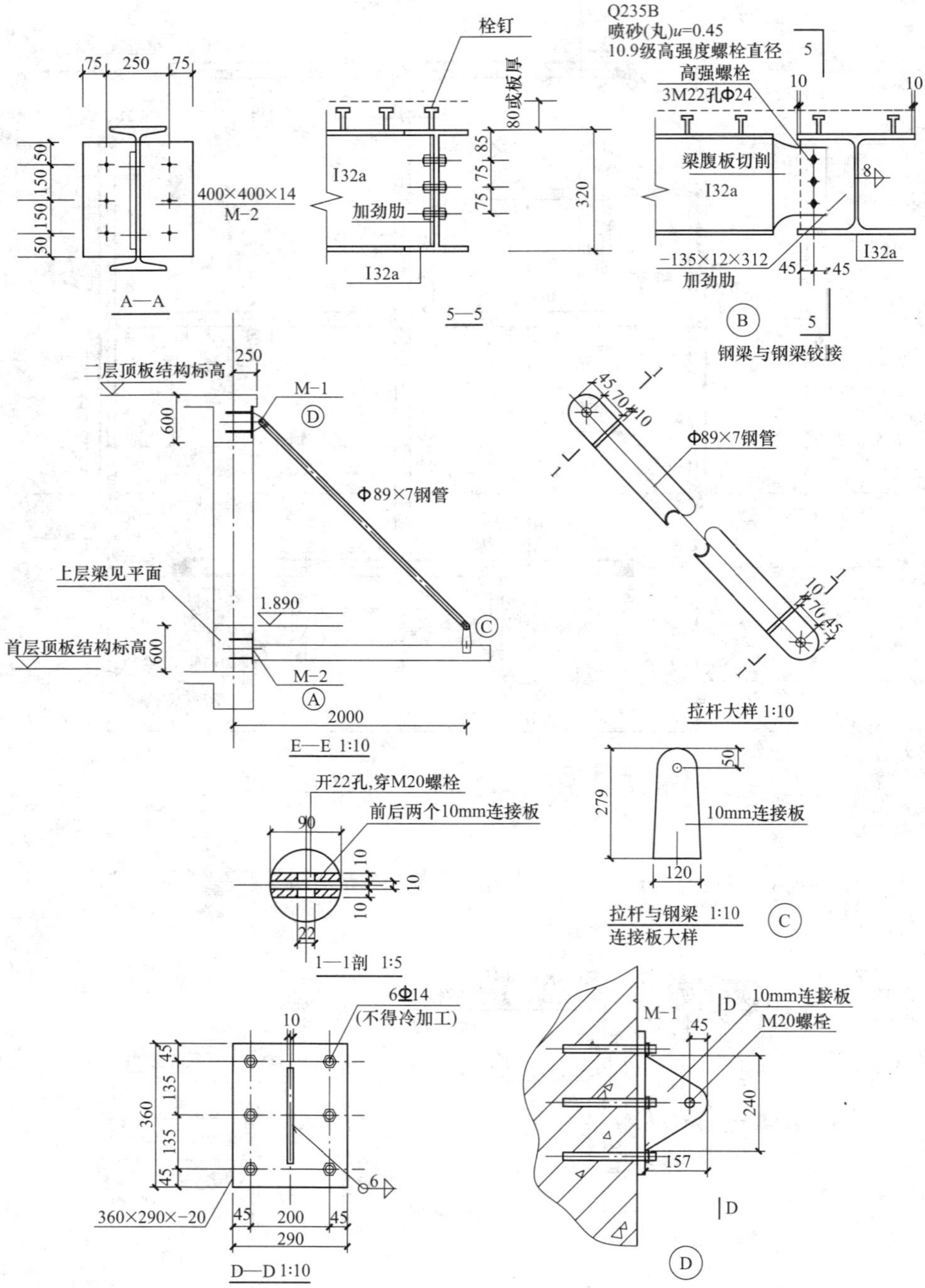

图 2-4　大样图（二）

说明：1. 焊缝等级为三级。

2. 未注明焊脚尺寸为 $h_f=8mm$。

3. 钢材 Q235B。

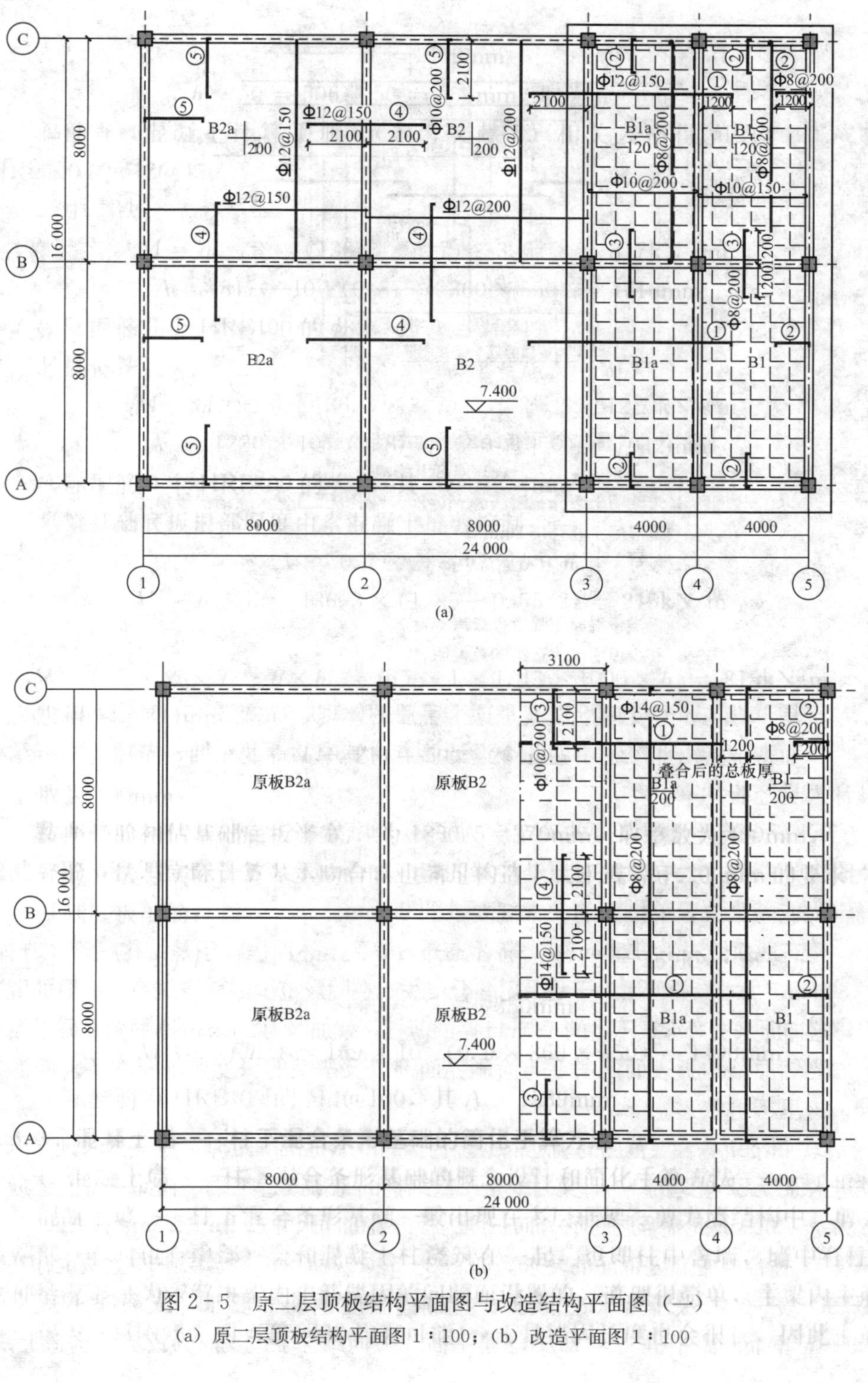

图 2-5　原二层顶板结构平面图与改造结构平面图（一）

（a）原二层顶板结构平面图 1：100；（b）改造平面图 1：100

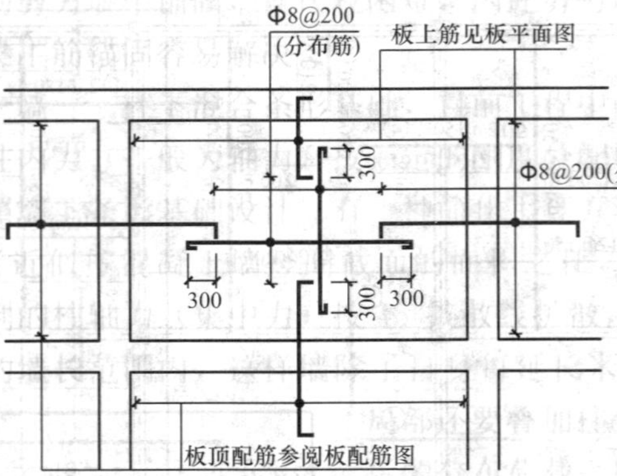

(c)

图2-5 原二层顶板结构平面图与改造结构平面图（二）
（c）温度上筋构造

说明：1. 未注明上下分布钢筋为 ϕ8@200，图中 ▭ 表示原结构板顶后浇筑混凝土叠合层 80mm。
2. 板跨大于 5m 且板面跨中部位无上筋时，需配 ϕ8@200，与支座钢筋搭接 300。
3. 现浇板混凝土强度等级为 C30。
4. 其余说明见改造结构总说明。

于是1号与4号支座上铁就是这个手法的体现，如图2-5（a）、（b）所示。

下面特别指出此工程中的几个设计要点，其中共性的东西，希望与同行结构设计人员经验共享。

1）新浇筑叠合层厚度的确定。为了减小后浇叠合层带来的附加外荷载，避免附加外荷载过大导致的对原结构梁的相应加固，笔者把叠合层厚度，很克制地确定为能满足放置单排配筋的常规要求的80mm。

建筑地面做法为100mm厚，笔者充分考虑到上述原因，于是结构局部“吃掉”了80mm，为本专业所用，于是采用叠合层法，在阴影范围内新浇筑80mm厚的混凝土，这样原来抗弯承载不足的120mm厚的薄板，就加厚为200mm厚的新混凝土板。

当然原结构板表面的凿毛与涂刷界面剂以及凿毛的深度要求同本章前面的要求，这里不再赘述。

2）新浇筑叠合层范围的确定依据。叠合的阴影范围确定时，应至少保证1号上铁进入原板B2短跨的1/4，又因为是二次结构的悬挑改造工程，在此基础上还应该放大1～2m。故此叠合层的Y方向长度为板出挑的净尺寸2.1m+1.0m=3.1m。

3）叠合层中温度钢筋的要求。如图2-5（c）所示，叠合层中的上铁也存在着GB 50010—2002关于板未配筋表面应布置温度钢筋的要求，配筋率不宜小于0.1%，钢筋间距不得大于200。于是平面Y方向结合了边支座为铰接的构造上铁，

设计了通长钢筋 ϕ8@200。平面 X 方向的温度钢筋，以图 2-5（c）为统一做法。

4）关于 4 号上铁的设计。原 B2 板经叠合后，实际为一个局部变板厚的变截面板，原来 200mm，叠合后为 280mm，偏于安全的设计方法是，4 号上铁按照 200 厚的板计算，将原 B2 板不足的下铁，用 4 号上铁补足。相反，4 号上铁按照 280mm 厚的板计算，是冒进的设计方法，毕竟板厚大部分是 200mm 厚的薄板。实际上，板厚采用 200mm 还是 280mm 都不准确，应按实际比例分配的折算板厚来设计，才是较认真和精确的方法，但是笔者认为计算过程复杂，远不如统一按 200mm 厚度板设计简捷，同时其精确度的工程意义也不大，因此笔者不推荐此做法。

5）应考虑新增钢筋强度利用系数 $\alpha_s=0.9$，实配时须将钢筋计算面积放大 10% 配筋。根据 GB 50367—2006《混凝土结构加固设计规范》第五章增大截面加固法之相关规定，认为新增钢筋强度只有 90%发挥作用，实质这是个安全系数。

实际上在此规范出台前，设计师一般是在新增钢筋面积计算值的基础上，按照自己的习惯和经验给予一定的放大，有放大 5%的，有放大 15%的，《混凝土结构加固设计规范》无疑定量地明确了这个安全系数为 10%。

为什么要放大这个系数，道理很容易理解。最简单的定性理解方法就是加固改造的结构实质上是二次结构，加固后的构件工作属二次受力性质，存在着应变滞后问题，即使我们对原构件完全卸载，加固后的构件工作虽属一次受力性质，但是由于受二次施工的影响，其截面的整体性肯定不如一次施工的新构件，故仍应从保证安全的角度出发，对新增钢筋强度进行折减，并统一取 $\alpha_s=0.9$（α_s 为新增钢筋强度利用系数）。

而新增混凝土强度利用系数统一取 $\alpha_c=0.7$。

上述就是叠合层法用于楼面板因房间功能改变，荷载增加，引起原板截面或配筋不足的结构一般处理方法，此方法有一定的共性和适用性。

2.3　目前混凝土梁、柱扩大截面法中最可靠、最禁得起实践考验和反复推敲的设计方法

在加固工程中，为满足承载力的需要，一般采用混凝土扩大截面法，即加大原梁、柱构件截面，通过较大幅度的加大结构抗力截面，来重新满足承载要求，此方法是目前最踏实可靠，也是最常规的加固改造手法。

但是目前加固市场设计手法混乱，有些甚至来自现行规范和国家标准图集的做法，也很不可靠，难以禁得起考验和反复推敲，有时有些似是而非的做法，甚至是在吃结构的安全系数，比如貌似为保证新加部分混凝土与原有构件共同工作，设计人员动辄就设置大量锚栓或植筋拉结的做法，笔者认为就是让人冒冷汗的危险做法，实际工程表明，这类做法不仅较多地损伤了原构件的混凝土，而且经常会伤害或截断原构件的钢筋，顾此失彼，与我们好的想法恰恰背道而驰。

于是，笔者对比了目前加固市场中诸多设计做法，深感北京市建筑设计研究院李国胜老师如图2-6所示的做法，最为可靠，也最禁得起实践检验和反复推敲，该做法实为原有柱相隔一定距离把保护层剔凿掉与新混凝土形成槽齿连接传递剪力（关于槽齿受剪承载力计算可见混凝土结构构造手册第7章第5节），柱新增截面的纵向受力钢筋配置在角部，以便在楼板处躲开梁直通，各边中部配置构造钢筋可在梁底、梁面处截断，在梁柱节点为提高受剪承载力和延性，柱四角设置角钢，在楼层梁上下皮的角钢之间用钢板连接。框架梁采用双梁加大截面，如图2-6（a）所示，上部及下部的受力钢筋配置在角部，以避开原有柱而伸入到新增混凝土柱截面内。

这里笔者特别需要强调的是，为提高梁柱节点核心区的受剪承载力和延性，目前有些国家标准图集中环绕梁柱节点核心区，做360°包角钢或钢板加固如图2-7的类似做法，都是无效的，因为此环绕核心区包钢的做法，在遇到4根交叉梁时必然被中断，起不到将梁柱节点核心区紧紧环箍的作用，四面包钢是“自欺欺人”的加固做

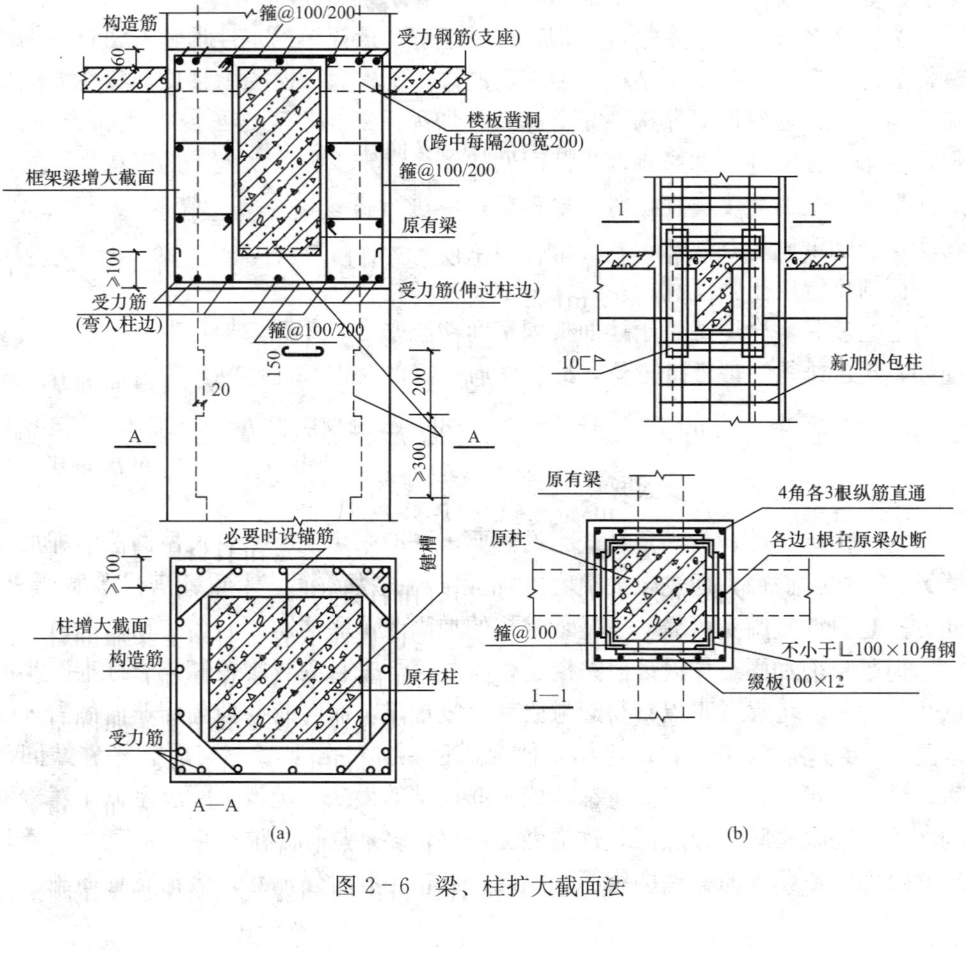

图2-6 梁、柱扩大截面法

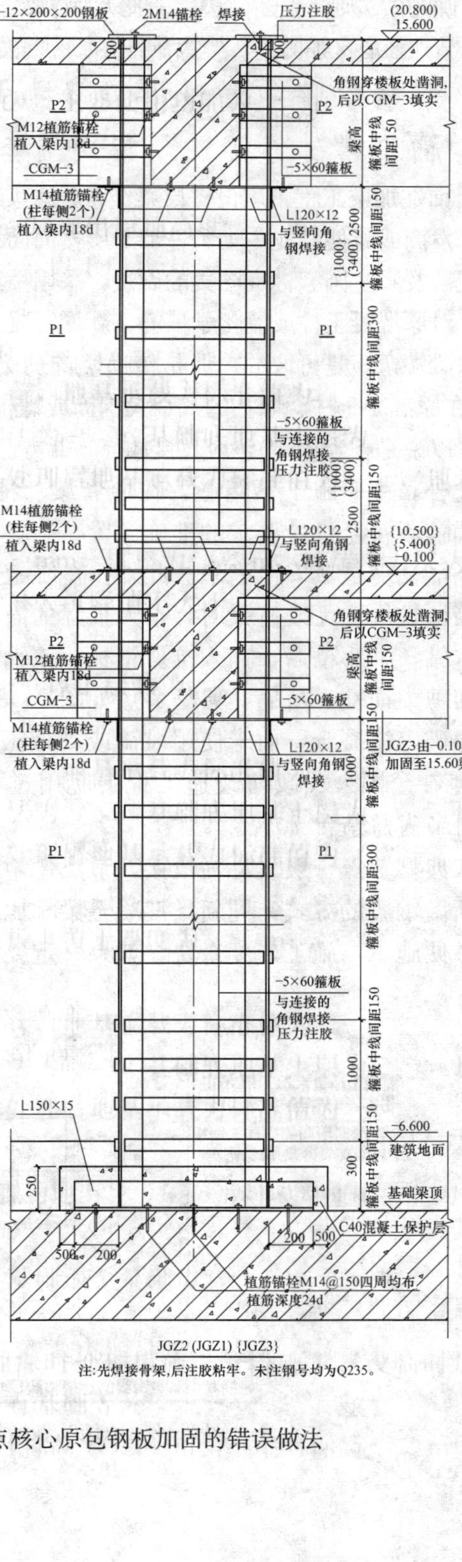

JGZ2 (JGZ1) {JGZ3}

注:先焊接骨架,后注胶粘牢。未注钢号均为Q235。

P2-P2

注:先焊接骨架,后注胶粘牢,再做水泥砂浆保护层。
未注钢号均为Q235。

图 2-7 环绕梁柱节点核心原包钢板加固的错误做法

法，正确的做法则是上述做法，一般认为将梁柱节点核心区的上下端紧紧箍住，就近似将整个节点核心区加固了。毕竟节点核心区四面有梁顶靠住，水平受剪还是有利的。

2.4 加层工程中增设楼层梁的典型的可靠做法——支座侧面“槽键连接法”与“围套法”

目前在加层工程中增设楼层梁经常是现实的需要，一般当建筑层高较高，如4m时，开发商或者使用业主为了追加1层楼面面积，通常在半层高处新增1层夹层。按现行规范及某些国家标准图集的做法，采用植筋或锚栓设钢牛腿支座。实际工程应用表明，对原混凝土柱或墙化学植筋、新增混凝土或钢梁的这类做法，尽管依靠化学植筋传递梁端弯矩是可取的，但是传递竖向剪力“极不可靠”（其方法实质为仅依赖“挂”在原混凝土柱、墙上的几个大钢筋或螺栓来承担全部剪力，传力“极不可靠”，甚至可以说是相当危险），应直接放弃，北方已有两个工程发生过事故，“教训惨痛”。

此外，由于施工不精心，在原有梁、柱构件上钻孔时损伤、截断了受力钢筋，锚栓不符合设计要求的准确位置，牛腿的连接钢板用氧气焊枪扩孔，因部分锚栓不能受剪造成安全隐患。此外，传统植筋方法经济代价较高。

当原柱周边无既有梁时，本人推荐的简化设计方法实质为原混凝土柱或墙边使用水钻，开小槽后，插入抗剪钢板，该钢板再与新增钢梁腹板连接，此方式传递竖向剪力简捷、可靠，典型节点如图2-8所示，（其中使用水钻的目的，是为了静力破碎混凝土，而未使用风镐或类似工具产生冲击动力破坏原构件。）笔者2005年在全国人民政协改造工程中应用过，至今未有任何问题，很便于施工，而且可节省总造价70%。

该典型节点一般设计为铰接，节点弯矩即为0，节点只需验算抗剪。

新增钢梁的方式，同新增混凝土梁相比，无需浇筑、振捣、养护混凝土的程序，方便施工，施工速度奇快，如果一定要新增混凝土梁，做法如图2-9所示。

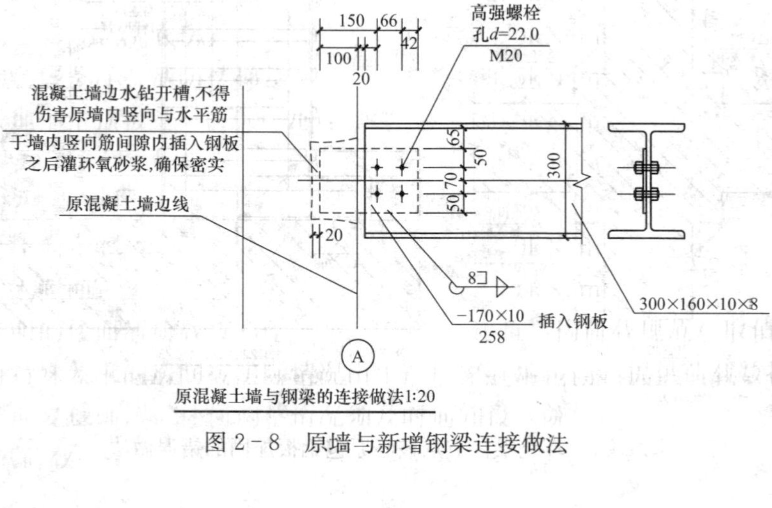

图2-8 原墙与新增钢梁连接做法

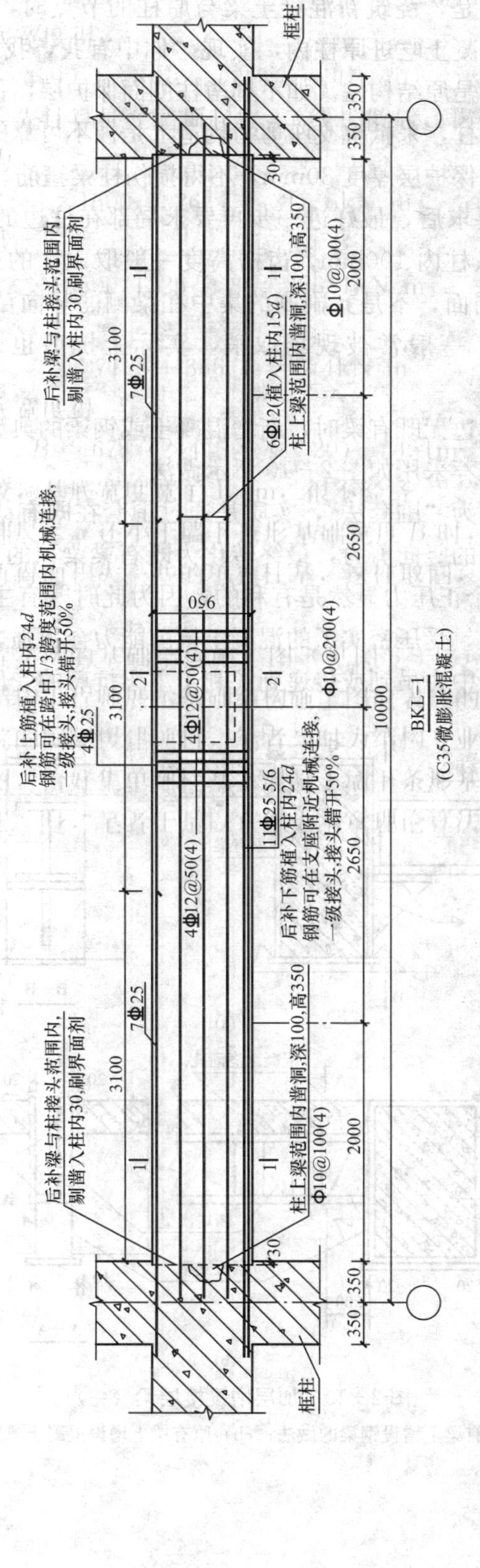
框柱
后补梁与柱接头范围内
剔凿入柱内30,刷界面剂
后补上筋植入柱内24d
钢筋可在跨中1/3跨度范围内机械连接,
一级接头,接头错开50%
7Φ25
4Φ25
4Φ12@50(4)
2Φ12@50(4)
Φ10@100(4)
Φ10@200(4)
6Φ12(植入柱内15d)
柱上梁范围内凿洞,深100,高350
11Φ25 5/6
后补下筋植入柱内24d
钢筋可在支座附近机械连接,
一级接头,接头错开50%
350
2000
3100
2650
950
10000
BKL-1
(C35微膨胀混凝土)

图 2-9　新增混凝梁做法

特别需要注意的是，浇筑新混凝土梁与原柱的节点时，需剔凿柱侧面保护层，使得新增梁的混凝土吃进原柱内，实现“你中有我，我中有你”，于是新增混凝土梁的可靠支座是原结构柱。如不剔凿柱侧面保护层，仅仅依靠新增梁的上下铁植筋进入原结构柱，来抵抗支座剪力构造上是极不可靠的，也是可笑的。剔凿深度一般为柱侧面保护层厚度30mm，不得损伤柱梁箍筋。

剔凿深度满足要求后，最好进一步再要求局部在柱边的梁高范围内开个小齿槽，一般齿槽深入柱内100mm，齿槽高度一般取1/3的梁高，如图2－9所示，以使得抗剪薄弱面，不是齐刷刷的集中在梁侧的竖向截面。当然，这样处理施工会比较复杂，一般常被现场取消，实际上抗剪也未必就存在着安全问题。

以上是当原柱周边无既有梁时，新增混凝土或钢梁的典型做法，当原柱周边存在既有梁，笔者推荐采用如图2－10所示做法。

该做法一般称之为“围套法”，实质是通过围套在既有梁的上下左右的4块钢板，将新增梁梁端的竖向剪力，最终转化为既有梁梁顶的正压力，如图2－10（a）、（b）所示，这个正压力显然是有利的，因为此时既有主梁承受的集中力转移到了主梁的受压区，受压密实了的混凝土抗剪能力会很强，此时类似采用了吊筋抗剪，相当于把集中力吊到或传递到了利于主梁抗剪的受压区。

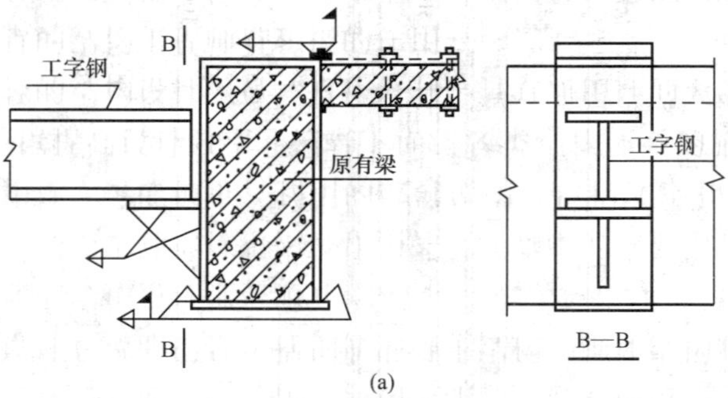

(a)

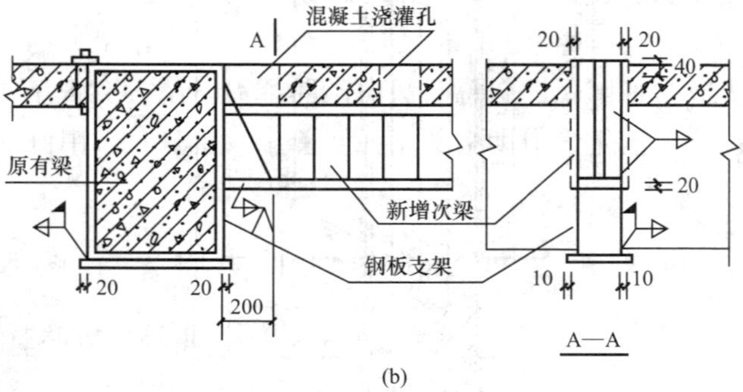

(b)

图2－10　加层增设楼层梁（一）

（a）原有梁上增设钢梁的做法；（b）原有梁上增设混凝土梁的做法

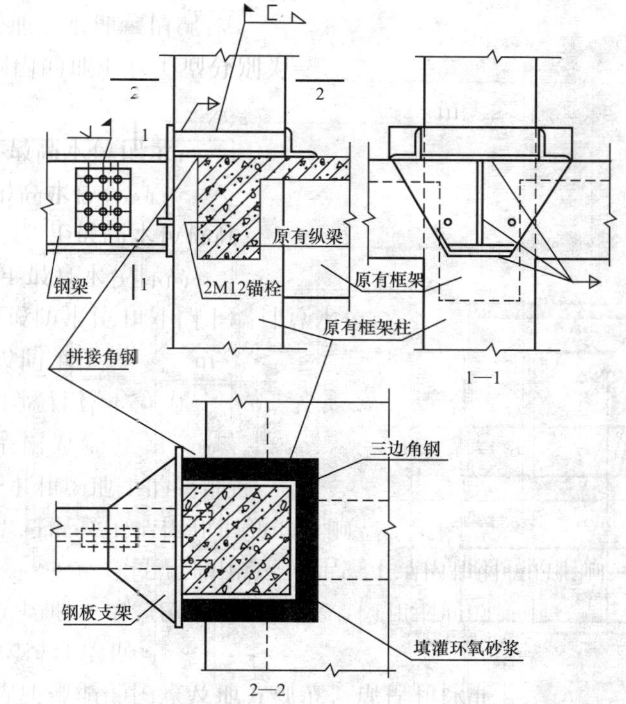

(c)

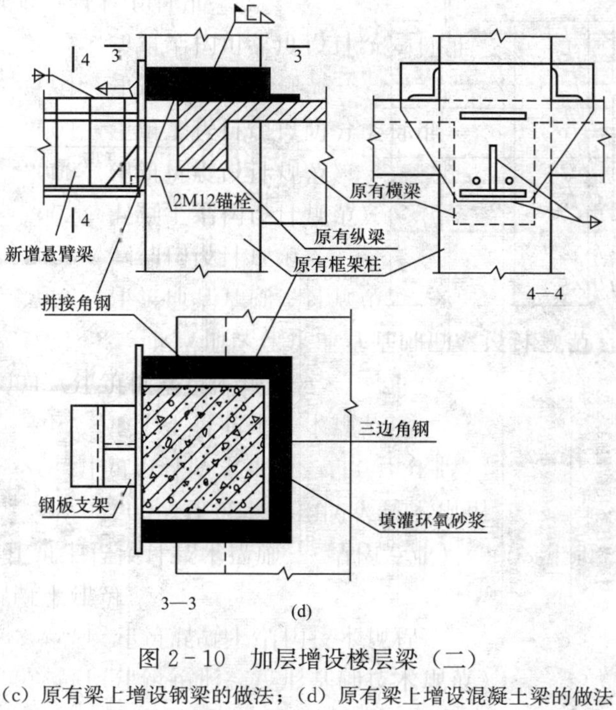

(d)

图 2-10　加层增设楼层梁（二）

（c）原有梁上增设钢梁的做法；（d）原有梁上增设混凝土梁的做法

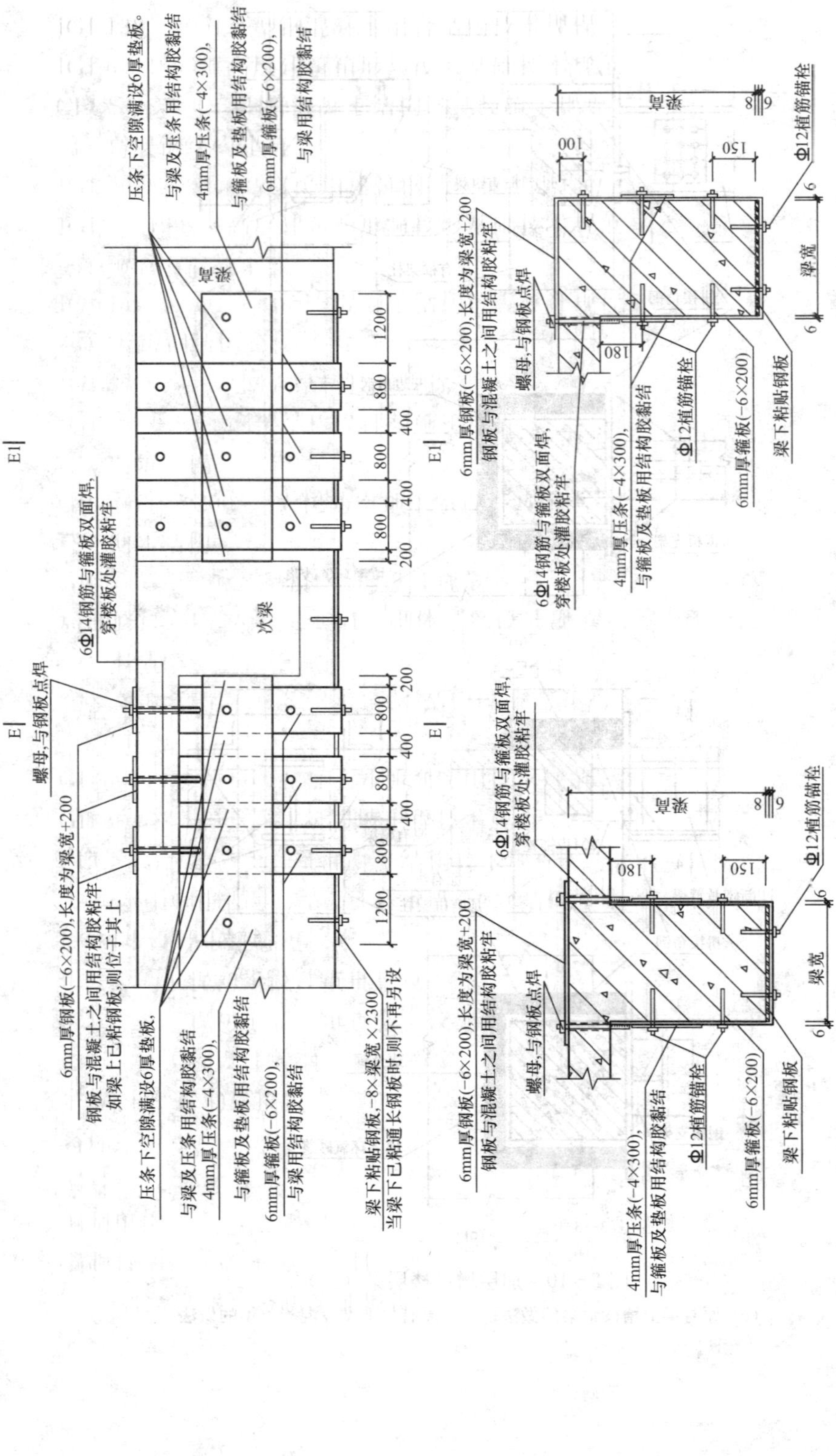

图 2-11 附加箍板的不当构造

"围套法"，实质上并没有将新增主梁梁端的竖向剪力，传递给柱子，如图2-10（c）、（d）所示，而是最终传递到了柱周边既有梁的受压区上。"围套法"，显然也没有采用上述的支座侧面"槽键连接法"—局部在柱边的梁高范围内开个小齿槽，这样处理有利于"完好无损"的保护好原结构柱，这无疑与笔者前面所述之"改造结构设计应兼顾多保留少破坏的经济性原则和对原结构有利的安全性原则"遥相呼应。这也是"围套法"构造的一个巧妙之处，很值得设计师借鉴。

目前在改造工程设计中诸多的习惯做法，不少新增楼层梁支承在原有梁上，而都没有增设附加吊筋，因此都是有安全隐患的处理方法。

"围套法"显然比图2-11既有梁的附加箍板法要简捷有效，加之前面所述，由于温度的影响，钢与混凝土线膨胀系数不同，会出现钢板鼓起而脱胶现象。因此笔者推荐"围套法"。

2.5　加层工程中增设剪力墙的典型的可靠做法

当增设剪力墙与原有梁、柱连接时，仍然应避免过多地采用植筋而损伤原有构件，如图2-12所示是工程中应采用的方法，特别要强调的是，原有柱与新增

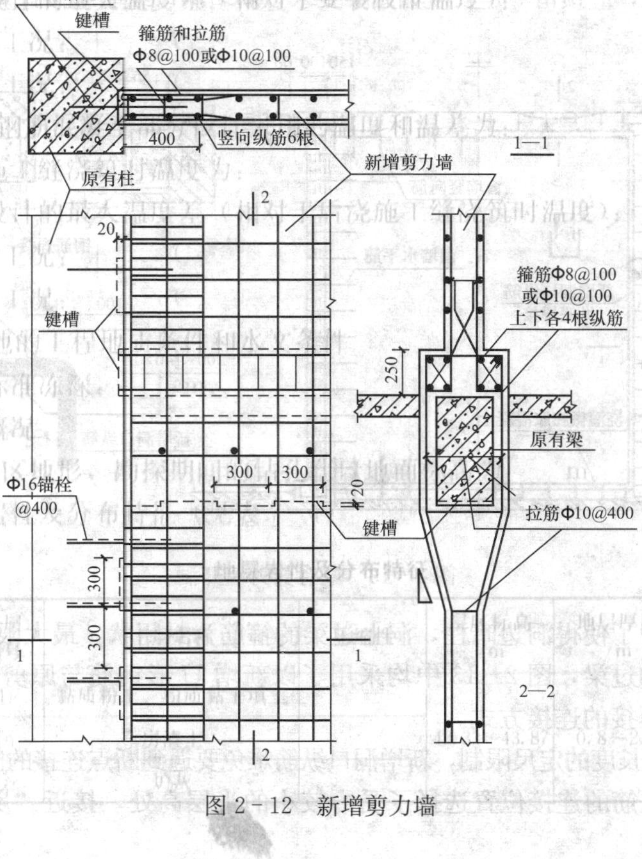

图2-12　新增剪力墙

墙侧面应间隔的剔凿掉部分保护层形成槽键，传递剪力以共同工作，ϕ16 锚栓仅作为构造。

原有梁底与新增墙上皮的连接，也类似与既有柱连接的构造，也宜采取槽键咬合的连接方式，以传递摩擦剪力，使得既有梁与新增墙协同工作。

在抗震计算上，如果原结构为框架结构或框剪结构，在增设剪力墙后，一定要验算新增剪力墙的既有端柱，承载力是否满足要求，一般情况下，都要加强既有端柱，可采用前述的扩大截面法。

2.6 原有剪力墙上开洞的可靠做法

房屋结构改造工程中，因为现实的需要，在原有剪力墙上开洞是常见的，依照现行规范及某些标准图集的做法，为了开洞后沿洞边进行补强，目前流行采用粘贴钢板或粘贴碳纤维布的做法，这类做法其实很难实现新旧结构共同工作的目的，禁不起实践考验和反复推敲，关键是此设计方法，使得原有剪力墙的竖向和水平分布筋都没有可靠的锚固，且必须采取防火和防锈措施。如图 2 - 13 所示一些工程中采用的做法，特别应注意的是，施工时原有墙竖向和水平分布钢筋绝对不能在新开洞边截断，应预留一定长度如图中要求，新增洞口纵筋应按计算确定。

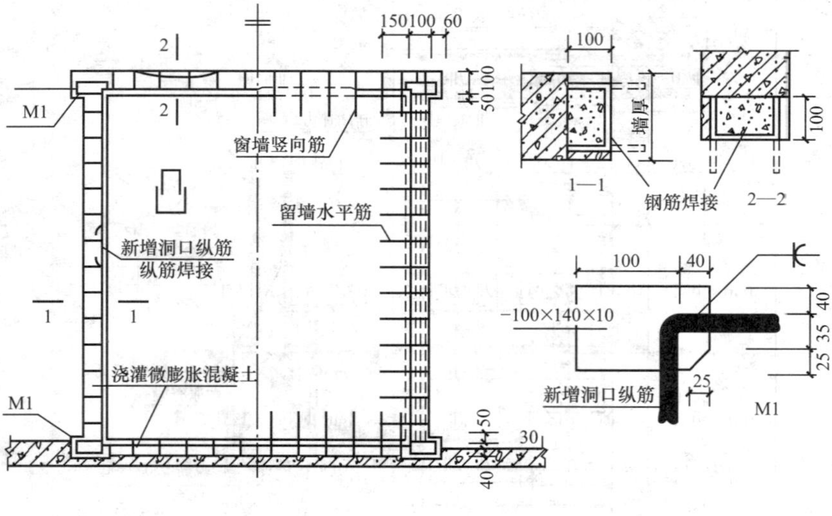

图 2 - 13 原有剪力墙开洞

此外，为了使得洞边暗柱，洞上过梁的箍筋为封闭状，最大限度的接近新建工程的暗柱和过梁，图 2 - 13 中均采用了以新增 U 形钢筋与原剪力墙的竖向和水平分布筋焊接的连接方式。

由于钢筋长度的定尺限制，新增洞口纵筋难免要遇到断点连接的问题，图 2 - 13 中新增洞口纵筋的连接位置选择了受力较小的半层高处，接近“反弯点”位置，仍然采用了两个大 U 形钢筋对焊的方式。

2.7 加固改造设计中的常见失误与正解

2.7.1 不区分情况，加固设计中一律采用粘钢

由于房间建筑功能的不断变更，以及业主在建筑使用期间常有新的想法和需要，于是近年来对已建结构改造加固的工程比较普遍，由于有混凝土结构加固相关规范的依据和参照，和较多的工程经验，已建混凝土结构改造加固的设计构造和施工方法已经日趋成熟。但对原砌体结构的改造加固工程，则由于可参照的相关规范少且规范中一般原则性的规定居多，技术细节的规定较少的原因，其设计构造与施工方法并不成熟和统一。

笔者根据以往的砌体改造工程设计经验，以某砖砌体结构的改造加固工程为实例，对此类工程一般的设计构造与施工方法，提出了一些建议，方便结构设计人员借鉴。

工程概况：

该工程原结构为砖砌体结构，地下 1 层，地上 5 层，地上每层层高 2.8m，应业主要求，原建筑局部房间需要作功能改变，4～5 层原小开间办公用房改为大空间会议厅和活动室，详见原结构承重砖墙与原构造柱平面布置图（图 2－14），楼板为预制板，其中 4～5 层②、③、Ⓗ轴上原承重砖墙，为形成大空间，必须拆掉。下面本文对该工程的设计施工加以详尽陈述。

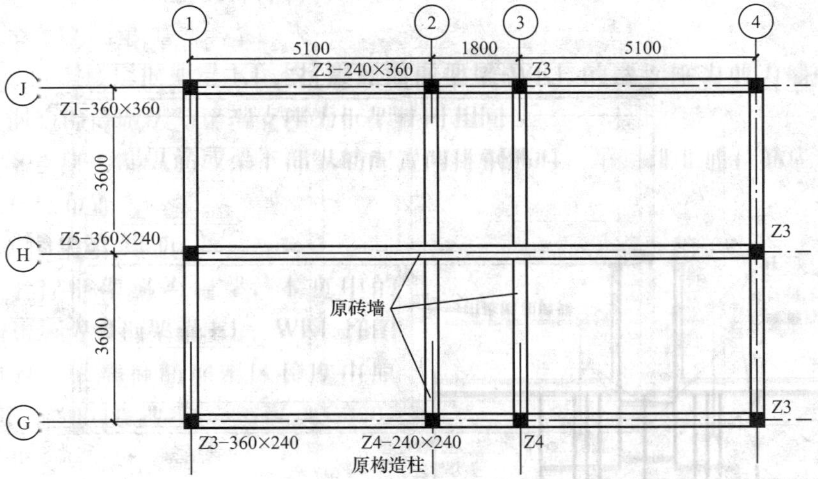

图 2－14　原结构承重砖墙与原构造柱平面布置图

两种方案的对比和确定：

某加固公司主张采用结构粘钢的方案一：首先将②、③、Ⓗ轴处原承重砖墙

拆除，但保留各墙上构造圈梁，后在这些圈梁上粘钢板加固，并且用同样的粘钢方法，外包钢板加固所有构造柱 Z1～Z5（见图 2-14）。该方案笔者经定性分析后很快予以否决。笔者考虑有两点：①圈梁粘钢加固后有安全问题，该工程圈梁高 120mm，经估算若要在②、③、Ⓗ轴上布置混凝土梁，梁高至少要在 500m 左右，显然无论怎么粘钢加固，都不会将高仅仅 120mm 的圈梁加固到高 500mm 的效果，抗剪抗弯强度和刚度都很难满足要求，故此方法存在安全隐患。②同理用粘钢方法加固单边尺寸不足 360mm 的构造柱，无论轴压比，还是抗剪抗弯强度和刚度同样不会满足要求，加固后的构造柱也有安全隐患。

故此笔者提出了后帮混凝土柱，重建新框架的加固方案二。具体做法是首先采用扩大截面法在原构造柱的基础上向水平或竖向后帮出 400mm 形成新现浇混凝土柱（图 2-15），一方面该混凝土柱可作为后作现浇混凝土框架梁的可靠支座，并解决了框架梁中受力纵筋入柱锚固的问题。另一方面通过植筋的方法将后帮现浇混凝土柱与原结构构造柱进行有效拉结，图 2-16 使得新旧结构浑然一体，协同工作，达到加固的最终目的。施工时，可先在原构造柱所相邻砖墙处按照后帮混凝土柱尺寸，边留马牙槎，边切割掉原承重砖墙，再后浇混凝土形成后帮柱，留槎切割是为了保证后帮柱与原砖墙之间通过机械咬合达到共同工作的目的。留槎尺寸与间距为 60×300@600。随后将原预制楼板和全部构造圈梁以及②、③、Ⓗ轴上砖墙全部拆除，重新现浇一个新楼盖，各后帮柱上均布置框架梁（图 2-15），梁高 550～600mm，梁宽同后帮柱宽。

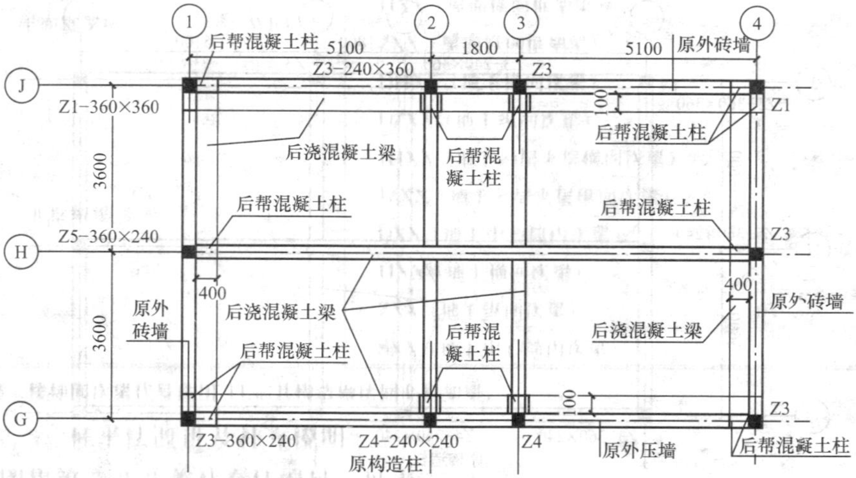

图 2-15　后帮现浇混凝土柱平面布置及后浇混凝土框架梁平面布置示意

方案二同方案一相比，从结构安全角度分析，效果显然好于结构粘钢。从经济角度分析，方案二的费用要节省 25%～30%。

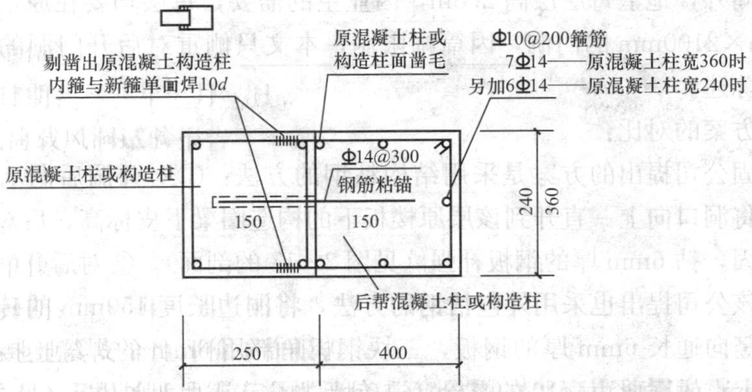

图 2-16　后帮现浇混凝土柱大样

设计与施工中应注意的问题：

(1) 后帮混凝土柱与原构造柱交界面处，应打成沟槽，沟槽深度不宜小于10mm，间距不宜大于箍筋间距或300mm，后帮混凝土柱设计时应采用扩大截面法，后帮混凝土柱内新箍筋应焊在原构造柱箍筋上，单面焊 $10d$。

(2) 后作框架梁端受力纵筋应进入后帮混凝土柱内足够锚固。

(3) 5 层即顶层的后帮柱柱顶受力纵筋在屋面后浇板处要做封顶锚固，5 层后帮柱由于要先于 4 层柱施工（原因详见下述），故 5 层后帮柱下端受力纵筋施工绑扎时，应预先向 4 层甩出足够的搭接长度用以生根。

楼层施工顺序：

本工程主要针对 4～5 层改造，如果先拆除 4 层原楼盖，那么外墙侧向就少了 4 层顶板原楼盖的支撑，成为高达 5.6m 的悬墙，自身稳定无法解决。故施工时要逆向操作，即先拆除 5 层原楼盖，然后浇筑混凝土，待混凝土硬化达到设计强度的 70%后，再拆除 4 层原楼盖，用同法施工 4 层结构。

2.7.2　原砌体结构承重墙后开门洞，采用粘钢的错误方法

近年来对已建结构增开新门洞的结构改造工程比较普遍，但由于可参照的相关规范少且规范中一般原则性的规定居多，细节的规定较少的原因，其设计构造与施工方法并不成熟和统一，而实践中各个设计院和加固公司的做法也不统一，但究竟各种方法谁更安全合理，只有经过多个工程反复验证后，才能回答。笔者以所做某工程中原砌体结构承重墙后开门洞的改造加固工程为实例，对比了两种设计与施工方案，选择了对结构更安全有利的方案之一，并对此类工程一般的设计构造与施工方法，提出了一些建议，以便结构设计人员借鉴。

工程概况：

该工程原结构为砖砌体结构，地下 1 层，地上 5 层，除了地上 4～5 层局部

改为大空间外，地上每层层高 2.8m，因业主的需要，每层均要在原承重砖墙上开 900mm×2100mm 的门洞，因篇幅限制，本文只侧重对后开门洞的设计施工加以详尽陈述。

两种方案的对比：

某加固公司提出的方案是采用结构粘钢的方法：①对开洞后洞上过梁的加固。首先将洞口向上一直开到该层原楼板下的构造圈梁下皮标高，后对该圈梁下皮粘钢加固，粘 6mm 厚的钢板补强（见图 2-17 的剖面）。②对后开门洞边砖墙的加固。该公司提出也采用外包粘钢的方法，将洞边长度 150mm 的砖墙，三面外包粘贴竖向通长 6mm 厚的钢板，三块钢板角部用 6mm 的焊缝连接，且竖向每隔 500mm，用直径为 ϕ10 的螺栓穿透砖墙以固定前后 2 块钢板（见图 2-18）。该方案笔者经定性分析后予以否决。笔者考虑有两点：第一，从概念设计角度分析，砌体和钢是两种性质截然相反的材料，前者是松散低强的材料，而后者是均质高强的材料，企图仅靠较薄的一层结构胶粘连两者，加固后不可能很好的共同工作，破坏时砌体必然很早就退出了工作。第二，由于砖和砂浆均为脆性材料，洞边用螺栓穿透砖墙以固定前后两块钢板的做法，对原结构破坏较大。

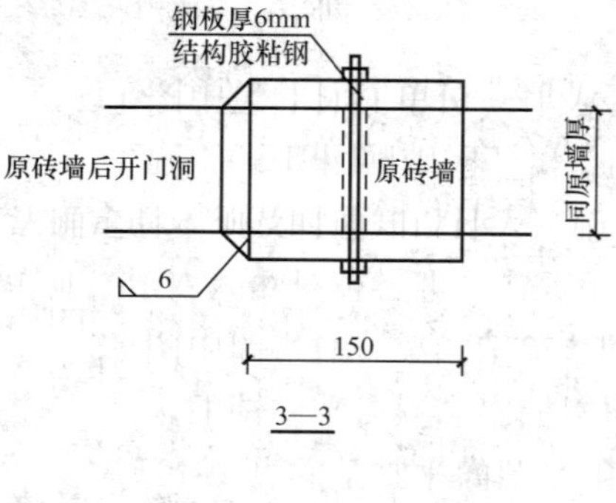

图 2-17　结构平面图

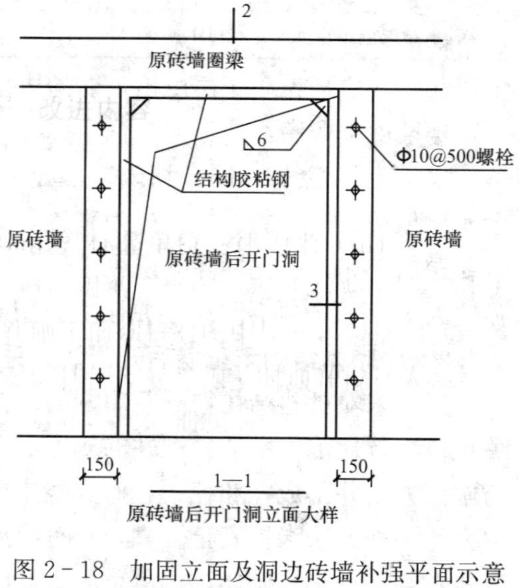

图 2-18　加固立面及洞边砖墙补强平面示意

故此笔者提出另一方案。①在后开洞洞口上填塞预制过梁的方法：具体做法是首先在洞口上皮砖墙一侧开一个预制过梁 GL9.4 尺寸大小的洞口，将预制过梁 GL9.4 放入，然后再从洞口上皮砖墙另一侧开一个相同尺寸大小的洞口，同样将另一个 GL9.4 预制过梁放入（见图 2-19 后开洞洞口上填塞预制过梁剖面大样示意）；②洞边用于补强的后作构造柱的设计构造及施工做法：首先对洞边砖墙进行留槎切割（见图 2-20 原承重砖墙后开洞立面大样示意），通过咬槎保证现浇混凝土带与砌体的共同工作，留槎尺寸间距为 60×300@600。切割完成后现浇 80mm 宽的竖向混凝土带，作为构造柱用以支撑预制过梁并对洞边砖墙补强。现浇混凝土带配筋均为构造，竖向分布筋 ϕ8@200，主筋为 3ϕ10（见图 2-21 洞边现浇带做法大样示意）。此外为保证洞边不形成易压屈失稳的小墙肢，设计要求洞边墙长不得小于 500mm。

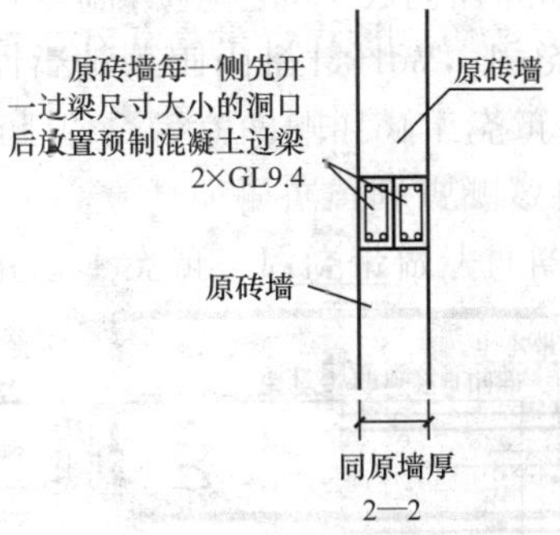

图 2-19　后开洞洞口上填塞预制过梁剖面大样示意

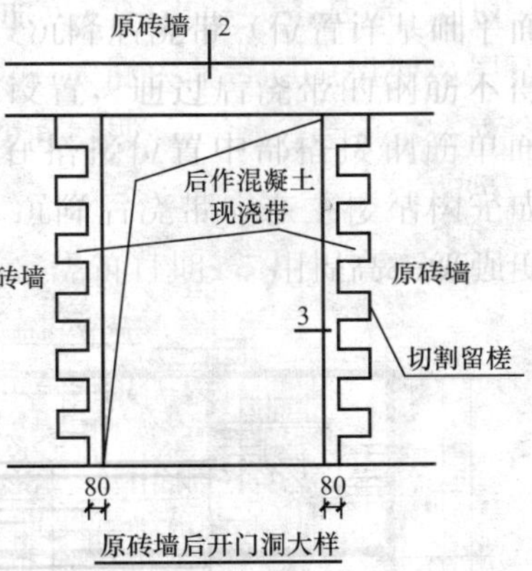

图 2-20　原承重砖墙后开洞立面大样示意

方案二同方案一对比，从结构安全角度分析，效果显然好于结构粘钢，一方面现浇混凝土带对原砖墙的补强和加固后的共同工作，比粘钢要有保证，另一方面通过预制过梁承担竖向荷载也比加固很弱的构造圈梁要稳妥可靠。从经济角度分析，方案二的费用要节省 60%～70%。

通过对比，此类工程的设计构造与施工方法建议采用方案二。笔者认为砌体结构承重墙后开门洞的改造加固工程由于砌体和钢两种材料性质差异过大的原因，不宜采用粘钢加固的方法。而方案二的设计构造与施工方法的一般共性使其可以外推应用于类同的其他工程。

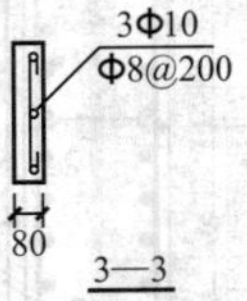

图 2-21　洞边现浇带做法大样示意

2.7.3　头脑中没有“多与原结构拉结”、对原结构“多保留少破坏”的设计概念和原则

多数设计人员在改造设计时，没有“新旧结构需要强拉结以共同工作”和对原结构“多保留少破坏”的设计概念和原则，于是造成诸多的不合理构造。

故此笔者以已作的改造工程中较典型的青岛市委党校健身会议综合楼结构加层改造工程为实例，说明这类工程的一般设计构造和实际施工做法。

工程概况：

该工程原为全现浇框架—剪力墙结构，地下1层，地上2层，现增加1层健身房，（见图2-22与图2-23）平面南北两个边跨及③～⑤轴间，加层结构采用框架结构，层高4.2m，平面中间其余部分31.8m×19.8m（Ⓔ～Ⓒ轴间/②～⑥轴间）范围内采用大空间钢网架结构，网架净高4.65m（见图2-24）。由于原建筑物位置临海，持力层几乎都落在岩石层上，勘察报告提供的承载力达1000kPa，地基条件相当好，故加层后地基承载力不会不足，同时由于持力层为岩石层，使得加层后轴力加大柱对应的各单独柱基几乎没有沉降，各个柱之间也不会存在沉降差。此外，原屋面变楼面后，经验算，原屋面的楼板和梁的承载力均满足改造

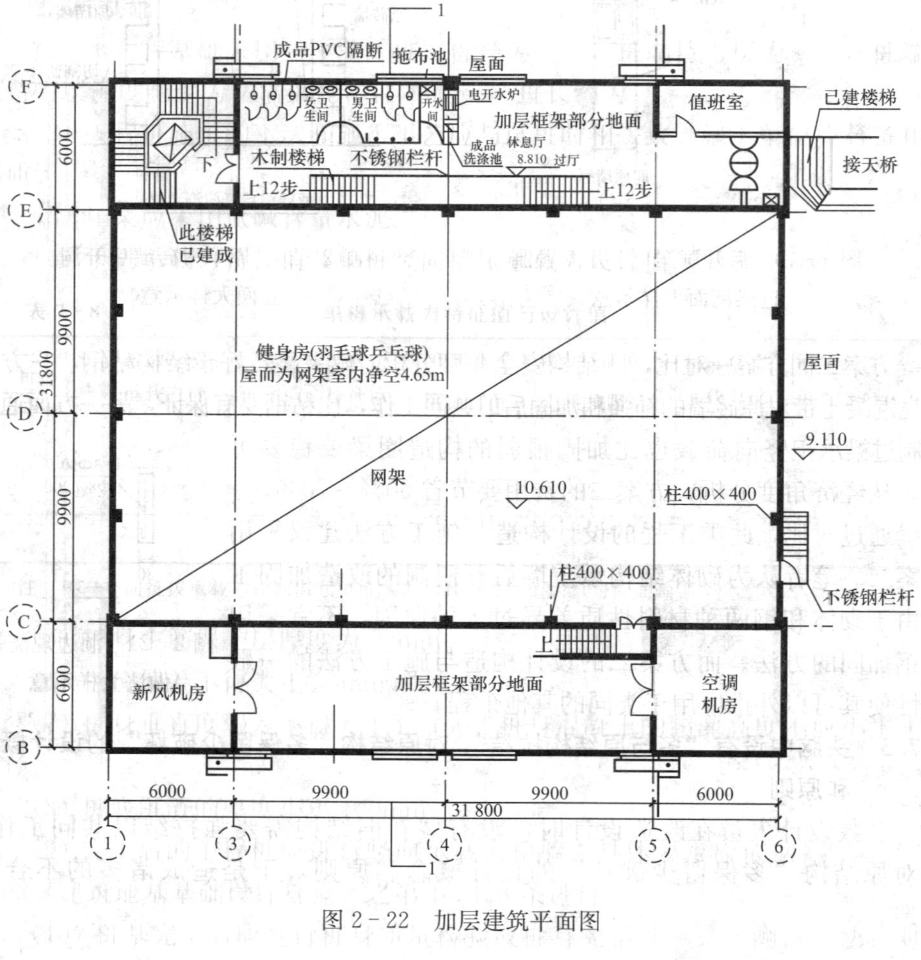

图2-22 加层建筑平面图

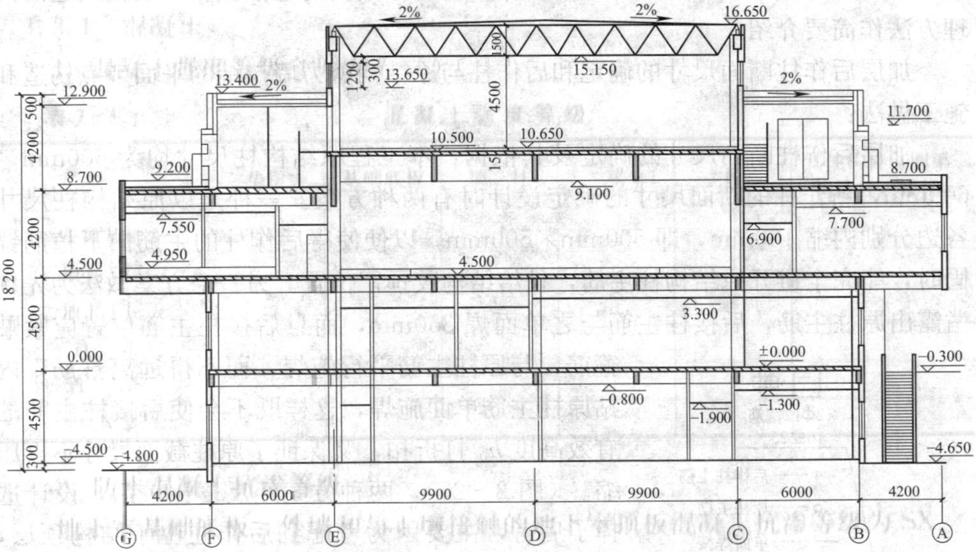

图 2－23　加层建筑剖面图

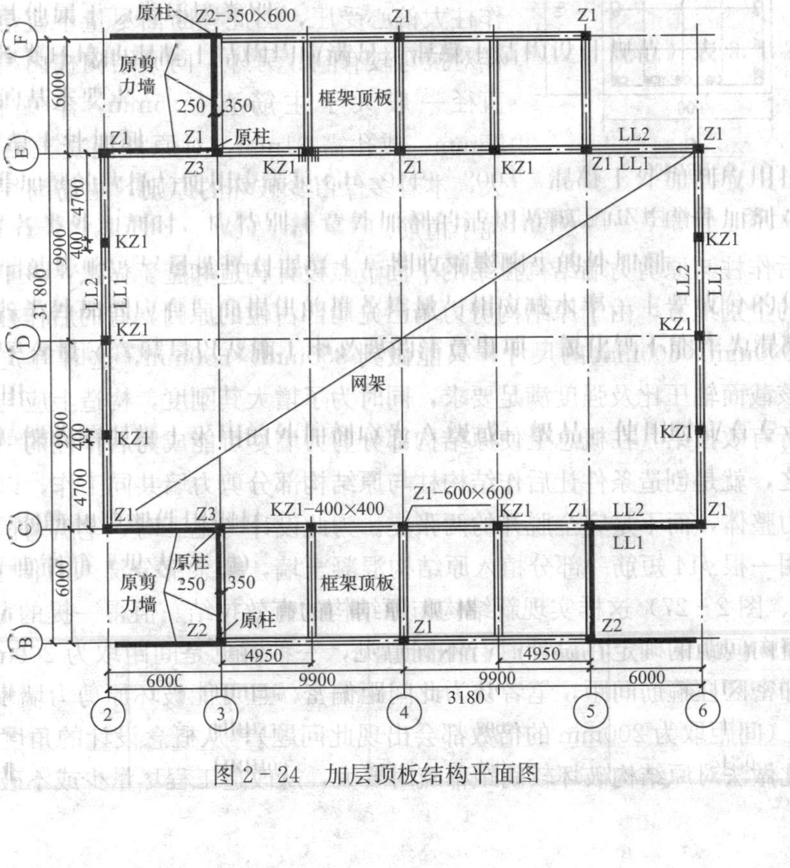

图 2－24　加层顶板结构平面图

后的结构设计要求。下面分专题对后作梁柱与原结构的连接及相关结构问题的处理方法作简要介绍。

加层后作柱断面尺寸的确定和后作柱与原结构剪力墙拉结的平面节点构造和施工做法：

加层后作柱断面尺寸的确定及其依据：本工程原结构柱尺寸均为600mm×600mm，新作柱的断面尺寸的确定设计时有两种方案。一种是以原结构柱尺寸各边分别内缩100mm，即500mm×500mm，以便使得后作柱的主筋向下植筋锚固时，能完全避开原结构柱主筋，且给结构胶预留位置。另一个方案做法为先剔凿露出原柱主筋，后接柱主筋与之单面焊350mm，而且后接柱主筋位置应紧贴箍筋，与原柱主筋平行施焊，而不得远离箍筋，内贴原柱主筋单面施焊，这样既不会使后接柱主筋的有效高度 h_0 打折扣，又保证了原柱截面尺寸不再压缩。（图2-25）。两种方案经反复比较后，设计选择了后者，主要因为考虑到后作柱位于结构顶层，柱轴压力较小，而近20m跨的网架对后作柱顶产生的弯矩会较大，两者共同作用，会使新接起来的后作柱大偏心受压，因此柱断面尽量不宜再缩小，这样对抗弯较有利。另外，向原结构柱内植筋，钻孔直径一般大于主筋直径6mm，本工程主筋为25mm，成孔需31mm，对原柱混凝土截面破坏较大，本着多保留少破坏的原则，主筋间焊接要明显优于植筋。

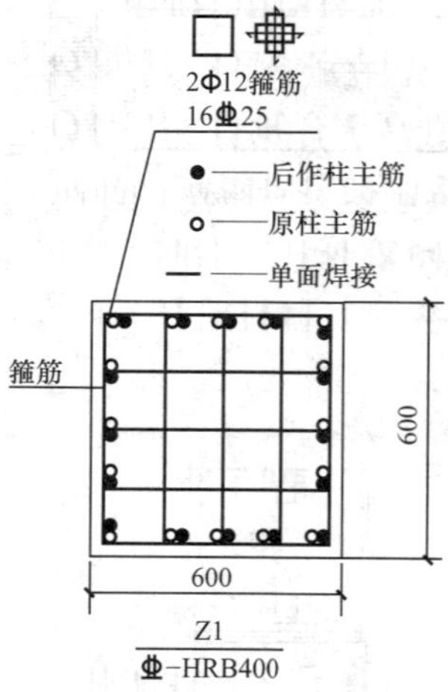

图2-25 后作柱Z1配筋图

后作柱与原剪力墙结构拉结的平面节点设计构造和施工做法：该工程在平面拐角的个别地方，由于原结构剪力墙已先局部占位的原因，有的后作柱没有条件达到600mm×600mm的尺寸，只能做到350mm×600mm，这时首先应验算并确保该截面轴压比及强度满足要求，同时为了增大其刚度，构造上应与原混凝土墙进行有效拉结，在概念上使原结构部分剪力墙尽可能成为后作柱的一部分，换而言之，就是创造条件让后作结构柱与原结构部分剪力墙共同工作，以成为一个抗侧力整体，而不是完全脱开的两张皮。为此设计与施工时，笔者每隔300mm，竖向用一根 $\phi14$ 短筋一部分植入原结构混凝土墙，剩余部分浇入后作柱内，（图2-26、图2-27）这样实现新结构与原结构的有效拉结。值得一提的是，此 $\phi14$ 短筋竖向间距的确定在设计时有不同意见，一种意见是间距取为200mm，基本同非加密区柱箍筋间距，笔者认为此间距偏密，且可能破坏原剪力墙水平筋 $\phi12$ @200（间距取为200mm的倍数都会出现此问题），从概念设计的角度讲，笔者感觉此做法对原结构破坏较间距稀疏时要大，从改造工程尽量少或不破坏原结构的原则出发，笔者间距选择了疏密适中的 300mm。

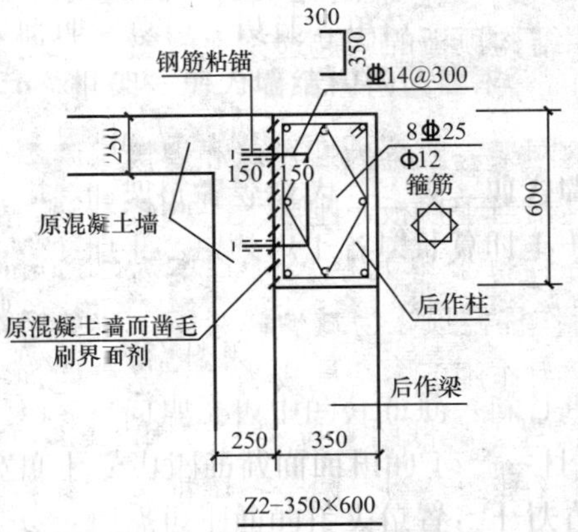

图 2－26　后作柱 Z2 与原剪力墙结构拉结的平面节点大样

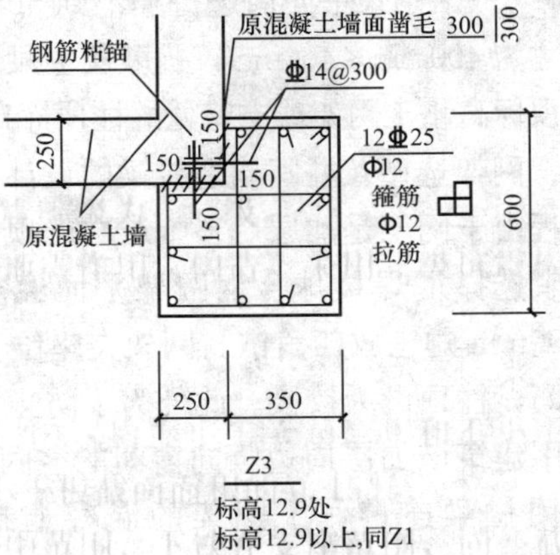

图 2－27　后作柱 Z3 与原剪力墙结构拉结的平面节点大样

2.7.4　后作梁与原结构剪力墙横剖面节点设计构造和施工做法

该工程个别后作梁因梁宽方向同样也有原结构剪力墙已先局部占位的问题，而迫使后作梁的梁边要与柱一边平齐（图 2－26），不可避免的对与原结构剪力墙拉结的“组合柱”（600mm×600mm）存有偏心。尽管这样对柱的工作略有不利，但也不会有结构问题。笔者同样出于让新旧结构共同工作的考虑，设计与施工时，也采用每隔 300mm 将一根 $\phi14$ 短筋一部分浇入原结构混凝土墙，剩余部分浇入后作梁内的做法，300mm 的间距可避免伤害原剪力墙中间距 200mm 的竖向筋，这种处理从概念设计上使得原结构部分混凝土墙能够成为后作梁的一部分，而此时“组合”后的梁对 600mm×600mm 柱近似是无偏心的。这种拉结的构造措施实际上多设置了一道防线，一方面在新旧结构未完全脱开前，一定程度的减弱梁对柱的不利偏心，另一方面当拉结处的混凝土界面受剪破坏时，新旧结构完全脱开，这里指双脱开，即后作柱与原结构剪力墙完全脱开，后作梁与原结构剪力墙完全脱开，此后，梁对后作柱 350mm×600mm 仍然是无偏心的（图 2－28）这再次体现了定性分析和概念设计在加固改造工程中的关键作用。

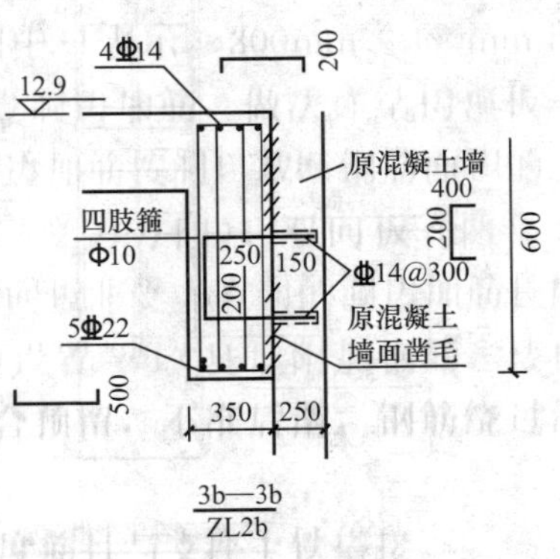

图 2－28　后作梁 ZL2b 与原结构剪力墙拉结的横剖面节点大样

构造抗风柱和网架选型及柱间构造拉梁等其他相关的结构问题的设计和施工做法：

构造抗风柱的设计构造和施工做法：由于

该工程建设地点临海，海风很大（基本风压可达到0.6kN/m²），y方向柱距已将近20m，故沿网架平面周边每隔不到5m（图2-24），构造上设置一根抗风柱KZ1，尺寸为400mm×400mm，抗风柱生根于原结构顶板的周边边梁上（图2-29），其柱顶标高止于网架球支座处的柱顶标高。

网架选型及柱间构造拉梁的设计：钢网架一般分为螺栓球和焊接球两类。该工程由于网架是加层后整个结构的顶盖，相当于顶板，刚度大一些较有利，故此笔者选择了焊接球。钢网架平面经分格后每个单元格尺寸基本为2000mm×2000mm的正放四角锥。网架支座位于后作柱柱顶，为减少柱弯矩，避免后作柱超筋，柱顶设为铰接。此外为了防止水平力作用下各个柱成为独立悬臂柱，笔者利用建筑该加层周边竖向窗间的空间，设置了高低两个拉梁LL1和LL2，而且利用拉梁连带作了网架的混凝土封边（图2-30），两个拉梁把几个本来“各自为政”的独立悬臂柱拉结为一个整体，即一柱受侧力，立即波及扩散到其他各柱，共同抵抗y方向水平力。

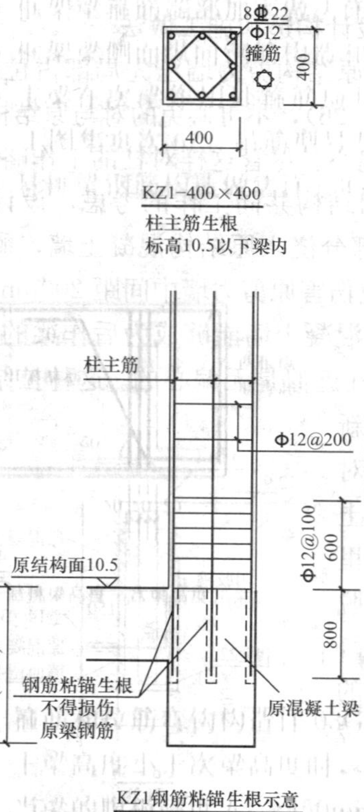

图2-29 抗风柱KZ1配筋及钢筋粘锚生根示意

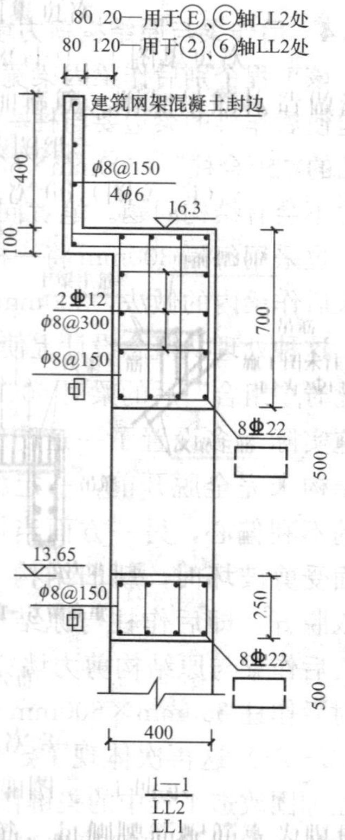

图2-30 拉梁LL1和LL2配筋图

本工程结语：

(1) 本工程加层后作柱与原柱的连接，经分析没有选择目前工程中流行的植筋方案，为了保证原柱的断面尺寸和本着对原结构多保留少破坏的原则，实际采用了先剔凿露出原柱主筋，后接柱主筋与之焊接的方法。

(2) 后作构件应该最大限度地与原结构构件加强连接，以便形成一个整体共同工作，此时植筋是恰当的方案。

(3) 本工程由于后作柱位于顶层，其位置决定了其抗弯的不利性，笔者通过把柱顶支点概念上处理为铰接和构造上设置两道拉梁的方法以解决其抗弯的不利作用。

第 3 章　混凝土结构中板的简化算法

3.1　板的结构分类及工程设计要点

板按照受力方向分类可分为单向板和双向板两类，按照形状分类可分为直板和折板等，按照是否施加预应力可分为预应力板和普通非预应力板两类，按照现浇和预制可分为预制板和现浇板，本章主要讨论现浇的单向板、双向板、直板和折板，工程一般这样界定双向板和单向板，当矩形板块在四边支撑的前提下，若该板相邻边长之比小于 2 为双向板，大于或等于 2 为单向板。

板的工程设计要点，一是板厚的确定方法与楼板设计荷载的计算方法，二是板内配筋的计算方法，当然还包含规范中一些重要的构造规定。

3.1.1　单向板板厚尺寸的经验确定

有部分年轻设计师由于平常过于依赖电算，还没有熟练掌握单向板配筋的简化算法，所以现场设计时就很被动，难以很快作出决定。

单向板板厚，两端简支时，正常应取板计算跨度的 $L/35 \sim L/25$，单向连续板由于两端支座情况更有利些，思想可再解放些，取 $L/40 \sim L/35$，为了便于记忆，一般设计人员只需记住 1/30 即可。

单向板是双向板设计的前提和基础，任何一个双向板都可以按照某一个方向的单向板来设计，有些貌似双向板的板块，完全可以通过增设次梁将之分割成几个单向板，按单向板的要求进行设计。所以弄清楚单向板的计算方法是计算双向板的前提。

单向板配筋的简化算法，分两端铰接和一端铰接，一端固定与两端固定三种情况下的简算：板一般不考虑地震作用的影响，一般被假定平面内刚度无穷大，在设计计算和构造措施方面，楼板本身是不做抗震设计的，仅考虑承受竖向荷载，故可按塑性内力重分布的弯矩调幅方法设计，对于单向板配筋的简化算法如下。

单向板，两端简支或者铰接时，即

$$M_{中} = qL^2/8 \tag{3-1}$$

按塑性内力重分布的弯矩调幅方法计算时，两端固定或连续时，即

$$M_{固} = M_{中} = qL^2/16 \tag{3-2}$$

一端固定或连续，一端简支时，即

$$M_{固} = M_{中} = qL^2/14 \tag{3-3}$$

式中　q——楼板荷载设计值；

L——板计算跨度。

弯矩计算获得后，根据配筋式（3-4）计算即可得到板配筋面积

$$A_s = M/(0.9 f_y h_0) \tag{3-4}$$

式中　M——弯矩的设计值；

f_y——主筋抗拉强度设计值；

h_0——拉梁有效高度。

3.1.2　板支座嵌固度的经验确定

关于板支座嵌固度的确定，判断比较灵活，何时取为嵌固，何时取为铰接，不能一概而论，要根据实际情况判断。例如，板块在平面端部，板上铁配筋只能进入支座（如边梁或边混凝土墙）锚固，此时一般支座视为铰接，以使得边梁平面外避免受到扭矩的不利作用，或卸掉板传递给周边剪力墙的附加弯矩。再如板块的某一边界与楼梯、电梯或其他洞口相邻，此边界也须视为铰接，因为板钢筋不可能伸过洞边锚固，需在洞口断掉，该边界也应该作为简支考虑。还有一种情况集中了上述两种情况，也就是板块的某一边界，局部与楼电梯或其他洞口相邻，剩余部分与其他板块相邻，或者说有一部分上铁可进入相邻板块锚固，而另一部分上铁须在洞口边断掉，这种情况处理比较灵活，保守的做法可以将整个边界视为简支边计算，但相邻板块能进入本板块的上铁仍然伸进本板锚固。笔者则采用另外的方法，一般具体视此边界中洞口尺寸所占去的比例，若洞口尺寸占去的比例小于此边界总长度的1/3，仍然视此边界为嵌固端，本板块此边界处的上铁，能进入相邻板块的仍然进入相邻板块锚固，不能进入相邻板块的则在洞边断掉，以上两种方法在概念上都是正确的。

下面详细介绍何处边界条件可取为固定端的情况。一般多跨连续的板块，中间支座均可视为固定端，因为板钢筋可伸过中间支座进入相邻板块锚固，这是最一般的情况。当然也有极特殊的情况，比如有些跨度较大（比如 7～8m 跨）的单跨单向楼板，两端均搭在梁（或混凝土墙）上时，如果两端按通常方法取为简支，那么跨中弯矩很大，甚至造成超筋，为了不超筋，因此要人为的让支座承担一部分弯矩，相应分走跨中造成超筋的一部分弯矩，于是跨中与支座处均取 $qL^2/11$ 或 $qL^2/10$（相当于一端简支，一端固定）。其实只要满足跨中弯矩加上支座弯矩之总弯矩大于 $qL^2/8$，就都是合理的，因为板内弯矩的分配是按照钢筋集度分布的，钢筋集中使用在支座，那么支座就会相应的多些承担弯矩，跨中相应少一些。这实际是一种支座向跨中调幅（简称“向下调幅”）的反方法“向上调幅”，也即跨中向支座调幅。假定某单向板支座负弯矩设计为 $qL^2/8$，此时板跨中理论弯矩为 0，跨中可布置一些构造下铁，若整个结构是稳定的，结构受力是不会有安全问题的。当然，上述“向上调幅”的反调幅设计方法，笔者并不是为了标新立异，也并不推荐此方法，这是一种反常规的做法，因为施工中下

铁的位置会更好的保证，上铁由于人为踩踏位置难于保证，如果把全部的理论弯矩集中到了上铁，会存在安全隐患，“反调幅”的方法只是为了让结构师解放思想，大胆设计，突破一些既成的思维约束，有依据地设计出别人设计不了的结构。

3.1.3 楼梯梯板配筋的简化算法以及配筋经验图表

板式楼梯的梯板实为两端简支的单向折板，其计算跨度可以按其水平投影长度计算，其余的手算方法同一般单向板计算方法一样，笔者只是特别提出几个经验数据，作为快速设计时的常识数据，希望与年轻的结构设计人员共享。

梯板单向板一般初步估计时，荷载设计值可近似取 $15kN/m^2$，表 3-1 列举笔者在工程实践中归纳的配筋经验图表，作为结构设计人员快速设计时的参照。

表 3-1 楼梯梯板不同跨度的板厚、配筋经验图表

计算跨度/m	板厚尺寸/mm	跨度计算钢筋面积/mm^2	单向受力的实配钢筋面积/mm^2
4	130	842	HRB400 的 ϕ12@130=754
4.7	160	913	HRB400 的 ϕ12@100=1131
6	200	1157	HRB400 的 ϕ12@100=1131
6.7	220	1222	HRB400 的 ϕ14@100=1500
8	270	1481	HRB400 的 ϕ14@100=1500

以上配筋经验图表仅是快速设计时的参照，年轻的结构师在设计时间充裕时，设计和计算还应该要求细致、准确一些，做到精益求精。于是也要学会利用本书附录 B.1 的现浇钢筋混凝土板式楼梯配筋表和附录 B.2 的现浇钢筋混凝土梁式楼梯配筋表，方法详见对应附录中的实例。

3.2 双向板配筋的算法

3.2.1 一般双向板板厚的经验确定和不需要设次梁最大板块经验尺寸

双向板板厚一般取板块短跨尺寸的 1/45～1/40，为了便于记忆，只需记住 1/40，与单向板 1/30 相对照，为何板厚与短跨尺寸相关，应不难理解，短跨方向为双向板厚主要受力方向，板厚理应同主要受力方向尺寸正比例相关。此外，年轻结构师设计双向板时，一定要有一个量的概念，那就是双向板在正常民用荷载下板块最大可以做到多大尺寸，换句话说，双向板在不设次梁分割前最大板块经验尺寸是多大，一般认为 8m×8m 没问题，但笔者认为 8m 略嫌保守，笔者实际工程中曾设计过两个较大板块，一个四边简支的 9m×11m 的板块，板厚按 1/41 取值，仅仅取了 220mm 厚，板荷载按 $q=15.5kN/m^2$ 取值，混凝土强度等级为 C30，$f_c=14.3MPa$，主筋采用 HRB400，$f_y=360MPa$，板按照塑性计算，经电算，主要受力方向的下铁 $A_{s1}=1097mm^2$（实际配筋 HRB400 的Φ12@100），主要受力方向的下铁 A_{s2}＝736mm² （实际配筋 HRB400 的 ϕ12@150）。

另一个四边简支的 11m×11m 的板块，板厚按 1/41 取值，仅仅取了 270mm，板荷载按 q＝17kN/m² 取值，混凝土强度等级为 C30，f_c＝14.3MPa，主筋采用 HRB400，f_y＝360MPa，板按照塑性计算，经电算，主要受力方向的下铁 A_{s1}＝1002mm²（实际配筋 HRB400 的 ϕ12@100），主要受力方向的下铁 A_{s2}＝981mm²（实际配筋 HRB400 的 ϕ12@100），也没有任何安全问题。

以上笔者均是按照四边简支的支座情况设计的大板，实践中均未发生任何强度和挠度的问题，可以设想，如果板块四边支撑的条件更好些，比如支座有固定端，那么 12m×12m 的大板，如果板厚取到 300mm 厚左右，正常的民用荷载下，在大板中不设置次梁应该是没有安全和使用问题的，所以尽可以解放思想，不必在低于 12m×12m 的大双向板中设置次梁，来人为的增加传力途径。

3.2.2　一般双向板配筋的计算方法

双向板设计时，目前有两种计算模型。一种是弹性方法，一种是塑性设计方法，各大设计院采用方法不同，但笔者建议采用塑性设计方法，因为配筋会很经济，经过实践反复验证，还没有出现过安全问题。而弹性设计方法，双向板支座负弯矩钢筋会很密，直径也很大，对大板支座一般需要 ϕ12～ϕ14@100 都不止，同塑性方法相比，很不经济。由于板的设计一般不考虑抗震，是纯粹的静力计算，所以安全储备不必太大。只要计算模型取的有依据，基本计算出来多少，就实配钢筋多少，不会有问题。

这里要纠正一个误导，有些结构师指责板塑性设计方法的一个理由，往往是塑性计算方法的前提假定，是板出现裂缝，于是认为塑性计算方法是造成目前大板普遍裂缝的原因之一，其实这是个误解，任何一个钢筋混凝土构件如梁板柱均是带缝工作的，如果混凝土不拉裂，钢筋永远不会发挥作用，按弹性方法设计时，混凝土也要有裂缝，否则配置那么多钢筋是无效的。此外按照塑性计算方法设计出来的钢筋面积，设计师在实际配筋时，一般都会略大于计算配筋，如果计算配筋恰是混凝土板要产生裂缝的界限配筋的话，那么实际配的钢筋总大于界限配筋，理论上也不会产生裂缝，综合上述两个原因，显然不能认为双向板塑性设计方法是产生工程裂缝的原因。

对于塑性设计方法，笔者建议塑性系数（即板支座弯矩与跨中弯矩的比例系数）β 取 1.4 较经济合理。双向板配筋的塑性计算方法，有两种方法，一是查表手算，二是借助小软件电算，现在这种软件可采用如理正工具箱、探索者等软件，电算比手算效率要高得多，故笔者此处不再展开赘述手算过程。

3.2.3　异形双向板等效为规则双向板的经验方法

异形双向板设计一般要经过合理的等效方法，分解为我们能解的双向板或单向板。

第一种情况，对于缺角的异形双向板（或者称L形板），一般方法是补齐缺角，按照补齐后的大双向板计算配筋。构造上要特别注意，此L形大板阴角处要另外增加5根45°斜向支座上铁，以避免转角处形成素混凝土，无上铁，规格如图3-1所示L形板阴角构造斜向上铁示意，这种方法较近似，但很实用。

第二种情况，对于很不规则的其他异形双向板，一般方法是通过加明次梁或暗次梁的方法，将不规则板块分解成我们能解的若干单向板或双向板，如板块一般为了减少次梁的跨度，常常在水平向设置次梁，分成一个大板块和一个小板块（如图3-2所示L形板块设水平次梁将异形双向板分割为两个规则板块示意图），该次梁条件允许时，可设置明梁，梁高取跨度的1/15，梁宽可以取的宽些，如400～500mm，当某建筑为了房间功能不受影响而不允许做明梁时，可设置暗梁，梁高同大板板厚，同时须大于等于160mm²，暗梁宽度一般以满足抗弯要求算够为准，一般梁宽要大于等于1000mm²，此外，特别要引起注意的是，暗梁主筋直径不适宜大于16mm，因为板厚一般较薄的前提下，应该优先用直径小的钢筋，不仅施工方便，混凝土也容易浇筑，暗梁抗剪可不验算，因为其实质是板的一部分，宽度尺寸很大（b=1000mm）的板抗剪一般情况均满足要求。

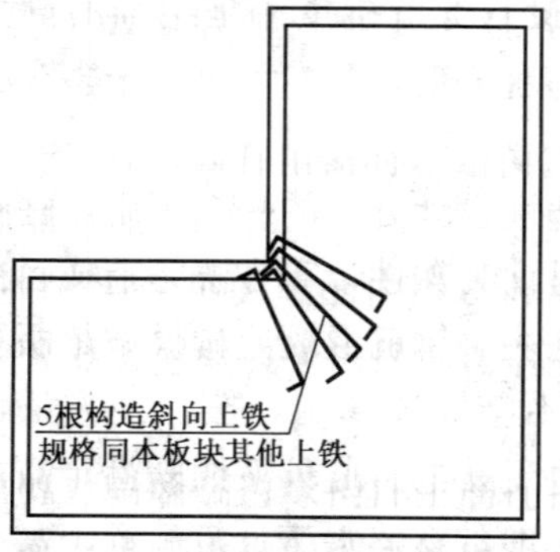

图3-1　L形板阴角构造斜向上铁示意

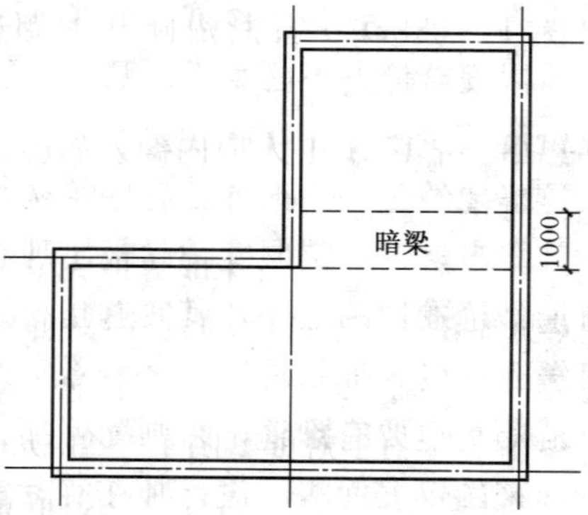

图3-2　L形板块设水平次梁将异形双向板分割为两个规则板块示意

再例如一个T形板块，也可采用同样方法，在T形翼缘板与腹板交界处设一水平次梁，将异形双向板分割为两个规则板块（图3-3）。

3.2.4　异形双向板配筋的工程算例

【例3-1】　下面举个工程算例，某L形大板尺寸如图3-4所示，板厚按照短边尺寸的1/40取200mm厚，隔墙按照第一章所述及的方法按照恒荷载计算，取为2kN/m²，地面做法取2kN/m²，板底做法取0.5kN/m²，活荷载取2kN/m²，恒荷载计算板荷载按q=15kN/m²取值，混凝土强度等级为C30，f_c=14.3MPa，主筋采用HRB400，f_y=360MPa，板按照塑性计算，经电算，楼面荷载设计值

的计算方法，一般民用住宅为

恒荷载：　　　　　　　　　　　活荷载：2.0

板自重：板厚×25

轻质隔墙：2.0

楼面做法：2.0

板底：0.5

经计算，恒荷载控制，$9.5\times1.35+2\times1.4\times0.7=14.8\mathrm{kN/m^2}$，取为 $15\mathrm{kN/m^2}$

大板传递到次梁上的线荷载为

$$q=15\times(2+2)=60\mathrm{kN/m}$$

$M=qL^2/8=\alpha_1 f_c b h_0^2 \xi(1-0.5\xi)=1\times14.3\times b\times(200-20)^2\times0.518\times(1-0.5\times0.518)=177\ 840b=120\times10^6\mathrm{kN\cdot m}$

$b=675$且应大于或等于1000，取1m

下铁 $A_s=120\times10^6/(\gamma_s f_y h_0)=120\times10^6/(0.9\times360\times180)=2058\mathrm{mm^2}$

取 11 个 HRB400 的 $\phi16$，$A_s=2210.56\mathrm{mm^2}$

上铁按照构造设计，取为 2 个 HRB400 的 $\phi12$，$A_s=226\mathrm{mm^2}$

当然在实际设计中，更有甚者，干脆把板块局部突出的小板块直接视为梁高同大板板厚的暗次梁计算，这时局部突出的小板块其实是大板的支座，因此当小板块和大板块上下铁打架时，应注意构件让支座的原则，也即优先保证小板块的上下铁主筋位置，大板块主筋快到打架点位置时，提前向内侧作 1∶6 斜坡绕过大板主筋后，再做 1∶6 斜坡回位。这种局部突出的小板块作为大板块支座的设计思想，实际上也是设置次暗梁思路的外延。

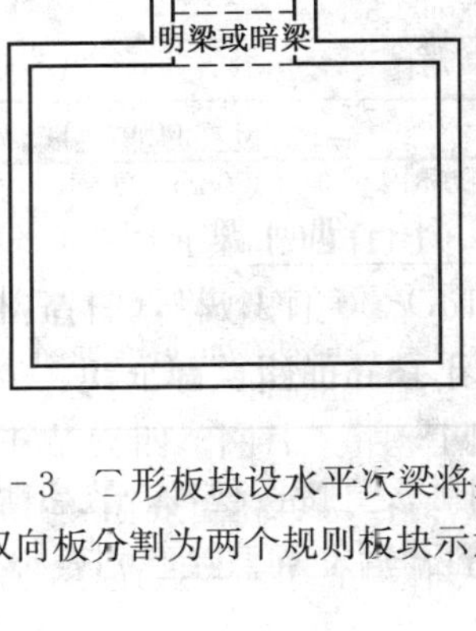

图 3-3　凸形板块设水平次梁将异形双向板分割为两个规则板块示意

图 3-4　L 形大板尺寸

3.3 挑板配筋的简化手算法和经验配筋图表

3.3.1 挑板板厚的经验确定和可不设置挑梁的挑板最大悬挑尺寸的经验确定

挑板板厚的确定，一般经验为净挑跨度的1/12～1/10，后者用于轻挑板，为了方便记忆，只需记住1/10即可，这是针对荷载标准值为15kN/m²左右的取值。

此外，挑板在一般民用荷载下，最大悬挑尺寸对年轻结构设计人员来说应该有个量的概念，一般经验认为，挑板最大净挑尺寸不宜超过1.5m，注意是不宜。但笔者曾在几个工程中做过1.8～2.1m的普通混凝土挑板，均未作预应力，至今尚未出现安全问题。所以1.5m只是一个大概的量，笔者认为可以适当突破至2.0m左右。

3.3.2 挑板配筋的简化手算法和构造要求及其经验配筋表格

挑板板根部负弯矩

$$M = qL^2/2 \tag{3-5}$$

式中 q——挑板线荷载设计值；

L——板悬挑净跨。

弯矩获得后，上铁配筋面积可由式（3-6）计算得到

$$A_s = M/(0.9f_yh_0) \tag{3-6}$$

式中 M——弯矩的设计值；

f_y——主筋抗拉强度设计值；

h_0——板的有效高度。

笔者根据近几年来所作工程，归纳出了在表3-2一个挑板悬挑尺寸下，板厚和配筋的取值表格，呈现给年轻设计师，以期工程实践中可直接利月，以提高设计效率。

表3-2 挑板不同悬挑长度下的板厚、配筋经验图表

悬挑长度/m	板厚尺寸/mm	单向受力的实配钢筋面积/mm²	备注
1.2	120	HRB 400的Φ12@200=565	
1.5	150	HRB 400的Φ12@150=754	
1.8	180	HRB 400的Φ12@100=1131	宜做变厚度挑板，板根部为180mm，端部不小于90mm
2	200	HRB 400的Φ14@100=1500	宜做变厚度挑板，板根部为200mm，端部不小于100mm

在工程中，雨篷、阳台、飘窗结构常常会涉及用挑板直接实现，一般悬挑尺寸都不会大于2m，于是在核实挑板是在常规民用荷载下工作后，可直接套用表3-2。

特别需要指出的是，悬挑构件的设计不应该过分追求经济，设计时不该冒进，构件荷载估计大些，配筋配大些，是明智之举。因为悬挑构件应该安全储备比常规构件大些，因为其并非几次超静定结构，支座一旦坏了，就会一下子塌下来。所以一般算出来配筋是多少，要乘以足够大的放大系数，配筋配大些。

并且结构在进行优化设计时，悬挑构件一般不在优化之列，因为这里安全储备就该大些。所谓结构设计精品，一个衡量标准就是该大的地方要大，该小的地方要小。

构造要求：挑板的板厚一旦确定后，与其相邻的作为支座的板块板厚，应尽量与之相同或接近，不宜厚度小很多，否则挑板相邻的支座板块与挑板相接处，要构造上加腋以平衡内外的负弯矩，同时也避免了挑板支座梁受扭或剪力墙的平面外受弯矩，现在一般为了方便施工，内外板厚均取相同的板厚。

此外，挑板下铁虽然正弯矩为 0，可以按照最小配筋率 0.2%配下铁，但对于大挑板板下铁应配置足够的受压钢筋，以减少因板徐变而产生附加的挠度，笔者一般下铁配筋为上铁的 1/3～1/2，而且间距为 150mm 左右（间距稍密些，为了防止混凝土板抗裂）。

3.4　新规范板配筋的构造要求变化后设计应注意的要点

(1) 新规范板最小配筋率由旧规范的 0.15%提高到 0.2%，此外还有一个 $45f_t/f_y$（%）（f_t 为混凝土轴心受拉强度设计值，f_y 为普通钢筋的抗拉强度设计值）两者比较取大值，后者中的规定常常被结构师忽略掉，尤其在板件内主筋规格采用 HPB235（Ⅰ级钢）时，后者中的规定常常大于 0.2%而起控制作用，例如现浇板采用 C30，钢筋 HPB235（Ⅰ级钢），最小构造配筋率 $45\times1.43/210\times100\%=0.31\%$，大于 0.2%（由后者 $45f_t/f_y$ 控制），如果改用 HRB400（Ⅲ级）钢筋 $45\times1.43/360\times100\%=0.179\%$，小于 0.2%（由前者控制）。如果 HPB235 钢简单按前者构造配筋，就不满足要求。

(2) GB 50010—2002《混凝土结构设计规范》对于卧置于地基上的混凝土板，板的受拉钢筋最小配筋率可适当降低，但应不小于 0.15%，其实 0.15%是旧规范受弯更小配筋率的规定。笔者估计这主要是考虑到这种情况下，板虽受弯矩但板下有土作为支撑，受弯更有利些，所以适当降低最小配筋率。这条规定是针对卧置于地基上的混凝土板而言，也就是筏板基础中的筏板配筋、条形基础中的底板配筋、单独柱基中的底板配筋都应满足最小配筋 0.15%的要求，但往往条形基础和单独柱基的底板配筋常常被设计为忽略，尤其在柱基和条形基础底板较厚时，受力钢筋的计算面积有时要小于构造配筋面积，构造配筋面积反而起控制作用，这种情况特别要引起设计师的注意，虽然这没有安全问题，但图纸外审时这类细节问题常会被审查出来。

第 4 章　混凝土结构中梁的简化算法

4.1　板向梁导荷载的简化手算法

板向梁导荷载的简化分为单向板和双向板两种情况。

4.1.1　单向板向梁导荷载的简化手算法和算例

若某一梁是相邻两个单向板的支座，导荷时将每个单向板的设计面荷载乘以单向板半跨跨度再叠加后得到的线荷载即为梁上线荷载 q。

如图 4-1 所示梁 L1 是相邻两个单向板的支座，假定两个单向板板设计面荷载为 15kN/m^2，则梁上荷载为

$$(2/2+4/2)\times 1\times 15\text{kN/m} = 45\text{kN/m}$$

4.1.2　双向板向梁导荷的简化手算法和算例

双向板向支座梁上导荷，有些计算图表内公式很繁琐，导荷的方法常常与板块尺寸、支座嵌固情况、外力作用点位置多因素相关，笔者建议采用一种近似简化的导荷方法，手算很快。具体方法是，如图 4-2 所示将一个矩形 $ABCD$ 双向板块的四个角点向板块内部分别做 45°射线，双向板相邻两个角点的 45°射线会交于一点 E，相对应的另外两个相邻角点的 45°射线也会交于一点 F，将两者相连，如果支座梁位于板块 BC 或 DA 处，那么对应梁 BC 的受荷范围就是梯形

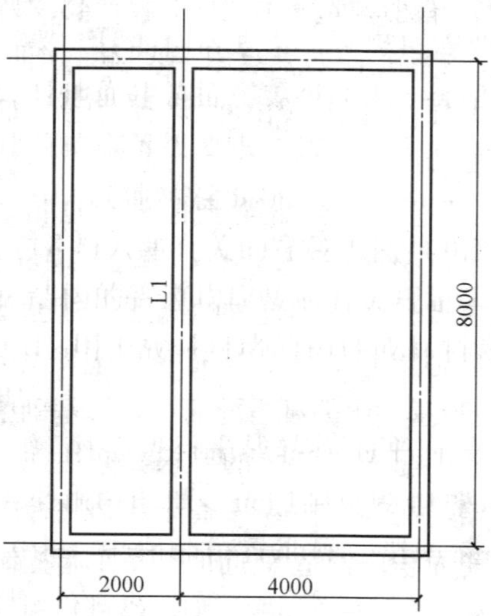

图 4-1　单向板向梁导荷示意

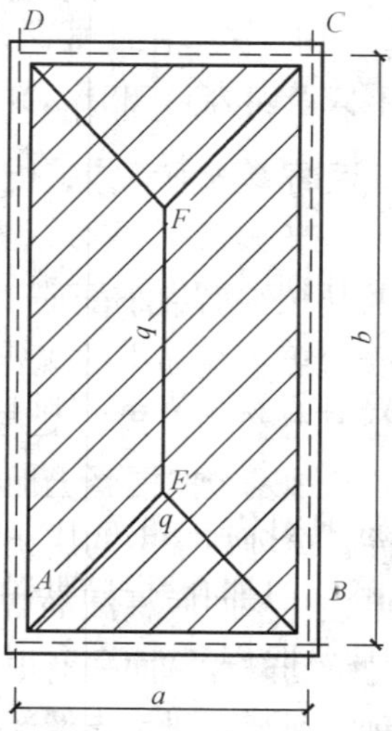

图 4-2　双向板向支座梁上导荷示意

荷载面积 $FEBC$，对应的梁 DA 的受荷范围就是梯形荷载面积 $DAEF$，如果支座梁位于板块 AB 处，那么对应梁 AB 的受荷范围就是三角形 ABE，对应的，如果支座梁位于板块 DC 处，那么对应梁 AB 的受荷范围就是三角形 DCF。

对于梁 AB，板块向梁上导荷后的线性荷载范围在 $0 \sim q$ 之间正比例变化显然峰值 $q = p \times AB/2$，当梁 AB 两端简支时，则梁跨中弯矩为

$$M_{中} = 1/8 \times (2q/3)L^2 = qL^2/12 \tag{4-1}$$

对于承受三角形荷载的梁 AB 两端固定时，则梁固端弯矩近似取为简支时的跨中弯矩的 1.5，梁跨中正弯矩近似取为简支时弯矩的 1/3。

对于承受梯形荷载的梁 BC，板块向梁上导荷后的线性荷载范围在 $0 \sim q$ 之间线性变化，显然峰值 $q = p \times AB/2$，当梁 BC 两端简支时，则梁跨中弯矩为

$$M_{中} = qL^2/8 - qd^2/6 \tag{4-2}$$

式中

$$d = AB/2 \quad 或 \quad d = DC/2$$

当梁 BC 两端固定时，则梁固端弯矩仍然近似可取为简支时的跨中弯矩 1.5，而梁跨中正弯矩仍然近似取为简支弯矩的 1/3。

4.2　梁配筋的简化算法及适用条件

4.2.1　梁截面最小尺寸的经验确定以及支座嵌固度的经验确定

非预应力主梁截面高度一般取为计算跨度的 1/18～1/12，一般为了方便记忆，只需记住中间值 1/15 即可，表 4－1 分类列举确定梁截面高度的经验高跨比。

表 4－1　　确定梁截面高度的经验高跨比

分类	梁截面高度	分类	梁截面高度
简支梁	$L/12 \sim L/15$	框支梁	抗震时 $L/6$ 非抗震 $L/7$
连续梁	$L/12 \sim L/20$		
单向密肋梁	$L/18 \sim L/22$	悬挑梁	重挑梁 $L/5 \sim L/6$ 轻挑梁 $L/7 \sim L/8$
井子梁	$L/15 \sim L/20$		

注　1. L 为梁的计算跨度（井字梁为短跨）。

2. 梁的荷载较大时，截面高度取较大值，必要时应计算挠度及裂缝宽度，梁的设计荷载的大小，一般可以均布设计荷载 40kN/m 为界，可认为是属于荷载较大。

3. 在计算挠度时，应考虑梁受压区现浇板（翼缘）的有利作用。

4. 在验算挠度时，可将计算所得挠度值减去构件的合理起拱值。

5. 双向密肋梁截面高度可适当减少。

其实这种多年来总结出的经验高跨比，并非铁定，也有突破的余地。美国混凝土学会（ACI）关于非预应力普通混凝土梁最小高度，见表 4－2 笔者摘录后

结合国内钢筋实际强度情况，介绍如下。

表 4-2 美国规范规定的普通混凝土梁的最小高度
（不支承或不接触易受大挠度损坏的隔墙或其他构造物时）

梁主筋屈服强度 f_y/MPa	简支	一端连续	两端连续	悬臂
400 对应中国 HRB400	1/16.5	1/19	1/21.6	1/8.3
420	1/16	1/18.5	1/21	1/8
335 对应中国 HRB335	1/18.2	1/21	1/24	1/9.1

另外新西兰规范 DZ3101 对应最小梁高见表 4-3（1994 年 2 月推行）。

表 4-3 新西兰规范规定的普通混凝土梁的最小高度
（不支承或不接触易受大挠度损坏的隔墙或其他构造物时）

梁主筋屈服强度 f_y/MPa	简支	一端连续	两端连续	悬臂
300	1/20	1/23	1/26	1/10
335 对应中国 HRB335	1/19.3	1/21.6	1/25	1/9
400 对应中国 HRB400	1/17.5	1/19.6	1/22.6	1/8.3

通过将美国规范和新西兰规范与我国规范来对照分析，显而易见，我们的规范梁高规定偏于保守还有潜力可挖。笔者此时不妨再补充一些荷载资料来说明一些问题，就以办公室活荷载标准值为例，我国办公室活荷载取 $2kN/m^2$，美国规范办公室为 $2.4kN/m^2$，英国规范为 $2.5kN/m^2$，欧洲规范甚至取到 $3.0kN/m^2$，在欧美国家大荷载的前提下，其梁最小高度还规定的如此“冒进”，又一次反衬出了我们梁高规定的有些保守，笔者这里不是主张结构设计要一味仿效欧美的小尺寸小截面，只是通过比较，让结构工程师进一步解放思想，敢于突破一些貌似“既成”和“铁定”的东西，在保证结构安全的前提下，极大限度的满足建筑需要，作出结构轻巧的建筑精品。

关于梁支座嵌固度的判断经验确定：梁的支座一般是柱或者剪力墙。梁的端跨度处边柱与梁的连接一般经验上视为铰接，因为梁端主筋此时只能进入柱内锚固，如果角柱两个方向均有主筋进入柱锚固，若按照刚接设计，锚固长度会很大，两个方向的众多主筋进入柱后再弯折很长的长度，施工质量很难保证。相反，如果边（角）柱与梁设计为铰接，一方面锚固长度可大大减少(可能由 $45d$ 减为 $15d$)，另一方面也不会把梁端支座的大弯矩分配给边柱（或角柱），使其免受抗弯的不利作用，尤其在建筑顶层，边角柱竖向轴压力很小，假定端跨梁与柱按刚接设计，此时的边角柱大多数属于大偏心受压构件，一般会造成顶层柱弯矩突然加大，往往顶层处柱子反而超筋，最好的解决方法，就是变刚接为铰接，一下就可将柱顶梁分配来的大弯矩卸掉。

梁的端跨边支座如果是剪力墙，同理也可设计为铰接。

多跨梁的中间支座无论是柱或剪力墙，均可视力固接，因为此时主梁的支座负钢筋一般会伸过支座柱或混凝土墙中在梁本构件内自锚固，锚固长度和质量会比进入支座更有保证。

4.2.2 单跨梁配筋的简化手算方法

两端铰接和一端铰接，一端固定与两端固定这几种情况下的简算：

均布荷载下，两端简支梁

$$M = qL^2/8 \tag{4-3}$$

一端铰接，一端固定

$$M = qL^2/11 \tag{4-4}$$

两端固定

$$M = qL^2/16 \tag{4-5}$$

式中 q——梁分布线荷载设计值；

L——梁的计算跨度。

集中力作用下简支梁跨中弯矩

$$M_{中} = Pa/2 \tag{4-6}$$

式中 P——集中力；

a——集中力 P 到最近支座端的距离。

对于多集中力荷载情况以梁的中点为分界点按集中力合力点计算

$$M = \sum Pa/2 \tag{4-7}$$

并且 a 小于等于 $L/2$。

对于梯形均布荷载情况的简支梁跨中弯矩

$$M_{中} = qL^2/8 - qd^2/6 \tag{4-8}$$

式中 d——梯形荷载中两边三角形末点距离最近支座的水平距离。

此公式含义即全跨度的均布荷载减去两端两个三角形荷载后产生的弯矩。

对于集中荷载对称布置的两端固定的梁，其固定端弯矩常常可以将相应简支梁的跨中弯矩除以一个系数求得即 $M_{固} = M_{中}/C$，三角形分布荷载时 $M_{固} = M_{中}/1.6$，均布荷载时 $M_{固} = M_{中}/1.5$，梯形荷载系数在 1.5～1.6 之间，当然可统一偏于安全地记忆为 1.5。

4.2.3 单跨梁配筋的算法

弯矩计算获得后，配筋面积由式（4-9）计算得到

$$A_s = M/(0.875 f_y h_0) \tag{4-9}$$

式中 M——弯矩的设计值；

f_y——主筋抗拉强度设计值；

h_0——梁的有效高度。

4.2.4 各跨度不等的多跨梁配筋的简化手算方法

各跨度不等的多跨梁梁弯矩的计算，笔者建议使用如下的近似简化算法，简单而实用以提高设计效率。方法是从大跨计算入手，算出大跨支座处负弯矩值，因为大小跨相邻，支座共用，认为大跨度支座弯矩与小跨度弯矩相同，于是用 $M_{中}=qL^2/8$ 计算大小跨共用支座处的负弯矩值，返算出小跨跨中弯矩。如果由 $M_{中}=qL^2/8$ 计算出大小跨共用支座处的负弯矩值小于等于 0，可以直接视具体情况将小跨梁视为两端固定或一端固定，一端简支的单跨梁，依据 $M_{中}=qL^2/11$ 或者 $M_{中}=qL^2/16$，直接算出跨中弯矩。

【例 4-1】 某两跨梁截面尺寸为 800mm×1700mm，线荷载为 q=1978kN/m，试计算各跨跨中与支座弯矩，跨度如图 4-3 所示。

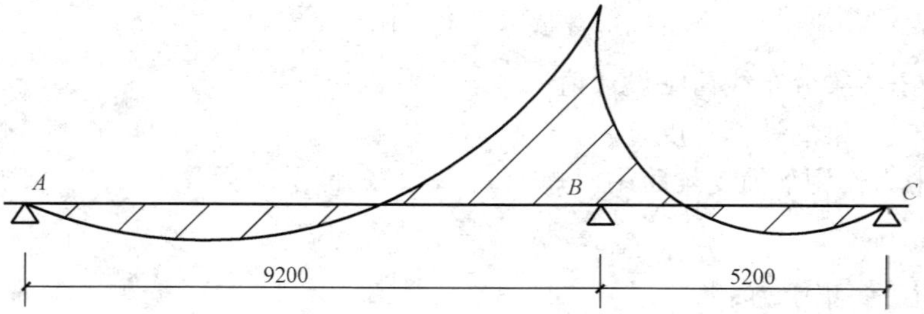

图 4-3 算例的计算简图

【解析】 从大跨 L=9.2m 入手，算出大小跨共用支座 B 处的负弯矩值

$$M_{中}^{AB} = M_B = qL^2/11 = 1978\times 9.2^2/11\text{kN}\cdot\text{m} = 15\ 219.8\text{kN}\cdot\text{m}$$

对于小跨 L=5.2m 的弯矩，算出大小跨共用支座 B 处的负弯矩值

$$M_{中}^{BC} = M_B = qL^2/8 - M_B = 1978\times 5.2^2/8\text{kN}\cdot\text{m} - 15\ 219.8\text{kN}\cdot\text{m} < 0\text{kN}\cdot\text{m}$$

梁 BC 段视为一端固定，一端简支的单跨梁

$$M_{中} = qL^2/11 = 1978\times 5.2^2/11\text{kN}\cdot\text{m} = 4862\text{kN}\cdot\text{m}$$

4.3 挑梁配筋的简化手算法和经验配筋率

4.3.1 挑梁截面尺寸的经验确定和构造要求

重挑梁高跨比一般取 1/6～1/5，轻挑梁为 1/8～1/7，重轻之分，经验认为等效为均布线荷载 40kN/m 为界，超过此值，认为是重荷载挑梁，反之为轻。

挑梁根部弯矩为控制弯矩

$$M = qL^2/2$$

挑梁构造要求较特殊，对于箍筋，除抗剪计算确定外，其间距都取 100mm，因为挑梁跨度不大，无加密区与加密区之分，施工单位好掌握。

对于挑梁上铁受拉锚固长度至少要 $40d$，挑梁最好是主梁边跨的外挑梁，这样挑梁的上铁可以在主梁边跨水平自锚完成。挑梁下铁不能因其承受正弯矩而配置很少的主筋，实际上对于大挑梁，梁的下铁应配置足够的受压钢筋，笔者建议配置 1/2 的上铁钢筋面积，以减少因徐变而产生的挑梁附加弯矩。

4.3.2　挑梁配筋的简化手算法

根部控制弯矩获得后，配筋面积由式（4-10）计算得到

$$A_s = M/0.875 f_y h_0 \tag{4-10}$$

式中　M——弯矩的设计值；

f_y——主筋抗拉强度设计值；

h_0——梁的有效高度。

4.3.3　挑梁的工程算例

【例 4-2】　某挑梁线荷载为 $q=41$kN/m，外挑 4m，属于重挑梁取上限 $L/5$，梁取 400mm×800mm，混凝土等级为 C30，$f_c=14.3$，$f_t=1.43$，设计该梁。

【解析】　$M = qL^2/2 = 41\times 4^2/2\text{kN}\cdot\text{m} = 328\text{kN}\cdot\text{m}$

$$A_s = M/(0.875 f_y h_0) = 328\times 10^6/(0.875\times 360\times 765) = 1361$$

上铁实际配筋为 HRB400 的 $4\phi32$

下铁实际配筋为 $2\phi32$（HRB400）

$$V = qL = 41\times 4\text{kN} = 164\text{kN}$$

素混凝土抗剪力为

$$V = 0.7\times\beta_h\times f_t\times b\times h_0 = 0.7\times 1\times 1.43\times 400\times 765\text{kN} = 306.3\text{kN} > 164\text{kN}$$

于是，构造配置箍筋 $\phi8@100$。

4.4　新规范梁配筋的构造要求变化后设计应注意的要点

《建筑抗震设计规范》推行后，有几条强制性条文必须在抗震设计时贯彻，笔者现在提炼出来以引起结构设计师的特别注意。

（1）抗震设计时，梁端截面的底面和顶面纵向钢筋截面面积的比值，除了按计算确定外，“一级抗震不应小于 0.5，二、三级不应小于 0.3”，换句话说，梁端部下铁应配置足够多的受压钢筋，再配合上梁端有箍筋加密区，箍筋间距一般 100mm 左右较密，更有利于发挥受压钢筋两个作用，一个是提高梁的抗震延性，另外一个减少了梁过大的变形。根据经验，工程中一般做法是梁端下铁配筋面积

是上铁面积的1/2左右，必定能满足《高规》这条要求。

(2)“抗震设计时，梁端纵向钢筋配筋大于2%时，箍筋最小直径应按规定增大2mm。”此强制性条款常常在设计中忽略，一般工程中，当结构师感觉到某梁配筋过大时，箍筋一般都要自觉提高用到ϕ10～ϕ12，此条款自动满足。这也是考虑到当梁端纵筋过大时，容易形成“强弯弱剪”的不利情况，箍筋直径应相应加大，有利于在梁端形成塑性铰，保证“强剪弱弯”的设计原则。

(3)“一、二级抗震等级的框架梁内贯通中柱的每根纵向钢筋的直径，对矩形截面柱，不宜大于柱在该方向截面尺寸的1/20，对于圆形截面柱，不宜大于纵向钢筋所在位置柱截面弦长的1/20。”本条主要是防止梁在反复荷载作用时，钢筋滑移。如图可以知道梁纵筋直径应不宜大于550/20=27.5mm，于是最大直径取25mm是合适的，如果设计取了直径28mm，就违背了此条款规定。

4.5 梁设计时考虑施工质量和效率的若干建议

笔者有过这样的工地经验，曾看到别人设计的梁为了控制截面高度，不惜把纵筋配到2.5%的最大极限配筋率，其实这样设计时，施工单位很难实现设计要求，这么多纵筋放下去就很困难，常常出现了3层，甚至4层，而且最上排的负铁由于受到箍筋135°弯钩的占位影响，本想放7根，就只有可能放5根或6根。其次混凝土浇筑不密实，振捣棒也进不去，甚至用粗钢筋撬开已布置好的上铁，才能插入振捣，造成上铁严重移位，所以笔者建议设计者在梁高受限时，可通过加宽梁截面，以减少配筋率，非特殊情况下，一般配筋率不要超过1.5%～1.6%，这样设计有助于梁端塑性铰的形成，有利于抗震。

根据《高规》，抗震设计框架梁端面混凝土受压区高度与有效高度的比值，在二、三级时取极限值0.35，可以返算出纵筋最大配筋率

$$\rho = A_s/(bh_0)$$

其中$A_s f_y = 0.35\alpha_1 f_c b h_0$代入得

$$0.35\alpha_1 f_c/f_y = \rho$$

混凝土强度等级C30，$\alpha_1=1$，HRB335，$f_y=300$

$$0.35 f_c/f_y \times 100\% = 14.3/300 \times 100\% = 1.67\%$$

此外，建议配筋率大于1.6%的梁箍筋采用封闭箍筋，用以取代须做135°弯钩的普通箍筋，以防止弯钩占位，挤走上铁的位置。

考虑到框架梁支座处的梁柱钢筋交错密集，上铁应布置疏松些，建议采用大直径钢筋如HRB400的ϕ28和ϕ32，钢筋间距会拉开。

对于基础地梁纵筋往往很多，且直径比较大，纵筋沉重，要全部依靠箍筋支撑，因此箍筋设计时应考虑采用较小间距、较大直径、较硬的钢材，比如支座处箍筋优先采用HRB400的ϕ12@100。

第 5 章　各类混凝土结构中柱的简化设计方法

5.1　柱轴压力（板梁向柱导荷载）的简化手算法

柱轴压力的计算，同板设计荷载和柱网尺寸相关，前面章节已经述及，当为矩形轴网时，柱的受荷范围，一般近似取该柱在 X，Y 两个方向邻跨跨度中线所围合成的矩形，作为受荷面积。

初步估计时可以按照地上每层 $13\sim15\text{kN/m}^2$，地下每层荷载标准值 22kN/m^2 计算，总层数叠加后，乘以受荷面积和设计值转换系数 1.26，即直接确定轴压力。

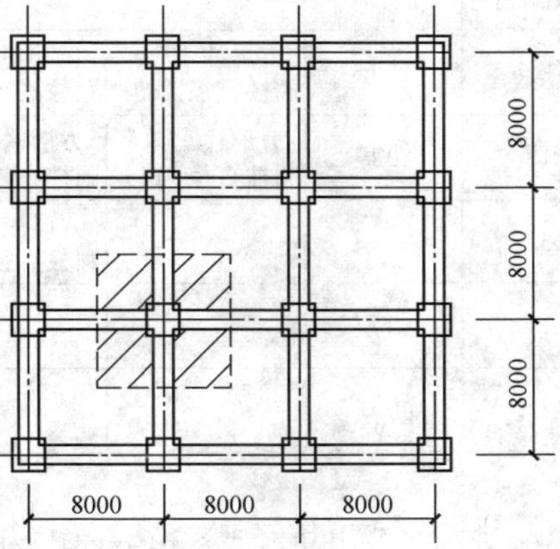

图 5-1　结构平面示意

如图 5-1 所示的 8m×8m 柱网，地上 3 层，地下一层的框架—剪力墙结构，试估算中柱轴压力设计值

$$8\times8\times(13\times3+22\times1)\times1.26\text{kN}=4919\text{kN}$$

5.2　柱截面尺寸的简化手算确定方法（手算一般从中柱开始）

柱截面尺寸初估时，一般从中柱开始，因为中柱以轴力为主，弯矩实际次要的，便于手算。这是框架、框剪、框支结构柱的共性简化设计方法。方法很简单，就是依据《高层民用建筑设计防火规范》表 6.4.2 查得轴压比限值，确定柱截面大小。

【例 5-1】 框架—剪力墙结构，二级抗震等级，依据《高层民用建筑设计防火规范》表 6.4.2 查得轴压比限值为 0.85，柱子混凝土强度等级为 C40，$f_c=19.1$

$$0.85=4919\times10^6/(A_c f_c)=4919\times10^6/(19.1\times A_c)$$

$$A_c=302\ 987\text{m}^2$$

$$a=(A_c)^{0.5}=(302\ 987)^{0.5}\text{mm}=550\text{mm}$$

中柱尺寸确定后，边角柱可近似与之取同，再在计算机上计算其强度，一般不会有太大出入。

下面笔者援引北京市建筑设计研究院原结构郁彦总工程师根据多年来经验，归纳的一个柱截面尺寸参考表格，希望与年轻结构师同享结构老前辈的血汗成果。

表格编制时以柱网为 8m×8m，轴压比 0.9 为计算依据，设计应按照实际情况计算，表 5-1 仅供参考。

表 5-1　正方形柱及圆柱截面尺寸参考（轴压比为 0.9）

每层平均荷载标准值 $q/(\mathrm{kN/m^2})$	层数混凝土等级	C20	C30	C40	C50	C60
12.5	10 层	方形柱 1050^2 圆柱直径 $\phi1200$	方形柱 900^2 圆柱直径 $\phi1000$	方形柱 750^2 圆柱直径 $\phi850$		
13	20 层	方形柱 1550^2 圆柱直径 $\phi1750$	方形柱 1250^2 圆柱直径 $\phi1400$	方形柱 1100^2 圆柱直径 $\phi1250$	方形柱 1000^2 圆柱直径 $\phi1150$	
13.5	30 层		方形柱 1550^2 圆柱直径 $\phi1750$	方形柱 1400^2 圆柱直径 $\phi1550$	方形柱 1250^2 圆柱直径 $\phi1400$	方形柱 1200^2 圆柱直径 $\phi1350$
14	40 层			方形柱 1600^2 圆柱直径 $\phi1800$	方形柱 1500^2 圆柱直径 $\phi1650$	方形柱 1400^2 圆柱直径 $\phi1550$
14.5	50 层				方形柱 1700^2 圆柱直径 $\phi1900$	方形柱 1600^2 圆柱直径 $\phi1800$

5.3 柱配筋的经验算法和构造要求

柱纵筋配筋一般由高规表格 6.4.3 柱最小配筋率再适当放大确定，一般情况下笔者往往按配筋率 1.5%～2%配置主筋，柱截面每侧纵筋间距不大于 200mm，每侧纵筋最小配筋应不小于 0.2%。

柱箍筋的配置要特别注意几种特殊柱：一般经验认为，柱箍筋宜设置井字复合箍筋或者复合螺旋箍时，箍筋的体积配箍率才能达到《高规》构造要求，单箍难以满足。

(1) 抗震等级为一、二级框架角柱箍筋要全高加密，间距一般为 100mm，直径一般为 100mm，直径一般为 $\phi12$ 及以上。

(2) 剪跨比小于或等于 2 或者柱净高与柱截面长边尺寸之比小于或等于 4 的柱箍筋要全高加密。“剪跨比”的计算不是很繁琐，“剪跨”就是最大剪力作用点距较近支座的距离或称跨度，当柱反弯点在层高范围内时，一般可取柱反弯点（柱弯矩零点即为理论最大剪力作用点）距较近支座的距离，对于一般楼层取层净高的 1/2，即 $H/2$，对于首层取层净高的 1/3，即 $H/3$，再与柱截面长边尺寸之比，即得近似剪跨比。

(3) 框支柱要求更严格，箍筋形式应采用井字复合箍筋或者复合螺旋箍，箍筋直径不应小于 10mm（一般采用 $\phi12$ 及以上），箍筋间距一般为 100，并应沿全高加密，且箍筋体积配箍率一般也不应小于1.5%（可以同主筋配筋率1.5%，对照记忆）。

5.4　混凝土柱的工程算例

【例5-2】 框架角柱，其他条件［例5-1］。试着设计此柱。

【解析】 $A_s = 1.5\% \times 550 \times (550-40)mm^2$

$= 4207.5mm^2$

需11Φ22（HRB400）

取12Φ22=0.4560（HRB400），每边4根以达到纵筋间距为200的要求。

每边4Φ22（HRB400），配筋率0.5%大于高规每边0.2%的要求。

因为是角柱，所以箍筋构造应该取HPB235的Φ12@100。设计如图5-2所示框架角柱配筋图。

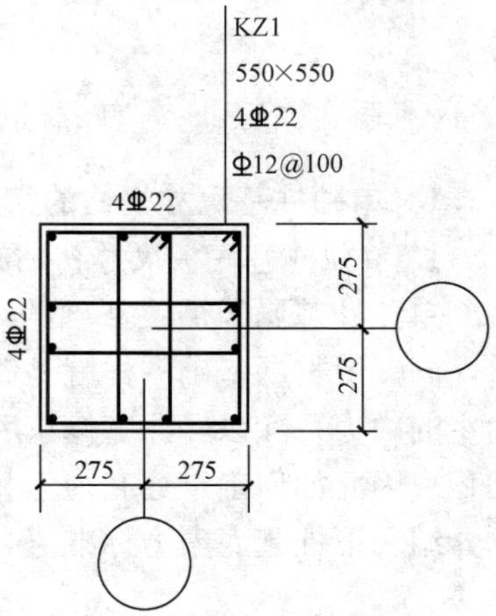

图5-2　框架角柱配筋图

第 6 章 各类基础的实用简化算法

6.1 单独柱基及柱基间拉梁的实用简化算法

6.1.1 单独柱基尺寸初估的实用经验算法

1. 单独柱基底板尺寸初估的简化经验算法及工程算例

单独柱基属于扩展基础的一种，单独柱基底板尺寸的确定原理，其实很简单，同一般扩展基础一样就是做一个除法，即将柱基底内力标准值（一般是轴力为主的内力）除以经深宽修正后的地基承载力特征值或标准值，即一次确定基底面积。因此如何确定柱底内力和修正后的地基承载力是两个关键因素。下面就分别介绍一下柱基底内力标准值和修正后的地基承载力标准值或特征值的工程实用算法。

准确确定柱底内力，一般可查看 PKPM 系列软件 SATWE 的电算结果，其一般包含三方面的数值——轴压力、弯矩和剪力，其中柱底剪力作用会对柱基产生一个弯矩，与柱底部弯矩在对柱基作用效果上同是一种内力。柱底弯矩和剪力都会对柱基底面产生一个偏心矩，使得基底反力不再均匀，而是一端压应力大，另一端压应力小的线性分布，不过，工程实用手算时，柱底部弯矩一般可以忽略，因为单独柱基之间一般要构造上设置基础拉梁，拉梁位置在地下，一般截面高度不受建筑限制，于是可以做得足够高和刚，因此由拉梁承担或吃掉柱基底弯矩，理论和实践上都是没有问题的。设计假定柱基和拉梁分得很清楚，前者承担柱基底轴力，后者吃掉柱基底弯矩。基于这个原因，柱基底的三个内力作用就只简化剩下一个轴力了。

这个轴力得到一般有两个方法，如果结构整体作过软件电算的，只要查看 2005 版本的 PKPM 系列软件 SATWE 的主菜单“分析结果图形和文本显示”下的“图形文件输出”，进入一级菜单中的“底层柱、墙最大组合内力简图”选中“荷载组合”里的工况“D＋L”（即恒载＋活载）会看到一张柱内力简图。中间的数值就是柱的轴压力，特别要注意的是电算给出的是设计值，确定栏基底面积时，一定要用标准值，而非设计值，设计值与标准值的换算系数，过去一般是 1.25，即设计值/1.25＝标准值，前面已经提到，经过笔者理论分析，建议取 1.26，北京市建筑设计技术结构专业细则中建议为 1.3，显然算出的基底面积更小一些，看来其思想更解放了一些。

其实采用哪个系数，都无所谓对错，也都没有安全问题，只是对恒活荷载所占总荷载的比重，一个人为估计的偏大些，一个人为估计的偏小些。以上是比较准确但是依赖电算得到轴力的方法。

另一种方法是根据经验民用荷载的手算方法，在初步设计时很有用，简单地说，就是根据柱网尺寸和层数按照静力叠加的方法手算柱子轴力，地上每层荷载近似按 13～15kN/m²，地下每层荷载近似按 22～25kN/m²，以上均为荷载标准值，假设一个 8m×8m 的标准柱网，一柱子的受荷面积为 8m×8m（图 6-1 柱网布置图），地上 5 层，地下 2 层，静力下该柱子的近似轴压力设计值约为

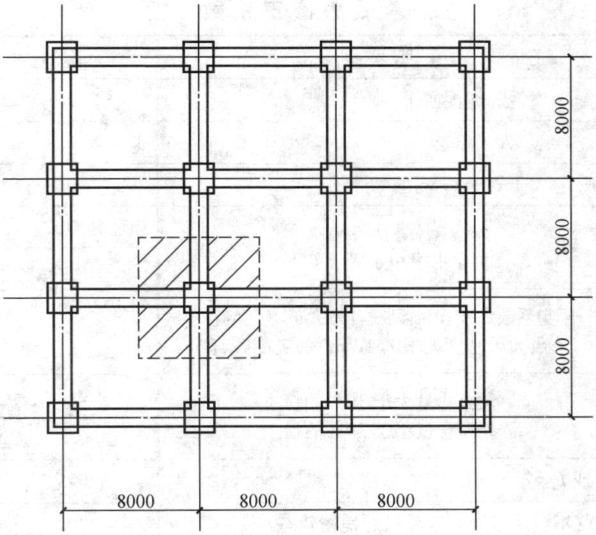

图 6-1 柱网布置图

(5 层 ×15＋2 层 ×25) ×8×8×1.26kN＝10 080kN (设计值)

(5 层 ×15－2 层 ×25) ×8×8kN＝8000kN (标准值)

此法一般在工程未经电算，手算初估时采用，是近似方法，偏于保守，但积极主动，不依赖电算。

柱轴力确定后，下面就该计算修正后的地基承载力，未经修正的地基承载力数值一般从勘察单位提供的勘察报告中得到，除非有些工程由于种种原因，没有勘察报告。没有勘察报告时，就要根据经验估计地基承载力，比如前面提到的当房子层数不高，基础浅埋，估计基础落在人工填土上时，填土地基承载力经验为 $f_{ak}=80\text{kPa}$，且一般不作深度修正（因为埋深浅，土质差）。来自地勘报告的原始地基承载力 f_{ak} 得到后，就要按照 2002 年《建筑地基基础设计规范》第 5.2.4 条款公式

$$f_a = f_{ka} + \eta_b \gamma (b-3) + \eta_d \gamma_m (d-0.5) \tag{6-1}$$

进行提高原始地基承载力的深宽修正。

要特别注意的是，北京地区建筑物地基承载力的确定以及深宽修正的方法，要按照北京地区建筑地基基础勘察设计规范的规定进行，公式为

$$f_a = f_{ka} + \eta_b \gamma (b-3) + \eta_d \gamma_m (d-1.5) \tag{6-2}$$

即深度修正起点为1.5，而外地工程深度修正起点为0.5，两个规范相差了1米，一定要注意北京地区地基基础的特殊性，避免设计上失误。

习惯上因为基础宽度未知待定，通常只做深度修正，其中 η_d 要根据基础埋深范围内土质，查表6-1中承载力修正系数得到。

表6-1 承载力修正系数

土的类别		η_b	η_d
淤泥和淤泥质土		0	1.0
人工填土		0	1.0
E 或 I_L 大于等于0.85的黏性土		0	1.0
红黏土	含水率大于0.8	0	1.2
	含水率小于等于0.8	0.15	1.4
大面积压实填土	压实系数大于0.95黏粒含量大于10%的粉土	0	1.5
	最大干密度大于2.1t/m^3 的级配砂石	0	2.0
粉土	黏粒含量大于10%的粉土	0.3	1.5
	黏粒含量小于10%的粉土	0.5	2.0
E 或 I_L 均小于0.85的黏性土		0.3	1.6
粉砂、细砂(不包括很湿与饱和时的稍密状态)		2.0	3.0
中砂、粗砂、砾砂和碎石土		3.0	4.4

从表6-1可以看到从上到下，土质大体分为两类，上面一般是含水土，笔者通常称其为坏土，其代表是淤泥质土和人工填土，η_d=1.0～1.2，简单地说，就是人为地少提高或者干脆不人为提高承载力，原因就是土性差。

下面一般是粉土、砂、石土，笔者通常称其为好土，η_d 在1.5～4.4之间，可见对于好土，经过深度修正后地基承载力会提高很多。

另外特别需要注意的是 f_{ka}规范称之为地基承载力特征值，这里的特征值实质就是过去习惯称的标准值，f_{ka}是标准值，经修正后的 f_a 还是标准值，有些设计师误认为修正后的标准值摇身一变，成了设计值，于是采用柱子内力的设计值与之相除，进行基底面积的计算，表面上是设计值除以设计值，好像很对应，其实是一误再误。道理上其实很简单，标准值只有乘以了对应的分项系数，才有可能成为设计值。

柱子底部内力和修正后的地基承载力都已知了，做一个简单除法，柱基面积就计算出来了，当为方形时，开方即得边长。矩形时，其长边与短边之比不宜大

于2，所以有

$$A = 2a^2 \quad (6-3)$$

于是
$$a = (A/2)^{0.5}$$

式中　A——基础底面积；

　　a——矩形柱短边尺寸。

当实际情况必须大于2，一般双柱独立基础会有此情况，就应该设计成为带有地梁的基础（图6－2）。

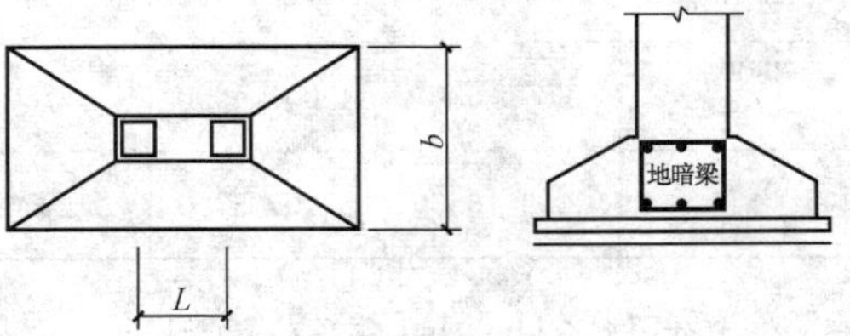

图6－2　带有地梁的双柱独立基础

【例6－1】 柱网8m×8m，标准柱受荷载面积为8m×8m，地上3层，地下1层，框架—剪力墙结构，基础形式为单独柱基加防水板结构，埋深为1.5m，深度修正后地基承载力特征值为180kPa，经软件电算，该柱子轴压力设计值为4920kN，试用两种方法计算确定基础底面尺寸。

【解析】 （1）用精确计算的方法，设计值为4920kN，标准值为4920/1.26=3904

$$3904/180\text{m}^2 = 21.7\text{m}^2 = 4.7^2\text{m}^2$$

（2）用经验初估的方法，$8\times8\times(15\times3+25\times1)/180\text{m}^2=24.8=5^2\text{m}^2$

两种方法比较，显而易见荷载经验初步估计的方法与电算荷载方法相比，有时偏保守些，但是误差并不很大。

2. 单独柱基高度的经验确定及经验高度表格

单独柱基高度的设计一般传统方法是先初估一个柱基高度，然后按地基基础设计规范（后面简称地规）受冲切承载力验算公式进行冲切验算

$$F_l \leqslant 0.7\times\beta_{hp}f_t a_m h_0 \quad (6-4)$$

$$F_l = p_j A_l \quad (6-5)$$

$$a_m = (a_t + a_b)/2 \quad (6-6)$$

采用地规公式，如果F_l冲切力小于计算出来的抗冲力且两者相差不是很大，即认可设计人初估的柱子基础高度。如果冲切力虽然小于抗冲切力，但相差很悬殊，说明所初估柱子基础高度太大，偏于浪费，需要试算降低，直至抗冲力大于且接近冲切力为止。这其实是个反复的试算过程，没有足够经验的结构设计人往往不是将柱基高度估大就是估小，下面为了解决此问题笔者以较典型的柱网尺寸和代表工程为实例（表6－2），并说明此表格编制原理和如何应用。

柱子轴压比按0.8估算，混凝土强度等级基础C30，$f_c=14.3$，$f_t=1.43$，

埋深1.5m，转换系数取1.26，受力钢筋HRB400。

表6-2　单独柱基高度的经验高度确定表格以及底板配筋面积参考表格

轴压力(设计值)/kN	柱截面尺寸/mm	柱基底面尺寸/mm	柱基础高度/mm	计算钢筋面积/mm^2	实配钢筋面积双向/mm^2
1200 单层	350×350	2900×2900	450	629	HRB40012－150 ＝754
2400 二层	500×500	4000×4000	600	888	HRB40014－150 ＝1026
3600 三层	600×600	4900×4900	750	1037	HRB40012－100 ＝1131
4800 四层	650×650	5700×5700	850	1222	HRB40014－100 ＝1538

本表编制条件：柱子受荷面积为8m×8m，独立柱基混凝土强度等级C30，C30考虑到了一般性，作为单独柱子基础混凝土强度等级工程中低于C30的情况很少，如前面所说强度等级大于C30的情况现在工程虽然很多，但基础形式为独立柱基并不多见，一般是箱筏基础中有用到C35或C40的情况。当然不排除有单独柱基混凝土强度等级高于C30的特殊情况，这时设计时可以参照本表按照C30低强度等级的选用柱基高度，柱基底尺寸和配筋取值再稍做降低。当然时间不允许时也可以直接照搬，高强度等级带来的余量当安全储备了，毕竟C35或C40与C30相比带来的安全余量并不多，不会带来浪费。

修正后的地基承载力按照150kPa，这个值是中值，工程中持力层土质较好时，修正后一般在180～250kPa之间，均大于150kPa，若直接按150kPa选用本表格中数据，显然是偏于安全的，笔者建议选值时，对数值稍做降低调整，当然对有些简单的单层房子，单独柱基直接落在杂填土上（地基承载力经验为f_{ak}＝80kPa左右）的情况，也可以参考本表格选值，但要稍做提高调整，并且加以验算，毕竟正规的工程，勘察单位一般不会建议把基础落在杂填土上，上述情况一般发生在工程简单，建筑物竖向荷载小，认为不必要出具勘察报告的情形。

表6-2编制是按照埋深为1.5m设计的，当工程基础埋深不同于1.5m其他条件不变时，只会对基底面积、配筋面积会有影响。当工程基础埋深大于1.5m时，基底面积和配筋面积要将表格中相应数值稍做加大调整，柱基高度不会有太大影响。

举个笔者做过的援建阿富汗医院项目实际工程算例。

【例6-2】 某3层柱基轴压力N为3575kN（设计值），柱尺寸为600mm×600mm，柱子受荷面积为7.2m×7.8m，埋深为2.65m，独立柱基混凝土强度等级C30，修正后的地基承载力245kPa，试确定单独柱基高度和计算底板配筋面积。

【解析】 套用单独柱基高度的经验高度确定表格以及底板配筋面积参考表

格，因为柱基轴压力 N 为 3575kN（设计值）小于表格中 3600kN，参考表格后估计柱基础高度不会超过 750，于是可以直接套用表格轴压力 3600kN 时，基础高度 750，底板配筋面积双向 HRB400 的 ϕ12@100，$A_s=1131\text{mm}^2$。

6.1.2　单独柱基底板配筋的两种不同于规范的简化算法及其适用条件

单独柱基的设计，是结构设计师常遇的基本设计问题，尽管该设计相对较简单独立，但因常规设计方法与计算公式，形式较繁琐复杂且不太直观，故此设计工作量并不算少，鉴于此，笔者经理论推导并结合我院多年来的设计经验，提出了简化手算的设计技巧与两组简化计算公式，可在进行单独柱基底板内力、配筋计算时，可以做两步大工作量的简化。

两步简化的设计技巧：首先因为单独柱基间为了保证各柱基共同沉降，常构造设置拉梁，故此可令拉梁承担并平衡柱底基底弯矩，于是单独柱基可按轴心受压设计。基底内力不再需要进行轴力 N，弯矩 M，剪力 V 的最不利组合，只需依据柱静力竖向荷载产生的轴力 N 值（活载不折减）直接控制设计，否则不仅复杂的内力组合往往令设计人员头疼，而且常规方法的有偏心弯矩作用下柱基底板的弯矩设计公式，同轴心受压相比更要复杂繁琐，不便操作。显然，这一步简化了大量的计算工作量，这是第一步简化。

第二步简化是发生在弯矩配筋计算时，轴心受压柱基内力计算的常规方法是套用式（6-7）、式（6-8）求得。

$$M_1 = 1/24(L-a)^2(2B+b)p_j/B \tag{6-7}$$

$$M_2 = 1/24(B-b)^2(2L+a)p_j/L \tag{6-8}$$

式中　a，b——矩形柱两个方向的尺寸；

L，B——矩形柱基两个方向的尺寸；

M_1——柱边 1—1 截面平行于 B 方向每延米长度的单位弯矩；

M_2——柱边 2—2 截面平行于 L 方向每延米长度的单位弯矩；

p_j——柱基底净反力。

上述公式计算模型合理，推导严密正确，但设计人员应用起来毕竟不直观，公式难于记忆，基本要现用现查。

第一组简化计算公式的提出：鉴于存在这些问题，并基于合理简化设计工作量的原则。于是我们提出了第一组简化计算公式，当轴心受压时

$$M_1 = N/10(0.775L-a) \tag{6-9}$$

$$M_2 = N/10(0.775B-b) \tag{6-10}$$

式中　N——静力竖向荷载产生的轴力值（活载不折减）。

其余字母含义同上。

当柱基间跨度过大时，柱间未设置拉梁或设了拉梁，但不考虑拉梁平衡柱底弯

矩，此时柱基设计要考虑偏心受压。当有偏心受压的正方形柱基时，当两边缘压力不超过1∶4仍然可以采用上式，但要将$N'=(0.8p_{max}+0.2p_{min})a^2$替代$N$采用。其中，$p_{max}$为基底边缘最大净反力；$p_{min}$为基底边缘最小净反力。

可以看出，因为p_{max}与p_{min}分别各自占了80%和20%，加和后，显然N'要比N大的多，此仅为经验计算时使用。

该经验公式，基底弯矩直接与柱轴力线性相关，省掉了常规公式中还要计算基底净反力p_j的步骤，形式不繁琐，极简单实用，便于估算和手核，已在多个实际工程中使用，得到了反复验证，同规范精确公式相比，误差很小，不到5%。

下面以一个工程算例说明其应用。

【例6-3】 已知一方形柱，柱尺寸800mm×800mm，轴力$N=6000$kN，柱基尺寸4.5m，计算柱边弯矩M_1。

【解析】 用第一组简化公式（6-9）$M_1=N(0.775L-a)/10=6000/10(0.775\times4.5-0.8)=1612.5$kN·m

用规范公式（6-7）$M_1=1/24(L-a)^2(2B+b)p_j=1/24\times(4.5-0.8)^2(2\times4.5+0.8)\times6000/4.5^2=1656$kN·m

误差为　$(1656-1612.5)/1656\times100\%=2.6\%<5\%$

【例6-4】 偏心受压的正方形柱基，柱尺寸600mm×600mm，柱基尺寸2m×2m。基底边缘最大净反力$p_{max}=450$kPa，基底边缘最小净反力$p_{min}=200$kPa。

【解析】 经判断两边缘压力不超过1∶4

$$N'=(0.8p_{max}+0.2p_{min})a^2=(0.8\times450+0.2\times200)\times2^2\text{kN}=1600\text{kN}$$

$$M_1=N'(0.775L-a)/10=1600(0.775\times2-0.6)\text{kN}\cdot\text{m}/10=152\text{kN}\cdot\text{m}$$

用规范公式计算

$$M_1=159.7\text{kN}\cdot\text{m}$$

误差为4.4%<5%。

第二组简化计算公式的提出：原规范公式的提出是基于下述模型即将柱基底板分为四块固定支座在柱四边的梯形悬挑板，对每个梯形悬挑板而言，计算柱边弯矩时，受荷范围取为图中梯形阴影面积（图6-3），这样经过积分得出的规范公式。

而我们可近似将受荷范围简化取为（图6-4），中矩形阴影面积，显然偏于安全，这样做尽管保守，但简化了梯形积分的繁琐，于是弯矩计算公式中M_1就可简单按悬挑构件的通用公式$1/2qL^2$来自行推导，其中线荷载q就是地基净反力$p_j\times1$m（计算板带宽）×1m（每延米长度），悬挑长L即是$(L-a)/2$，于是得出第二组简化计算式（6-11）、式（6-12）。

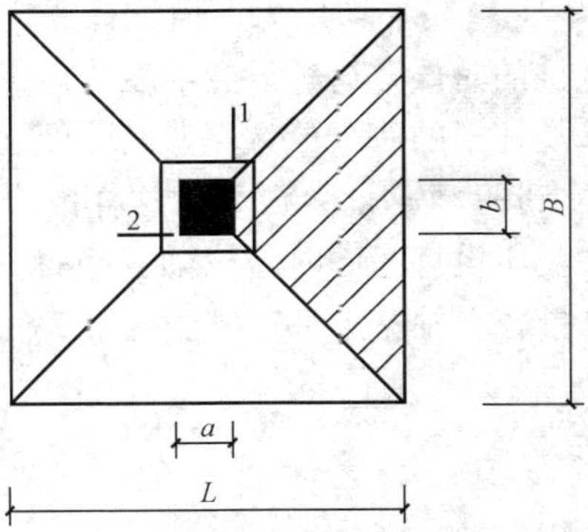

图 6-3　柱基底板支座梯形受荷面积示意

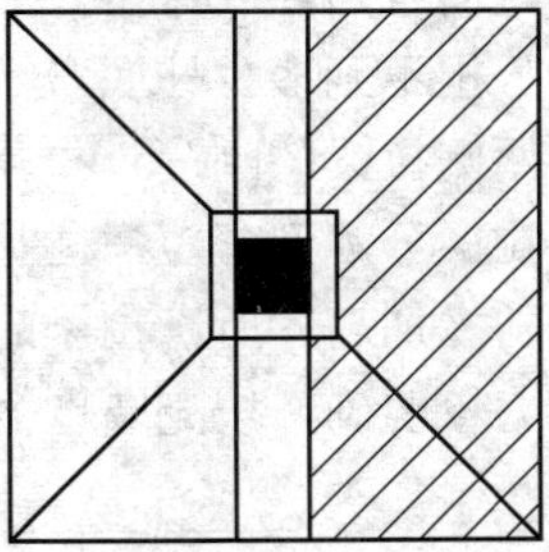

图 6-4　柱基底板支座矩形受荷面积示意

$$M_1 = 1/2qL^2 = 1/2 \times p_j \times 1 \times 1 \times [(L-a)/2]^2 = 1/8(L-a)^2 p_j \quad (6-11)$$

同理

$$M_2 = 1/8(B-b)^2 p_j \quad (6-12)$$

该组简化公式优点是概念简单，公式直观，便于理解和记忆，遗忘时可自行正确推导. 缺点是偏保守，同第一组简化公式相比，误差偏大，但不到 20%。

第二组简化公式与规范公式比较。以 M_2 为例，为了易于逐项清晰对比，将式（6-12）改写为

$$M_2 = 1/24(B-b)^2 \times 3 \times p_j \quad (6-13)$$

规范公式改写为

$$M_2 = 1/24(B-b)^2 \times [(2L+a)/L] \times p_j$$

即

$$M_2 = 1/24(B-b)^2 \times [2+a/L] \times p_j$$

很明显由于柱宽 a 必然小于基础宽度 L，则 a/L 必<1，$2+a/L$ 必<3，这从理论上证明简化公式比规范公式计算所得弯矩值更偏于安全。至于简化公式与规范公式误差显然为 $[3-(2+a/L)]/(2+a/L)=(1-a/L)/(2+a/L)$，实际工程中一般误差不到 20%。

结论：在进行单独柱基底板内力、配筋计算时，可以做两步大工作量的简化。

第一步，基底内力不需要进行轴力 N，弯矩 M，剪力 V 的最不利组合，直接依据竖向荷载产生的轴力 N 值控制弯矩内力计算。

第二步，设计中建议采用简化计算式（6-9）～式（6-12）设计底板配筋，公式简单实用，便于估算和手算，大大提高了设计效率。

6.1.3　单独柱基间拉梁的实用简化设计

1. 拉梁在柱基处正确设置部位的讨论和推荐部位

有一种观点认为拉梁的梁下皮和柱基础下皮平齐（见图 6-5），这样拉梁相

当于扩大了基础底面积，如图6-6所示减少了基底平均反力，但这样受力很不明确，而且当柱底弯矩人为的设计让拉梁抵抗的时候，这种设置部位决定了拉梁本身分担不到多少柱底弯矩，因为独立柱基是柱子的一个放大端，其刚度远远大于它两侧拉梁的刚度，拉梁按刚度大小分配到的弯矩就会很小。这样的设置部位，拉梁分不到弯矩，柱基只能考虑按偏心受压设计。同时，拉梁上部的填充墙也会随之加高，所以拉梁的设置部位，笔者推荐在柱基上部或柱子底部为好，这样受力较明确，填充墙也会减少些。

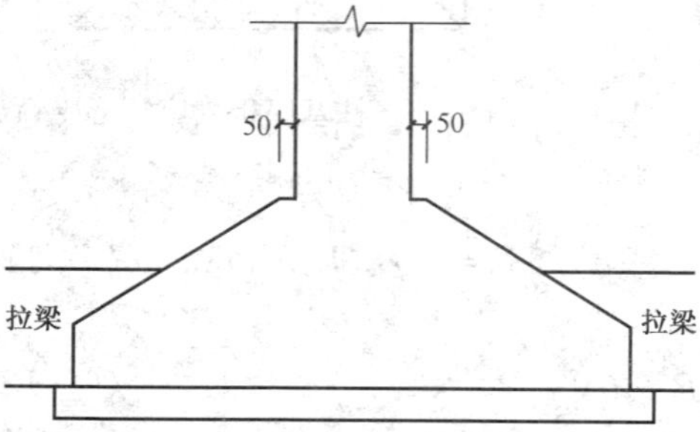

图6-5 拉梁的梁下皮和柱基础下皮平齐剖面图

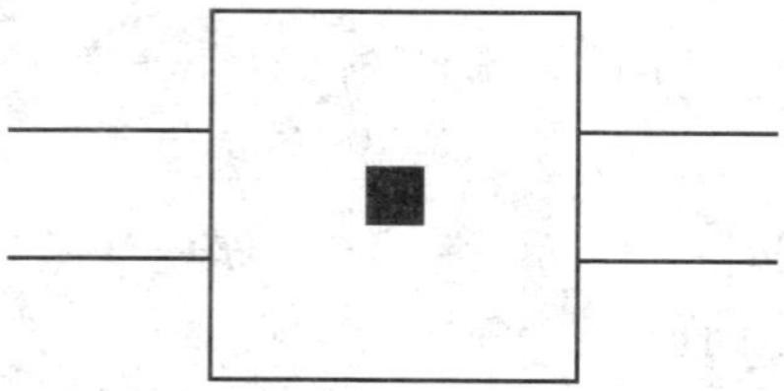

图6-6 拉梁的梁下皮和柱基础下皮平齐平面图

特别需要注意的是，拉梁除非刚好下皮在柱基上皮［见图6-7（a）］，否则拉梁下皮和柱基间必然形成一小段短柱，这段短柱切记要箍筋加密或采取其他加强措施［图6-7（b）］，施工图中结构设计人员往往会忽略对此处关键部位的交代。

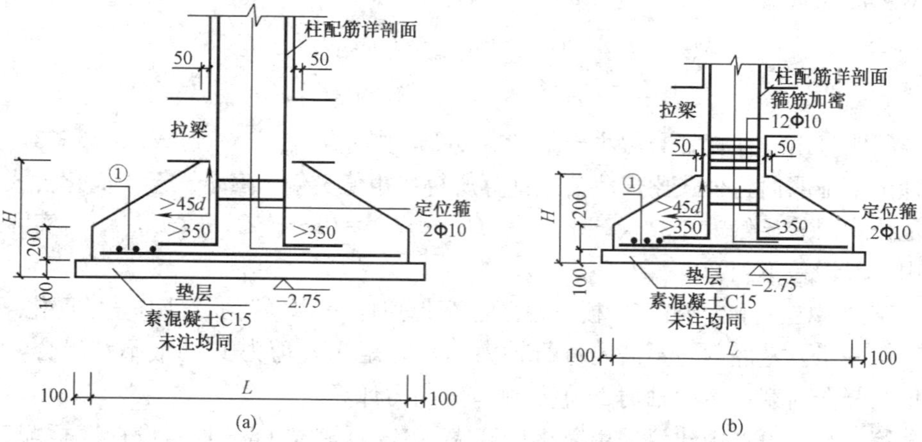

图6-7 拉梁在不同位置时的柱基础构造

（a）拉梁刚好下皮在柱基上皮示意图；（b）拉梁下皮和柱基间形成一小段短柱和加强措施图

2. 拉梁截面尺寸的经验确定

前面讲过，拉梁的主要作用就是将各个单独柱基拉结成为一个整体，以避免形成各个柱基单独沉降，导致各柱间产生沉降差，对结构产生次生应力，致使结构产生开裂等其他不利影响。当然拉梁也兼有承托首层柱间轻质隔墙重量的作用，这是次要的作用。

拉梁能否发挥其拉结作用，取决于两个条件，第一，柱基间的跨度，一般经验认为，当柱基间跨度大于 8m 左右时，设置拉梁就不太必要了，因为拉梁的拉结作用近距离最明显，拉结远距离的两个东西很困难。第二，拉梁本身的刚度，如果拉梁本身截面尺寸不够强，还引用前面的比喻，试图用一根细铁丝来拉结两个单独柱基一起沉降，显然是异想天开，因此拉梁本身截面要满足刚度要求，一般拉梁高度应大于等于 $L/20 \sim L/15$（L 为柱基间或柱间计算跨度），截面宽度应大于等于 $L/35 \sim L/25$，但对于宽度笔者一般和普通梁一起记忆为高度的 1/2 左右。

比如某拉梁拉结跨度为 8m 的两个单独柱基，试确定拉梁截面尺寸。拉梁高度取 $L/15 = 8000/15 = 533.3$mm，取 550mm。宽度取高度的一般，$550/2 = 275$mm，取 300mm，则该拉梁截面尺寸为 300mm×550mm。

3. 拉梁配筋（主筋和箍筋）的经验确定及简化近似算法

这里先要明确一个设计概念，单独柱基的拉梁是要考虑抗震的，因此拉梁的构造应满足抗震要求，尤其在梁端箍筋应该设加密区，箍筋间距至少为 100mm。而基础地梁则相反，可不按抗震设计，因此全梁箍筋不一定有加密区和非加密区的区分。同是地下的梁，为什么拉梁抗震而基础地梁不抗震呢？通俗的认为拉梁埋深较浅，一般位置在地下 1.5～4m 处，地震作用影响的到，而基础地梁（如箱筏基础中的柱间大地梁）一般位置在地下二层或以下，也即地下 6m 或以下，因为太深，地震作用影响不到，这只是简单形象的理解，未必准确。其实是因为拉梁的截面刚度比柱子小，塑性铰不会出现在柱底而是出现在拉梁端部，因此拉梁端部塑性铰区域要设加密区。而基础地梁或柱间条形基础中基础梁，因截面尺寸较大，有时往往高度达到 1000～1200mm，刚度同柱子相比很大，塑性铰会出现在柱底而非基础地梁端部，从抗震角度来看，基础地梁端部没必要设置箍筋加密区。但从静力学角度出发，基础地梁端部是梁剪力较大的区域，梁端箍筋加密也是有依据的，并非绝对是概念上的错误。

但如果拉梁配置箍筋时，没有加密区与非加密区之分的话，概念上就是错误的。图纸中常有拉梁箍筋通通间距 150mm 或 200mm 的情况，这是认为“只要地下的梁就不必考虑抗震”导致的错误，一定要特别引起注意。

拉梁的箍筋直径一般计算下来不会很大，一般为 $\phi8 \sim \phi10$ 就够了，除非特殊情况下，如拉梁承托较重的隔墙或集中竖向荷载（比如有些楼梯小柱为省事直接放置在拉梁上这样做可免配置一个小的单独柱基，构造上很简洁），此时直径会达到 $\phi12$。因此拉梁箍筋一般为 $\phi8 \sim \phi10$@100（200），括号用于非加密区。

单独柱基按轴心受压考虑时，拉梁是用来平衡柱底弯矩的构件，因为地震的往复性，柱底弯矩（或称拉梁抵抗的弯矩）会变号，因此拉梁的主筋宜对称配置。当单独柱基按偏心受压考虑时，取拉梁所拉结柱子中轴力较大者的1/10，作为拉梁轴心受拉的拉力或轴心受压的压力，进行承载力的计算，如果按0.1N的方法计算，配筋应上下相同，但由于单独柱基按偏心受压考虑设计较繁琐，所以这里不再举例赘述。

拉梁主筋配筋率在不考虑承托竖向荷载时，一般在1%～1.6%，8m跨度，300mm×550mm的拉梁，上下铁一般在4～6个HRB400的$\phi 25$或$\phi 22$，配箍一般为$\phi 8$～$\phi 10$@100/(200)，这是个经验要记忆。

拉梁主筋的简化近似算法

$$A_s = M/(\gamma_s f_y h_0) \tag{6-14}$$

式中 M——拉梁需平衡的柱底弯矩与承托拉梁上的竖向荷载而产生弯矩的组合设计值。

γ_s——钢筋内力臂系数，精确计算时，$\gamma_s=0.5[1+(1-2\alpha_s)^{0.5}]$，式中$\alpha_s$为截面模量，$\alpha_s=M/(\alpha_1 f_c b h_0^2)$；$\alpha_1$为矩形系数，混凝土强度等级不超过C50时，取为1.0，当混凝土强度等级为C80时，取为0.94，其间按线性插值；但γ_s一般对于梁近似可以取0.875，一般对于板近似可以取0.9，这样做可省略由α_s计算出γ_s的过程。

f_y——主筋抗拉强度设计值。

h_0——拉梁有效高度。

4. 拉梁的实际工程算例

【例6-5】 单独柱基面积为4m×4m，轴力N为2000kN（设计值），M=700kN·m（设计值），拉梁跨度为8m，截面尺寸300mm×550mm，拉梁上承托隔墙荷载为q=14kN/m。单独柱基混凝土强度等级C30。

柱子底部弯矩被两侧拉梁均分M=700/2=350kN·m（因为地震的往复性，拉梁抵抗的弯矩会变号，上下铁弯矩均同此）（图6-8）。

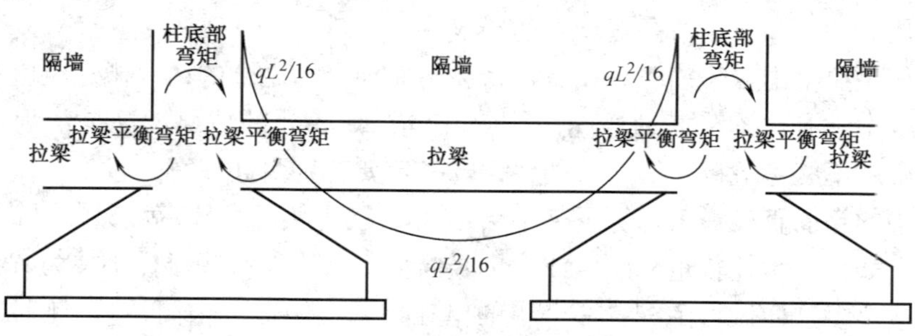

图6-8 拉梁内力示意

因为拉梁两端连续 $M=qL^2/16=14\times8^2/16=56\text{kN}\cdot\text{m}$，叠加后得到 $350+56=406\text{kN}\cdot\text{m}$

$$h_0=550-35=515\text{mm}$$

$$A_s=M/(\gamma_s f_y h_0)=406\times10^6/(0.875\times360\times515)\text{mm}^2=2502.6\text{mm}^2$$

取为 6 个 HRB400 的 $\phi25=2940\text{mm}^2$

6.2　筏板基础（梁板式）的简化手算方法

6.2.1　梁板式筏板基础中板的简化算法

1. 筏板板厚尺寸的经验初估及经验表格

梁板式筏板基础也属于扩展基础的一种，多层和高层建筑，当采用条形基础不能满足地基承载力要求时，或当建筑物要求基础有足够刚度以调节不均匀沉降时，可采用筏板基础。

传力体系：梁板式筏极基础实为荷载方向倒置的倒楼盖，地基反力先传给筏板，再由筏板传递给地梁。筏极基础一般在埋深很深的地下二层及以下标高处，因为自身刚度很大，与周围土结合紧密，地震作用几乎影响不到，于是基础的计算可以不考虑地震作用，故此基础的设计与计算，使得设计师感到更轻松，更简便。有些有意无意夸大基础设计复杂性和难度的宣传，往往使年轻结构设计人员因神秘感而畏惧。

笔者下面展开介绍一下筏板基础的设计步骤与方法，无非是想揭开这层神秘的“窗户纸”，让设计人员对基础设计有一个真正的认识，如果觉得基础设计不过如此，那么笔者编写这部分内容的任务也就圆满完成。

对于双向受力接近方形的构件是要验算冲切力的，而对于单向受力的长条构件应该验算剪切力，这是一个重要的设计概念，会使设计师站在较高处判断一些具体问题。筏板的板厚尺寸根据 GB 50202—2002《建筑地基基础工程施工质量验收规范》要求要由抗冲切和抗剪两个公式比较后取大确定，而原来规范只有一个抗冲切公式，笔者个人认为，筏板基础每个板块应该属于双向受力的构件，验算冲切是应该的，而验算抗剪也许是没必要的，因为每个板块并非单向受力构件，而且一般情况下抗剪公式总起控制作用，抗冲切公式形同虚设，这就造成了筏形基础满足抗剪的板厚要比实际抗冲需要的板厚要厚，但显然这是个误区。

于是笔者建议，对于筏板只计算抗冲，不必计算抗剪，这样概念上清晰，又节约了时间，提高了设计效率。

GB 50202—2002《建筑地基基础工程施工质量验收规范》中，筏板受冲切所需的有效板厚 h_0 其实是北京建筑设计研究院张国庆同志自行推导的，张国庆是笔者的老师，他本人理论基础深厚，又擅长推导数学、力学公式。该公式与旧规范相比，已大大简化了工作量，可一次确定筏板的抗冲厚度，而且绕开了以往先要经验初估板厚，再代入抗冲切公式验算的原试算步骤，设计人员易操作，算式简单实用。这里笔者就不再赘述，下面介绍一下北京建筑设计研究院著名结构总工工程师郁彦总结的筏板厚度和地梁尺寸配筋表格（表6－3），希望与同辈结构设计人员经验共享，以不辜负结构前辈郁总当年的一片心血。

表6－3　筏基基础梁的经验高度和配筋以及基础底板厚度的参考表格

每层平均荷载标准值 q/(kN/m²)	层数、混凝土等级	C20	C30	C40	C50	C60
14	10层	地梁600×1600主筋上下各15个HRB335的 ϕ25四肢箍HRB335的 ϕ12@175筏板厚500	地梁600×1600主筋上下各14个HRB335的 ϕ25四肢箍HRB335的 ϕ12@200筏板厚400			
15	20层		地梁800×1800主筋上下各27个HRB335的 ϕ25六肢箍HRB335的 ϕ14@200筏板厚750	地梁700×1800主筋上下各26个HRB335的 ϕ25六肢箍HRB335的 ϕ14@225筏板厚650		
16	30层		地梁900×2400主筋上下各25个HRB335的 ϕ28六肢箍HRB335的 ϕ16@225筏板厚1100	地梁800×2400主筋上下各25个HRB335的 ϕ28六肢箍HRB335的 ϕ16@225筏板厚950	地梁800×2400主筋上下各24个HRB335的 ϕ28六肢箍HRB335的 ϕ16@250筏板厚850	
17	40层		地梁1000×3000主筋上下各27个HRB335的 ϕ28六肢箍HRB335的 ϕ16@200筏板厚1450	地梁800×3000主筋上下各27个HRB335的 ϕ28六肢箍HRB335的 ϕ16@200筏板厚1250	地梁800×3000主筋上下各27个HRB335的 ϕ28六肢箍HRB335的 ϕ16@225筏板厚1150	地梁800×3000主筋上下各27个HRB335的 ϕ28六肢箍HRB335的 ϕ16@250筏板厚1050
18	50层			地梁900×3400主筋上下各27个HRB335的 ϕ30八肢箍HRB335的 ϕ16@225筏板厚1550	地梁800×3000主筋上下各27个HRB335的 ϕ30八肢箍HRB335的 ϕ16@225筏板厚1400	地梁800×3000主筋上下各27个HRB335的 ϕ28八肢箍HRB335的 ϕ16@250筏板厚1300

表格编制时以柱网为8m×8m，轴压比为0.9为计算依据，设计应按照实际情况计算，本表仅供参考。

此外，还有一种筏板厚度的经验初估方法，也即柱网为 8m×8m 左右时，可按建筑自然层总层数（包括地上和地下室层数）乘以 50mm，即估计得出筏板厚度。此方法虽然快速简洁，但有时往往出入很大。尤其在建筑物层数超过 10 层时，筏板厚度此经验方法估计的板厚会很厚，比计算确定的方法要厚很多，不是很经济。

比如地上 18 层住宅楼，地下两层，柱网 8m×8m 左右时，按照近似经验估计为(18+2)×50=1000mm 厚，而实际通过抗冲计算得出 C30 时的基础混凝土强度等级，板厚 750mm 就够了，而 C40 时的基础混凝土强度等级，板厚仅仅 650 就够了。

再比如地上 27 层住宅楼，地下三层，按照近似经验估计为(27+3)×50mm=1500mm 厚，而实际通过抗冲计算得出 C30 当基础强度等级板厚 1100mm 即满足要求，而当 C40 基础强度等级时板厚仅仅 950mm 也就满足要求了。

由此可见，筏板厚度仅仅同建筑物总层数一个条件线性相关，显然估计的方法是粗略的、近似的，笔者认为这种方法仅适用于 15 层（含）以下的建筑物的初估，而超过 15 层时，为了提高设计效率，做到一步到位，少作试算，笔者还是建议通过利用表 6-3 快速查取。毕竟筏板厚度，同建筑物总层数、柱网大小、基础混凝土强度等级、竖向荷载等多因素息息相关，要综合确定。

2. 筏板配筋的简化手算方法

筏板配筋有比较特殊的构造要求，不太同于普通楼板配筋，一般工程做法为筏板上下先满铺上双层双向的构造通长钢筋，其单层单向构造配筋率要大于或等于 0.15%. 这种做法无非是为了加强刚度，有意识将其设计为箱形基础的一部分。

有了通长满铺钢筋以后，根据被地梁或剪力墙分割成若干板块后的每个板块实际受力需要，以“少补多不退”的原则，设计每个板块，具体来说，就是当某个板块尺寸较小，通长的满铺钢筋已经满足或已经超过实际受力需要的钢筋时，该板块就以满铺钢筋作为最后配筋，简称“多不退”的原则。反之，若某个板块尺寸较大，通长的满铺钢筋不能满足实际受力需要时，要在本板块内另外增加新的受力钢筋来补足强度亏欠的钢筋，简称“少补”。

一般“少补”的钢筋直径规格，不要超过满铺通长钢筋直径规格的两级，比如构造满铺钢筋为 HRB400 的 $\phi22@200$，少补的钢筋直径规格要在 HRB400 的 $\phi18 \sim \phi28$ 之间选择，笔者认为也许是出于考虑到如果钢筋直径之间级别相差跳跃过大，粗细钢筋难以与混凝土板共同工作的原理。

举个工程实例，比如筏板基础板厚 900mm 厚，最小构造配筋率（双层双向）要大于或等于 0.15%，经过计算得 $0.15\% \times (900-50) \times 1000\text{mm}^2 = 1275\text{mm}^2$，于是双层双向满铺 HRB400 的 $\phi20@200$，$A_s=1570\text{mm}^2$，某板块为

L＝3.6m的单向板，经过计算其上下铁受力需要的钢筋面积为A_s＝1090mm²，因为构造满铺钢筋HRB400的ϕ20@200，其A_s＝1570mm²＞1090mm²，故此板块配筋不需要再另外增加钢筋。

而另外一块尺寸为8m×7.2m的双向板，经计算其上铁受力需要的钢筋面积为A_{sI}＝2810mm²，通长满铺构造钢筋为HRB400的ϕ20@200，其A_s＝1570mm，2810－1570＝1240mm，还需要另外增加钢筋来达到强度要求，故再另加钢筋HRB400的ϕ18@200＝1250（HRB400的ϕ18与HRB400的ϕ20相差一级），也满足级差要求。

筏板配筋的简化手算方法同普通楼板相比有两点不同，普通楼板是正楼盖，竖向荷载向下，筏板竖向荷载向上，这与正楼盖刚好相反，一般来说，筏板上铁弯矩为跨中正弯矩，筏板下铁弯矩为支座弯矩，初学者很容易配筋配反。此外，筏板配筋计算要用基底净反力，即扣除了基础本身自重的方向向上抬的基底反力。

筏板弯矩的计算与普通楼板弯矩的计算基本相同，因为筏板只承受竖向向上的地基反力，所以可按塑性内力重分布的弯矩调幅方法设计。

单向板，两端简支时，$M_{中}=p_jL^2/8$

按塑性内力重分布的弯矩调幅方法计算时，两端固定或连续时

$$M_{固}=M_{中}=p_jL^2/16 \tag{6-15}$$

一端固定或连续，一端简支时

$$M_{固}=M_{中}=p_jL^2/14 \tag{6-16}$$

悬挑板

$$M_{固}=p_jL^2/2 \tag{6-17}$$

式中 p_j——基底净反力设计值；

L——板计算跨度。

双向板按四边支座的情况不同，通过软件电算可直接算出配筋面积，这里因为双向板配筋面积手算方法繁琐、速度慢，笔者不再花时间，赘述不推荐的方法。

弯矩算完后，根据配筋公式（6－18）即可得到板配筋面积

$$A_s=M/(0.9f_yh_0) \tag{6-18}$$

式中 M——弯矩的设计值；

f_y——主筋抗拉强度设计值；

h_0——筏板有效厚度。

【例6－6】 筏板基础某板块为L＝3.6m的单向板，板厚900mm厚，两端固定，基底净反力为327kPa，试计算其上下铁的钢筋面积。

$$h_0=900\text{mm}-50\text{mm}=850\text{mm}$$

【解析】 最小构造配筋率（单层单向）要大于或等于0.15%，经过计算A_s＝

0.15%×(900−50)×1000=1275mm^2。

先双层双向满铺 HRB400，ϕ20@200，A_s=1570mm^2>1275mm^2

$$M_{固}=M_{中}=p_jL^2/16=327\times3.6^2/16=265\text{kN}\cdot\text{m}$$

$$A_{s1}=265\times10^6/(0.9\times360\times850)=962\text{mm}^2\text{小于}1570$$

所以此板块配筋不需要再另外增加钢筋，构造满铺钢筋 HRB400 的 ϕ20～ϕ200 就满足强度要求。

【例 6-7】 筏板基础某板块为 L=6.1m 的单向板，一端固定，一端简支，其他条件同上题。试计算其上下铁的钢筋面积。

【解析】

$$h_0=900-50=850\text{mm}$$

最小构造配筋率（单层单向）要大于或等于 0.15%，经过计算 0.15%×(900−50)×1000=1275mm

于是，双层双向满铺 HRB400的 ϕ20@200，A_s=1570mm^2

$$M_{固}=M_{中}=p_jL^2/14=327\times6.1^2/14=869\text{kN}\cdot\text{m}$$

$$A_{s1}=869\times10^6/(0.9\times360\times850)=3156\text{mm}^2\text{大于}1570\text{mm}^2$$

所以构造满铺钢筋 HRB400 的 ϕ20@200 不满足强度要求，此板块配筋需要再另外增加钢筋 A_s=3156mm^2−1570mm^2=1586mm^2，于是采用 HRB400 的 ϕ22@200，A_s=1900mm^2>1586mm^2，实际配筋为上下铁 HRB400 的 ϕ20/ϕ22@100。

【例 6-8】 筏板基础某挑板，悬挑长度为 L=2m，其他条件同上题。试计算其上下铁的钢筋面积。

【解析】

$$h_0=900-50=850\text{mm}$$

最小构造配筋率（单层单向）要大于或等于 0.15%，经过计算 0.15%×(900−50)×1000=1275mm

于是，双层双向满铺 HRB400的 ϕ20@200，A_s=1570mm^2

$$M_{固}=p_jL^2/2=327\times2^2\text{kN}\cdot\text{m}/2=654\text{kN}\cdot\text{m}$$

$$A_{s1}=654\times10^6/(0.9\times360\times850)=2375\text{mm}^2>1570\text{mm}^2$$

所以构造满铺钢筋 HRB400 的 ϕ20@200 不满足强度要求，此板块配筋需要再另外增加钢筋 2375−1570=805mm^2，同时考虑主筋不大于级差 2 级，于是下铁另加 HRB400 的 ϕ16@200，A_s=1000>805，实际配筋为下铁 HRB400 的 ϕ20/16@100。上铁实际为构造满铺钢筋 HRB400 的 ϕ20@200。

6.2.2　梁板式筏板基础中地梁的简化算法

1. 地梁截面尺寸的经验确定方法和简化手算较精确的确定方法

地梁高度尺寸的经验初估确定方法，近似直接与地梁的跨度线性相关，一般取为计算跨度的 1/8～1/4，估计时取中值为 1/6 左右。宽度也可以取高度的 1/2 左右，但一般简单取柱宽两边分别外扩 50mm，即柱子宽+100mm 作为梁宽，这样做柱子会完全含在地梁中，柱下基底反力不会造成对筏板的直接冲切（可以形象地认为因为基础地梁截面很高远大于筏板厚会吃掉冲切力），避免验算筏板对柱集中力的抗冲。

当然为了更经济些，当柱尺寸较大（一般大于400mm）时，梁宽除了在柱支座处取柱子宽＋100外，其余部位可以根据强度需要取窄些，相当于在柱支座处“水平加腋”，以实现“该大则大，该小则小”的经济设计原则。

地梁截面尺寸的经验高跨比只是经验近似的方法，因为截面尺寸的确定，不仅取决跨度，还同地梁上基底反力的线荷载，混凝土标号息息相关，要想较准确的确定，还应通过计算，经过工程经验的反复验证，截面尺寸一般由抗剪控制，即

$$V \leqslant 0.25 f_c b h_0 \tag{6-19}$$

$$V = q_j L/2$$

式中 q_j——基底净反力产生的线荷载设计值；

L——梁的计算跨度；

V——简支梁梁端的支座剪力。

对于不等式的右端，有过争议，有的结构师认为0.25应该取为0.2更合适，依据是2002新混凝土规范，抗剪截面验算公式在梁截面 $4 \leqslant h_w \leqslant 6$ 时，$V \leqslant 0.2 f_c b h_0$，$h_w$ 为梁的腹板高度，梁受力更接近深梁，受力更复杂和不利，理论截面要更大一些，地梁往往很高，属于深梁的范畴，这在概念上是正确的。但笔者建议还是统一取为0.25更合适。因为大量的高层建筑基础地梁钢筋应力应变经过实测，钢筋应力还不足以达到设计应力的10%～20%，说明我们设计师设计的截面尺寸（无论是筏板板厚还是基础地梁截面）均偏于保守，当然这里有很多有利的因素设计时我们不可能统统考虑进去，比如：地基反力集中在柱底部，反梁跨中部位反力低，反应的弯矩比计算小，高大的基础梁也起着反拱的作用，中和轴下还存在着大量混凝土受拉，特别要指出的是，地基和基础底面间巨大的摩擦力起着反弯作用，实际上这种摩擦力是整个高层建筑的边界条件，其量不容忽视，按照理论分析，当其之间的摩擦系数为0.5时，受弯钢筋可以减少一半。综上所述，因为认为基础设计与实际情况相差太大，笔者认为地梁截面尺寸的现行设计方法还大有潜力可以挖掘，不必过于保守，以前按照0.25设计的基础地梁均未发生问题和事故，因此地梁截面抗剪公式不等式右端笔者建议一律取0.25，不必分浅梁和深梁区别对待。

下面举个工程实例：

【例6-9】 地梁计算跨度 L＝6m，地梁基底净反力产生的线荷载设计值为1177.2kN/m，混凝土强度等级为C30，f_c＝14.3，柱子尺寸为500mm×500mm。

【解析】 $V = q_j L/2 = 1177.2 \times 6\text{kN}/2 = 3531.6\text{kN}$

地梁宽度取柱子宽度+100=600mm

$$V \leqslant 0.25 f_c b h_0 = 0.25 \times 14.3 \times 600 \times h_0 = 3531.6\text{kN}$$

$$h_0 = 1646\text{mm} + 50\text{mm} = 1696\text{mm} \quad \text{取 } 1700\text{mm}$$

于是，地梁截面尺寸为 600mm×1700mm。

2. 地梁配筋的简化算法

筏基中的基础地梁一般不考虑地震作用的影响，地梁仅仅承受竖向向上的地基反力，故可按塑性内力重分布的调幅方法设计。

对于两端简支的地梁

$$M_{中} = q_j L^2/8 \tag{6-20}$$

对于两端固定或连续的地梁

$$M_{固} = M_{中} = q_j L^2/16 \tag{6-21}$$

对于一端固定或连续，一端简支的地梁

$$M_{固} = M_{中} = q_j L^2/11 \text{ 或 } q_j L^2/12 \tag{6-22}$$

式中　q_j——基底净反力在地梁上产生的线荷载设计值；

L——地梁计算跨度。

弯矩计算获得后，根据配筋公式可得到地梁的配筋面积

$$A_s = M/(0.875 f_y h_0) \tag{6-23}$$

式中　M——弯矩的设计值；

f_y——主筋抗拉强度设计值；

h_0——地梁有效高度。

关于地梁支座嵌固度的确定，判断比较灵活，要根据实际情况决定。例如，一个三跨地梁，四个支座全部是柱或混凝土墙，那么此地梁的计算模型是两端的端支座为铰接，中间两个支座为固接。

道理是因为考虑到地梁两端负弯矩（下铁）主筋，一般只能锚固入柱或混凝土墙，直径很大的主筋进入柱子或混凝土墙满足 $40d$ 的锚固要求很困难，并且当梁宽大于柱宽时，梁内有的主筋无法入柱完成锚固，故此设计为铰接，一方面可以减少两端柱（或剪力墙）底部由地梁支座负弯矩传递来的附加弯矩，另一方面可以使得地梁主筋进入柱子或混凝土墙的锚固长度人为的短些（因为一般固接要 $40d$，铰接要 $15d$）。

而对于中间两个支座柱子（或剪力墙），由于一般地梁主筋伸过支座在梁内自锚固，所以地梁主筋不存在进柱锚固的问题，故此人为设计为固接，符合地梁主筋的实际情况。尤其在地梁的端部支座是厚度较薄的剪力墙时，尽量构造上采取地梁内主筋自锚优先的原则，有时甚至有意识地加长地梁长度，将地梁伸过剪力墙一段距离，在本构件内解决锚固问题，而不勉强进入锚固有困难的支座构件。

下面举个工程实例：

【例 6-10】 两端固定的地梁计算跨度 $L=6\text{m}$，地梁基底净反力产生的线荷载设计值为 1177.2kN/m，混凝土强度等级为 C30，$f_c=14.3$，两端柱子尺寸为 500mm×500mm，试确定支座处上下铁的钢筋面积。

【解析】

$$h_0 = 900 - 50 = 850\text{mm}$$

对于两端固定或连续的地梁，$M_{固} = M_{中} = q_j L^2/16 = 1177.2 \times 6^2/16 = 2649\text{kN}\cdot\text{m}$

$$A_s = M/(0.875 f_y h_0) = 2649 \times 10^6/(0.875 \times 360 \times 1650) = 5096\text{mm}^2$$

支座处上下铁均取为 7 个 HRB400 的 $\phi 32$ 钢筋，$A_s=5628\text{mm}^2$。

【例 6-11】 两端支座为边柱的单跨地梁，其余条件同［例 6-10］。

【解析】 根据上面讨论，考虑到边柱支座不宜太多分担地梁传递来的支座负弯矩，在端柱处地梁宜处理为铰接。

对于两端简支的地梁，$M_{中}=q_j L^2/8=1177.2\times 6^2/8=5298\text{kN}\cdot\text{m}$

$$A_s = M/(0.875 f_y h_0) = 5298 \times 10^6/(0.875 \times 360 \times 1650) = 10\ 192\text{mm}^2$$

支座处上铁均取为 14 个 HRB400 的 $\phi 32=11\ 256$ 大于 $10\ 192\text{mm}^2$

11 256/(600×1650)×100%=1.1%小于2.5%满足要求。

6.3　各类条形基础的简化手算方法

6.3.1　条形基础的结构分类及工程设计的要点

条形基础一般按照构件的不同可以分为三类：墙下条形基础、柱间条形基础、混凝土墙—柱下混合条形基础，后者一般用于框架剪力墙结构。条形基础因为是细长条的单向构件，基底反力会对基础底板根部产生剪切力，故此验算底板根部截面抗剪承载力、确定底板根部厚度是条形基础设计的一个要点，如同单独柱基要验算柱基础高度是否满足冲切要求一样。条形基础不同于单独柱基础的地方在于，单独柱基是接近方形的双向受力构件，双向受力构件是要验算冲切力的，而单向受力的长条构件却是要验算剪切力的。这是一个重要的设计概念，会使得设计师站在高处判断一些具体问题。地基规范中存在的相应问题筏基介绍中笔者已经述及，这里点到为止，旨在说明哪类构件应该算冲切，哪类构件应该算剪切。

6.3.2　各类条形基础的简化手算方法

1. 墙下条形基础各部位尺寸的经验确定和基础底板根部厚度的手算确定方法以及传力体系

墙下条形基础底板宽度尺寸的确定方法：条形基础也属于扩展基础中的一种，底板宽度尺寸的确定方法，也即将每延米的条形基础基底内力标准值（一般是以轴力为主的内力）除以深宽修正后的地基承载力标准值即一次确定条形基础底板宽度尺寸。

传力体系：基础底板将其基底向上的反力直接传递给混凝土墙本身，混凝土墙本身就是基础基础底板之支座。有些设计师在混凝土墙下的基础底板中构造上还设计暗地梁的方法（见图 6-9），企图把基础底板之向上反力先传递给暗地梁，再通过暗地梁传递给混凝土墙支座的传力途径，显然是多此一举的，概念上也是错误的。

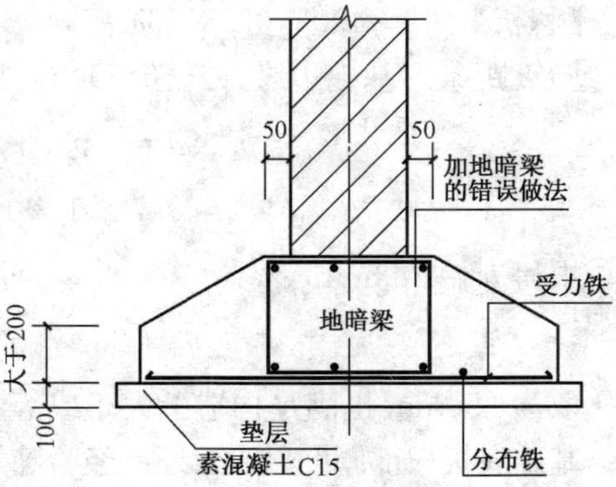

图 6-9 墙下条形基础底板中设计暗地梁的错误构造

下面举个例子：

【例 6-12】 假定某剪力墙墙上轴压力经电算为 4903kN（设计值），墙长 7.8m，深宽修正后的地基承载力标准值为 244.5kPa，基底埋深 4m，试确定墙下条基底板宽度尺寸。

【解析】 $[4903/1.26\times7.8)]/(B\times1)+(4\times20\times B\times1)/(B\times1)=244.5$

等式左端第一项为墙轴压力每延米产生的地基净反力，第二项为每延米基础和其上土自重产生的地基反力

$$B=[4903/(1.26\times7.8)]/(244.5-4\times20)=3\text{m}$$

所以条基宽度为 3m。

基础底板根部厚度的手算确定方法：有两种方法，一种是精确计算的确定方法。前面已经讲过，底板根部厚度，由素混凝土截面抗剪控制

$$V\leqslant0.7\beta_h f_t b h_0$$

$$\beta_h=(800/h_0)^{1/4}$$

$$V=p_j\times a$$

式中 V——条基基底净反力对条形基础底板根部截面产生的最大剪力设计值（kN/m）；

a——挑板净挑长度；

β_h——截面高度影响（折减）系数，当 $h_0\leqslant800$mm 时，h_0 取为 800mm，当 $h_0>2000$mm 时，h_0 取为 2000mm，$b=1000$mm，即每延米；

p_j——基底净反力设计值；

h_0——底板根部有效厚度。

【例 6-13】 某条形基础，混凝土强度等级 C30，$f_c=14.3$，$f_t=1.43$，其他条件同［例 6-12］。

【解析】 $p_j=4903/(7.8\times3)=209.5\text{kN}$——净反力设计值

验算距条形基础边缘（3－0.3）/2＝1.35m 处截面的抗剪承载力

$$V=p_j\times a=209.5\times1.35=283\text{kN/m}$$

$$V=0.7\beta_h f_t bh_0=0.7\times1\times1.43\times1000\times h_0=283\text{kN/m}$$

求得 $h_0=283\text{mm}$

$$h=283+50=333\text{mm}$$

取为 350mm 也满足构造上大于或等于 200mm 的要求。

基础底板根部厚度，当然还有经验确定的方法。一般取条基半宽的 1/6～1/4，中值为 1/5，作为初估根部厚度，此法来自楼层挑板板厚的一般高跨比 1/10，因为作为基础底板的荷载显然要比大于楼层板大的多，因此厚度笔者建议可近似按照翻一倍考虑。翻倍的概念，笔者认为也可以推及到柱间地梁高度的初步估计，普通楼层梁一般高跨比为 1/15～1/8，中值为 1/12，地梁翻倍后高跨比可近似取为 1/8～1/4，中值为 1/6，这虽然是个记忆方法，但初步估计时，很主动，以上题为例，因为此条基宽度较宽（大于 2.5m），故取条基半宽的 1/6～1/4 之上限值 1/4，$h=1.5/4=375\text{mm}$，实际取 350mm，与计算结果误差仅仅 3%，基本吻合。

2. 墙下条基配筋的简化算法

条形基础底板的根部弯矩实为挑板板根弯矩，显然为

$$M=p_j a^2/2$$

式中 p_j——基底净反力设计值；

a——净挑跨度。

弯矩计算获得后，根据配筋公式即可得到地梁的配筋面积。

$$A_s=M/(0.9f_y h_0)$$

式中 M——弯矩的设计值；

f_y——主筋抗拉强度设计值；

h_0——条形基础底板板根部有效高度。

3. 墙下条形基础的实际工程算例

【例 6－14】 某条形基础，假定 $h=350\text{mm}$，条形基础底板根部弯矩 $M=191\text{kN}\cdot\text{m}$ 其他条件同［例 6－13］。

【解析】 $$h_0=350-50=300\text{mm}$$

$$A_s=M/(0.9f_y h_0)=191\times10^6/(0.9\times360\times300)=1965\text{mm}^2$$

HRB400 的 ϕ16@100，其 $A_s=2001\text{mm}^2$

此外，地规中规定每延米分布钢筋的面积不小于钢筋面积的 1/10，1965/

10=196.5。

取为 HPB235 的 ϕ8@200，另外当条形基础基宽 B 大于或等于 2500mm，为了节省受力钢筋长度一般取宽度的 0.9 倍，交错布置，单独柱基也有此要求。

4. 柱间条形基础各部位尺寸的简化手算确定方法

多层框架或者框剪结构，当地基承载力较低不能采用单独柱基，又不宜采用桩基，在地下室时可以选用柱下条形基础。还有些情况是原来建筑物已经建成，而与之紧邻的新建建筑物的单独柱基，客观上无法扩展至原建筑物基础占地中，一般做法为：因为无条件外延，于是就内延，与第二列新建造柱用地梁相连，作成柱下条形基础，基础底面形状，可为矩形，也可为梯形（但因为梯形受力钢筋因不等长而截断很多，造成一定浪费，所以施工方一般不欢迎梯形）。这种情况下计算原则是使两柱的合力重心与基础底面的形心，重合或尽量重合，下面分部位介绍其尺寸的经验近似确定方法与计算确定方法。

柱间条形基础的结构构造，如图 6-10 所示。

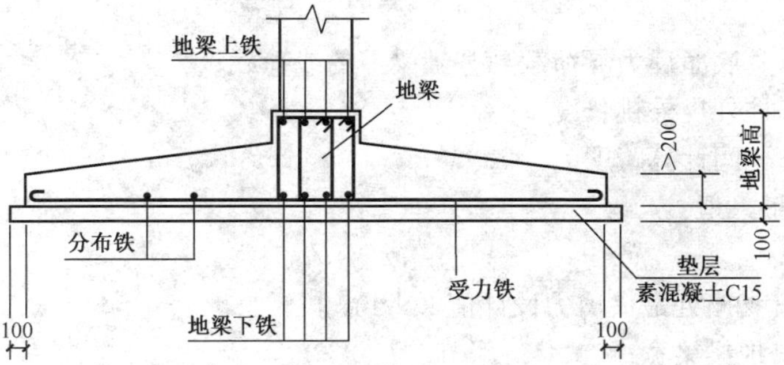

图 6-10　柱间条形基础的结构构造

条形基础底板根部尺寸的计算确定方法，完全与墙下条形基础挑板根部尺寸的确定方法相同，也是由根部素混凝土截面抗剪控制。

$$V \leqslant 0.7\beta_h f_t b h_0$$

$$\beta_h = (800/h_0)^{1/4}$$

$$V = p_j \times a$$

式中　V——条形基础基底净反力对条形基础底板根部截面产生的最大剪力设计值（kN/m）；

a——挑板净挑长度；

β_h——截面高度影响（折减）系数，当 $h_0 \leqslant$800mm 时，h_0 取为 800mm，当 $h_0>$2000mm 时，h_0 取为 2000mm，b=1000mm，即每延米；

p_j——基底净反力设计值；

h_0——底板根部有效厚度。

不经计算，初估底板根部厚度尺寸时，也可按条形基础半宽的 1/5 估计，一般不会有太大出入。

柱下条形基础底板配筋，也与墙下条形基础计算方法相同。

条形基础底板的根部弯矩实为挑板板根弯矩，显然为 $M=p_j a^2/2$。

弯矩计算获得后，根据配筋公式 $A_s=M/(0.9f_y h_0)$ 即可得到条形基础底板的配筋面积。

柱间条形基础内基础梁的截面尺寸确定方法与近似经验确定方法：条形基础内基础梁宽度一般为柱宽加 2×50，是个定值，高度一般由基础梁抗剪公式控制，当基础梁有悬挑时，两个控制截面一个是外挑跨度根部截面，一个是柱间跨度内支座处的截面，哪个截面承受剪力大，取大剪力控制该截面高度。

基底净反力设计值

$$V = qL/2$$

$$V = qa$$

式中 q——基底净反力导荷载到基础梁上的线荷载；

a——柱外皮外挑长度；

L——柱间计算跨度。

两者取最大值。

$$V = 0.25f_c bh_0$$

式中 V——支座处最大剪力设计值 kN/m；

b——地梁梁宽；

h_0——基础梁有效高度。

5. 柱间条形基础内暗梁配筋的简化手算方法

跨中正弯矩，即上铁弯矩

$$M = qL^2/8$$

$$A_s = M/(0.875f_y h_0)$$

式中 M——弯矩设计值；

L——柱间计算跨度；

h_0——基础梁有效高度。

柱支座处负弯矩，即下铁弯矩

$$M = qa^2/2$$

式中 a——从柱外皮起算基础梁净挑长度。

配筋面积按照 $A_s = M/(0.875f_y h_0)$ 求得。

基础梁内箍筋，按照第1章斜截面抗剪计算表格查取，比手算效率要高得多。前面已经涉及，这里特别再强调一下概念。柱间基础梁不需要按照抗震延性要求进行构造配筋，也就是说：

1）基础梁端箍筋不需要按照抗震加密，仅按静力强度要求配置箍筋，箍筋可按90°弯钩设计，无需135°弯钩。

2）基础梁纵筋伸入支座长度应按非抗震要求。

3）纵筋锚固长度，接头要求等也一律按非抗震要求。

当然，基础梁端箍筋因为抗剪强度需要，间距加密至100mm，也是允许的，也不能一看到基础梁箍筋有加密区和非加密区之分，就说设计概念上有问题，一句话，要具体问题具体分析，分工程情况区别对待。

6. 柱间条形基础的实际工程算例

下面举个工程实例来具体介绍一下计算步骤。

【例6-15】 某新建裙房，为框架剪力墙结构，柱尺寸为450mm×450mm，由于与原已建建筑比邻，原建筑物基础外皮与新做柱外皮仅仅775mm，新建裙房基础埋深为d=3.8m，修正后的地基承载力标准值为f_a=183kPa，基础混凝土等级为C30，f_c=14.3kPa，f_t=1.43kPa经过电算，柱①轴力为1165kN，柱②轴力为2265kN［见图6-11（a）～图6-11（c）］，试计算确定柱下条形基础尺寸和设计该柱下条形基础。

【解析】 首先对柱②轴压力作用点取矩，计算出合力作用点位置，此位置因为是基底面积形心，所以中分整个条形基础长度，因中分，所以左右相等，故此定出柱②外挑2.2m为条形基础右边线。

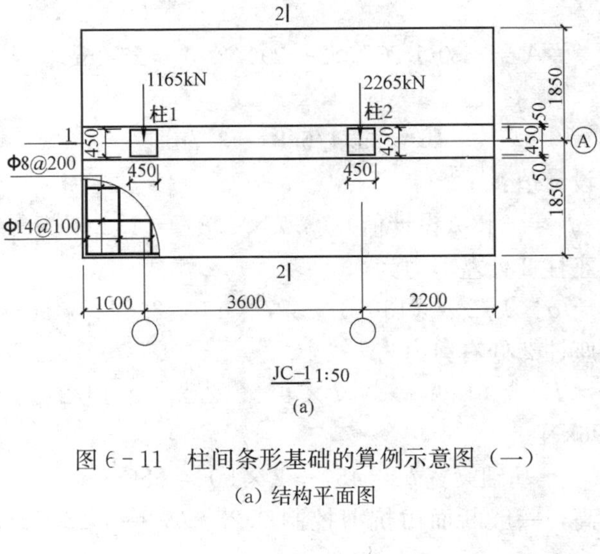

(a)

图6-11　柱间条形基础的算例示意图（一）

(a) 结构平面图

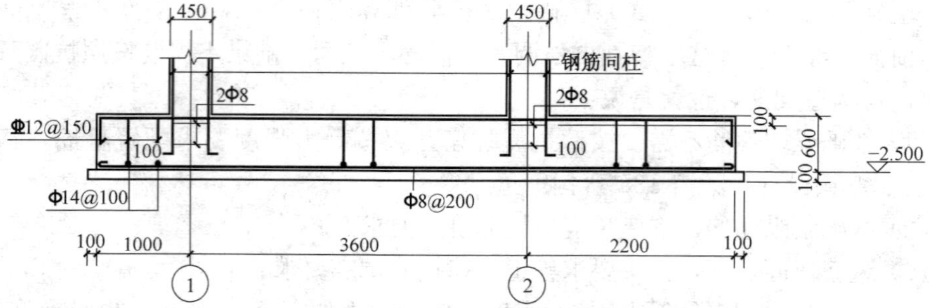

1—1 1:50
(b)

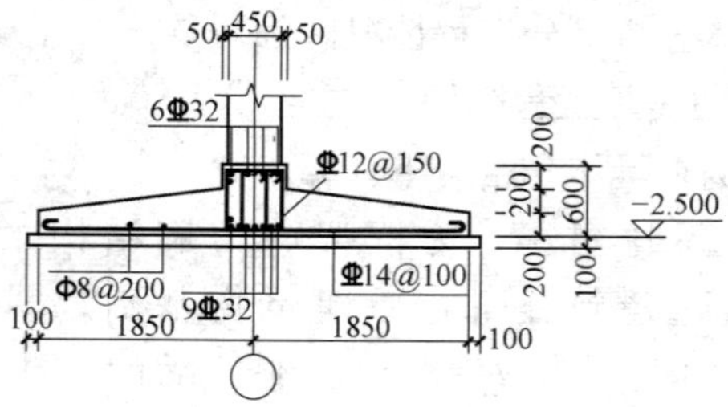

2—2 1:50
(c)

图 6-11 柱间条形基础的算例示意图（二）
(b) 1—1 剖面图；(c) 2—2 剖面图

$$x = (116.5 \times 3.6)/3430 = 1.2\text{m}$$

$$3.6 - 1.2 = 2.4\text{m}$$

$$L_1 = 2.4 + 1 - 1.2 = 2.2\text{m}$$

基底面积：

$$A = 3430/1.26/(183 - 20 \times 3.8) = 25.4\text{m}^2$$

基底宽度：

$$B = 25.4/6.8 = 3.7\text{m}$$

基底净反力设计值：

$$p_j = 3430(\text{设计值})/(3.7 \times 6.8) = 136.3\text{kN}$$

柱间地梁支座柱 2 处左剪力为

$$V_{左} = q \times L/2 = (136.3 \times 3.7 \times 1) \times 3.6/2 = 908\text{kN}$$

柱间地梁支座柱 2 处右剪力为

$$V_{右} = q \times L_1 = (136.3 \times 3.7 \times 1) \times (2.2 - 0.45/2) = 996\text{kN}$$

取大值为 996kN

$$基础梁宽\ b = 450 + 2 \times 50 = 550\text{mm}$$

确定基础梁高，一般断面由抗剪控制 $0.25 f_c b h_0 = 0.25 \times 14.3 \times 550 \times h_0 =$

996kN

$$h_0 = 506\text{mm}$$

$$h + 50 = 506 + 50 = 556\text{mm}，取为 600\text{mm}$$

箍筋查《混凝土计算手册》（参考文献 5）相关表格得 $\phi12@150$ 或者 HRB400 的 $\phi12@150$。

跨中上铁：

$$M = qL^2/8 = (136.3 \times 3.7) \times 3.6^2/8 = 817\text{kN} \cdot \text{m}$$

$$A_s = 817 \times 10^6/(0.875 \times 360 \times 550) = 4716\text{mm}^2$$

实际配筋 6 个 HRB400 的 $\phi32$，其 A_s=4824

悬挑下铁：

$$M = qL^2/2 = (136.3 \times 3.7) \times 2.2^2/2 = 1220\text{kN} \cdot \text{m}$$

$$A_s = 1220 \times 10^6/(0.875 \times 360 \times 550) = 7042\text{mm}^2$$

实际配筋 9 个 HRB400 的 $\phi32$，其 $A_s=7234\text{mm}^2$

悬挑基础底板根部厚度由素混凝土抗剪控制：

$$V \leqslant 0.7 \times \beta_h \times f_t \times b \times h_0$$

$$V = p_j \times a = 136.3 \times (1.85 - 0.55/2) = 215\text{kN/m}$$

a 为悬挑长度

$V = 0.7 \times \beta_h \times f_t \times b \times h_0 = 0.7 \times 1 \times 1.43 \times 1000 \times h_0 = 215\text{kN/m}$

求得 h_0=214mm

$$h = 214 + 50 = 264\text{mm}$$

取为 400mm

按照经验初估基础底板半宽/5 为 1850/5=370mm，取整数为 400mm。

经验方法与实际计算基本吻合，也满足构造上大于或等于 200mm 的要求。

基础底板配筋：

$$M = p_jL^2/2 = 136.3 \times (1.85 - 0.55/2)^2/2 = 169\text{kN} \cdot \text{m}$$

$$h_0 = 400 - 50 = 350\text{mm}$$

$$A_s = M/(0.9 f_y h_0) = 169 \times 10^6/(0.9 \times 360 \times 350) = 1490\text{mm}^2$$

实际配筋为 HRB400 的 $\phi14@100$，其 $A_s=1539\text{mm}^2$。

6.3.3　混凝土墙——柱下混合条形基础的简化手算方法

1. 混凝土墙——柱下混合条形基础的概念设计和简化手算方法

混凝土墙——柱下混合条形基础一般出现在多层框架—剪力墙结构中。剪力墙端部（有时也有中部）会和混凝土柱浇筑在一起，也即柱中含墙，墙中有柱，这种情况多是为了解决梁内主筋锚固的问题而设置的。道理很简单，主梁内主筋直径很大（HRB400 的 $\phi22 \sim \phi32$ 均有可能），于是锚固长度也会很长，因此主筋要进入墙厚较薄的剪力墙中锚固，就比较困难，因此剪力墙此时一般构造上设置一个柱子，使得梁主筋锚固容易解决。

而对于混凝土墙——柱下混合条形基础，目前工程中两种概念设计和计算方法，第一种是将柱内力（一般为轴力）按一定的刚度分配原则，分配到混凝土墙上去，然后再按照墙下条形基础设计。有一种简化手算方法，条件当混凝土墙长高比不大于 2，可近似按混凝土墙竖向截面的面积之比，进行柱轴力荷载的分配。每片墙分配到的柱轴力（集中力）按 45°扩散线扩散，近似认为均匀分摊到与墙高尺寸相等的墙长范围内，这样墙除了自身每延长米有个轴向分布荷载外，局部还要叠加柱分配来的轴力均匀扩散后的分布荷载，用两者之和设计混凝土墙（图 6－12）。道理很简单，但这种设计方法会导致剪力墙下条形基础宽度过大，这样做不经济，实际受力大而集中的柱下仅局部处的条形基础才是起控制作用的，为了能突出重点受力部位，让条形基础宽度该大处则大，该小处则小。

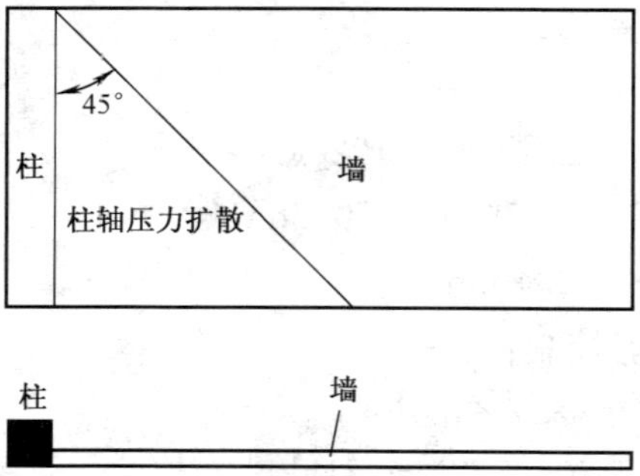

图 6－12　柱轴力（集中力）扩散示意图

这样就自然引发出了第二种设计方法，也即单独柱基与墙下条形基础分离式基础设计方法。简单地说，就是在混凝土柱下根据柱轴力基础按照单独柱基设计，而对于混凝土墙下基础按照墙下条形基础设计成条形基础，柱与混凝土墙两者截然分离式设计，此方法概念清晰，突出重点，集中受力的构件其基底面积设计得相对大些，均布受力的构件其基底面积设计的相对小些，该大则大，该小则小，符合实际受力情况，而且计算方法简单实用，也没有增加什么新的计算内容。

因此设计实践中，笔者更为推荐第二种方法。尤其剪力墙基础要求验算地震作用组合下地基承载力时，剪力墙端柱基础面积更宜局部放大，而相对减少剪力墙中部条形基础宽度，这样布置不仅有助于减少基础底面尺寸，同时还可以依靠放大端柱基底面积来有效抵抗地震作用下剪力墙平面内弯矩，以免造成剪力墙端部沉降大，中部沉降小的沉降不均匀的不利局面。

2. 混凝土墙——柱下混合条形基础的实际工程算例

【例 6－16】 某混凝土墙——柱下混合条形基础，埋深 4m，混凝土墙高 4m，深宽修正后的地基承载力标准值为 244.5kPa，混凝土墙设置了端柱，经电算查得，端柱轴力设计值为 1600kN，混凝土墙总轴力设计值为 3500kN，混凝土墙长 7.8m，试用以上两种方法设计此混凝土墙——柱下混合条形基础，并比较。

【解析】 用第二种推荐方法，先计算柱基底面积得

$$A = 1600/1.26/(244.5 - 4 \times 20) = 7.72 = 2.8^2\text{m}^2,\ a = 2.8\text{m}$$

计算条形基础底宽度得

$$B = 3500/1.26/7.8/(244.5 - 4 \times 20) = 2.2\text{m}$$

用第一种方法，先计算柱在墙顶起按 45°线扩散后，将轴力均匀扩散后的条形基础均布荷载值为

$$1600/1.26/4 = 317.5\text{kN/m}$$

墙自身均布荷载

$$3500/1.26/7.8 = 356.1\text{kN/m}$$

两者叠加后为

$$371.5 + 356.1 = 674\text{kN/m}$$

计算条形基础底宽度得

$$B = 674/(244.5 - 4 \times 20) = 4.1\text{m}$$

同推荐方法比较，基底宽度宽了 1.3m，很不经济。

当柱下独立基础尺寸 a 还小于墙下条形基础宽度 B 时，可直接取 $a=B$，即作一个比真正计算所得面积大一些的单独柱基，这样取同，对单独柱基更偏于安全些。

笔者以一个工程实例的基础结构施工图（见图 6-13）（见文后插页）作为示意，来向年轻的结构工程师展示基础结构施工图应表达的内容和深度，该项目为中国援阿富汗医院的国际援建项目，笔者当时为结构专业负责人，该项目的基础结构平面与大样图，恰好集单独柱基、混凝土墙下条形基础、混凝土墙—柱下混合条形基础三者于一身，笔者于是以它作为本章理论算法的运用，集中呈现给读者。

第 7 章　学会编制正确、完整的结构设计总说明

施工图文件结构设计总说明一般在图纸的首页（含图纸目录、重复利用图及标准图目录），正确的施工图结构设计总说明，内容上具有全面性、共用性、概括性、重要性等特点，它是保证工程质量的重要内容。

法国、日本等国家的设计单位对结构设计总说明编写已经形成了标准格式，于是具体图纸上的文字说明很少，可见结构设计总说明的共用性和重要性。

根据对目前各设计院施工图文件的了解及部分审图单位的反映，由于各设计企业的水平不一，结构设计总说明编写的不够标准及规范，出现内容不全，深度不够，有时甚至出现与本工程无关的内容，造成施工、监理、业主等有关单位的理解不同，甚至出现执行错误的情况。

为了提高设计效率，规范设计文件的完整及严肃性，有必要编写标准格式及内容的结构设计总说明，指导设计企业对施工图结构设计总说明的编写。对提高设计水平及较年青的结构工程师有积极的作用。

为了能让年轻的结构设计人员“直接复制”具有通用性的大部分总说明（包括文字和图样），以提高设计效率，笔者下面将各类结构体系的施工图结构设计总说明中具有共用性、可能被重复利用的部分说明（包括文字和图样），以及对应工程实例加以归纳，单独提炼出来，作为配套光盘中的部分内容，提供给设计人，以期与同行业的结构设计师资源共享。

以下的结构设计总说明内容包括钢筋混凝土结构、砌体结构和多、高层钢结构的施工图阶段设计总说明之可共用的通用说明，以及对应以上不同结构体系所提供的设计总说明典型示例。

编制方法：笔者在各结构体系的结构设计总说明编制时，均先提供具有通用性、可能被重复利用，且具备一定深度的主要说明作为示范，之后配以对应的工程实例。

7.1　钢筋混凝土结构设计总说明之可共用说明

7.1.1　结构概述和设计标准

（注：阴影部分文字处为多项中选择一项）

7.1.1.1　工程概况

1. 建筑地点：____。

2. 总建筑面积：____ m^2。

3. 工程概述：____段（结构单元），主要使用功能为____：

(1) 最大长度____ m；最大宽度____ m；

(2) 主楼。

檐口高度____ m（以±0.00计）；局部出屋顶高度____ m；

±0.00以上层数为____层；±0.00以下层数为____层；

结构本系为____；

基础形式为____，基础底标高为____；

地基采用天然地基，持力层为____，地基承载力标准值为____。

地基采用地基处理，地基处理方法为____；基础底地基土层为____，地基处理前地基承载力标准值为____，地基处理后地基承载力标准值为____，地基处理后最终最大沉降值不大于____。

桩基础类型采用____，桩径为____ mm，桩长为____ m，桩端持力层为____，单桩竖向承载力特征值为____，最终最大沉降值不大于____。

(3) 裙房。

±0.00以上层数为____层；±0.00以下层数为____层；

基础形式为____，基础底标高为____；

地基采用天然地基，持力层为____，地基承载力标准值为____。

地基采用地基处理，地基处理方法为____；基础底地基土层为____，地基处理前地基承载力标准值为____，地基处理后地基承载力标准值为____。

(4) 地下车库。

地下层数为____层；地下一层顶板上覆土厚度为____ m；

基础形式为____，基础底标高为____；

地基采用天然地基，持力层为____，地基承载力标准值为____。

地基采用地基处理，地基处理方法为____；基础底地基土层为____，地基处理前地基承载力标准值为____，地基处理后地基承载力标准值为____。

(5) 人防地下室。

人防抗力等级为____级，所在位置为地下____层，平时主要使用功能为____。

(6) 本建筑与原有建筑物的关系。

与原有建筑物的距离：____ m（基础边至基础边）；

原有建筑物基础埋深：____ m；

基础埋深大于原有建筑物基础埋深时处理措施：分段施工、设临时加固支撑、桩基支护、地下连续墙、加固原有基础等。

4. ±0.00绝对标高：本工程设计标高±0.00相当于绝对标高____ m。

7.1.1.2 抗震设防有关参数和结构设计标准

1. 抗震设防有关参数

(1) 拟建场地地震基本烈度：____度，相应的设计基本地震加速度值：____ g。

(2) 场地类别：____类。

(3) 设计地震分组：第____组。

(4) 本场地地基土层地震液化程度判定。

2. 结构设计标准

____段（结构单元）：

(1) 建筑结构安全等级为____级，结构重要性系数为____。

(2) 设计使用年限（耐久年限）混凝土结构为____年，钢结构为____年。

(3) 结构设计基准期（可靠度）为____年。

(4) 地基基础设计等级为____ 级，结构重要性系数为____。

(5) 抗震设防类别为____类，抗震设防烈度为____度，相应的设计基本地震加速度值：____ g，抗震措施按____ 度要求。

(6) 钢筋混凝土结构抗震等级：

____ 层：框架为____级；剪力墙为____级；

____ 层：框架为____级；剪力墙为____级；

剪力墙底部加强部位为____。

(7) 建筑物耐火等级为____级。

(8) 地下工程的防水等级为____级。

7.1.1.3 可变荷载作用

1. 正常使用活荷载标准值（设计基准周期50年）

住宅、宿舍、旅馆、办公、教室：	2.0kN/m²
卫生间、阳台、一般楼梯、车库：	2.5kN/m²
剧场、影院、洗衣房：	3.0kN/m²
商店、展览厅、消防楼梯：	3.5kN/m²
一般地下室顶板（±0.000处）：	4.0kN/m²
书库：	4.0kN/m²
机房：	7.0kN/m²
上人屋面：	2.0kN/m²
不上人屋面：	0.7kN/m²

未注明的楼面活荷载按GB 50009—2001《建筑结构荷载规范》取值。设备、电气等有特殊要求的房间按实际情况由生产厂家（承包商）提供荷载数据，并在结构施工前复核确认，任何调整情况须及时通知设计院。

2. 风荷载

(1) 基本风压：$\omega_0=$____ kN/m^2；

(2) 地面粗糙度类别：C____类。

3. 雪荷载

(1) 基本雪压：$S_0=$____ kN/m^2。

(2) 钢屋盖积雪荷载：__________。

4. 温度作用

(1) 温度作用设计依据：

根据北京气象局近30年统计数据，北京地区的高低气温记录如下：

平均最高气温____℃，极端最高气温____℃；

平均最低气温____℃，极端最低气温____℃。

(2) 钢结构屋盖部分设计采用的温度和温差为：

1) 安装校准温度（钢结构合龙温度）为：____±____ ℃。

2) 室内设计的最大温度差（相对于安装校准温度）：

温度升高工况：+____℃。

温度降低工况：-____℃。

3) 室外设计的最大温度差（相对于安装校准温度）：

温度升高工况：+____℃。

温度降低工况：-____℃。

(3) 超长钢筋混凝土部分设计采用的温度和温差为：

1) 后浇施工缝浇筑时温度为：____±____℃。

2) 室内设计的最大温度差（相对于后浇施工缝浇筑时温度）：

温度升高工况：+____℃。

温度降低工况：-____℃。

7.1.1.4　场地的工程地质条件和水文条件

1. 场地标准冻深：____ m

2. 地形概况

本工程场区地形，勘探期间的钻孔孔口地面标高为____ m。

3. 地层岩性及分布特征（见表7-1）

表7-1　**地层岩性及分布特征**

成因年代	土层编号	土层名称	压缩性	层底标高/m	地层厚度/m	承载力特征值/kPa
人工堆积层	①	黏质粉土、粉质黏土填土		42.33～43.87	0.8～2.0	
	$①_1$	房渣土				
	$①_2$	炉灰				

续表

成因年代	土层编号	土层名称	压缩性	层底标高/m	地层厚度/m	承载力特征值/kPa
	②	砂质粉土、黏质粉土	低			210
	②$_1$	粉质黏土、重粉质黏土	中高	37.69～40.24	3.2～5.7	150
	②$_2$	砂土	中高			180
	②$_3$	黏质粉土、砂质粉土	中			
	③	粉细砂	中-低	35.92～39.41	0.4～2.9	
第四纪全新冲洪积层	④	粉质黏土、黏质粉土	中高-中			
	④$_1$	砂质粉土	低	31.53～36.41	2.6～5.8	
	④$_2$	重粉质黏土	中高			
	⑤	中细砂	低			
	⑤$_1$	粉细砂	低	27.29～31.41	1.5～1.7	
	⑤$_2$	粉质黏土、黏质粉土	中低			
	⑤$_3$	圆砾	低			
	⑥	粉质黏土、重粉质黏土	中-低			
	⑥$_1$	黏质粉土、砂质粉土	低	24.3～26.14	1.6～5.1	
	⑥$_2$	黏土	中-低			
	⑦	粉细砂	低	23.65～25.41	0.4～2.0	
	⑧	粉质黏土、黏质粉土	中-中低			
	⑧$_1$	黏土、重粉质黏土	中-低	20.64～22.77	1.9～4.0	
	⑧$_2$	砂质粉土	低			
晚更新世冲洪积层	⑨	粉质黏土、黏质粉土	中低-低			
	⑨$_1$	重粉质黏土	中低-低	15.83～19.67	1.6～5.4	
	⑨$_2$	砂质粉土	低			
	⑩	粉质黏土、重粉质黏土	中低-低			
	⑩$_1$	黏质粉土、砂质粉土	低	13.48～16.23	1.6～3.9	
	⑩$_2$	黏土	中低-低			
	⑪	卵石圆砾				
	⑪$_1$	细中砂		钻孔未穿透		
	⑪$_2$	重粉质黏土、黏质粉土				

4. 本场地不良地质状况分析及处理措施

本场地不存在影响场地整体稳定性的不良地质作用。

5. 水文地质条件

(1) 场区地下水埋藏情况：

场区范围内的地下水类型分别为__________________。勘探时水位标高分别为__________________ m。

(2) 历年最高水位记录：

1959 年最高水位标高：______________。

1971～1973 年最高水位标高：______________。

近 3～5 年最高水位标高：______________。

(3) 抗浮设防水位和外挡土墙计算水位：

1) 抗浮设防水位为____ m。

2) 外挡土墙计算水位为____ m。

3) 设计依据为____。

(4) 地下水和场地土的腐蚀性

1) 地下水对混凝土结构和钢筋的影响：__________________。

2) 本场区____ m 深度范围内的土对混凝土结构和钢筋的影响：__________。

3) 本建筑场地土壤氡浓度对混凝土结构和钢筋的影响：____________。

7.1.1.5　结构设计依据

1. 本工程所遵循的国家及地方规范、规程和标准

(1) 通用规范、规程和标准

GB 50068—2001《建筑结构可靠度设计统一标准》

GB 50009—2001《建筑结构荷载规范》

GB 50223—2004《建筑工程抗震设防分类标准》

GB 50011—2008《建筑抗震设计规范》

GB 50010—2002《混凝土结构设计规范》

GB 50017—2003《钢结构设计规范》

GB 50007—2002《建筑地基基础设计规范》

DBJ 01—501—1992《北京地区建筑地基基础勘察设计规范》

JGJ 94—1994《建筑桩基技术规范》

GB 50108—2001《地下工程防水技术规范》

GBJ 16—1987《建筑设计防火规范》(2001 年版)

DG/TJ 08—008—2000《建筑钢结构防火技术规程》

《全国民用建筑工程设计技术措施》(结构专业)(2003 年版)

(2) 高层混凝土建筑

JGJ 3—2002《高层建筑混凝土结构技术规程》

JGJ 6—1999《高层建筑箱形与筏形基础技术规范》

GB 50045—1995《高层民用建筑设计防火规范》(2001 年版)

(3) 高层混合结构建筑

JGJ 138—2001《型钢混凝土组合结构技术规程》

JGJ 6—1999《高层建筑箱形与筏形基础技术规范》

CECS 28：90《钢管混凝土结构设计与施工规程》

(4) 高层钢结构建筑

JGJ 99—1998《高层民用建筑钢结构技术规程》

JGJ 6—1999《高层建筑箱形与筏形基础技术规范》

(5) 预应力混凝土

JGJ 140—2004《预应力混凝土结构抗震设计规程》

(6) 大跨钢结构

JGJ 61—2003《网壳结构技术规程》

JGJ 7—1991《网架结构设计与施工规程》

(7) 人防工程

GB 50038—2005《人民防空地下室设计规范》

(8) 砌体结构

GB 50003—2001《砌体结构设计规范》

局部修订 GB 50003—2001《砌体结构设计规范》

(9) 木结构

2005年版 GB 50005—2003《木结构设计规范》

(10) 其他

GB 50119—2003《混凝土外加剂应用技术规范》

GB 50330—2002《建筑边坡工程技术规范》

CECS 38：2004《纤维混凝土结构技术规程》

2.《全国民用建筑工程设计技术措施》(结构专业)(2003年版)

3. 初步设计审批意见

(1) ××工程初步设计审批意见。

(2) ××工程初步设计审查会会议纪要（　　年　月　日发）。

(3) ××工程设计大纲。

4. 岩土工程勘察报告

名称：________________________________；

编号：________________________________；

编制单位：____________________________；

编制日期：____年__月__日。

5. 抗浮设防水位分析论证报告

名称：________________________________；

编号：__________________________________；

编制单位：______________________________；

编制日期：____年__月__日。

6. 风荷载风洞试验报告

名称：__________________________________；

编号：__________________________________；

编制单位：______________________________；

编制日期：____年__月__日。

7. 场地地震安全性评价工作报告

(1)《××工程场地地震安全性评价工作报告》(北京市地震局震害防御与工程地震研究所　　年　月)。

(2) 关于《××工程场地地震安全性评价工作报告》的批复（北京市地震局文件京震发抗 [　　] 号　　年　月　日)。

8. 本工程人防审批意见

9. 本工程结构设计所依据的其他相关文件

(1)《××工程消防性能化设计报告》(建研防火设计性能化评估中心　　年　月)。

(2) 中国××省××市公安局消防局会议纪要（第　期)——××工程消防安全性能化设计及评估报告专家论证会会议纪要（　　年　月　日)。

(3)《××工程消防性能化设计复核评估报告》(中国××省××市消防科学研究所中国科学技术大学火灾科学国家重点实验室　　年　月)。

10. 本工程超限审查意见

7.1.1.6　结构设计采用的计算软件

(1) 建研科技股份有限公司编制的“PK－PM 系列软件”(新规范 2005 年版本)。

(2) 北京金土木软件技术有限公司编制的“集成化的建筑结构设计与分析软件 ETABS9 中文版”。

(3) 北京金土木软件技术有限公司编制的 Sap2000 V9 中文版集成化结构分析与设计软件。

(4) 安世亚太科技有限公司编制的 ANSYS V10 结构计算软件。

(5) 北京迈达斯技术有限公司编制的 MIDAS/Ggn V. 6. 9. 1 中文版结构分析与设计软件。

(6) 阿依艾工程软件（大连）有限公司编制的 STAAD/CHINA 2005 年版结构计算软件。

(7) 北京理正软件设计研究所编制的“5. 3 版理正结构设计工具箱系列软件”(新规范)。

7.1.1.7 结构设计采用的通用图集（表7-2）

表7-2 结构设计采用的通用图集

图　集　名　称	编号	图集类别
《建筑物抗震构造详图》	03G329-1	国家建筑标准设计
《混凝土结构施工图平面整体表示方法制图规则和构造详图》（框架、剪力墙）	03G101-1	国家建筑标准设计
《框架结构填充小型空心砌块墙体结构构造》	02SG614	国家建筑标准设计
《钢结构设计制图深度和表示方法》	03G102	国家建筑标准设计
《多、高层民用建筑钢结构节点构造详图》	01SG519	国家建筑标准设计
《多、高层民用建筑钢结构节点连接》	03SG519-1	国家建筑标准设计
《配筋混凝土砌块砌体建筑结构构造》	03SG615	国家建筑标准设计
《地沟及盖板》	02J331	国家建筑标准设计
《钢筋混凝土过梁》	03G322-1	国家建筑标准设计
《抗震重力式挡土墙》	J008-2	国家建筑标准设计
《钢筋混凝土结构预埋件》	04G362	国家建筑标准设计
《防空地下室结构设计》（2004年合订本）	FG01-03	国家建筑标准设计
5、6级人防工程《防空地下室门框墙结构设计》	京04 RFG1	北京市建筑标准设计

7.1.2 绘图说明与03G101-1图集增补、改进内容

7.1.2.1 施工图绘制说明

（1）尺寸标注：

1）图中尺寸标注单位一律为毫米（mm）；标高单位一律为米（m）。

2）施工一律根据图中尺寸标注，不得测量图纸。当图中尺寸有冲突或尺寸无法确定时，须及时通知设计人。施工单位在施工前须核对图中尺寸，包括与其他各专业图纸之间的核对。遇有图纸和实际情况的任何差异，须及时通知设计人。

3）图中墙、柱、梁的定位，除特别注明外，均以轴线居中。

4）未注明的梁顶标高均同楼板上皮标高。

（2）本工程除基础平面图采用正投影法外，各层结构平面图均采用镜像投影法绘制。

（3）本工程施工图是按“建筑结构施工图平面整体设计方法”（简称平法）绘制的。其制图规则和标准构造详图的依据是03G101-1《混凝土结构施工图平面整体表示方法制图规则和构造详图》。承包商和施工单位在施工前请全面理解该图集的所有内容，并审阅设计图纸。施工中出现难以确定的问题时请与结构专业负责人协商解决。

(4) 根据本工程具体情况，设计中对03G101-1图集有局部更改和补充，除本说明中注明的更改和补充外，其他均按03G101-1图集要求施工。

7.1.2.2 《混凝土结构施工图平面整体表示方法制图规则和构造详图》03G101-1图集增补内容

梁平法改进及补充说明（不包括基础地梁）

(1) 图集第4.4.1条修改为：

当梁支座上部纵筋仅配置一排钢筋时，非通长筋从柱（梁、剪力墙）边起延伸长度取$Ln/4$位置。

当梁支座上部纵筋配置两排钢筋时，第一排非通长筋从柱（梁、剪力墙）边起延伸长度取$Ln/3$与$Ln/4+La$中较大值位置；第二排非通长筋从柱（梁、剪力墙）边起延伸长度取$Ln/4$位置。

当梁支座上部纵筋配置三排钢筋时，第一排非通长筋从柱（梁、剪力墙）边起延伸长度取$Ln/3+La$与$Ln/4+2La$中较大值位置；第二排非通长筋从柱（梁、剪力墙）边起延伸长度取$Ln/3$与$Ln/4+La$中较大值位置；第三排非通长筋从柱（梁、剪力墙）边起延伸长度取$Ln/4$位置。

与核心筒斜交的梁Ln以梁中心线的实际长度确定。

其余条文同第4.4.1条。

(2) 图集第4.2.1条补充为：

当梁上集中标注的内容仅上部通长筋配置不适用于某跨时，可在梁原位标注中在该跨上部通长筋后加标注符号（TC）。

其余条文同第4.2.1条。

(3) 抗震楼层框架梁KL、抗震屋面框架梁WKL的端支座为剪力墙时，梁端纵向钢筋构造做法与梁端支座为框架柱时相同。

当梁支座上部纵筋或梁下部纵筋配置两排钢筋时，第二排非通长筋应相对梁中心线对称布置。

(4) 图集第63页：

本工程框架梁为扁梁，本页中的2～4级抗震等级框架梁KL、WKL详图修改内容：梁端箍筋加密区长度由原$\geqslant 1.5h_b \geqslant 500$修改为$\geqslant 2.0h_b \geqslant 500$，其他不变。

(5) 图集第63页：

本页增加主梁上柱处梁附加吊筋、箍筋构造详图和悬挑梁端部附加吊筋、箍筋构造详图，如图7-1、图7-2所示。

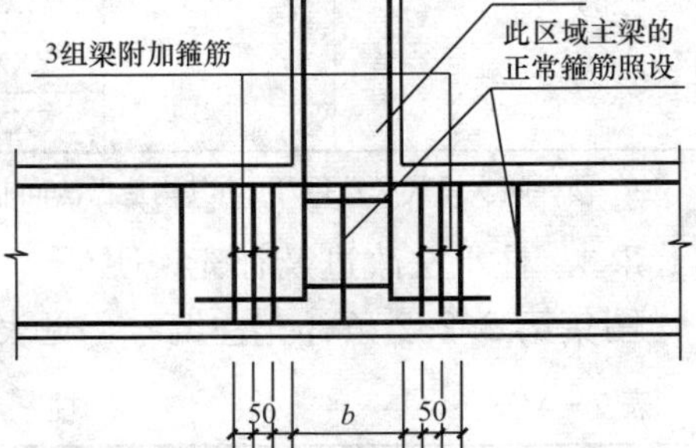

图7-1 梁上有柱时附加箍筋详图

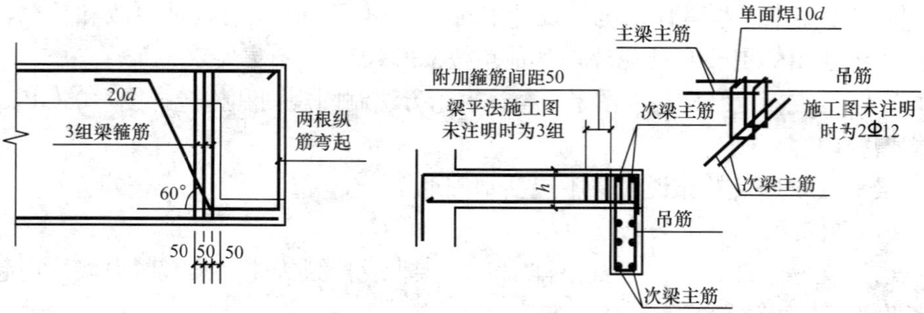

悬挑梁高度≥次梁高度　　　　悬挑梁高度＜次梁高度

图7－2　悬臂梁端部构造示意

（6）图集第4.2.2条修改为：

梁编号更改（未注明者同原图集），见表7－3。

表7－3　　梁　编　号

梁类型	代号	序　号
楼层框架梁	KL	DHXX（楼层地下横向框架梁）
		DZXX（楼层地下纵向框架梁）
		JHXX（地下一层夹层横向框架梁）
		JZXX（地下一层夹层纵向框架梁）
		HXX（楼层地上横向框架梁）
		ZXX（楼层地上纵向框架梁）
屋面框架梁	WKL	HXX（屋面横向框架梁）
		ZXX（屋面纵向框架梁）
非框架梁	L	DHXX（地下横向次梁）
		DZXX（地下纵向次梁）
		JHXX（地下一层夹层横向次梁）
		JZXX（地下一层夹层纵向次梁）
		DXX（地下中心筒内次梁）
		HXX（地上横向次梁）
		ZXX（地上纵向次梁）
		SXX（地上中心筒内次梁）

注　楼梯间次梁代号选用TL，其构造做法同非框架梁。

7.1.2.3　柱平法改进及补充说明

图集第2.2.2条补充柱编号，见表7－4。

表7－4　　柱　编　号

柱类型	代号	序号	备注
楼梯柱	TZ	XX	构造做法同梁上柱

7.1.3　主要材料

7.1.3.1　混凝土

1. 混凝土强度等级（见表 7－5）

表 7－5　　混凝土强度等级

部位 层号	垫层	基础底板	墙、柱	梁	板	其他构件（圈梁、构造柱、楼梯）
Ⅰ段基础	C15					
地下 2 层						
地下 1 层						
首　层						
首－2 层						
2－X 层						

2. 防水混凝土抗渗等级

地下室基础底板、外墙和与土壤接触的地下室顶板混凝土抗渗等级为 SX。

3. 混凝土耐久性

（1）所有基础、地梁、地下室外墙、无上部结构的地下室顶板属于二 b 类环境类别；其他属于一类环境类别。

（2）各类环境的混凝土结构均应满足《混凝土结构设计规范》表 3.4.2 混凝土耐久性的基本要求。

4. 混凝土外加剂

（1）外加剂的选择与使用应满足 GB 50119—2003《混凝土外加剂应用技术规范》。选择各类外加剂时，应特别注意外加剂的适用范围，应考虑外加剂对混凝土后期收缩的影响，尽量选择对混凝土后期收缩影响小的外加剂。

（2）各类外加剂应有厂商提供的推荐掺量与相应减水率、主要成分的化学名称、氧离子含量、含碱量以及施工中必要的注意事项。氯化钙不能作为混凝土的外加剂使用。

（3）补偿收缩混凝土采用的外加剂应为 A 级或一级品，使用时应有专业技术支持。

7.1.3.2　钢筋和预埋件用钢材

1. 普通钢筋（见表 7－6）

表 7－6　　普通钢筋规格

符号	钢筋	强度设计值 f_y/(N/mm^2)	对应焊条规格
φ	HPB235	210	E43
Φ	HRB335	300	E50
Φ	HRB400	360	E50

抗震等级为一、二级的框架结构纵向受力钢筋的抗拉强度实测值与屈服强度实测值的比值不应小于1.25；且钢筋的屈服强度实测值与强度标准值的比值不应大于1.3；且钢筋在最大拉力下的总伸长率实测值不应小于9%。

2. 预应力钢筋

(1) 预应力钢筋类别：钢绞线等；

(2) 锚具类型：锥塞式锚具等；

(3) 预应力钢筋强度标准值____ N/mm^2；

(4) 张力控制应力系数0.6；

(5) 采用超张拉。

3. 预埋件用钢材

Q235B、D碳素结构钢，焊条E43××型。

Q345B、D低合金高强度结构钢，焊条E50××型。

钢筋与型钢焊接时随钢筋定焊条。

7.1.3.3 油漆：凡外露钢铁件须除锈后涂防腐漆，面漆两道，并定时维护。

7.1.3.4 其他材料（见表7-7）。

表7-7 **其他材料**

部位及用途	材料及强度等级	备注
填充墙	砌块材料，≥MU_	容重 γ_0≤____ kN/m^3
填充墙砂浆	地上混合砂浆M5（地下为水泥砂浆）	
墙体内、外保温材料		

7.1.4 钢筋混凝土结构一般构造要求

7.1.4.1 混凝土保护层（mm）

(1) 混凝土保护层厚度应满足03G101-1图集页次33的要求，同时还应满足地下室混凝土迎水面、水池内侧及潮湿房间的钢筋保护层厚度≥50mm。

(2) 当结构构件保护层厚度大于40mm时，应对保护层采取有效防裂构造措施。

7.1.4.2 钢筋的连接与锚固长度

(1) 受拉钢筋最小锚固长度 L_a 详03G101-1图集页次33。

(2) 纵向受拉钢筋抗震锚固长度 L_{aE} 详03G101-1图集页次34。

(3) 受拉钢筋绑扎搭接长度 L_1（非抗震）详03G101-1图集页次34。

(4) 受拉钢筋绑扎搭接长度 L_1（抗震）详03G101-1图集页次34。

7.1.4.3 钢筋的接头形式及要求

(1) 轴心受拉及小偏心受拉构件的纵向受力钢筋不得采用绑扎搭接接头。

(2) 当纵向受力钢筋的直径 $d>22$mm 时不得采用绑扎搭接接头。

(3) 当梁、柱、底板及基础梁的纵向钢筋采用机械连接或焊接时，接头质量应符合 JGJ 107—2003，J 257—2003《钢筋机械连接通用技术规程》或 JGJ 18—2003，J 257—2003《钢筋焊接及验收规程》中的要求。

(4) 本工程钢筋机械连接接头性能等级为____级。

7.1.4.4　后浇带（施工后浇带、沉降后浇带）

本工程因____方向均较长，为减少混凝土硬化过程中的收缩应力，每隔 30～40m 设施工后浇带一道（位置详基础平面）；为减少主楼与地下车库之间的差异沉降，在主楼与地下车库交接处地下车库一侧设沉降后浇带（位置详基础平面）。后浇带自基础底至上部各层包括混凝土外墙均设置，通过后浇带的钢筋不得直通，在后浇带范围内搭接 45d，后浇带浇筑前在搭接位置中部搭接钢筋单面焊 10d。施工后浇带在两侧混凝土浇筑 2 个月后、沉降后浇带应在主楼结构完成后（如进行沉降观测应根据沉降观测数据分析、确定浇筑日期），用提高一级强度的微膨胀混凝土浇筑。后浇带做法详图 7-3 所示。

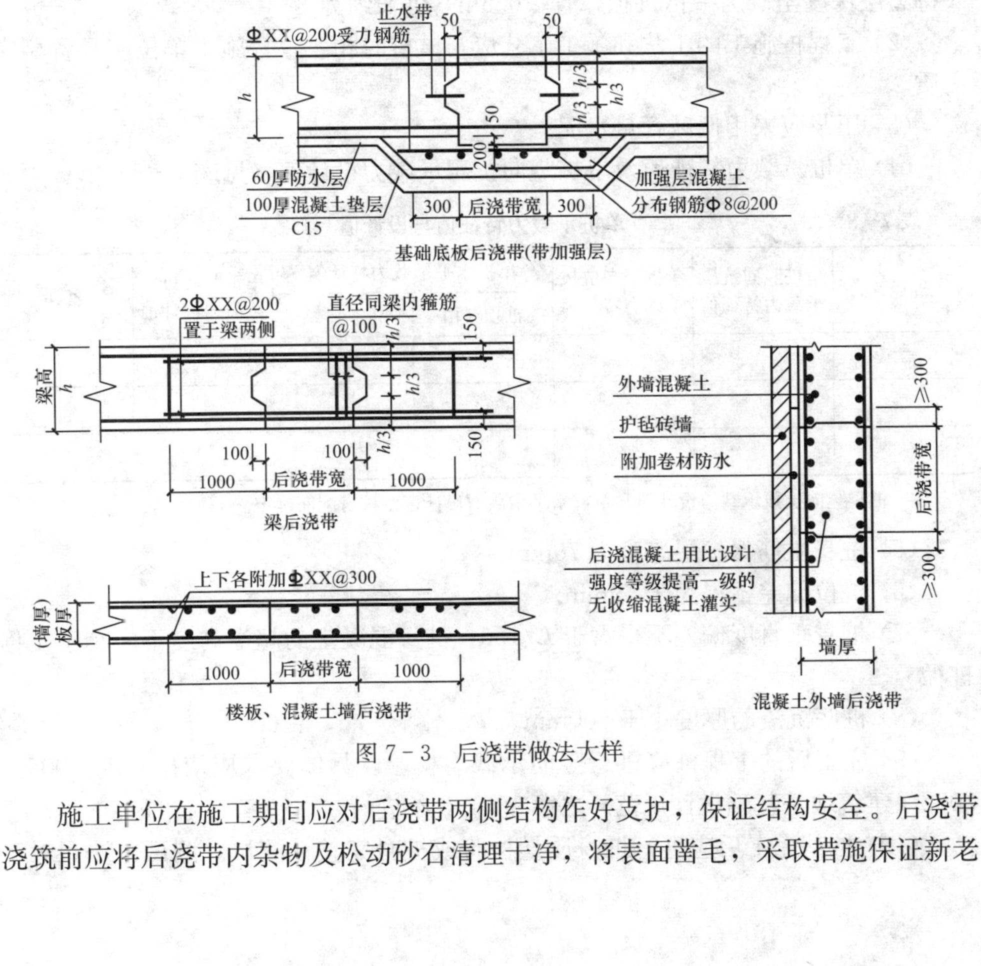

图 7-3　后浇带做法大样

施工单位在施工期间应对后浇带两侧结构作好支护，保证结构安全。后浇带浇筑前应将后浇带内杂物及松动砂石清理干净，将表面凿毛，采取措施保证新老混凝土结合密实，有共同工作。

7.1.4.5 未经技术鉴定或设计认可，不得改变结构的用途和使用环境。

7.1.5 地基基础设计施工要求

7.1.5.1 地基与基础

1. 天然地基

（1）本工程采用____基础，基础底标高为－____ m。基础持力层位于第____层____土层。地基承载力标准值 f_{ka}＝____ kPa。

（2）基础梁（板）纵向钢筋接头：钢筋直径 $d>22$mm 时采用机械连接（Ⅱ级接头），其余采用搭接。接头位置：上铁在支座，下铁在跨中，同一截面钢筋接头数量不应超过同截面钢筋总根数的50%。

（3）地下室底板与墙体应一次性整体浇筑至地面300mm以上，周边外墙与地下室底板连接处水平施工缝应设置钢板止水带。

2. 桩基础

（1）本工程基础采用____灌注桩，桩径为____，桩端持力层为____，桩端进入持力层深度至少为一倍桩径，且≥0.5m，桩长约为____。

（2）工程桩施工的工法和施工工艺应与试桩时相一致。施工单位应具备相应资质。

（3）压浆应采用低碱含量水泥。

（4）单桩承载力特征值及单桩竖向抗压承载力设计值（见表7-8）。

表7-8 单桩承载力特征值与设计值

桩径 ϕ	单桩竖向抗压承载力特征值	单桩竖向抗拔承载力特征值	单桩水平承载力特征值		单桩竖向抗压承载力设计值	备注
			桩顶自由	桩顶固结		

注 桩身竖向抗拔承载力设计值和单桩水平承载力设计值由桩身配筋确定。

（5）桩身主筋保护层厚度为70mm。

（6）桩位偏差不得大于50mm。

（7）桩身垂直度偏差不得大于 $L/150$。桩身混凝土的超灌高度不应小于1倍桩径。

（8）桩底沉渣的厚度小于100mm。

（9）完工后的工程桩应进行竖向承载力检验。具体要求应依据GB 50007—2002《建筑地基基础设计规范》之第10.1.8条进行。

（10）桩基完工后应进行桩身质量检验或桩身完整性测试。测试方法：对于直径大于 800mm 的混凝土嵌岩桩应采用钻孔抽芯法或声波透射法及低应变法；对于直径大于 800mm 的混凝土非嵌岩桩及直径不大于 800mm 的桩，可根据桩径与桩长的大小，结合桩型和实际需要，采用钻孔抽芯法或声波透射法或可靠的动测法进行检测；测试数量：一柱一桩时为 100%，多桩承台时为每承台不少于一根。直径大于 800mm 的混凝土嵌岩桩，测试桩的数量不少于桩总数的 10%。

(11) 人工挖孔桩终孔时，应进行桩端持力层检验。一柱一桩时的大直径土嵌岩桩，应视岩性，检验桩底下 3 倍桩径或 5m 深度范围内有无空洞、破碎带、软弱夹层等不良地质条件。

3. 复合地基

(1) 地基加固后的地基承载力及变形应满足以下要求：

1) 地基承载力特征值应满足____kN/m^2，同时考虑荷载传递的不均匀性，适当调整布桩间距。

2) 地基加固时需考虑在地震力作用下 X、Y 方向地震倾覆弯矩的作用。

3) 地基加固时应确保地基处理均匀，同时考虑土层厚度差异对地基加固整体性的影响及两种不同层数建筑物沉降差的处理。

4) 地基加固后建筑物最大最终沉降量：对于独立的高层建筑应控制在≤80～100mm，对于与裙房相连的建筑物应控制在≤50～80mm，倾斜控制在≤25‰，两栋楼之间尽量避免相向倾斜。

(2) 质量检测：

1) 对加固处理后的地基应另行选择权威机构进行复合地基载荷试验，以检验复合地基承载力。此外，还应进行竖向增强体以及周边土的质量检验。

2) 检测桩自身质量一般采用小应变方法。

3) 静载试验、动测的选择数量及试验要求均应依据《建筑地基处理技术规范》进行。

(3) 地基加固投标单位应具备相应的设计、施工资质，对地基加固处理安全负责。

(4) 在基础正式施工前，承包商应向设计单位提供加固检测报告书，经设计单位确认后方可进行基础施工。

(5) 其余未明确部分均应遵照国家和当地相关的设计、施工规范、规程执行。

7.1.5.2　基坑护坡

当工程基坑较深时，在土方开挖和地下室施工阶段需采用临时基坑支护措施。临时基坑支护系统的设计、施工、维护、和拆除由承包商全部负责。临时基坑支护系统应确保场区内外原有建筑安全无损，并保证人员安全。开挖后的基坑应立即封闭，防止水浸和暴露，并应及时进行地下结构施工。基坑土方开挖应严格按设计要求进行，不得超挖。基坑周边荷载，不得超过设计荷载限制条件。

7.1.5.3　基槽地基回弹变形观测

承包商应委托具有资质的单位做好基槽开挖后的地基回弹变形观测和施工观测，并随时报至设计院等有关单位。

7.1.5.4　基槽开挖

(1) 基槽土方开挖应由承包商根据相关图纸负责进行，开挖顺序应与施工降水、基础施工相协调。基槽开挖时严禁超挖及对槽底土质的扰动，当基底持力层湿度较大时，建议铺垫碾压一层级配砂石以减少施工期间的人为扰动。槽底应预留200mm厚土层，后用人工清槽。

(2) 基槽开挖过程中若发现实际地质情况与勘察报告不符应及时通知勘察、设计及有关单位研究处理。

(3) 基槽开挖后施工单位应普遍进行钎探（复合地基除外），详细记录并通知勘察、设计、监理和业主等有关单位共同验槽。待勘查、设计、施工、监理和业主等有关单位验槽合格后方可继续施工。

(4) 基槽内若积水、结霜、结冰则不准浇筑混凝土垫层。若在验槽后又出现积水、结霜、结冰，则基槽应在排水、去冰霜后重新验槽。

(5) 开挖后的基坑边坡应采取积极保护措施（如钢丝网薄板保护层）以避免由风、雨、冰、雪引起的边坡不稳和恶化。

(6) 基础及地下室施工期间应防止地表水流入基坑，基坑应保持干净、无积水。

(7) 基坑回填土及位于设备基础、地面、散水、踏步等基础下的回填土均按规范要求分层夯实回填3∶7灰土，每层厚度250mm，压实系数要求0.95。基坑回填时应两边同时进行，不得单面回填，以防引起基础变形。

(8) 冬期施工时应采取有效措施预防基底持力层受冻。

(9) 除本说明外，尚应按其他有关的施工及验收规范要求进行施工。

7.1.5.5　地下水施工要求

(1) 施工降水系统由承包商负责提供及安装，保持降水面在最深基底下0.5m。停止降水时需征得设计人员同意。

(2) 场地降水时应连续监测，承包商应有可靠措施防止因降水给周围建筑物、道路等设施带来不利影响。

7.1.5.6　沉降观测

本工程应进行沉降观测。观测点应设置在建筑物周边和结构的重要部位及荷载差异较大处。当工程图中未注明时，应在建筑物的四角（当有变形缝时，在缝外墙两侧），具体布置见沉降观测点布置图。在施工期间，一般每完成一层测试

1 次；竣工后，每半年 1 次；直至沉降稳定为止（稳定标准为半年沉降量不超过 3mm），沉降观测应由有相应资质的单位承担。施工前沉降观测单位应将测量方案报监理、总包、设计等单位。

7.1.6　框架—剪力墙结构构造要求

7.1.6.1　抗震等级

（1）框架抗震等级为____级、剪力墙抗震等级为____级。

（2）地下 2 层及以下各层计算时不考虑地震作用，构造上采用三级抗震构造措施。

7.1.6.2　现浇楼板

（1）单向现浇板中的分布筋（除注明者外），均不小于 ϕ6@250 和不小于单位宽度上受力钢筋截面面积的 15%，且不小于板截面面积的 0.15%。

（2）现浇板钢筋的接头位置：上铁在跨中范围，下铁在支座范围，同一截面钢筋接头数量不应超过同截面钢筋总根数的 50%。

（3）板下部受力钢筋伸入梁、墙支座的锚固长度不小于 $5d$，且应伸入到梁、墙支座中心线。HPB235 钢筋端头设 180°弯钩，弯心直径不小于 $2.5d$，弯后水平段不小于 $3d$。

（4）板上铁锚入梁、墙支座内锚固长度不小于 La（包括支座两边板上皮标高不同情况），当梁顶部有挑耳时应伸至挑耳外边。现浇板钢筋在支座处的锚固大样详图集 04G101－4 页次 25。

（5）板上铁两端直钩的长度为楼板厚度减去上铁保护层厚度。

（6）双向板的下部受力钢筋，短向钢筋置于下排；长向钢筋置于上排。

（7）当板底与梁底平时，板的下部钢筋伸入梁内需弯折后置于梁的下部纵向钢筋之上穿过。

（8）各层楼板布筋时尽量将钢筋拉通放置。

（9）现浇板上孔洞应预留，结构顶板平面图中只表示≥300mm×300mm 以上的板留洞。≥300mm×300mm 以上的洞口应设洞边加筋，做法详结构顶板平面图。当结构顶板平面图未交代时，一般每侧洞边加筋按洞口截断钢筋面积的一半设置且不小于 2ϕ12，洞边加筋长度为单向板（受力方向）、双向板（两个方向）沿跨度通长并满足 6.2.3 款的锚固要求。单向板非受力方向的洞边加筋长度为洞口宽度两侧各加 $40d$。圆形洞口还应在洞边设置 2ϕ12 环形附加钢筋；楼板留洞凡≤200mm×200mm 的均按有关专业图配合预留，不准后凿，钢筋绕过洞边不得切断。

（10）屋面板上铁跨中范围设置 ϕ10@200 温度筋且与支座上铁搭接。

（11）现浇板中预埋电气暗管时，不得采用铝管，管外径不应大于板厚的 1/3，管子交叉处不受此限制，但此时管子外皮上下保护层厚度应各≥25mm。

（12）楼板留洞平面图中，虚线所示洞口钢筋通过不断，待管道、管线安装完毕后用提高一级强度的豆石混凝土灌实，施工时需采取措施，保证后浇混凝土的施工质量。

7.1.6.3　梁

1. 次梁

（1）次梁配筋构造详03G101－1图集页次65。

（2）箍筋和拉筋弯钩构造详03G101－1图集页次35。

（3）主次梁高度相同时，次梁的下部纵向钢筋应置于主梁的下部纵向钢筋之上。

2. 框架梁

（1）框架梁纵向钢筋接头位置：上铁在跨中1/3跨度范围，下铁在支座范围，同一截面钢筋接头数量不应超过同截面钢筋总根数的50%。

（2）框架梁纵向钢筋构造做法详03G101－1图集页次____。

屋面框架梁纵向钢筋构造做法详03G101－1图集页次____。

（3）框架梁箍筋端部加密做法详03G101－1图集页次____。

（4）框架梁侧面纵向钢筋构造和拉筋做法详03G101－1图集页次____。

（5）主梁在次梁作用处箍筋应贯通布置，附加箍筋、附加吊筋构造做法详03G101－1图集页次62，吊筋型号及数量详见有关图纸。

（6）悬挑梁钢筋构造做法详03G101－1图集页次66（图7－4）。

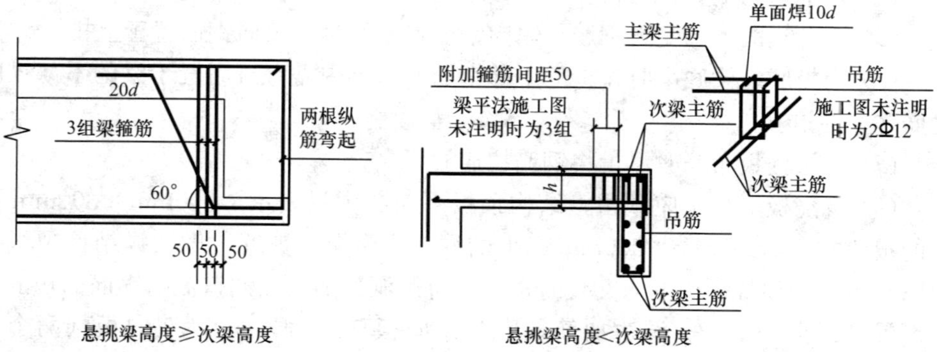

图7－4　悬臂梁端部构造示意

（7）箍筋和拉筋弯钩构造详03G101－1图集页次35。

（8）主梁高度小于次梁高度时，次梁支座做法如图7－4所示。

（9）当梁的腹板高度h_w≥450mm时须配置腰筋，每侧腰筋配筋率为腹板面积的0.1%，腰筋间距≤200mm。

（10）梁中双排纵筋间的净距，取25mm和d两者的较大值（d为纵筋直径)。

(11) 凡在图纸中未注明的梁上开洞附加钢筋做法详图 7-5 梁上留洞加筋。

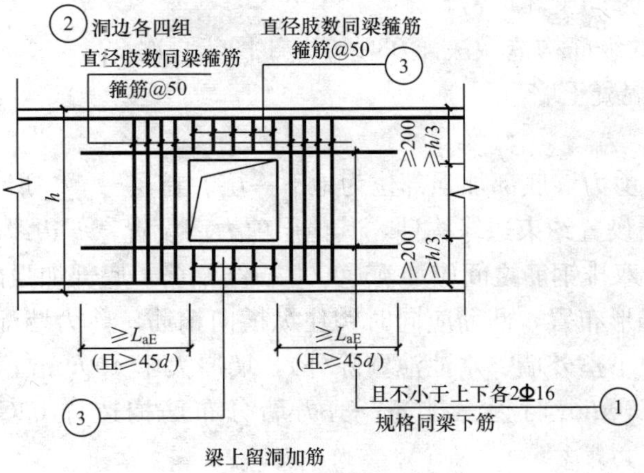

图 7-5　梁上留洞加筋

注：1. 多孔并列时，孔净距不得小于梁高的 1/3 及 200。

2. 梁高小于 450 时，梁上不得留洞。

3. 框架扁梁(扁梁不适用于一级框架结构)

(1) 梁纵向受力钢筋最小配筋率为 0.3%且宜单层布置。

(2) 梁端箍筋加密区长度为：$\geqslant 2.0h_b$ 和≥500mm 且箍筋肢距≤200mm。

(3) 梁上铁 1/3 通长设置。

(4) 其他说明同框架梁。

7.1.6.4　柱

1. 框架柱

(1) 框架柱(边柱、角柱)纵向钢筋在柱顶的锚固做法详 03G101-1 图集页次 37 柱顶纵向钢筋构造(一)之 A 图。

(2) 框架柱(中柱)纵向钢筋在柱顶的锚固做法和框架柱变截面位置纵向钢筋构造详 03G101-1 图集页次 38。

(3) 框架柱截面构造及框架梁柱偏心构造要求做法详 03G329-1 图集页次 17。

(4) 框架柱纵向钢筋接头采用机械连接，纵向钢筋的连接做法详 03G101-1 图集页次 36。

(5) 框架柱箍筋复合方式构造做法详 03G101-1 图集页次 46。

(6) 箍筋和拉筋弯钩构造详 03G101-1 图集页次 35。

(7) 一级、二级框架的角柱箍筋全高加密。角柱的概念为位于建筑角部，与柱正交或斜交的两个方向各仅有一根梁与之连接的框架柱。因此位于建筑凸角处的柱一般均为角柱，建筑凹角处的柱，如果柱的四边各有一根梁与之连接，则不按照角柱对待。L、T、C 形建筑平面的阴角处的柱子，均不是角柱。

（8）框支柱箍筋全高加密。

2. 梁上柱的纵筋构造做法详 03G101－1 图集页次 39。

7.1.6.5　钢筋混凝土墙

1. 剪力墙

（1）本工程剪力墙底部加强部位为地下一层、首层～____层。底部加强部位及上一层剪力墙设置约束边缘构件，其他层剪力墙设置____边缘构件。

（2）剪力墙双排钢筋之间应加 ϕ6@600 拉结钢筋，底部加强部位为 ϕ6@400，拉结钢筋呈梅花形布置，此筋应同时钩住纵横向钢筋。剪力墙配筋水平筋在外，竖向筋在内（地下室外墙、水池池壁除外），墙厚大于 400mm 小于 700mm 时为三排筋，大于 700mm 时为三排筋，剪力墙分布筋构造详 03G329－1 图集页次 20。

（3）剪力墙上层钢筋较下层钢筋大时或下层此处无钢筋时，应在下层墙顶设预留插筋。

（4）剪力墙洞边及纵横墙交接处均设有约束或构造边缘构件。

（5）剪力墙洞口宜上下对齐，剪力墙墙体开洞做法详 03G329－1 图集页次 28。

（6）剪力墙有角窗时，角窗连梁上下主筋锚入墙内应大于 $1.5L_{aE}$。顶层时钢筋端部另加 $5d$ 直勾。

（7）其余剪力墙的构造要求及绘图表示方法列表如下：

剪力墙约束边缘构件、构造边缘构件配筋及构造详 03G329－1 图集页次 22、页次 23。

剪力墙墙端边缘构件主筋连接构造详 03G329－1 图集页次 24。

剪力墙墙边缘构件主筋接头宜采用机械连接。

剪力墙墙体分布筋连接构造详 03G329－1 图集页次 25。

框架—剪力墙结构中的剪力墙在各层楼板、屋顶板标高处均设置暗梁，配筋构造详 03G329－1 图集页次 29。

剪力墙身水平钢筋构造详 03G101－1 图集页次 47。

剪力墙墙身竖向钢筋构造详 03G101－1 图集页次 48。

剪力墙洞口补强构造详 03G101－1 图集页次 53。

剪力墙洞口凡≤200mm×200mm 的均按有关专业图纸配合预留，不得后凿，剪力墙钢筋绕过洞口不得切断。

（8）当剪力墙洞顶标高高于建筑门、窗洞口时，应在建筑洞顶标高处预留洞口过梁插铁。

(9) 地下室外墙钢筋连接采用搭接时，外侧竖向钢筋搭接位置应距基础梁（板）上皮 1000mm 以上；外侧水平钢筋搭接位置在跨中；内侧竖向、水平钢筋搭接位置在支座。

(10) 未注明剪力墙配筋均为 $\phi\times\times$@200 双排双向。

(11) 剪力墙与其平面外方向的梁连接构造详 03G329－1 图集页次 29。

2. 墙连梁

(1) 剪力墙连梁配筋构造详 03G329－1 图集页次 26、27。

(2) 力墙连梁纵筋应放在剪力墙边缘构件纵筋内侧，并应保证边缘构件纵筋的位置。

(3) 对于一、二级抗震等级，高跨比小于 2 且连梁截面宽度≥400mm 时，除设普通箍筋外，宜另设斜向交叉构造钢筋，构造做法详 03G329－1 图集页次 27。

(4) 剪力墙连梁开洞做法详 03G329－1 图集页次 28。

(5) 剪力墙连梁纵筋不允许有钢筋连接接头。

3. 现浇钢筋混凝土女儿墙，应每隔 10m 左右，设一道伸缩缝，缝宽度为 20～30mm

7.1.6.6　其他注意事项

(1) 扶梯、电梯按业主提供的设备图纸进行设计，扶梯、电梯设备的预埋件、电梯门信号预留洞及电梯机房地面的留洞及埋件均详电梯设备安装图（由业主提供）。施工扶梯、电梯时，其留洞及埋件位置应经业主、监理、施工等各方确认后方可施工。

(2) 电梯机房的电梯吊钩做法大样如图 7－6 所示。

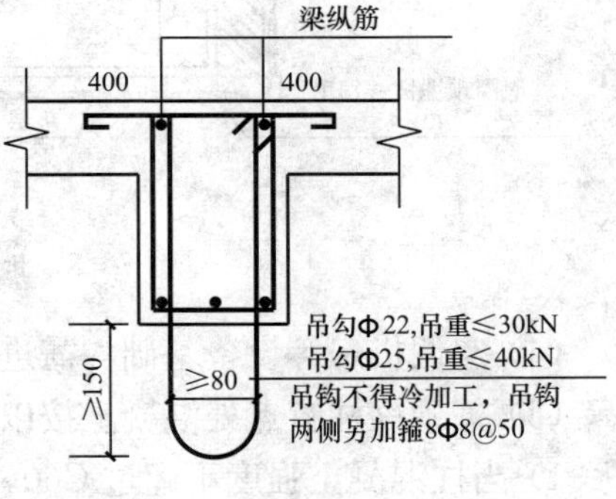

图 7－6　吊勾梁统一大样

(3) 电气避雷接地做法：建筑物应按电气专业的避雷要求，将结构竖向构件（柱、混凝土墙）的外侧面至少有 2 根竖向筋作为避雷引下线，作为避雷引下线的竖向钢筋，必须从下到上，从基础到屋顶焊成通路，且其下端须就近与基础内底部钢筋焊接，焊接长度均不少于 100mm，其上端需露出竖向构件（柱、混凝土墙）顶不少于 150mm，与屋顶避雷带连接，并设置测试点。基础钢筋应与楼板、梁、柱、墙钢筋连成通路，作为避雷使用，需配合电气图纸施工。

1) 电气接地钢板做法如图 7－7 所示：在室外地坪以上 1000mm 及以下 300mm 处，竖向构件外侧面预埋 M－1，并与竖向构件内 2 根引下线（避雷筋）焊牢。

2) 地下部分电气避雷做法如图 7－8 所示，所有避雷金属件均镀锌。

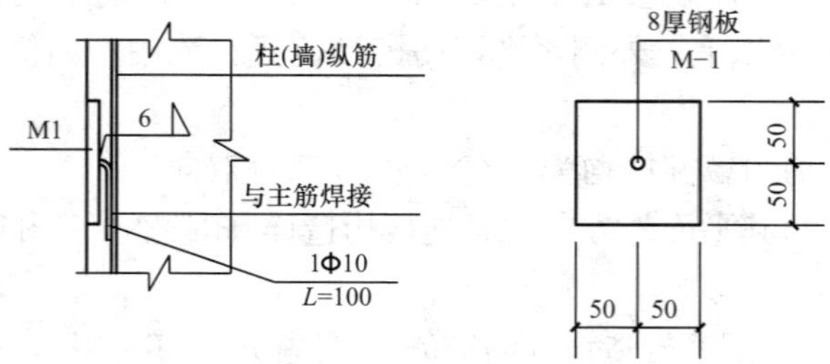

图 7-7　电气接地钢板做法

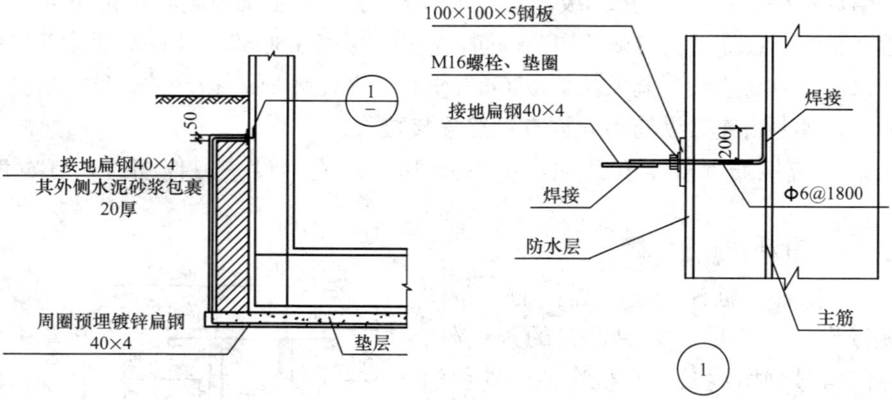

图 7-8　地下部分电气避雷做法

(4) 空调机房等设备基础均需进行隔振处理并应征得设计同意。

(5) 关于梁柱节点处混凝土按以下原则处理：

1) 当柱混凝土强度不超过 C60，梁的混凝土强度不低于柱混凝土强度的 0.5 倍时，梁柱节点处混凝土可随梁板一起浇筑。

2) 当柱混凝土强度超过 C60，梁的混凝土强度不低于柱混凝土强度的 0.6 倍时，梁柱节点处混凝土可随梁板一起浇筑。

3) 不满足以上两个条件时，梁柱节点处混凝土应按柱混凝土强度单独浇筑如图 7-9 所示，在混凝土初凝前及时浇筑梁板混凝土，并加强混凝土的振捣与养护。

(6) 管道穿地下室外墙时均应预埋套管或钢板，穿墙单根给排水管除图中注明外，按给排水标准图集 S312 中 S3 采用（Ⅱ）型刚性防水套管，群管穿墙除已有详图者外可按图 7-10 施工，洞口尺寸 LXH 见有关平面，电缆管穿墙除详图已有注明外如图 7-11 所示。

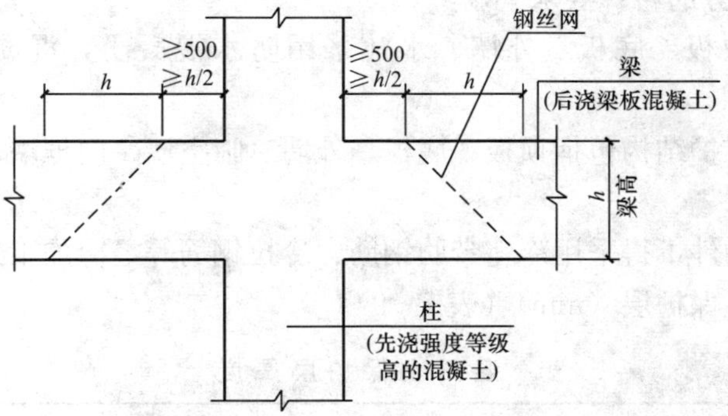

图 7-9　梁柱节点混凝土构造示意

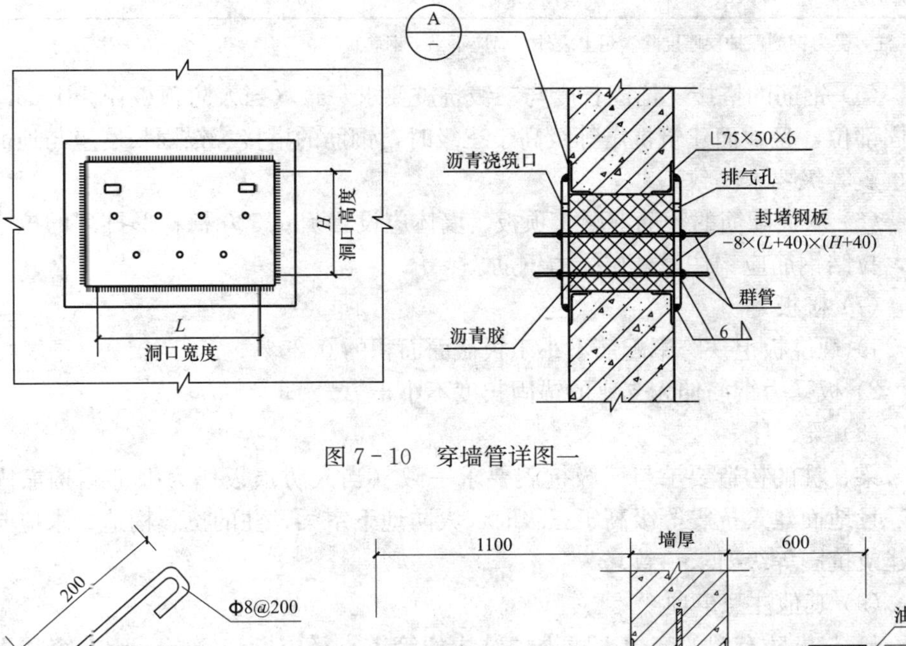

图 7-10　穿墙管详图一

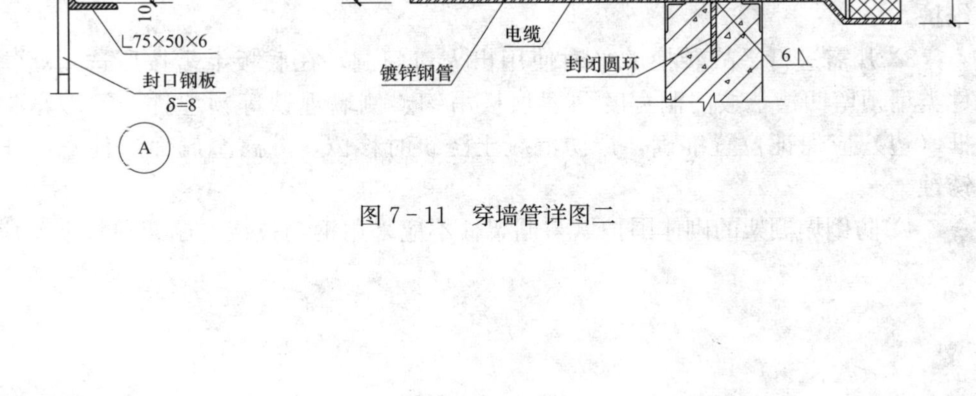

图 7-11　穿墙管详图二

7.1.7 人防部分的特殊要求

（1）人防顶板、底板、外墙、水池采用防水混凝土，混凝土抗渗等级为S____。

（2）人防维护结构包括顶板、底板、外墙、临空墙、门框墙等混凝土不得掺入早强剂。

（3）人防构件不得采用冷轧带肋钢筋、冷拉钢筋等经冷加工处理的钢筋。

（4）混凝土保护层（mm）（表7-9）。

表7-9 混凝土保护层厚度

部位	基础（有垫层）	墙体		柱	梁	楼板
		地下室外墙外侧	其他			
保护层厚	40	30（设防水层）	20	30	30	20

注 受力钢筋保护层厚度除满足上表外，尚应不小于钢筋直径。

（5）钢筋的搭接、锚固长度与三级抗震要求一致（当人防顶板作为上部结构嵌固部位，且地面建筑抗震等级高于三级时，钢筋的搭接、锚固长度应与地面建筑抗震等级要求一致）。

（6）双面配筋的钢筋混凝土顶板、墙体应设置ϕ6@500梅花形排列的拉结钢筋，拉结钢筋应钩住最外层受力钢筋。

（7）楼板

1）现浇板上铁跨中配筋不小于板截面面积的0.25%。

2）板受力钢筋伸入支座的锚固长度不小于L_{ae}。

（8）梁、柱

梁、柱的构造要求与三级抗震要求一致（当人防顶板作为上部结构嵌固部位，且地面建筑抗震等级高于三级时，人防地下室梁、柱的抗震构造要求应与地面建筑抗震等级要求一致）。

（9）其他注意事项

1）与人防有关的穿越人防维护结构的管道直径应≤150mm，所有穿越人防维护结构的管道均应按照有关规定采取防护密闭措施。

2）用于战时封堵的构件或材料，应在施工期间制作完成，就近存放、定期维护。

3）凡需进行平战转换的平时使用出入口门洞，在底板上需按所选封堵构件类型预留凹槽，按门洞宽度预埋顶板吊钩、侧墙埋铁等预埋件。预埋角钢框（边）应保证位置准确，严防混凝土浇筑时移位，外露金属面应注意防止锈蚀。

4）防倒塌棚架的砌体围护墙与棚架柱不应采用钢筋拉接。棚架顶板上不应做钢筋混凝土女儿墙。

(10) 施工要求

1) 防护密闭门门框、外窗挡板窗框等预埋件均应在混凝土结构中预留。预埋件应由生产厂家提供并配合土建施工预留。

2) 防护密闭门、密闭门的门框与扇应紧密贴合。

3) 土建专业应配合电气专业做好接地施工。

7.1.8 非承重构件

7.1.8.1 填充墙

(1) 填充墙平面位置、门窗洞口尺寸、位置、标高和墙厚均应按照有关建筑图纸施工。

(2) 填充墙结构构造做法详 06SG614－1《砌体填充墙结构构造》图集，使用图集前请仔细阅读图集说明并遵照执行。

(3) 填充墙与主体结构的连接处应设置拉结筋，做法详 06SG614－1 图集页次 7～15。

(4) 填充墙的墙段长度大于 5m 时，填充墙墙顶应与梁底或板底拉结，做法详 06SG614－1 图集页次 21、22。

(5) 填充墙墙端、拐角、丁字交叉、十字交叉处均设置构造柱，且一段直墙上相邻构造柱间距不大于 4m。构造柱配筋大样详 06SG614－1 图集页次 24、25。

(6) 填充墙高度大于 4m 时，内墙在墙高一半处或门洞上皮；外墙在墙高一半处或窗洞下皮设通长钢筋混凝土系梁一道，做法详 06SG614－1 图集页次 16～20。

(7) 填充墙门窗洞口过梁配筋见表 7－10，过梁两端各伸过洞边 300mm 且过梁纵筋锚入混凝土墙、柱≥$30d$。

表 7－10　填充墙门窗洞口过梁表

梁跨	梁高	上铁	下铁		箍筋
			墙厚≤250	250<墙厚≤350	
L≤1500	≥150	2ϕ8	2ϕ12	3ϕ12	ϕ6@100
1500<L≤2000	≥200	2ϕ10	2ϕ14	3ϕ14	ϕ6@100
2000<L≤3000	≥300	2ϕ10	2ϕ16	3ϕ16	ϕ8@150

(8) 当填充墙上遇有门、窗洞口时，门、窗洞口两侧均设抱框（大洞口两侧应设构造柱），做法详 06SG614－1 图集页次 30。

(9) 填充墙与钢筋混凝土墙、柱、构造柱结合缝处为防止抹灰开裂，应在抹灰层下贴放钢丝网片。钢丝网片宽 300mm，沿结合缝居中通长设置。

(10) 填充墙高度≤4m、墙厚≤200mm 时的内墙基础做法详 06SG614－1 图集页次 31 节点 3（填充墙作为挡土墙时除外，应另行设计），且应保证地坪下回填土的密实度，压实系数不得小于0.94；外墙基础或填充墙较厚且较高时，基础另行设计。

7.1.8.2 幕墙

（1）所有建筑幕墙均必须严格按照现行国家（行业）有关规范或标准设计和施工，承担幕墙设计和施工的单位必须具有相应的资质。

（2）幕墙设计图纸必须报设计单位确认后方可进行施工，且在土建施工阶段幕墙单位应配合土建预留埋件。

（3）幕墙应按规定进行有关结构受力及变形方面的试验并提供试验报告。

7.1.8.3 女儿墙

（1）外露的现浇钢筋混凝土女儿墙、挂板、栏板、檐口等构件当其水平直线长度超过10m左右时应按图7-12设温度伸缩缝，伸缩缝宽度为20mm，最后用嵌缝膏填缝。

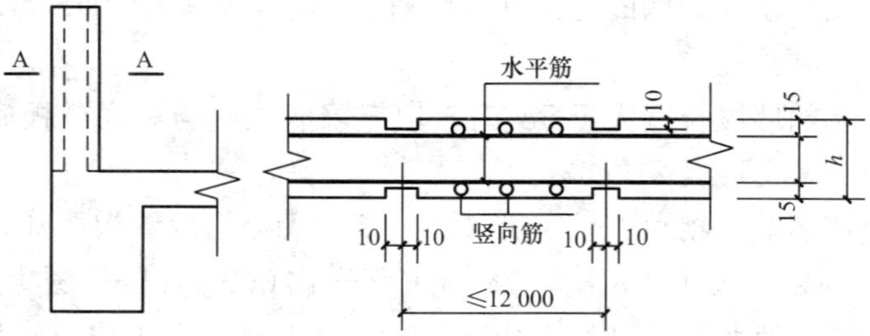

图7-12 A—A剖面图

（2）屋面保温层和找坡层与女儿墙交界处应留50mm缝，填入松软材料调节保温层和找坡层的温度变形。

7.1.9 一般混凝土结构施工要求

（注：红字处为设计人根据实际情况填写）

（1）施工时应采取有效措施保证结构构件钢筋位置正确。

（2）基础底板施工时，需采取有效措施（按GB 50108—2001第4.1.23条）控制底板内外温差及混凝土收缩，避免混凝土产生裂缝。

（3）悬挑构件（阳台、雨罩、挑檐、挑板、挑梁等）其根部钢筋位置及锚固要求应严格按图施工，并需专人检验。施工时应加设临时支撑，临时支撑需待建筑全部施工完毕，其平衡部分的构件强度达到100%时方可拆除。

（4）楼面施工荷载不得超过$2kN/m^2$，否则应加设支撑或采取其他措施保证结构安全。特别注意楼板上集中荷载对结构受力和变形产生的不利影响。

（5）梁起拱要求：当$L \geqslant 6000mm$时，起拱高度为1/300～1/500（L为梁跨度）。

（6）柱内严禁预留孔洞及接线盒。

(7) 框架柱在施工时应按建筑图中填充墙的位置预留拉接筋。

(8) 剪力墙混凝土应密实浇筑，浇筑前应将水平施工缝清理干净，一般情况不留竖向施工缝。

(9) 剪力墙各层水平施工缝接缝处应增设竖向单排附加插筋，墙厚>400mm时，配筋ϕ20@200；墙厚≤400mm时，配筋ϕ14@200；附加插筋应位于墙体中心，伸过接缝上下长度各45d。

(10) 剪力墙墙中，外径大于50mm的设备竖管应居中布置，墙两侧沿全高各布置500mm宽ϕ6@200钢筋网片。

(11) 剪力墙中不允许水平布置2根及多于2根预埋电管。

(12) 施工时应采取有效措施保证梁、板上铁位置正确。

(13) 材料代换应经过换算并应征得设计同意。

(14) 后浇带浇筑完毕后应立即进行外维护部分的施工，严禁混凝土结构部分长时间处于露天中。

(15) 应按有关施工规范控制拆模时间。

(16) 承包商在施工前需根据专业图纸核对建筑、设备、电气专业的预留洞口尺寸和位置，如与结构图纸有矛盾应及时通知设计单位。所有专业洞口必须预留，不得后凿。

(17) 当专业管线穿越地下室外墙时应设置刚性防水套管，做法详相关专业图纸。

(18) 所有预埋件（如扶梯、电梯、雨篷、栏杆、管道吊架等）均应在混凝土结构中预留。各工种应配合土建施工将预埋件留全。

(19) 混凝土构件中埋设接线盒、电管、开关时，遗留的槽口及各种管洞必须由专业人员封堵，电工、水暖工等不得随意封堵。

(20) 冬期施工时应采取有效措施加强现浇构件的养护。

(21) 当通过楼板、坡道运送大型设备时，应在板底加可靠支撑，各层支撑上下对齐直至基础。

(22) 施工中因漏振、拆模等原因出现混凝土剥落或不密实等问题时，施工单位需征得设计同意后方可进行处理。

(23) 施工中应严格按照有关国家现行的工程施工及验收规范进行施工和验收，并做好工程各阶段的检查与验收记录。

(24) 施工过程中一般部位的验收可书面委托甲方、监理代检，如发现安全问题或重要部位的检验应及时通知设计人员处理和检验。

(25) 凡本说明及图纸中未表达的内容，应按国家现行施工及验收规范有关条款执行。如需表明，请施工单位及时与设计单位协商，提出修改变更后方可施工。

7.2 框架—剪力墙结构设计总说明示例

7.2.1 工程概况

1. 工程地点：工程位于北京市××区，西侧××路，南侧××路。

2. 总建筑面积：约7万m^2。

3. 结构体系、基础类型及其他工程概述：本工程由1号楼与2号楼、两栋住宅组成，地上8～30层，地下为2层车库，结构体系见下表，其中1号楼地下2层为五级人员掩蔽人防，2号楼及地下车库地下2层为六级物资储备人防。整个建筑地下部分联为一体，地上部分各自独立，地上高度为28～89.3m。概况见表7-11。

表7-11　工程概况

项目名称	地上层数	地下层数	高度/m	结构体系	基础类型	人防情况
1号楼	8	2	28.5	框架—抗震墙	筏板基础	五级人员掩蔽
2号楼	30	2	89.3	框支—抗震墙	桩+筏基	六级物资储备
地下车库	2	2		框架—抗震墙	筏板基础	六级物资储备

7.2.2 建筑结构的安全等级、设计使用年限等结构设计标准

建筑结构的安全等级：二级

设计使用年限：50年

建筑抗震设防类别：丙类

地基基础设计等级：甲级

地下室防水等级：二级

7.2.3 自然条件与抗震设防有关参数

1. 基本风压：$W_0=0.45kN/m^2$

地面粗糙度：B类

2. 基本雪压：$S_0=0.40kN/m^2$

3. 场地地震基本烈度：8度

抗震设防烈度：8度

设计基本地震加速度0.2g

设计地震分组：第1组

建筑物场地土类别：Ⅱ类

4. 场地标准冻深：0.8m

5. 场地的工程地质及地下水条件：

(1) 依据的岩土工程勘察报告为北京2002年5月10日提供的《××工程岩土工程初步勘察报告编号-××》。

(2) 地形地貌：本工程场地地貌单元属于永定河冲洪积扇边缘地带。地面标高介于38.28～41.12m。

(3) 地层岩性：地层岩性见表7-12。

(4) 地下水：场区地下水可划分为两层，第1层为上层滞水，静止水位1.50～14.5m，第2层为潜水，静止水位18.15～16.26m，标高19.66～22.08m。历年最高水位1959年为36.00m。建议设计水位为34.5～35.0m，抗浮地下水位为33.5m。本场区地下水对混凝土无腐蚀性。

表 7-12　　地层岩性及分布特征

层号	岩性	厚/m	ES200 /MPa	ES300 /MPa	f_{ka} /kPa	q_{sik} /kPa	q_{pk} /kPa
1	杂填土	3.3～5.0					
2	黏质粉土	大部已挖	8.0	8.0	170		
3	黏质粉土	0.0～6.1	10.0	10.0	180		
3-1	粉质黏土		5.0	5.5	140		
3-2	重粉质黏土		5.0	5.5	140		
4	粉质黏土		1.6～5.3	30.0	200	40	1200
5	黏质粉土	1.7～9.6	15.0	16.0	210	60	1300
5-1	黏质粉土		11.0	12.0	200	60	1400
6	细砂	0.5～6.8	13.0	14.0	210	60	1500
7	细砂	7.1～		40.0	300	60	1900

(5) 场地土类型及建筑场地类别：场地土类型为中软场地土，建筑场地类别为Ⅲ类，地震烈度 8 度时不会产生地震液化。

(6) 地基基础方案建议：勘察报告中建议 2 号楼采用桩基，桩端持力层为（10）层细砂层，桩径 800，采用后压浆工艺，单桩承载力标准值为 5200kN。其他部分采用天然地基，持力层为粉质黏土 4 层，持力层地基承载力标准值为 200kPa。

7.2.4　本工程相对标高±0.000 相当于的绝对标高

7.2.5　本工程设计遵循的标准、规范、规程

GB 50068—2001《建筑结构可靠度设计统一标准》

GB 50009—2001《建筑结构荷载规范》

GB 50010—2002《混凝土结构设计规范》

GB 50011—2001《建筑抗震设计规范》

JGJ 3—2002《高层建筑钢筋混凝土结构技术规程》

DBJ 01—501—1992《北京地区建筑地基基础勘察设计规范》

GB 50007—2002《建筑地基基础设计规范》

JGJ 94—1994《建筑桩基技术规范》

JGJ 79—2002《建筑地基处理技术规范》

GB 50038—1994《人民防空地下室设计规范》

GB 50003—2001《砌体结构设计规范》

GB J 17：88《钢结构设计规范》

7.2.6　本工程设计计算所采用的计算程序

1. 采用“高层建筑结构空间有限元分析与设计软件-SATWE”进行结构整体分析。

2. 采用“特殊多、高层建筑结构分析与设计软件 PMSAP”对 3 号楼进行补充计算。

3. 采用“土木工程地基基础计算机辅助设计系统-基础 CAD”进行基础计算。

7.2.7　设计采用的均布活荷载标准值见表 7-13

7.2.8　地基基础

1. 1 号楼及地下车库采用天然地基，基底标高−12.000m，

表7-13　　活荷载标准值

部位	活荷载/(kN/m^2)	组合值系数	频遇值系数	准永久值系数
室内地下室顶板	4.0	0.7	0.6	0.5
上人屋面	2.0	0.7	0.5	0
不上人屋面	0.5	0.7	0.5	0.4
地下车库屋面	10.0	0.7	0.6	0.5
卧室、起居、厨房、卫生间	2.0	0.7	0.5	0.4
挑出阳台	2.5	0.7	0.6	0.5
自行车库、商业、公共楼梯	3.5	0.7	0.6	0.5
电梯机房、空调机房	7.0	0.9	0.9	0.8
消防楼梯	3.5	0.7	0.5	0.3
双层汽车库	6.0	0.7	0.7	0.6
单层车库、汽车坡道	4.0	0.7	0.7	0.6
消防通道	20.0	0.7	0.7	0.6
室外地面	10.0			

注　大型设备按实际情况考虑。

持力层为粉质黏土4层，地基承载力特征值为200kPa。基槽开挖至基底标高以上200mm时，应进行普遍钎探，并通知地质勘探、监理、设计等有关单位共同验槽，确定持力层准确无误后，方可进行下一道工序。

2. 2号楼采用桩+筏基方案，桩型为后压浆钻孔灌注桩，桩径800，桩长约32m，桩端持力层为10层细砂层，单桩承载力特征值为5200kN。桩基应通过现场静载荷试桩确定单桩承载力特征值，试桩数量应不少于桩总数的1%，并不少于3根。桩基施工完后，还应对桩身质量进行动力检测。动力检测的桩数量为总桩数的30%。后压浆工艺的参数应由有相应设计施工资质和经验的单位提供。

3. 地下车库局部填土较深，设计采用CFG桩复合地基，处理后的地基承载力特征值应不小于200kPa，基础最终沉降量不大于30mm。地基处理应由有相应设计施工资质单位承担。

4. 本场区地下水位较高，施工时，应采取有效措施降低地下水位，保证正常施工，同时应防止因降低地下水位对周围建筑物产生不利影响。

5. 本工程基坑较深，开槽时应根据勘查报告提供的参数进行放坡，对基坑距道路、市政有建筑物较近处应进行边坡支护，以确保道路、市政管线和现有管线和现有建筑物的安全和施工的顺利进行。边坡支护应由有相应设计施工资质的单位承担。开挖后的基坑应立即封闭，防止水浸和暴露，并应及时进行地下结构施工。基坑土方开挖应严格按设计要求进行，不得超挖。基坑周边荷载，不得超过设计荷载限制条件。

6. 本工程应进行沉降观测。观测点应设置在建筑物周边和结构的重要部位及荷载差异较大处。当工程图中未注明时，应在建筑物的四角（当有变形缝时，在缝外墙两侧），具体布置见沉降观测点布置图，在施工期间，一般每完成一层测试一次；竣工后，每半年一次；直至沉降稳定为止（稳定标准为半年沉降量不超过3mm），沉降观测应由有相应资质的单位承担。施工前沉降观测单位应将测量方案报监理、总包、设计等单位。

7.2.9　主要结构材料

1. 钢筋

直径 $\phi6$ 为 HPB235 焊条 E43

直径 $\phi8\sim\phi16$ 为 HRB335 焊条 E50

直径大于 16 为 HRB400 焊条 E50

钢筋与型钢焊接时随钢筋定焊条。

吊钩与吊环均采用 HPB235，不得采用冷加工钢筋。

普通钢筋的抗拉强度实测值与屈服强度的实测值的比值不应小于 1.25；且钢筋的屈服强度实测值与强度标准值的比值不应大于 1.3；且钢筋在最大拉力下的总伸长率实测值不应小于 9%。

预应力钢筋采用 $\phi15.2$ 钢绞线，截面积 139mm^2，抗拉强度标准值 1860N/mm^2。

钢筋机械接头除基础为Ⅲ级接头外，其余均为Ⅱ级。

2. 混凝土

要求见表 7－14。

表 7－14　混凝土强度等级

项目名称	构件部位	混凝土强度等级	备注
1 号楼	基础底板	C30	S8 抗渗混凝土
	－2～2 层墙、柱	C40	地下室外墙 S8 抗渗混凝土
	－3～2 层梁、板	C35	
	2 层以上构件	C30	
2 号楼	桩	C30	
	基础底板	C30	S8 抗渗混凝土
	－2～8 层墙、柱	C40	地下室外墙 S8 抗渗混凝土
	－2～8 层梁、板	C35	
	8～18 层墙、柱	C35	
	8～18 层梁、板	C30	
	18 层以上构件	C30	
地下车库	基础	C30	地下室外墙 S8 抗渗混凝土
	其余构件	C30	
所有项目	基础垫层	C10	
	圈梁、构造柱、现浇过梁	C20	
	标准构件		按标准图要求
	后浇带		采用高一级的膨胀混凝土
	楼梯	C25	

注　1. 地下室混凝土最大碱含量应小于 3kg/m^3，最大氯离子含量应小于 0.2%，最小水泥用量 275kg/m^3；地上工程混凝土最大氯离子含量应小于 1.0%，最小水泥用量 225kg/m^3；预应力构件混凝土中的最大氯离子含量应小于 0.06%，最小水泥用量 300kg/m^3。

2. 本工程 4 层以下属超长结构，设计采用以下措施防止由于结构超长引起的裂缝。

(1) 设置后浇带。后浇带的位置及做法详见各层施工图。

(2) 应采用低水化热的水泥配置混凝土，并适量加入粉煤灰。

(3) 采用碎石骨料配置混凝土。

(4) 建议地下室采用 FS 型防水外加剂。外加剂供应方应提供详细的实验数据，实验数据必须符合国家及北京市对外加剂的要求。供应方还应提供详细的施工方案和施工要求，保证外加剂的正确使用。

(5) 施工时应严格控制水灰比，加强养护，采取合理的施工工序。

3. 砌体：填充墙容重 $\gamma_0 \leqslant 8.0\text{kN/m}^3$（见表 7-15）

表 7-15　砌　体　规　格

	构件部位	砖、砌块强度等级	砂浆强度等级	备注
所有项目	填充墙	MU2.0 陶粒空心砌块	M5	
	填充墙	100 厚 GRC 圆孔板		

4. 型钢、钢板、钢管：Q235-B 与 Q345-B。

7.2.10　钢筋混凝土结构构造

本工程混凝土主体结构体系类型及抗震等级见表 7-16。

表 7-16　结构体系类型及抗震等级

项目名称	结构类型	抗震墙抗震等级	框架抗震等级	底部加强区范围
1 号楼	框架—抗震墙	一	二	—1～2 层
2 号楼	框支—抗震墙	一	一	—1～3 层
地下车库	框架—抗震墙	三	三	

本工程采用国家标准图《混凝土结构施工图平面整体表示方法制图规则和构造详图 03G101-1》的表示方法。施工图中未注明的构造要求应按照标准图的有关要求执行。

1. 主筋的混凝土保护层厚度

各部分主筋混凝土保护层厚度除下面要求外，同时应满足不小于钢筋直径的要求。

地下室底板下部钢筋、独立柱基、基础拉梁、桩：40mm

地下室底板上部钢筋：25mm

地下室外墙外侧钢筋：35mm

地下室外墙内侧钢筋：15mm

梁：25mm

板、楼梯板：15mm

柱：30mm（构造柱为 25mm）

剪力墙及暗柱：15mm

露天阳台、现场预制楼板、卫生间楼板、屋面板：25mm

2. 钢筋接头形式及要求

（1）框架梁、框架柱、剪力墙暗柱主筋采用直螺纹机械连接接头，其余构件当受力钢筋直径≥22 时，应采用直螺纹机械连接接头，当受力钢筋直径<22 时，可采用绑扎连接接头。

（2）接头位置宜设置在受力较小处，在同一根钢筋上宜少设接头。

（3）受力钢筋接头的位置应相互错开，当采用机械接头时，在任一 $35d$ 且不小于 500mm 区段内，和当采用绑扎搭接接头时，在任一 1.3 倍搭接长度的区段内，有接头的受力钢筋截面面积占受力钢筋总截面面积的百分率应符合表 7-17 要求。

表 7-17　接　头　百　分　率

接头形式	受拉区接头数量（%）	受压区接头数量（%）
机械连接	50	不限
绑扎连接	25	50

3. 纵向钢筋的锚固长度、搭接长度

（1）纵向钢筋的锚固长度见表 7-18。

表 7-18　　纵向钢筋的锚固长度

钢筋种类	非抗震锚固长度 抗震锚固长度	混凝土强度等级				
		C20	C25	C30	C35	C40
HPB235	L_a	31d	27d	24d	22d	20d
	L_{aE}一、二级抗震等级	36d	32d	28d	26d	23d
	L_{aE}三级抗震等级	33d	29d	26d	24d	21d
HRB335	L_a	40d	33d	30d	27d	25d
	L_{aE}一、二级抗震等级	46d	38d	35d	32d	29d
	L_{aE}三级抗震等级	42d	35d	32d	29d	27d
HRB400	L_a	47d	40d	36d	33d	30d
	L_{aE}一、二级抗震等级	54d	46d	42d	38d	35d
	L_{aE}三级抗震等级	50d	42d	38d	35d	32d

(2) 纵向钢筋的搭接长度（见表 7-19）。

受拉钢筋搭接长度不应小于 300mm，受压钢筋搭接长度不应小于 200mm。

表 7-19　　纵 筋 搭 接 长 度

纵向钢筋的搭接接头百分率	≤25	50	100
纵向受拉钢筋的搭接长度	1.21a（L_{aE}）	1.41a（L_{aE}）	1.61a（L_{aE}）
纵向受压钢筋的搭接长度	0.85a（L_{aE}）	1.0a（L_{aE}）	1.13a（L_{aE}）

4. 后浇带

(1) 后浇带位置见各层结构平面图。

(2) 后浇带部位的构件钢筋不截断，且增设不少于原配筋15%的附加钢筋，伸入后浇带两侧各 1000mm，后浇带做法详见图 7-3。

(3) 后浇带采用比相应结构部位高一级的微膨胀混凝土浇筑。当后浇带浇为减少混凝图施工过程的温度应力时，后浇带的保留时间不少于两个月，当后浇带是为调整结构不均匀沉降而设置时，后浇带中的混凝土应在两侧结构单元沉降基本稳定后再浇筑。施工期间后浇带两侧构件应妥善支撑，以确保构件和结构整体在施工阶段的承载能力和稳定性。后浇带浇筑前应将后浇带内杂物及松动砂石清理干净，将表面凿毛，采取措施保证新老混凝土结合密实，以共同工作。

5. 现浇钢筋混凝土板

除具体施工图中有特别规定者外，现浇钢筋混凝土板的施工应符合以下要求：

(1) 板的底部钢筋伸入支座长度应≥5d，且应伸入到支座中心线。

(2) 板的边支座和中间支座板顶标高不同时，负筋在梁或墙内的锚固应满足受拉钢筋最小锚固长度 1a。

(3) 双向板的底部钢筋，短跨钢筋置于下排，长跨钢筋置于上排。

(4) 当板底与梁底平时，板的下部钢筋伸入梁内须弯折后置于梁的下部纵向钢筋之上。

(5) 板上孔洞应预留，一般结构平面图中只表示出洞口尺寸≥300mm的孔洞，施工时各工种必须根据各专业图纸配合土建预留全部孔洞，不得后凿。当孔洞尺寸≤300mm时，洞边不再另加钢筋，板内外钢筋由洞边绕过，不得截断。当洞口尺>300mm时，应设洞边加筋，按平面图示出的要求施工。加筋的长度为单向板受力方向或双向板的两个方向沿跨度通长，并锚入支座≥5d，且应伸入到支座中心线。单向板非受力方向的洞口加筋长度为洞口宽加两侧各40d，且应放置在受力钢筋之上。

（6）图中注明的后浇板，当注明配筋时，钢筋不断；未注明配筋时，均双向配ϕ10@200置于板底，待设备安装完毕后，再用同强度等级的混凝土浇筑，板厚同周围板。

（7）板内分布钢筋，除注明者外见表7-20。

表7-20　　板分布筋规格

楼板厚度	100～140	150～170	180～200	200～220	230～250
分布钢筋	ϕ8@200	ϕ8@150	ϕ10@250	ϕ10@200	ϕ12@200

（8）对于外露的现浇钢筋混凝土女儿墙、挂板、栏板、檐口等构件，当其水平直线长度超过12m时，应设置伸缩缝。伸缩缝间距≤12m。

（9）屋面保温层和找坡层与女儿墙交界处应留50mm缝，填入松软材料调节保温层和找坡层的温度变形。

（10）楼板上后砌隔墙的位置应严格遵守建筑施工图，不可随意砌筑。

6．钢筋混凝土梁

（1）梁内箍筋除单肢箍外，其余采用封闭形式，并作成135度，纵向钢筋为多排时，应增加直线段弯钩在两排或三排钢筋以下弯折。

（2）梁内第一根箍筋距柱边或梁边50mm起。

（3）主梁内在次梁作用处，箍筋应贯通布置，凡未在次梁两侧注明箍筋者，均在次梁两侧各设3组箍筋，箍筋肢数、直径同梁箍筋，间距50mm。次梁吊筋在梁配筋图中表示。

（4）主次梁高度相同时，次梁的下部纵向钢筋应置于主梁下部纵向钢筋之上。

（5）梁的纵向钢筋需要设置接头时，底部钢筋应在距支座1/3跨度范围内接头，上部钢筋应在跨中1/3跨度范围内接头。同一接头范围内的接头数量不应超过总钢筋数量的50%。

（6）在梁跨中开不大于150的洞，在具体设计中未说明做法时，洞的位置应在梁跨中的2/3范围内，梁高的中间1/3范围内。洞边及洞上下的配筋见图4。

（7）梁跨度大于或等于4m时，模板按跨度的0.2%起拱；悬臂梁按悬臂长度的0.4%起拱。起拱高度不小于20mm。

7．钢筋混凝土柱

（1）框架柱（边、角柱）纵向钢筋在柱顶的锚固做法详03G101-1图集页次37柱顶纵向钢筋构造（一）之A图。

（2）框架柱（中柱）纵向钢筋在柱顶的锚固做法和框架柱变截面位置纵向钢筋构造详03G101-1图集页次38。

框架柱箍筋端部加密做法详03G101-1图集页次40。

（3）框架柱截面构造及框架梁柱偏心构造要求做法详03G329-1

图集页次 17。

(4) 框架柱纵向钢筋接头采用机械连接，纵向钢筋的连接做法详 03G101－1 图集页次 36。

(5) 框架柱箍筋复合方式构造做法详 03G101－1 图集页次 46。

(6) 箍筋和拉筋弯钩构造详 03G101－1 图集页次 35。

(7) 一级、二级框架的角柱箍筋全高加密。

(8) 框支柱箍筋全高加密。

8. 剪力墙

(1) 本工程剪力墙底部加强部位见前表。底部加强部位及上一层剪力墙设置约束边缘构件，其他层剪力墙设置构造边缘构件。

(2) 剪力墙双排钢筋之间应加 ϕ6@600 拉结钢筋，底部加强部位为 ϕ6@400，拉结钢筋呈梅花形布置，此筋应同时钩住纵横向钢筋。剪力墙配筋水平筋在外，竖向筋在内（地下室外墙、水池池壁除外），墙厚大于 400mm 小于 700mm 时为三排筋，大于 700mm 时为三排筋，剪力墙分布筋构造详 03G329－1 图集页次 20。

(3) 剪力墙上层钢筋较下层钢筋大时或下层此处无钢筋时，应在下层墙顶设预留插筋。

(4) 剪力墙洞边及纵横墙交接处均设有约束或构造边缘构件。

(5) 剪力墙洞口宜上下对齐，剪力墙墙体开洞做法详 03G329－1 图集页次 28。

(6) 剪力墙有角窗时，角窗连梁上下主筋锚入墙内应大于 $1.5L_{aE}$。顶层时钢筋端部另加 $5d$ 直勾。

(7) 其余剪力墙的构造要求及绘图表示方法列表如下：

剪力墙约束边缘构件、构造边缘构件配筋及构造详 03G329－1 图集页次 22、页次 23。

剪力墙墙端边缘构件主筋连接构造详 03G329－1 图集页次 24。

剪力墙墙边缘构件主筋接头宜采用机械连接。

剪力墙墙体分布筋连接构造详 03G329－1 图集页次 25。

框架—剪力墙结构中的剪力墙在各层楼板、屋顶板标高处均设置暗梁，配筋构造详 03G329－1 图集页次 29。

剪力墙身水平钢筋构造详 03G101－1 图集页次 47。

剪力墙墙身竖向钢筋构造详 03G101－1 图集页次 48。

剪力墙洞口补强构造详 03G101－1 图集页次 53。

剪力墙洞口凡≤200mm×200mm 的均按有关专业图纸配合预留，不得后凿，剪力墙钢筋绕过洞口不得切断。

(8) 当剪力墙洞顶标高高于建筑门、窗洞口时，应在建筑洞顶标高处预留洞口过梁插铁。

(9) 地下室外墙钢筋连接采用搭接时，外侧竖向钢筋搭接位置应距基础梁（板）上皮 1000mm 以上；外侧水平钢筋搭接位置在跨中；内侧竖向、水平钢筋搭接位置在支座。

(10) 未注明剪力墙配筋均为 ϕ12@200 双排双向。

(11) 剪力墙与其平面外方向的梁连接构造详 03G329－1 图集页次 29。

（12）剪力墙连梁配筋构造详03G329－1图集页次26、27。

（13）剪力墙连梁纵筋应放在剪力墙边缘构件纵筋内侧，并应保证边缘构件纵筋的位置。

（14）对于一、二级抗震等级，高跨比小于2且连梁截面宽度≥400mm时，除设普通箍筋外，宜另设斜向交叉构造钢筋，构造做法详03G329－1图集页次27。

（15）剪力墙连梁开洞做法详03G329－1图集页次28。

（16）剪力墙连梁纵筋不允许有钢筋连接接头。

9. 关于梁柱节点处混凝土按以下原则处理

当柱混凝土强度不超过C60，梁的混凝土强度不低于柱混凝土强度的0.6倍时，梁柱节点处混凝土可随梁板一起浇筑。

不满足以上条件时，梁柱节点处混凝土应按柱混凝土强度单独浇筑见图5，在混凝土初凝前及时浇筑梁板混凝土，并加强混凝土的振捣与养护。

10. 填充墙

（1）填充墙平面位置、门窗洞口尺寸、位置、标高和墙厚均应按照有关建筑图纸施工。

（2）填充墙结构构造做法详06SG614－1《砌体填充墙结构构造》图集，使用图集前请仔细阅读图集说明并遵照执行。

（3）填充墙与主体结构的连接处应设置拉结筋，做法详06SG614－1图集页次7～15。填充墙与柱应柔性连接，具体做法详03G329－1图集页次19。

（4）填充墙墙顶应与梁底或板底拉结，做法详06SG614－1图集页次21、22。

（5）填充墙墙端、拐角、丁字交叉、十字交叉处均设置构造柱，且一段直墙上相邻构造柱间距不大于4m。构造柱配筋大样详06SG614－1图集页次24、25。

（6）填充墙高度大于4m时，内墙在墙高一半处或门洞上皮；外墙在墙高一半处或窗洞下皮设通长钢筋混凝土圈梁，做法为：一内墙门洞上设一道，兼作过梁，外墙窗下及窗顶处各设一道。内墙圈梁宽度同墙厚，高度120mm。外墙圈梁宽度见建筑墙身剖面图，高度180mm。圈梁宽度$b \leqslant 240$mm时，配筋上下各2ϕ12，ϕ6@200箍；$b>240$mm时，配筋上下各2ϕ14，ϕ6@200箍。其构造做法详06SG614－1图集页次16～20。圈梁兼作过梁时，应在洞口上方按过梁要求确定截面并另加钢筋。

（7）当砌体填充墙长度大于层高2倍时应按建施图表示的位置设置钢筋混凝土构造柱。构造柱配筋如图7－16（a）所示，构造柱上下端楼层处400mm高度范围内，箍筋间距加密到@100。构造柱与楼面相交处在施工楼面时应留出相应插筋，如图7－16（b）所示。构造柱钢筋绑完后，应先砌墙，后浇筑混凝土，在构造柱处，墙体中应留好拉结筋。浇筑构造柱混凝土前，应将柱根处杂物清理干净，并用压力水冲洗，然后才能浇筑混凝土。

（8）填充墙门窗洞口过梁配筋见03（4）G322－1～4图集，过梁两端各伸过洞边300mm且过梁纵筋锚入混凝土墙、柱≥30d。

（9）当填充墙上遇有门、窗洞口时，门、窗洞口两侧均设抱框（大洞口两侧应设构造柱），做法详06SG614－1图集页次30。

(10) 填充墙与钢筋混凝土墙、柱、构造柱结合缝处为防止抹灰开裂，应在抹灰层下贴放钢丝网片。钢丝网片宽 300mm，沿结合缝居中通长设置。

(11) 填充墙高度≤4m、墙厚≤200mm 时的内墙基础做法详 06SG614－1 图集页次 31 节点 3（填充墙作为挡土墙时除外，应另行设计），且应保证地坪下回填土的密实度，压实系数不得小于 0.94；外墙基础或填充墙较厚且较高时，基础另行设计。

11. 预埋件

所有钢筋混凝土构件均应按各工种的要求，如建筑吊顶、门窗、栏杆管道吊架等设置预埋埋件，各工种应配合土建施工，将需要的埋件留全。

12. 幕墙

(1) 所有建筑幕墙均必须严格按照现行国家（行业）有关规范或标准设计和施工，承担幕墙设计和施工的单位必须具有相应的资质。

(2) 幕墙设计图纸必须报设计单位确认后方可进行施工，且在土建施工阶段幕墙单位应配合土建预留埋件。

(3) 幕墙应按规定进行有关结构受力及变形方面的试验并提供试验报告。

7.2.11　其他注意事项

1. 扶梯、电梯按业主提供的设备图纸进行设计，扶梯、电梯设备的预埋件、电梯门信号预留洞及电梯机房地面的留洞及埋件均详电梯设备安装图（由业主提供）。施工扶梯、电梯时，其留洞及埋件位置应经业主、监理、施工等各方确认后方可施工。

2. 电梯机房的电梯吊钩做法大样详图 7。

3. 电气避雷做法：建筑物应按电气专业的避雷要求，将结构竖向构件（柱、混凝土墙）的外侧面至少有 2 根竖向筋作为避雷引下线，作为避雷引下线的竖向钢筋，必须从下到上，从基础到屋顶焊成通路，且其下端须就近与基础内底部钢筋焊接，焊接长度均不少于 100mm，其上端须露出竖向构件（柱、混凝土墙）顶不少于 150mm，与屋顶避雷带连接，并设置测试点。基础钢筋应与楼板、梁、柱、墙钢筋连成通路，作为避雷使用，须配合电气图纸施工。

(1) 电气接地钢板做法见图 7－18 所示：在室外地坪以上 1m 及以下 300mm 处，竖向构件外侧面预埋 M1，并与竖向构件内 2 根引下线（避雷筋）焊牢。

(2) 地下部分电气避雷做法如图 7－19 所有避雷金属件均镀锌。

4. 空调机房等设备基础均需进行隔振处理并应征得设计同意。

5. 施工时应采取有效措施保证结构构件钢筋位置正确。

6. 基础底板施工时，需采取有效措施（按 GB 50108—2001 第 4.1.23 条）控制底板内外温差及混凝土收缩，避免混凝土产生裂缝。

7. 悬挑构件（阳台、雨罩、挑檐、挑板、挑梁等）其根部钢筋位置及锚固要求应严格按图施工，并需专人检验。施工时应加设临时支撑，临时支撑须待建筑全部施工完毕，其平衡部分的构件强度达到100%时方可拆除。

8. 楼面施工荷载不得超过$2kN/m^2$，否则应加设支撑或采取其他措施保证结构安全。特别注意楼板上集中荷载对结构受力和变形产生的不利影响。

9. 施工时应采取有效措施保证梁、板上铁位置正确。

10. 柱内严禁预留孔洞及接线盒。

11. 框架柱在施工时应按建筑图中填充墙的位置预留拉接筋。

12. 剪力墙混凝土应密实浇筑，浇筑前应将水平施工缝清理干净，一般情况不留竖向施工缝。

13. 剪力墙各层水平施工缝接缝处应增设竖向单排附加插筋，墙厚>400mm时，配筋ϕ20@200；墙厚≤400mm时，配筋ϕ14@200；附加插筋应位于墙体中心，伸过接缝上下长度各$45d$。

14. 剪力墙墙中，外径大于50mm的设备竖管应居中布置，墙两侧沿全高各布置500mm宽ϕ6@200钢筋网片。

15. 剪力墙中不允许水平布置2根及多于2根预埋电管。

16. 材料代换应经过换算并应征得设计同意。

17. 后浇带浇筑完毕后应立即进行外维护部分的施工，严禁混凝土结构部分长时间处于露天中。

18. 应按有关施工规范控制拆模时间。

19. 承包商在施工前需根据专业图纸核对建筑、设备、电气专业的预留洞口尺寸和位置，如与结构图纸有矛盾应及时通知设计单位。所有专业洞口必须预留，不得后凿。

20. 当专业管线穿越地下室外墙时应设置刚性防水套管，做法详相关专业图纸。

21. 混凝土构件中埋设接线盒、电管、开关时，遗留的槽口及各种管洞必须由专业人员封堵，电工、水暖工等不得随意封堵。

22. 冬期施工时应采取有效措施加强现浇构件的养护。

23. 当通过楼板、坡道运送大型设备时，应在板底加可靠支撑，各层支撑上下对齐直至基础。

24. 施工中因漏振、拆模等原因出现混凝土剥落或不密实等问题时，施工单位需征得设计同意后方可进行处理。

25. 施工中应严格按照有关国家现行的工程施工及验收规范进行施工和验收，并做好工程各阶段的检查与验收记录。

26. 施工过程中一般部位的验收可书面委托甲方、监理代检，如发现安全问题或重要部位的检验应及时通知设计人员处理和检验。

27. 凡本说明及图纸中未表达的内容，应按国家现行施工及验收规范有关条款执行。如需表明，请施工单位及时与设计单位协商，提出修改变更后方可施工。

28. 本工程图示尺寸以毫米（mm）为单位，标高以米（m）为单位。与本工程相关结构详图见图7-13～图7-21。

29. 未经技术鉴定或设计认可，不得改变结构的用途和使用环境。

7.2.12 构件代号

板	B
次梁	L
框架梁	KL
框支梁	KZL
框支柱	KZZ
剪力墙暗柱	AZ
连梁	LL
楼梯板	TB
楼梯梁	TL
构造柱	GZ
预埋件	M

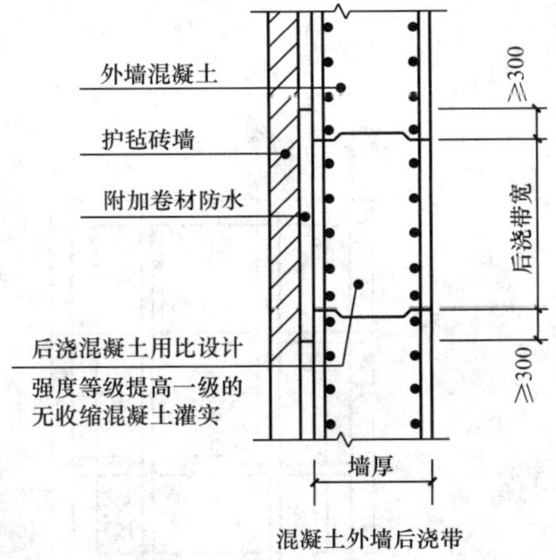

混凝土外墙后浇带

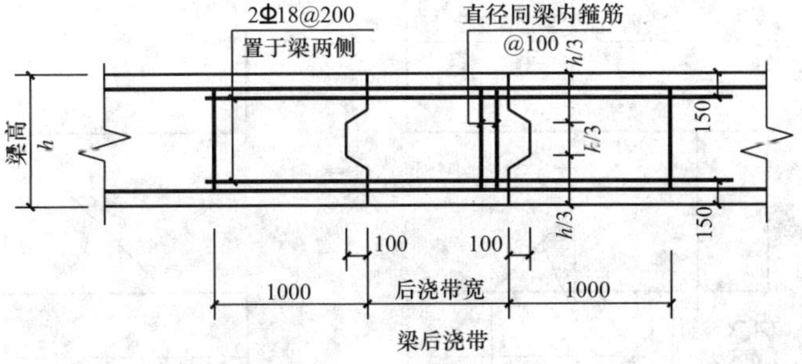

梁后浇带

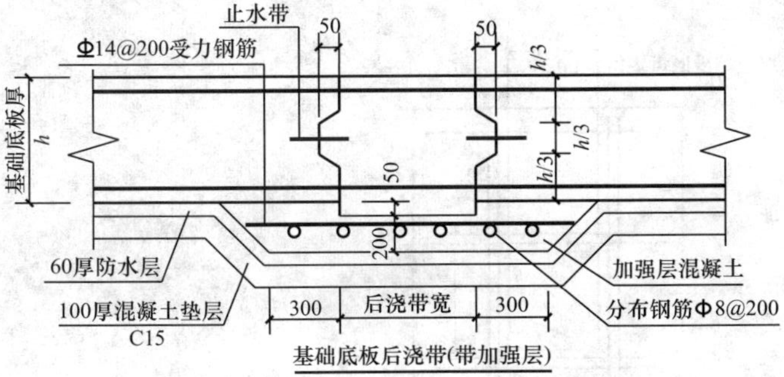

基础底板后浇带(带加强层)

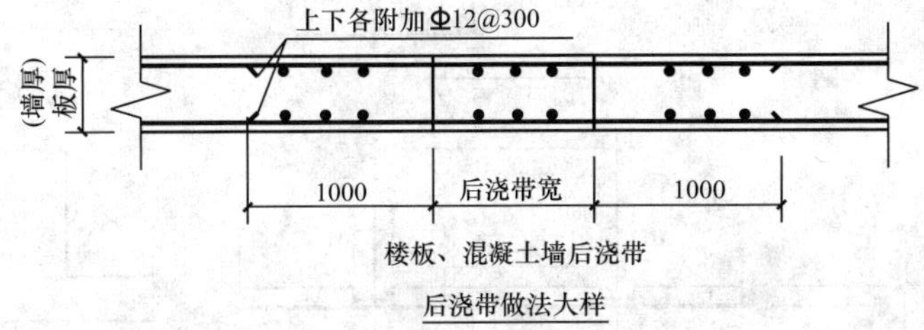

楼板、混凝土墙后浇带

后浇带做法大样

图 7－13　混凝土结构构造详图（仅包括现有标准图集未绘制的详图）

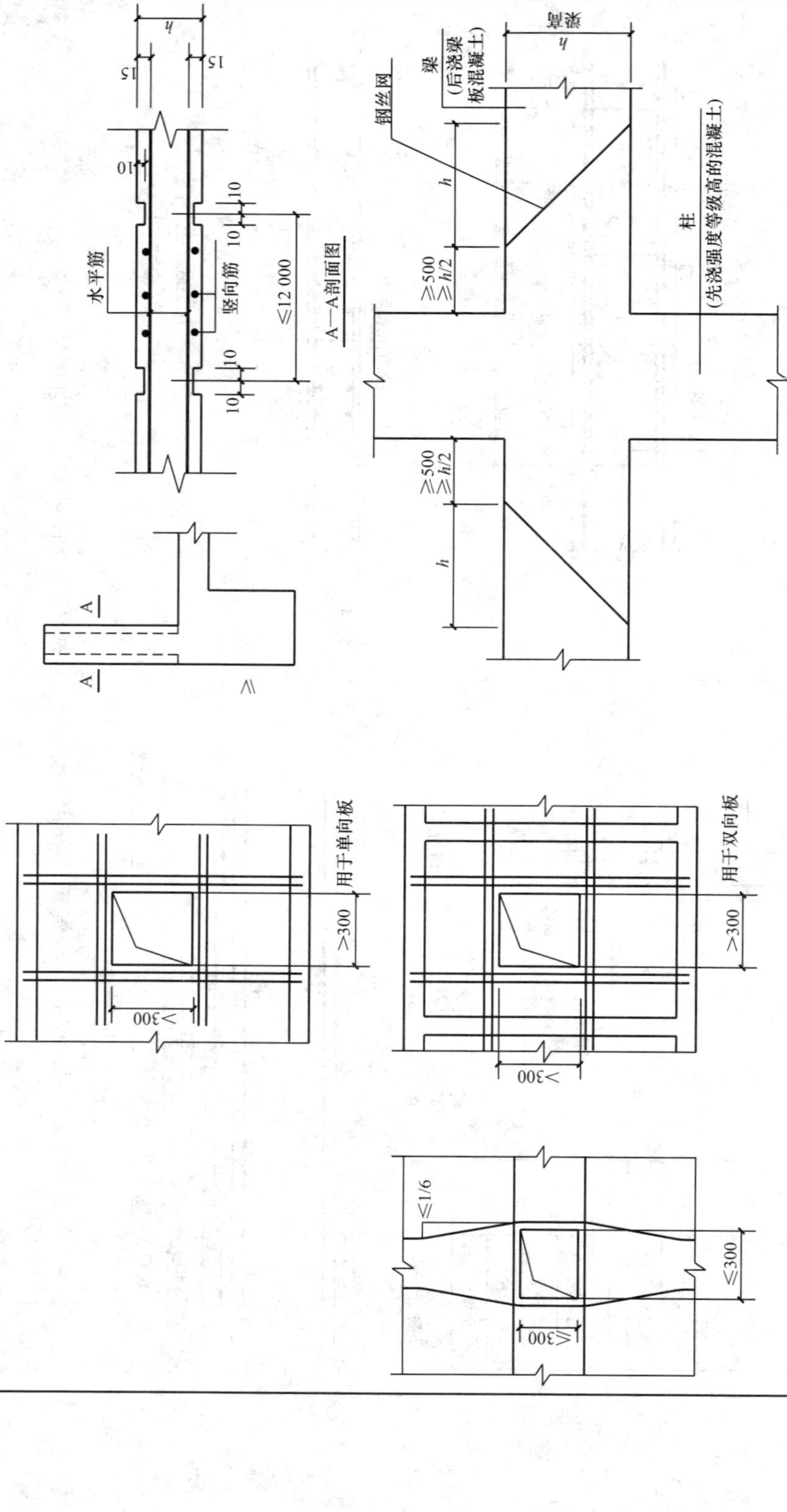

图 7-14　梁柱节点混凝土构造示意

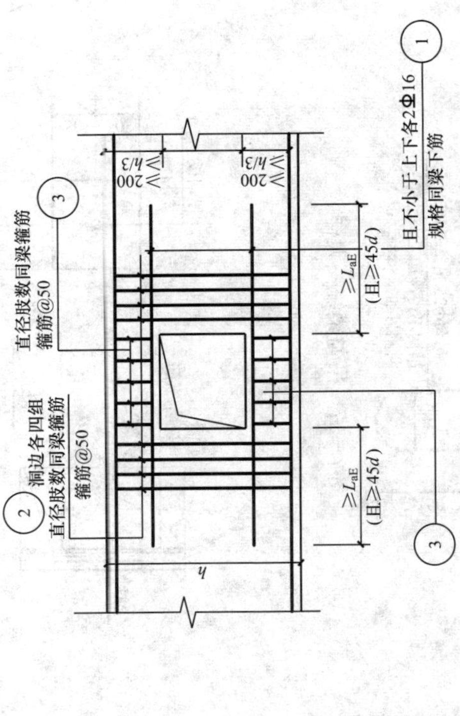

注：1. 多孔并列时，孔净距不得小于梁高的1/3及200。
2. 梁高小于450时，梁上不得留洞。

图 7－15　梁上留洞加筋构造示意图（图中特别注明者除外）

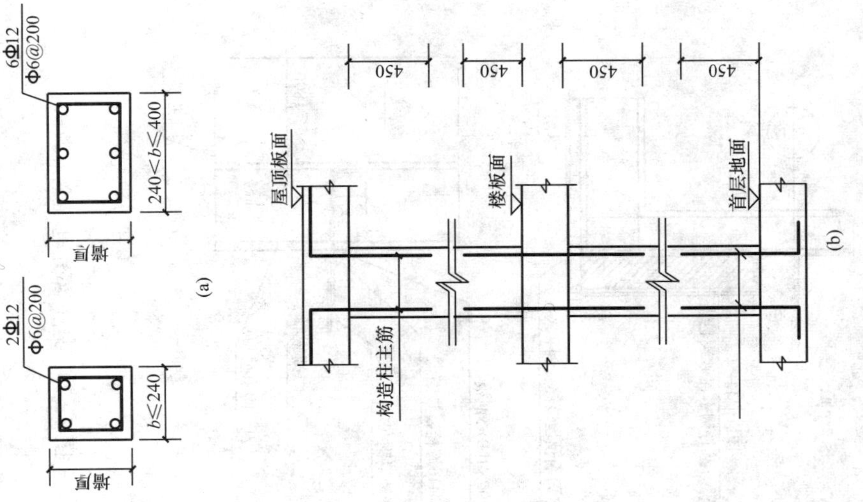

图 7－16　构造柱大样

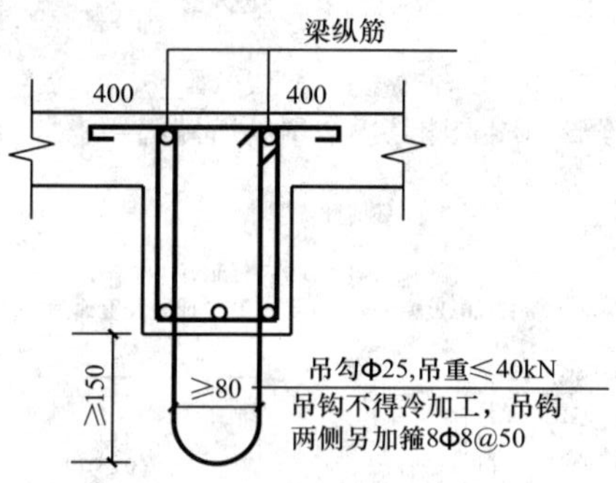

图 7-17　吊勾梁统一大样

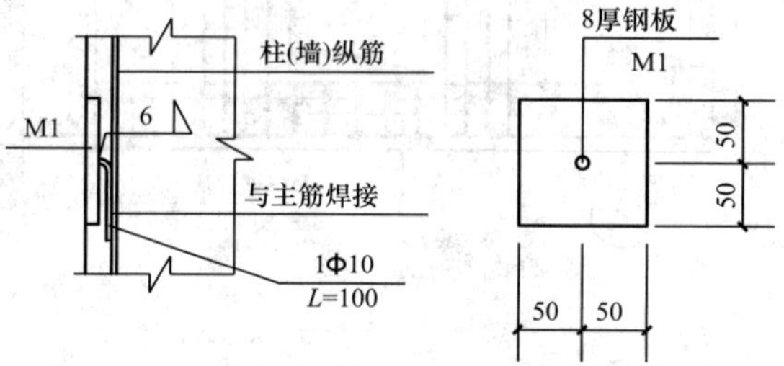

图 7-18　电气接地钢板做法

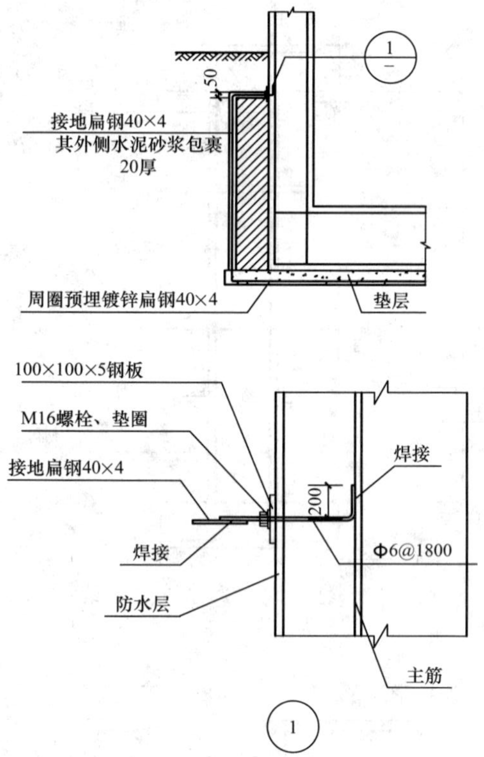

图 7-19　地下部分电气避雷做法

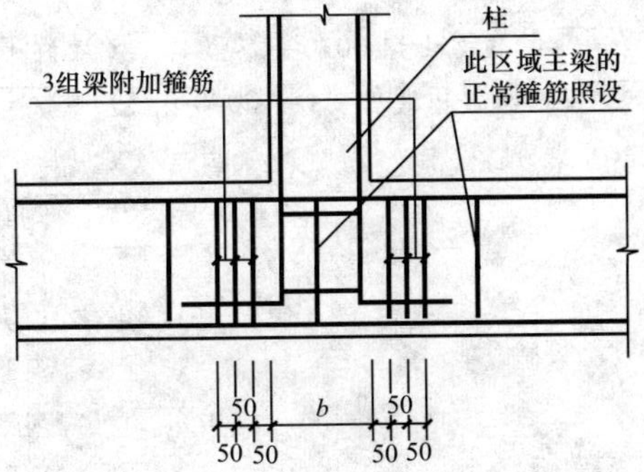

图 7－20　梁上有柱时附加箍筋详图

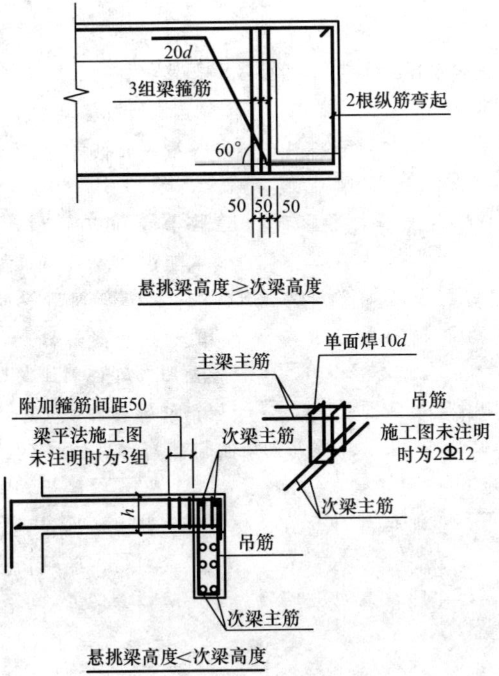

图 7－21　悬臂梁端部构造示意

7.3 砌体结构设计总说明之可共用说明

7.3.1 结构概述和设计标准

1. 工程概况

（1）建筑地点：____。

（2）总建筑面积：____ m^2。

（3）工程概述

____ 段（结构单元）：

主要使用功能为____；

1）最大长度____m；最大宽度____m；

2）主楼

檐口高度____ m（以±0.00计）；局部出屋顶高度____ m；

±0.00以上层数为____层；±0.00以下层数为____层；

结构体系为____；

基础形式为____，基础底标高为____；

地基采用天然地基，持力层为____，地基承载力特征值为____。

地基采用地基处理，地基处理方法为____；基础底地基土层为____，地基处理前地基承载力特征值为____，地基处理后地基承载力特征值为____，地基处理后最终最大沉降值不大于____。

桩基础类型采用____，桩径为____ mm，桩长为____ m，桩端持力层为____，单桩竖向承载力特征值为____，最终最大沉降值不大于____。

3）地下车库

地下层数为____层；地下一层顶板上覆土厚度为____ m；

基础形式为____，基础底标高为____；

地基采用天然地基，持力层为____，地基承载力特征值为____。

地基采用地基处理，地基处理方法为____；基础底地基土层为____，地基处理前地基承载力特征值为____，地基处理后地基承载力特征值为____，地基处理后最终最大沉降值不大于____。

4）人防地下室

人防抗力等级为____级，所在位置为地下____层，平时主要使用功能为____。

人防抗力等级为____级，所在位置为地下____层，平时主要使用功能为____。

5）本建筑与原有建筑物的关系

与原有建筑物的距离：____ m；（基础边至基础边）

原有建筑物基础埋深：____ m；

基础埋深大于原有建筑物基础埋深时处理措施：分段施工、设临时加固支撑、桩基支护、地下连续墙、加固原有基础等。

（4）±0.00绝对标高：本工程设计标高±0.00相当于绝对标高____ m。

2. 抗震设防参数和结构设计标准及砌体施工质量控制等级

（1）抗震设防有关参数

1）拟建场地地震基本烈度：____度，相应的设计基本地震加速度值：____ g。

2）场地类别：____类。

3）设计地震分组：第____组。

4）本场地地基土层地震液化程度判定：____。

(2) 结构设计标准

____段（结构单元）：

1) 建筑结构安全等级为____级，结构重要性系数为____；

2) 设计使用年限（耐久年限）混凝土结构为____年；

3) 结构设计基准期（可靠度）为____年；

4) 地基基础设计等级为____级；

5) 抗震设防类别为____类，抗震设防烈度为____度，相应的设计基本地震加速度值：____g，抗震构造措施按____度要求；

6) 建筑物耐火等级为____级；

7) 地下工程的防水等级为____级。

(3) 砌体结构施工质量控制等级为B级，砖墙砌筑应满足砖混结构的有关施工规定。

3. 可变荷载作用

(1) 正常使用活荷载标准值（设计基准周期50年）

住宅、宿舍、旅馆、办公、教室：

卫生间、阳台、一般楼梯、车库：

剧场、影院、洗衣房：

商店、展览厅、消防楼梯：

一般地下室顶板（±0.000处）：

书库：

实验室：

设备空调通风机房、电梯机房（含设备基础的自重）：

高压变电室：

上人屋面：

不上人屋面：

未注明的楼面活荷载按GB 50009—2001《建筑结构荷载规范》取值。设备、电气等有特殊要求的房间按实际情况由生产厂家（承包商）提供荷载数据，并在结构施工前复核确认，任何调整情况须及时通知设计院。

(2) 风荷载

1) 基本风压：ω_0＝____ kN/m^2；

2) 地面粗糙度类别：____类。

(3) 雪荷载

1) 基本雪压：S_0＝____ kN/m^2；

2) 屋盖积雪荷载：____ kN/m^2。

4. 场地的工程地质条件和水文条件

(1) 场地标准冻深：____ m。

(2) 地形概况

本工程场区地形，勘探期间的钻孔孔口地面标高为____ m。

(3) 地层岩性及分布特征（表7-21）

表7-21　地层岩性及分布特征

成因年代	土层编号	土层名称	压缩性	层底标高/m	土层厚度/m	承载力特征值/kPa
人工堆积层	①	房渣土	高	42.33～43.87	0.8～2.0	65

(4) 本场地不良地质状况分析及处理措施

本场地是否存在影响场地整体稳定性的不良地质作用。

(5) 水文地质条件

1）场区地下水埋藏情况

场区范围内的地下水类型分别为____。勘探时水位标高分别为____m。

2）历年最高水位记录

1959年最高水位标高：____。

1971～1973年最高水位标高：____。

近3～5年最高水位标高：____。

3）抗浮设防水位和外挡土墙计算水位：

① 抗浮设防水位为____ m。

② 外挡土墙计算水位为____ m。

③ 设计依据为____。

4）地下水和场地土的腐蚀性

① 地下水对混凝土结构和钢筋的影响：____。

② 本场区____ m深度范围内的土对混凝土结构和钢筋的影响：____。

③ 本建筑场地土壤氡浓度对混凝土结构和钢筋的影响：____。

5. 结构设计依据

(1) 本工程所遵循的国家及地方规范、规程和标准

1）通用规范、规程和标准：

GB 50068—2001《建筑结构可靠度设计统一标准》

GB 50009—2001《建筑结构荷载规范》

GB 50223—2004《建筑工程抗震设防分类标准》

GB 50011—2001《建筑抗震设计规范》

GB 50010—2002《混凝土结构设计规范》

GB 50007—2002《建筑地基基础设计规范》

DBJ 01—501—1992《北京地区建筑地基基础勘察设计规范》

GB 50003—2001《砌体结构设计规范及局部修订》

JGJ/T 13—1994《设置钢筋混凝土构造柱多层砖房抗震技术规程》

GB 50203—2002《砌体工程施工质量验收规范》

JGJ 137—2001，J 129—2001《多孔砖砌体结构技术规范及局部修订》

GB 50204—2002《混凝土结构工程施工质量验收规范》

GB 8239—1997《普通混凝土小型空心砌块》

JGJ/T 14—1995《混凝土小型空心砌块及技术规程》

2）人防工程

GB 50038—2005《人民防空地下室设计规范》

(2)《全国民用建筑工程设计技术措施》（结构专业）（2003版）

(3) 初步设计审批意见

1）××工程初步设计审批意见。

2）××工程初步设计审查会会议纪要（____年__月__日发）。

3）××工程设计大纲。

(4) 岩土工程勘察报告

名称：____；

编号：____；

编制单位：____；

编制日期：____年__月__日。

(5) 抗浮设防水位分析论证报告

名称：____；

编号：____；

编制单位：____；

编制日期：____年__月__日。

(6) 风荷载风洞试验报告

名称：____；

编号：____；

编制单位：____；

编制日期：____年__月__日。

(7) 场地地震安全性评价工作报告

1)《××工程场地地震安全性评价工作报告》(中国××省××市地震局震害防御与工程地震研究所____年__月__日)。

2) 关于《××工程场地地震安全性评价工作报告》的批复（中国××省××市地震局文件××震发抗［　］号____年__月__日)。

(8) 本工程人防审批意见

(9) 本工程结构设计所依据的其他相关文件

1)《××工程消防性能化设计报告》(建研防火设计性能化评估中心年月)。

2) 中国××省××市公安局消防局会议纪要（第　期）——××工程消防安全性能化设计及评估报告专家论证会会议纪要(____年__月__日)。

3)《××工程消防性能化设计复核评估报告》(中国××省××市消防科学研究所中国科学技术大学火灾科学国家重点实验室____年__月__日)。

(10) 本工程超限审查意见

6. 结构设计采用的计算软件

(1) 建研科技股份有限公司编制的“PK－PM 系列软件”(新规范 2005 版本)。

(2) 北京理正软件设计研究所编制的“5.3 版理正结构设计工具箱系列软件”(新规范)。

7. 结构设计采用的通用图集

04G329－2《建筑物抗震构造详图》(单层砌体房屋)

04G329－3《建筑物抗震构造详图》(砖墙楼房)

04G329－4《建筑物抗震构造详图》(小砌块墙楼房)

04G329－5《建筑物抗震构造详图》(配筋砖砌体楼房)

04G329－6《建筑物抗震构造详图》(单层砌体房屋)

04G329－7《建筑物抗震构造详图》(局部框架房屋)

03SG615《配筋混凝土砌块砌体建筑结构构造》

03G363《多层砖房钢筋混凝土构造柱抗震节点详图》

05G613《混凝土小型空心砌块墙体结构构造》

03G101－1《混凝土结构施工图平面整体表示方法制图规则和构造详图》(框架、剪力墙)

04G612《砖墙结构构造》

06SG614－1《砌体填充墙结构构造》

07SG617《夹心保温墙结构构造》

05SG616《混凝土小型砌块块型尺寸》

03G322－1《钢筋混凝土过梁》

7.3.2 绘图说明

1. 施工图绘制说明

(1) 尺寸标注：

1) 图中尺寸标注单位一律为毫米（mm）；标高单位一律为米（m）。

2) 施工一律根据图中尺寸标注，不得测量图纸。当图中尺寸有冲突或尺寸无法确定时，须及时通知设计人员。施工单位在施工前须核对图中尺寸，包括与其他各专业图纸之间的核对。遇有图纸和实际情况的任何差异，须及时通知设计人员。

3) 图中墙、构造柱、梁与圈梁的定位，除特别注明外，均以轴线居中。

4) 未注明的梁顶标高均同楼板上皮标高。

(2) 本工程除基础平面图采用正投影法外，各层结构平面图均采用镜像投影法绘制。

(3) 本工程施工图楼盖部分是按“建筑结构施工图平面整体设计方法”（简称平法）绘制的。其制图规则和标准构造详图的依据是03G101－1《混凝土结构施工图平面整体表示方法制图规则和构造详图》。承包商和施工单位在施工前请全面理解该图集的所有内容，并审阅设计图纸。施工中出现难以确定的问题时请与结构专业负责人协商解决。

(4) 根据本工程具体情况，设计中对03G101－1图集有局部更改和补充，除本说明中注明的更改和补充外，其他均按03G101－1图集要求施工。

2. 03G101－1《混凝土结构施工图平面整体表示方法制图规则和构造详图》图集增补内容

梁平法改进及补充说明（不包括基础地梁）

(1) 图集第4.4.1条修改为：

当梁支座上部纵筋配置两排钢筋时，第1排非通长筋从墙边起延伸长度取 $Ln/3$ 与 $Ln/4+La$ 中较大值位置；第2排非通长筋从墙边起延伸长度取 $Ln/4$ 位置。

当梁支座上部纵筋配置2排钢筋时，第1排非通长筋从墙边起延伸长度取 $Ln/3+La$ 与 $Ln/4+2La$ 中较大值位置；第2排非通长筋从墙边起延伸长度取 $Ln/3$ 与 $Ln/4+La$ 中较大值位置；第3排非通长筋从墙边起延伸长度取 $Ln/4$ 位置。

其余条文同图集第4.4.1条。

(2) 图集第4.2.1条补充为：

当梁上集中标注的内容仅上部通长筋配置不适用于某跨时，可在梁原位标注中在该跨上部通长筋后加标注符号（TC）其余条文同第4.2.1条。

(3) 当梁支座上部纵筋或梁下部纵筋配置两排钢筋时，第2排非通长筋应相对梁中心线对称布置。

(4) 图集第63页：

本工程主梁为扁梁，本页中的二至四级抗震等级主梁KL、WKL详图修改内容：梁端箍筋加密区长度由原 $\geqslant 1.5hb$ 且 $\geqslant 500$ 修改为 $\geqslant 2.0hb$ 且 $\geqslant 500$，其他不变。

7.3.3 主要材料

1. 混凝土

(1) 混凝土强度等级（表7-22）

表7-22　　混凝土强度等级

部位 层号	垫层	基础底板	梁	板	构造柱	圈梁	芯柱	其他构件（如楼梯）
Ⅰ段基础		C15					Cbx	
地下2								
地下1								
首层～2层								
2～x层								

注　芯柱用于混凝土小型空心砌块有灌孔要求时。

(2) 防水混凝土抗渗等级。地下室基础底板、外墙和与土壤接触的地下室顶板混凝土抗渗等级为Sx。

(3) 混凝土耐久性

1) 所有基础、地梁、地下室外墙、无上部结构的地下室顶板、屋面板属于二b类环境类别；卫生间楼面板为二a类环境类别，其他属于一类环境类别。

2) 各类环境的混凝土结构均应满足《混凝土结构设计规范》表3.4.2混凝土耐久性的基本要求。

(4) 混凝土保护层（mm）

1) 混凝土保护层厚度应满足03G101-1图集页次33的要求，同时还应满足地下室混凝土迎水面、水池内侧及潮湿房间的钢筋保护层厚度≥50mm。

2) 当梁中纵向受力筋保护层厚度大于40mm时，保护层厚度内应配置ϕ4～6@150双向防裂构造网片。

(5) 混凝土外加剂

1) 外加剂的选择与使用应满足GB 50119—2003《混凝土外加剂应用技术规范》。选择各类外加剂时，应特别注意外加剂的适用范围，应考虑外加剂对混凝土后期收缩的影响，尽量选择对混凝土后期收缩影响小的外加剂。

2) 各类外加剂应有厂商提供的推荐掺量与相应减水率、主要成分的化学名称、氯离子含量、含碱量以及施工中必要的注意事项。氯化钙不能作为混凝土的外加剂使用。

3) 补偿收缩混凝土采用的外加剂应为A级或一级品，使用时应有专业技术支持。

2. 钢筋和预埋件用钢材

(1) 普通钢筋（表7-23）

表7-23　　普通钢筋力学性能

符号	钢筋	强度设计值 f_y/(N/mm^2)	焊条
ϕ	HPB235	210	E43
Φ	HRB335	300	E50
$\underline{\Phi}$	HRB400	360	E50

(2) 预埋件用钢材：

Q235B、D碳素结构钢，焊条E43××型。

Q345B、D低合金高强度结构钢，焊条E50××型。

钢筋与型钢焊接时随钢筋定焊条。

3. 墙体材料（表7-24）

表7-24　墙体材料强度等级

层号	砌块材料	水泥砂浆	混合砂浆	专用砌筑砂浆
Ⅰ段基础-地下1层	MU××（须实心砌块）	M×		
首层～2层	MU××		M×	Mb×
2～x层	MU××		M×	Mb×
x层以上	MU××		M×	Mb×

4. 油漆

凡外露钢铁件须除锈后涂防腐漆，面漆两道，并定时维护。

5. 其他材料（表7-25）

表7-25　其他材料

部位及用途	材料及强度等级	备注
填充墙	砌块材料，≥　MU××	容重 $\gamma_0\leqslant$　kN/m^3
填充墙砂浆	混合砂浆 M×（地上）（地下为水泥砂浆）	
墙体内保温材料		
墙体外保温材料		

7.3.4　钢筋的连接与锚固

1. 钢筋的连接与锚固长度

（1）受拉钢筋最小锚固长度 L_a 详03G101-1图集页次33。

（2）纵向受拉钢筋抗震锚固长度 L_{aE} 详03G101-1图集页次34。

（3）受拉钢筋绑扎搭接长度 L_1（非抗震）详03G101-1图集页次34。

（4）受拉钢筋绑扎搭接长度 L_1（抗震）详03G101-1图集页次34。

2. 钢筋的接头形式及要求

（1）轴心受拉及小偏心受拉构件的纵向受力钢筋不得采用绑扎搭接接头。

（2）当纵向受力钢筋的直径 $d>22$mm 时不得采用绑扎搭接接头。

（3）当梁、底板及基础梁的纵向钢筋采用机械连接或焊接时，接头质量应符合JGJ 107—2003，J 257—2003《钢筋机械连接通用技术规程》或JGJ 18—2003，J257—2003《钢筋焊接及验收规程》中的要求。

（4）本工程钢筋机械连接接头性能等级为____级。

3. 构件纵向钢筋接头位置

一般楼盖梁板纵向钢筋接头位置：上铁在跨中1/3跨度范围，下铁在支座范围，同一截面钢筋接头数量不应超过同截面钢筋总根数的50%。

7.3.5　地基基础设计施工要求

1. 地基与基础

（1）天然地基

1）本工程采用____基础，基础底标高为一____m。基础持力层位于第____层____土层。地基承载力特征值 f_{ka}＝____ kPa。

2）基础梁（板）纵向钢筋接头：钢筋直径 d＞22mm 时采用机械连接（Ⅱ级接头），其余采用搭接。接头位置：上铁在支座，下铁在跨中，同一截面钢筋接头数量不应超过同截面钢筋总根数的 50%。

3）地下室底板与墙体应一次性整体浇筑至地面 300mm 以上，周边外墙与地下室底板连接处水平施工缝应设置钢板止水带。

（2）桩基础

1）本工程基础采用____灌注桩，桩径为____ mm，桩端持力层为____，桩端进入持力层深度至少为 1 倍桩径，且≥0.5m，桩长约为____ m。

2）工程桩施工的工法和施工工艺应与试桩时相一致。施工单位应具备相应资质。

3）应采用低碱含量水泥。

4）单桩承载力特征值及单桩竖向抗压承载力设计值（表 7－26）。

表 7－26　单桩承载力特征值及单桩竖向抗压承载力设计值

桩径 φ/mm	单桩竖向抗压承载力特征值/kPa	单桩竖向抗拔承载力特征值/kPa	单桩水平承载力特征值/kPa		单桩竖向抗压承载力设计值/kPa	备注
			桩顶自由	桩顶固结		

5）桩身主筋保护层厚度为 70mm。

6）桩位偏差不得大于 50mm。

7）桩身垂直度偏差不得大于桩长 $L/150$。桩身混凝土的超灌高度不应小于 1 倍桩径。

8）桩底沉渣的厚度小于 100mm。

9）完工后的工程桩应进行竖向承载力检验。具体要求应依据 GB 50007—2002《建筑地基基础设计规范》之第 10.1.8 条款进行。

10）桩基完工后应进行桩身质量检验或桩身完整性测试。测试方法：对于直径大于 800mm 的混凝土嵌岩桩应采用钻孔抽芯法或声波透射法及低应变法；对于直径大于 800mm 的混凝土非嵌岩桩及直径不大于 800mm 的桩，可根据桩径与桩长的大小，结合桩型和实际需要，采用钻孔抽芯法或声波透射法或可靠的动测法进行检测；测试数量：一柱一桩时为 100%，多桩承台时为每承台不少于 1 根。直径大于 800mm 的混凝土嵌岩桩，测试桩的数量不少于桩总数的 10%。

11）人工挖孔桩终孔时，应进行桩端持力层检验。一柱一桩时的大直径土嵌岩桩，应视岩性，检验桩底下 3 倍桩径或 5m 深度范围内有无空洞、破碎带、软弱夹层等不良地质条件。

（3）复合地基

1）地基加固后的地基承载力及变形应满足以下要求：

① 地基承载力特征值应满足地基承载力特征值应满足 kN/m^2，同时考虑荷载传递的不均匀性，适当调整布桩间距。

② 地基加固时需考虑在地震力作用下 X、Y 方向地震倾覆弯矩的作用。

③ 地基加固时应确保地基处理均匀，同时考虑土层厚度差异对地基加固整体性的影响及两种不同层数建筑物沉降差的处理。

④ 地基加固后建筑物最大最终沉降量：____ mm，倾斜控制在≤25‰，两栋楼之间尽量避免相向倾斜。

2）质量检测：

① 对加固处理后的地基应另行选择权威机构进行复合地基载荷试验，以检验复合地基承载力。此外，还应进行竖向增强体以及周边土的质量检验。

② 检测桩自身质量一般采用小应变方法。

③ 静载试验、动测的选择数量及试验要求均应依据《建筑地基处理技术规范》进行。

3）地基加固投标单位应具备相应的设计、施工资质，对地基加固处理安全负责。

4）在基础正式施工前，承包商应向设计单位提供加固检测报告书，经设计单位确认后方可进行基础施工。

5）其余未明确部分均应遵照国家和当地相关的设计、施工规范、规程执行。

2. 基坑支护

本工程因基坑较深，在土方开挖和地下室施工阶段须采用临时基坑支护措施。临时基坑支护系统的设计、施工、维护、和拆除由承包商全部负责。临时基坑支护系统应确保场区内外原有建筑安全无损并保证人员安全。开挖后的基坑应立即封闭，防止水浸和暴露，并应及时进行地下结构施工。基坑土方开挖应严格按设计要求进行，不得超挖。基坑周边荷载，不得超过设计荷载限制条件。

3. 基槽地基回弹变形观测

承包商应委托具有资质的单位做好基槽开挖后的地基回弹变形观测和施工观测，并随时报至设计院等有关单位。

4. 基槽开挖

(1) 基槽土方开挖应由承包商根据相关图纸负责进行，开挖顺序应与施工降水、基础施工相协调。基槽开挖时严禁超挖及对槽底土质的扰动，当基底持力层湿度较大时，建议铺垫碾压一层级配砂石以减少施工期间的人为扰动。槽底应预留200mm厚土层，后用人工清槽。

(2) 基槽开挖过程中若发现实际地质情况与勘察报告不符应及时通知勘察、设计及有关单位研究处理。

(3) 基槽开挖后施工单位应普遍进行钎探（复合地基除外），详细记录并通知勘察、设计、监理和业主等有关单位共同验槽。待勘察、设计、施工、监理和业主等有关单位验槽合格后方可继续施工。

(4) 基槽内若积水、结霜、结冰则不准浇筑混凝土垫层。若在验槽后又出现积水、结霜、结冰，则基槽应在排水、去冰霜后重新验槽。

(5) 开挖后的基坑边坡应采取积极保护措施（如钢丝网薄板保护层）以避免由风、雨、冰、雪引起的边坡不稳和恶化。

(6) 基础及地下室施工期间应防止地表水流入基坑，基坑应保持干净、无积水。

(7) 基坑回填土及位于设备基础、地面、散水、踏步等基础下的回填土均按规范要求分层夯实回填 3∶7 灰土，每层厚度 250mm，压实系数要求 0.95。基坑回填时应两边同时进行，不得单面回填，以防引起基础变形。

(8) 冬期施工时应采取有效措施预防基底持力层受冻。

(9) 除本说明外，尚应按其他有关的施工及验收规范要求进行施工。

5. 地下水施工要求

(1) 施工降水系统由承包商负责提供及安装，保持降水面在最深基底下 0.5m。停止降水时需征得设计人同意。

(2) 场地降水时应连续监测，承包商应有可靠措施防止因降水给周围建筑物、道路等设施带来不利影响。

6. 沉降观测

本工程应进行沉降观测。观测点应设置在建筑物周边和结构的重要部位及荷载差异较大处。当工程图中未注明时，应在建筑物的四角（当有变形缝时，在缝外墙两侧），具体布置见沉降观测点布置图。在施工期间，一般每完成一层测试 1 次；竣工后，每半年 1 次；直至沉降稳定为止（稳定标准为半年沉降量不超过 3mm），沉降观测应由有相应资质的单位承担。施工前沉降观测单位应将测量方案报监理、总包、设计等单位。

7.3.6　混凝土楼屋面板、梁的构造要求

1. 装配式钢筋混凝土楼板与预制构件

(1) 预制板间应留有不小于 60mm 的配筋板缝。配筋板缝构造详见图 7-22。

(2) 预制板面上配有 $\phi6@200$ 的双向钢筋现浇层，厚为 50mm。

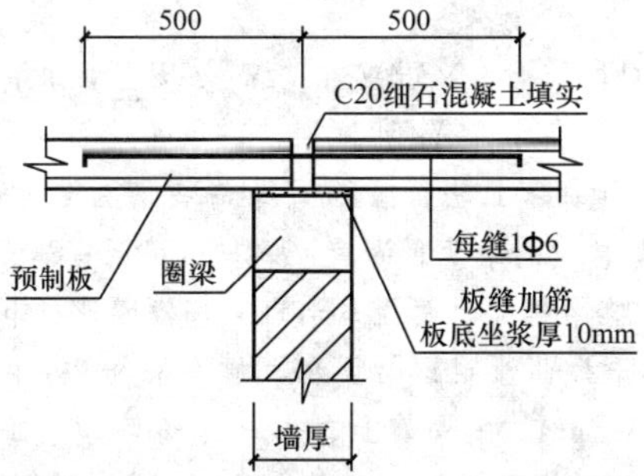

6、7度中间支座时

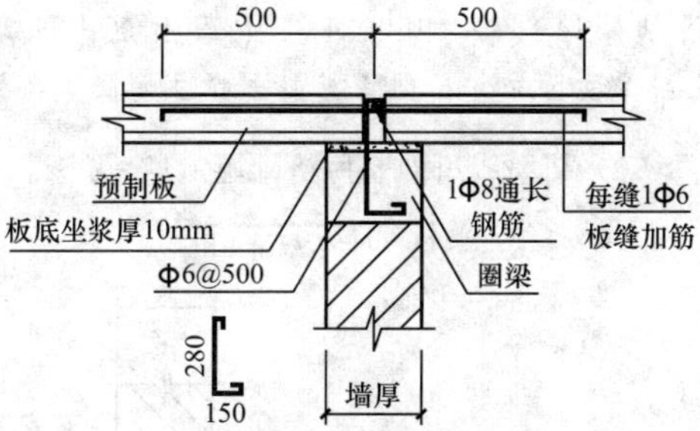

8、9度中间支座时

图 7-22　配筋板缝构造详图

(3) 预制板下应有现浇圈梁，圈梁内预留拉结筋与现浇层连成整体。

(4) 楼面现浇层应拉通，在现浇层上后砌墙。

（5）跨度小于 4.8m 的靠外墙的预制板侧边应与墙或圈梁拉结，构造详见图 7－23。当板的跨度不小于 4.8m 并与外墙平行时，拉结构造详见图 7－24。

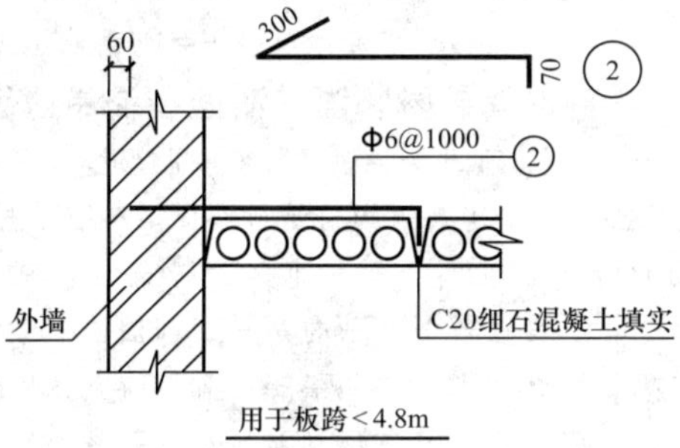

图 7－23　预制板与支座拉结构造

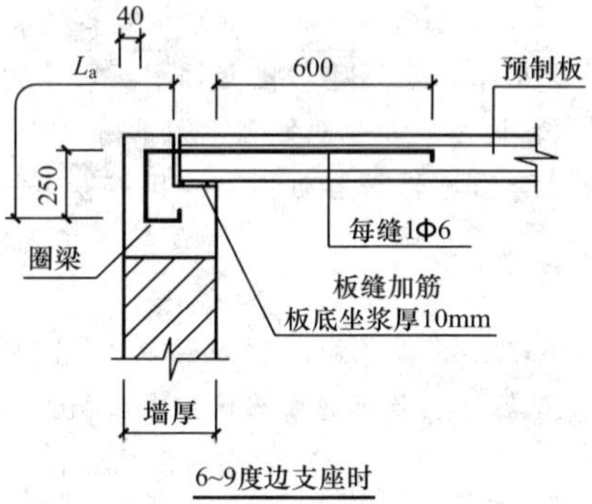

图 7－24　预制板与外墙拉结构造（一）

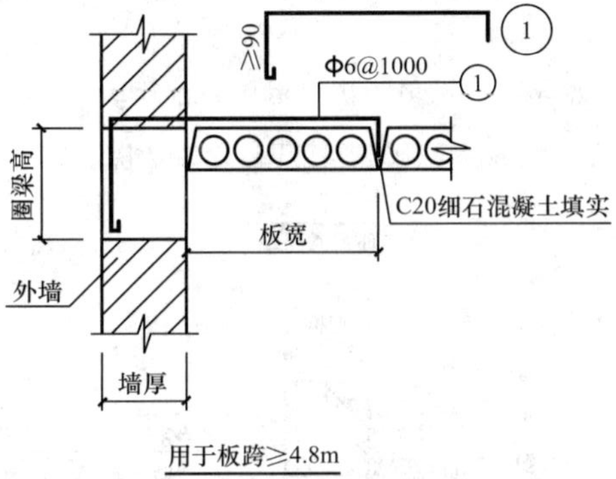

图 7－24　预制板与外墙拉结构造（二）

（6）装配式钢筋混凝土楼、屋面板，当圈梁在板下皮时，板端伸进外墙的长度不应小于 120mm，伸入内墙的长度不小于 100mm，在梁上的长度不应小于 80mm。

（7）楼、屋盖的钢筋混凝土梁或屋架，应与墙、柱（包括构造柱）或圈梁可靠连接，梁与砖柱连接不应削弱砖柱截面，各层独立砖柱顶部应在两个方向均有可靠连接。跨度大于 6m 的屋架和跨度大于 4.8m 的梁，其支承面处应设置混凝土或钢筋混凝土垫块；当墙中设有圈梁时，垫块与圈梁应浇成整体。

（8）檩条或屋面板应与墙及屋架可靠连接，其构造如图 7－25 所示。坡屋顶房屋的屋架应与顶层圈梁可靠连接，其构造如图 7－26 所示。8 度、9 度时，顶层内纵墙宜增砌支撑山墙的踏步式墙垛，其构造详见图 7－27。房屋出入口处的檐口瓦应与屋面构件锚固。

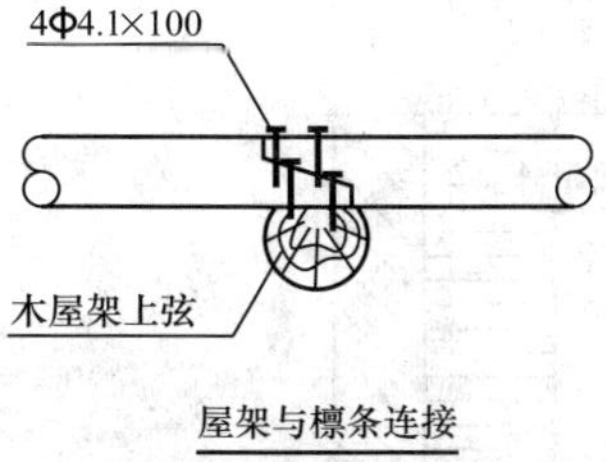

图 7-25　檩条与屋架连接构造

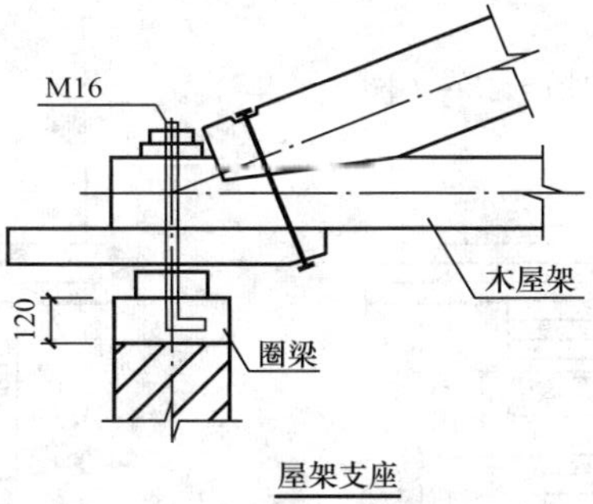

图 7-26　屋架与圈梁连接构造

(9) 不宜采用无锚固措施的钢筋混凝土预制挑檐。

(10) 装配式楼梯段应与平台板的梁可靠连接，不应采用无筋砖砌栏板。

(11) 预制阳台应与圈梁和楼板的现浇板带可靠连接。

(12) 装配整体式楼、屋面板支撑于多孔砖墙上时，其墙顶应铺设强度较高的砂浆层 20mm，并且有一定强度后方可铺设预制板，以避免多孔砖被压坏。

2. 现浇楼板

(1) 不宜采用现浇板上另做敷设管道的焦渣层做法。单向现浇板中的分布筋（除注明者外），均不小于 $\phi6@250$ 且不小于单位宽度上受力钢筋截面面积的 15%，且不小于板截面面积的 0.15%。现浇楼板伸进纵横墙的长度不应小于 120mm。

(2) 现浇板外墙支座处可不单独设置圈梁，但应在外墙楼板支撑宽度内设置 $2\phi12$ 水平或者竖直放置的加强钢筋，以增强楼板边沿与墙体的连接，其构造详见图 7-28。

(3) 板下部受力钢筋伸入梁、墙支座的锚固长度不小于 $5d$，且应伸入到梁、墙支座中心线。HPB235 钢筋端头设 180 度弯钩。

(4) 板上铁锚入梁、墙支座内锚固长度不小于 L_a（包括支座两边板上皮标高不同情况），当梁顶部有挑耳时应伸至挑耳外边。板钢筋在支座处的锚固大样详图集 04G101-4 页次 25。

(5) 板上铁两端直钩的长度为楼板厚度减去上铁保护层厚度。

(6) 双向板的下部受力钢筋，短向钢筋置于下排；长向钢筋置于上排。

(7) 当板底与梁底平时，板的下部钢筋伸入梁内需弯折后置于梁的下部纵向钢筋之上穿过。

(8) 各层楼板布筋时尽量将钢筋拉通放置。

(9) 现浇板上孔洞应预留，结构顶板平面图中只表示 ≥300mm×300mm 以上的板留洞。≥300mm×300mm 以上的洞口应设洞边加筋，做法详结构顶板平面图。当结构顶板图未交代时，一般每侧洞边加筋按洞口截断钢筋面积的一半设置且不小于 $2\phi12$，洞边加筋长度为单向板（受力方向）、双向板（两个方向）沿跨度通长并满足 6.2.3 款的锚固要求。单向板非受力方向的洞边加筋长度为洞口宽度两侧各加 $40d$。圆形洞口还应在洞边设置 $2\phi12$ 环形附加钢筋；楼板留洞凡 ≤200mm×200mm 的均按有关专业图配合预留，不准后凿，钢筋绕过洞边不得切断。

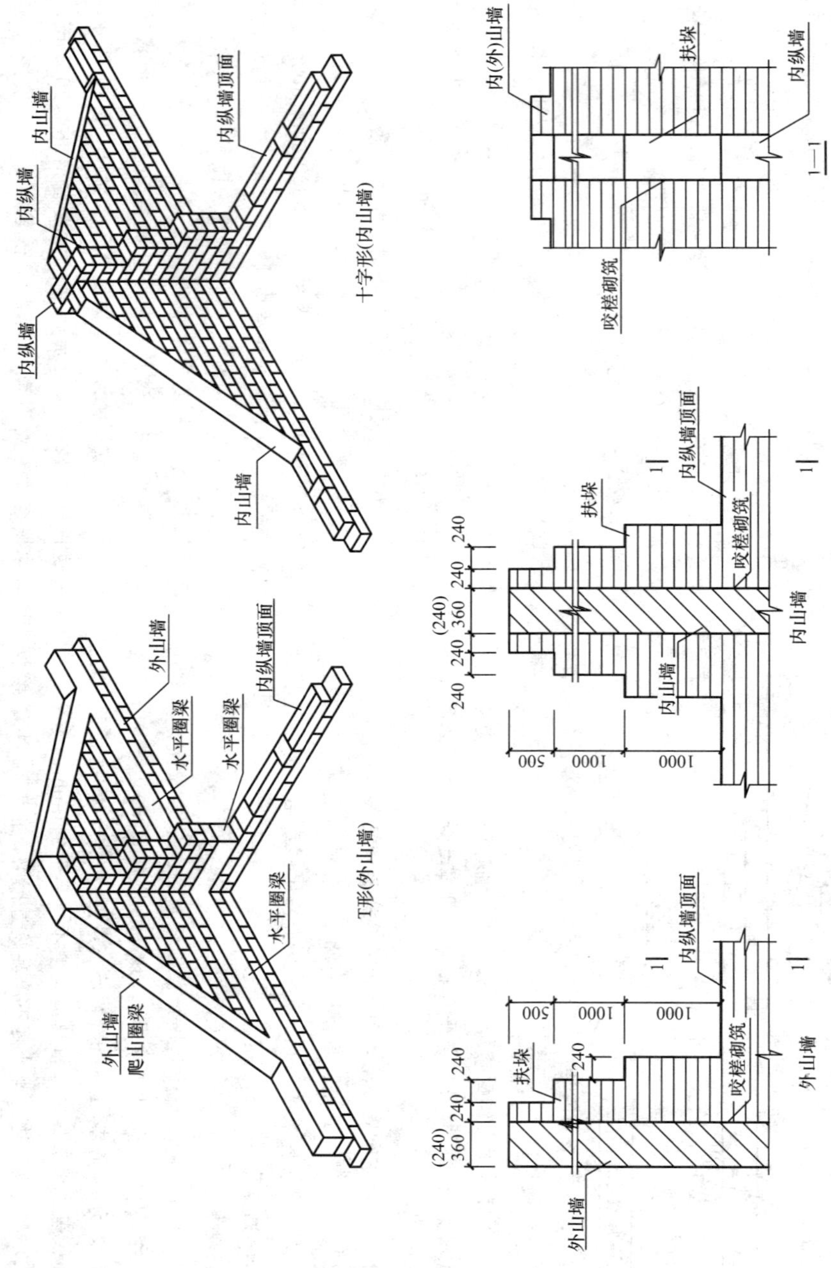

图 7-27 墙设支撑山墙的墙垛

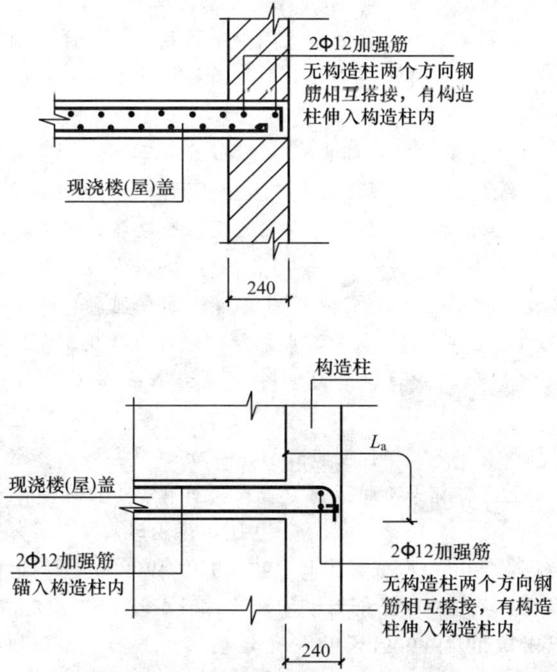

图 7－28 板边与墙体加强筋构造

（10）屋面板上铁跨中范围设置 ϕ10@200 温度筋且与支座上铁搭接。

（11）现浇板中预埋电气暗管时，不得采用铝管，管外径不应大于板厚的 1/3，管子交叉处不受此限制，但此时管子外皮上下保护层厚度应各≥25mm。

（12）楼板留洞平面图中，虚线所示洞口钢筋通过不断，待管道、管线安装完毕后用提高一级强度的豆石混凝土灌实，施工时需采取措施，保证后浇混凝土的施工质量。

3. 梁

（1）次梁

1）次梁配筋构造详 03G101－1 图集页次 65。

2）箍筋和拉筋弯钩构造详 03G101－1 图集页次 35。

3）主次梁高度相同时，次梁的下部纵向钢筋应置于主梁的下部纵向钢筋之上。

（2）主梁

1）主梁纵向钢筋接头位置：上铁在跨中 1/3 跨度范围，下铁在支座范围，同一截面钢筋接头数量不应超过同截面钢筋总根数的 50%。

2）主梁钢筋构造做法可参照 03G101－1 图集中框架梁的对应做法。

3）主梁在次梁作用处箍筋应贯通布置，附加箍筋、附加吊筋构造做法详 03G101－1 图集页次 62，吊筋型号及数量详见有关图纸。

4）悬挑梁钢筋构造做法详 03G101－1 图集页次 66。

5）箍筋和拉筋弯钩构造详 03G101－1 图集页次 35。

6）主梁高度小于次梁高度时，次梁支座做法同前面章节图 2.15（b）。

7）当梁的腹板高度 h_w≥450mm 时须配置腰筋，腰筋每侧配筋率为腹板面积的 0.1%，腰筋间距≤200mm。

8）梁中双排纵筋间的净距，取25mm和d两者的较大值（d为纵筋直径）。

9）凡在图纸中未注明的梁上开洞附加钢筋做法详前面章节详图6.3.2。

7.3.7 构造柱与圈梁、过梁

1. 必须先砌筑墙，后浇筑构造柱，烧结普通砖房屋构造柱最小截面为240mm×180mm，多层砌块房屋既设芯柱又设置构造柱时，此时的构造柱最小截面为190mm×190mm，但均不得大于300mm×240mm，构造柱与墙体的连接处宜砌成马牙槎，烧结普通砖马牙槎高300mm，宽60mm，并沿墙高每500mm设2ϕ6拉结钢筋，每边伸入墙内不小于1m。

2. 构造柱可不单独设置基础，但应伸入室外地面下500mm，或锚入距室外地面小于500mm的基础圈梁内。当遇管沟时，应伸到管沟下360mm。

3. 房屋内外墙交接处，未设置构造柱时，应沿墙高每隔500mm配置2ϕ6拉结钢筋，每边伸入墙内不宜小于1m。

4. 构造柱截面与配筋规格以及构造详04G329－3图集页次48～57（对应不同烈度）的具体做法。

5. 单元入口处及高度≥500mm的女儿墙处均应设置构造柱，间距≤3000mm，或对应下面柱（构造柱）的位置设置，在转角处必须设置；构造柱纵筋应锚入下面的柱（构造柱）或屋面圈梁中。

6. 多层砌块房屋中的构造柱，应设置在下列部位：楼梯、电梯间的四角处，内外墙交接处，外墙转角处，内墙交接处，以及其他需要设置构造柱的部位。其余部位如门窗洞口两侧，砌块墙段中部，局部砌块墙垛等部位，仍可采用芯柱。

7. 现浇钢筋混凝土圈梁应连续的设在同一水平面上，并形成封闭状，遇有洞口截断时，应在洞口上部增设相同截面和配筋的附加圈梁，附加圈梁与圈梁搭接长度，不小于其中到中垂直距离的2倍，且不得小于1m。也可采用04G329－3图集页次9、23、42中所对应烈度之局部增设构造柱的搭接做法。圈梁宜与预制板设在同一标高处或紧靠板底。

8. 圈梁截面与配筋规格以及构造详04G329－3图集页次7～47（对应不同烈度）的具体做法。

9. 圈梁截面高度不应小于120mm，多孔砖砌体中，圈梁截面高度不应小于180mm。

10. 圈梁钢筋应伸入构造柱，并有可靠锚固。深入顶层圈梁的构造柱钢筋锚固长度当采用HPB235时，不宜小于35d，当采用HRB335或HRB400时，不宜小于40d。

11. 构造柱的纵筋应从圈梁的内侧通过，使构造柱的纵筋受到圈梁钢筋的约束。同时，构造柱的纵筋应上下贯通。没有单独设置圈梁处，构造柱的纵筋应通过楼板的边缘加强钢筋，保证构造柱纵筋在楼板标高位置处有拉结。

12. 门窗洞口处不得采用无筋砖过梁。过梁支撑长度，6～8度时不应小于240mm，9度时不应小于360mm。墙体门窗洞口过梁配筋见表7－27，且过梁纵筋锚入墙体、混凝土柱或构造柱≥30d。

13. 多层砖砌体房屋构造柱的设置位置要求见GB 50011—2001《建筑抗震设计规范》表7.3.1，圈梁的设置位置要求见该规范的表7.3.3。多层砌块房屋中圈梁的设置位置要求见该规范的表7.4.4。

表 7-27　　门窗洞口过梁表

梁跨/mm	梁高/mm	上筋	下筋		箍筋
			墙厚≤240mm	240mm<墙厚≤370mm	
L≤1500	≥150	2ϕ8	2ϕ12	3ϕ12	ϕ6～150
1500<L≤2000	≥200	2ϕ10	2ϕ14	3ϕ14	ϕ6～100
2000<L≤3000	≥300	2ϕ10	2ϕ16	3ϕ16	ϕ8～150

14. 底层及顶层的窗洞下沿纵横墙均增设通长的钢筋混凝土窗台压顶，高度60mm，宽度240mm，纵筋不少于3ϕ6，两端各伸入构造柱。

15. 构造柱应有一定的外露面以便于检查质量，也可利用宽60mm的马牙槎的外露面。

7.3.8 楼梯间构造要求

1. 楼梯、电梯间的四角均设置构造柱。

2. 8度和9度时，顶层楼梯间横墙和外墙宜沿墙高每隔500mm设2ϕ6通长钢筋。

3. 8度和9度时，楼梯间及门厅内墙阳角处的大梁支承长度不应小于500mm，并应与圈梁连接。

4. 突出屋顶的楼、电梯间，构造柱应伸到顶部，并应与顶部圈梁连接，内外墙交界处应沿墙高每隔500mm设通长2ϕ6拉结钢筋，且每边伸入墙内部应小于1m。

7.3.9 小砌块房屋的芯柱与灌孔要求

1. 多层砌块房屋中芯柱的设置位置要求见GB 50011—2001《建筑抗震设计规范》表7.4.1。芯柱截面尺寸不宜小于120mm×120mm，混凝土强度等级不低于C20，芯柱的竖向钢筋应沿房屋全高贯通墙身并与各层圈梁整体浇筑连接，柱底部应伸入室外地面下500mm或锚入浅于500mm基础圈梁内，顶部在屋顶圈梁内锚固。

2. 在墙体交接处或芯柱与墙体连接处的水平缝中，应沿墙高设置拉结钢筋网片，每边伸入墙体内不应小于1000mm，且应每间隔600mm设置一道钢筋网片。

3. 在房屋的第一、第二层和顶层在8度时，除按设计设置芯柱外，芯柱应均匀布置，其最大净距不宜大于2m。

4. 墙体下列部位应用C20混凝土灌实砌体的孔洞

(1) 底层室内地面以下或防潮层以下的砌体全部孔洞。

(2) 无圈梁的檩条和钢筋混凝土楼板支承面下的一皮砌体。

(3) 女儿墙不设混凝土压顶时，顶部一皮砖块。

(4) 突出的隔墙长度≥1.2m时，其自由端应从底到顶灌实一个孔。

(5) 未设置混凝土垫块的屋架等构架支承处，灌实宽度应≥600mm，高度≥600mm。

(6) 挑梁支承面下：其支撑部位的内外墙交接处，纵横各灌实3个孔洞，灌实高度不小于三皮砌块。

5. 芯柱混凝土及灌注的施工要求

(1) 芯柱混凝土应具有高流动性，低收缩的性能，其强度等级应比块体强度大一倍，应采用专用细石混凝土灌注密实。

(2) 芯柱混凝土的坍落度宜≥160mm，工程中可根据施工条件进行调整，施工前应进行芯柱混凝土的浇筑试验。

(3) 每层芯柱底部需预留出清理口，上下层芯柱插筋通过清理口搭接，灌注混凝土前，应将芯孔内废弃物清除干净，经验收符合要求后，封堵好清理口。未能及时灌注的芯孔应予以遮盖，防止杂物落入。

(4) 芯柱宜按层灌注，定量浇筑，浇筑前应先注入适当水泥砂浆，每次浇筑高度应<1.5m，混凝土注入芯柱后要用小直径(d<30mm) 振捣棒略加捣实，待多余水分被块体吸收后，再行振捣，以保证芯柱灌实。

(5) 砌筑砂浆必须达到一定的强度（f≥1.0MPa）后方可浇灌芯柱混凝土。每一层的芯柱必须1天内灌注完毕，并应经质量检查人员确认灌注密实后，方可继续施工。

7.3.10 小砌块承重墙体的设计与施工要求

1. 砌块强度等级达不到设计要求和龄期不足28天的不能砌筑上墙。砌块上杂物必须清除干净，严禁使用断裂或壁肋有裂缝的砌块砌筑。

2. 砌筑时应对孔错缝搭砌，布置砌块应保证墙体不出现竖向通缝，尽量采用390mm长的主砌块，严禁采用非标准砌块。

3. 砂浆应随铺随砌。砌块灰缝应横平竖直，饱满密实，块体壁、肋和端面均要铺灰浆，槽口砌块应只在两边肋上铺灰，空腔内不宜灌砂浆。水平灰缝的砂浆饱满度不应低于95%，竖缝砂浆饱满度不应低于80%，水平缝厚度宜为10mm，不应小于8mm，也不应大于15mm。砂浆的强度等级和品种必须符合设计要求，应采用专用砌筑砂浆砌筑。

4. 在圈梁底部非芯柱的部位，为了避免混凝土流入底部不需要灌孔的部位，应在底面先铺设钢筋网片或设盲孔砌筑。

5. 砌块出厂时，应按照现行国家标准GB 8239—1997有关款项要求检验产品和进行验收，严格控制块体强度等级、抗渗性及相对含水率。砌块运到现场应按规格类型堆放整齐，要有防雨、排水措施。严禁砌块浇水浸水润湿。

6. 砌筑底层墙体前，必须对基础部分进行验收后，再进行墙体砌筑。墙体砌筑应以房屋外墙转角定位处开始，竖立皮数杆，间距不宜超过10m。

7. 管线的铺设、留洞及设备支固

(1) 对设计规定的洞口、沟槽和预埋件等，应在砌筑时预留或预埋，严禁在外墙、纵横承重墙沿水平方向凿长槽，必要时可用高速旋转钻成孔，在有洞口砌体底部加钢筋网砂浆，施工结束时使用C20豆石混凝土将洞口堵实。

(2) 电线管线在砌块竖向芯孔敷设塑料波纹管，按规定的位置布置芯柱块作为电气接线盒用，不应在圈梁、过梁内沿其纵向敷设电气管线。

(3) 小砌块墙体砌筑应采用双排脚手架或里脚手进行施工，严禁在砌筑的墙体上设脚手架。

(4) 砌墙时应在灰缝中预埋设备管道支架固定件，需要后期设置埋件可在灰缝中钻孔，并填入掺有粘结剂的砂浆固定。

7.3.11 砖砌体承重墙的设计与施工要求

1. 地面以下或室内防潮层以下的基础不得用多孔砖砌筑，应用烧结煤矸石、页岩或其他实心材料。蒸压类砖仅限采用240mm×

115mm×53mm 的实心砖，多孔和空心砖不得用于承重墙体。

2. 砌体采用的烧结砖应提前 1、2 天浇水润湿。

3. 砖砌体的砂浆应随铺随砌。砖砌体应上下错缝、内外搭接。宜采用一顺一丁式或梅花丁的砌筑形式。砌体灰缝应横平竖直，饱满密实，水平灰缝的砂浆饱满度不应低于 85%，水平缝厚度宜为 10mm，不应小于 8mm，也不应大于 12mm。

4. 砌体转角和交接处应同时砌筑。对不能同时砌筑的间断处，应砌成斜槎，不得留直槎。砌体接槎时，必须将接槎处的表面清理干净，浇水湿润并填实砂浆，保持灰缝平直。

5. 砌筑砌体时，多孔和空心砖的孔洞应垂直于受压面，也即孔洞向上，不得横放砌筑。

6. 构造柱的施工应按绑扎钢筋、砌墙、支模板、浇混凝土的顺序进行。砌砖时，马牙槎尺寸从每层的柱角开始，先留大洞口，然后按 04G329－3 图集页次 52、57（对应不同烈度）的具体做法分段进退，以保证柱脚处有较大的混凝土截面。

7. 在构造柱脚处（圈梁顶面或楼面处）的模板上应预留出清除杂物的洞口，混凝土浇筑前必须将杂物清除，杂物清除后，将洞口封闭，并对模板和砖砌体进行浇水湿润，再浇筑混凝土。当一层构造柱分段浇筑时，二次浇筑段的下端位置也应按上述要求操作。

8. 采用板平圈梁施工时应采用硬架支模方法。

9. 承重的 KP1 型独立多孔砖柱截面尺寸≥240mm×365mm，当梁搁置在多孔砖柱上时，梁垫应与柱截面大小相同。

10. 墙身可预留竖槽（不得临时手工凿打），但不许留水平槽、斜槽或埋深水平暗管和斜暗管。

11. 管道不宜横穿墙垛、壁柱；确实需要时，应采用带孔的混凝土砌块砌筑；不得在长边小于 500mm 的承重墙、独立柱内埋设管线。

12. 当洞口的宽度大于和等于 3m 时，洞口两侧应设置钢筋混凝土边框或壁柱。

7.3.12　填充墙

1. 填充墙平面位置、门窗洞口尺寸、位置、标高和墙厚均应按照有关建筑图纸施工。

2. 填充墙结构构造做法详 06SG614－1 图集与 04G329－3 图集页次 85～87（对应不同烈度）的具体做法，使用图集前请仔细阅读图集说明并遵照执行。

3. 填充墙与主体墙、柱的连接处应设置拉结筋，做法详 04G329－3 图集页次 85。

4. 填充墙墙顶应与梁底或板底拉结，做法详 06SG614－1 图集页次 21、22。

5. 填充墙墙端、拐角、丁字交叉、十字交叉处均设置构造柱，且一段直墙上相邻构造柱间距不大于 4m。构造柱配筋大样详 06SG614－1 图集页次 24、25。

6. 填充墙高度大于 4m 时，内墙在墙高一半处或门洞上皮；外墙在墙高一半处或窗洞下皮设通长钢筋混凝土系梁一道，做法详 06SG614－1 图集页次 16～20。

7. 填充墙门窗洞口过梁配筋见表 7－28，过梁两端各伸过洞边 300mm 且过梁纵筋锚入混凝土墙、柱≥30d。

8. 当填充墙上遇有门、窗洞口时，门、窗洞口两侧均设抱框（大洞口两侧应设构造柱），做法详06SG614－1图集页次30。

9. 填充墙与柱、构造柱结合缝处为防止抹灰开裂，应在抹灰层下贴放钢丝网片。钢丝网片宽300mm，沿结合缝居中通长设置。

10. 填充墙高度≤4m、墙厚≤200mm时的内墙基础做法详06SG614－1图集页次31节点3（填充墙作为挡土墙时除外，应另行设计），且应保证地坪下回填土的密实度，压实系数不得小于0.94；外墙基础或填充墙较厚且较高时，基础另行设计。

7.3.13 幕墙

1. 所有建筑幕墙均必须严格按照现行国家（行业）有关规范或标准设计和施工，承担幕墙设计和施工的单位必须具有相应的资质。

2. 幕墙设计图纸必须报设计单位确认后方可进行施工，且在土建施工阶段幕墙单位应配合土建预留埋件。

3. 幕墙应按规定进行有关结构受力及变形方面的试验并提供试验报告。

7.3.14 女儿墙

1. 外露的现浇钢筋混凝土女儿墙、挂板、拦板、檐口等构件当其水平直线长度超过12m左右时应按前面章节图8.3.1设置伸缩缝。伸缩缝间距≤12m。伸缩缝宽度为20mm，最后用嵌缝膏填缝。

2. 屋面保温层和找坡层与女儿墙交界处应留50mm缝，填入松软材料调节保温层和找坡层的温度变形。

3. 女儿墙配筋规格与构造做法除本工程另有设计详图单独设计外，均详04G329－3图集页次82～84（对应不同高度）的具体做法，使用图集前请仔细阅读图集说明并遵照执行。

7.3.15 一般施工要求

1. 施工时应采取有效措施保证结构构件钢筋位置正确。

2. 基础底板施工时，需采取有效措施（按GB 50108—2001第4.1.23条）控制底板内外温差及混凝土收缩，避免混凝土产生裂缝。

3. 悬挑构件（阳台、雨罩、挑檐、挑板、挑梁等）其根部钢筋位置及锚固要求应严格按图施工，并需专人检验。施工时应加设临时支撑，临时支撑需待建筑全部施工完毕，其平衡部分的构件强度达到100%时方可拆除。

4. 楼面施工荷载不得超过$2kN/m^2$，否则应加设支撑或采取其他措施保证结构安全。特别注意楼板上集中荷载对结构受力和变形产生的不利影响。

5. 施工过程中一般部位的验收可书面委托甲方、监理代检，如发现安全问题或重要部位的检验应及时通知设计人员处理和检验。

6. 一般情况下柱内严禁预留孔洞及接线盒。

7. 施工时应采取有效措施保证梁、板上铁位置正确。

8. 材料代换应经过换算并应征得设计同意。

9. 后浇带浇筑完毕后应立即进行外维护部分的施工，严禁混凝土结构部分长时间处于露天中。

10. 应按有关施工规范控制拆模时间。

11. 承包商在施工前须根据专业图纸核对建筑、设备、电气专业的预留洞口尺寸和位置，如与结构图纸有矛盾应及时通知设计单位。所有专业洞口必须预留，不得后凿。

12. 当专业管线穿越地下室外墙时应设置刚性防水套管，做法详相关专业图纸。

13. 所有预埋件（如扶梯、电梯、雨篷、栏杆、管道吊架等）均应在混凝土结构中预留。各工种应配合土建施工将预埋件留全。

14. 混凝土构件中埋设接线盒、电管、开关时，遗留的槽口及各种管洞必须由专业人员封堵，电工、水暖工等不得随意封堵。

15. 冬期施工时应采取有效措施加强现浇构件的养护。

16. 当通过楼板、坡道运送大型设备时，应在板底加可靠支撑，各层支撑上下对齐直至基础。

17. 施工中因漏振、拆模等原因出现混凝土剥落或不密实等问题时，施工单位需征得设计同意后方可进行处理。

18. 施工中应严格按照有关国家现行的工程施工及验收规范进行施工和验收，并做好工程各阶段的检查与验收记录。

19. 未经技术鉴定或设计认可，不得改变结构的用途和使用环境。

20. 凡本说明及图纸中未表达的内容，应按国家现行施工及验收规范有关条款执行。如需表明，请施工单位及时与设计单位协商，提出修改变更后方可施工。

表 7-28 填充墙门窗洞口过梁表

梁跨/mm	梁高/mm	上筋	下筋	箍筋
			墙厚≤240	
$L \leqslant 1500$	≥150	2ϕ8	2ϕ12	ϕ6@150
$1500 < L \leqslant 2000$	≥200	2ϕ10	2ϕ14	ϕ6@100
$2000 < L \leqslant 3000$	≥300	2ϕ10	2ϕ16	ϕ8@150

7.3.16 构件代号（表 7-29）

表 7-29 构 件 代 号

预制圆孔板	YKB	圈梁	QL
现浇板	B	楼梯板	TB
次梁	L	楼梯梁	TL
主梁	KL	构造柱	GZ
过梁	GL	预埋件	M

7.4 砌体结构设计总说明示例

7.4.1 结构概述和设计标准

1. 工程概况

(1) 建筑地点：南方某市的宿舍楼。

(2) 总建筑面积：约 5550m²。

(3) 工程概述：

1) 主要使用功能为宿舍。

2）最大长度28.5m，最大宽度39.7m。

3）主楼：

檐口高度14.5m（以±0.00计），局部出屋顶高度6.6m；

±0.00以上层数为5层，±0.00以下层数为0层；

结构体系为砖混结构；

基础形式为混凝土条形基础，基础底标高为−3.500；

地基采用天然地基，持力层为第3层粉质黏土层，地基承载力特征值为160kPa。

4）本建筑与原有建筑物的关系

与原有建筑物的距离：约11.5m；（基础边至基础边）原有建筑物基础埋深：4.5m。

（4）±0.000绝对标高：本工程设计标高±0.000相当于绝对标高26.000m。

2. 抗震设防参数和结构设计标准及砌体施工质量控制等级

（1）抗震设防有关参数

1）拟建场地地震基本烈度：7度，相应的设计基本地震加速度值：0.1g。

2）场地类别：Ⅱ类。

3）设计地震分组：第一组。

4）本场地地基土层地震液化程度判定：无液化。

（2）结构设计标准

1）建筑结构安全等级为二级，结构重要性系数为1.0；

2）设计使用年限（耐久年限）混凝土结构为50年；

3）结构设计基准期（可靠度）为50年；

4）地基基础设计等级为丙级；

5）抗震设防类别为丙类，抗震设防烈度为7度，抗震构造措施按7度要求；

6）建筑物耐火等级为二级；

7）地下工程的防水等级为三级。

（3）砌体结构施工质量控制等级为B级，砖墙砌筑应满足砖混结构的有关施工规定。

3. 可变荷载作用

（1）正常使用活荷载标准值见表7-30（设计基准周期50年）

（2）风荷载

1）基本风压：$\omega_0=0.35kN/m^2$；

2）地面粗糙度类别：C类。

（3）雪荷载

基本雪压：$S_0=0.4kN/m^2$。

4. 场地的工程地质条件和水文条件

（1）场地标准冻深：0.8m。

（2）地形概况

本工程场区地形基本平坦，勘探期间的钻孔孔口地面标高为26.5m。

（3）地层岩性及分布特征

依据的岩土工程勘察报告为____市____年__月__日提供的《××工程岩土工程勘察报告编号-××》。（见表7-31）

（4）本场地不良地质状况分析及处理措施

本场地不存在影响场地整体稳定性的不良地质作用。

（5）水文地质条件

表 7-30　正常使用活荷载标准值

部　位	活荷载 /(kN/m^2)	组合值系数	频遇值系数	准永久值系数
上人屋面	2.0	0.7	0.5	0
不上人屋面	0.5	0.7	0.5	0.4
卧室、起居	2.0	0.7	0.5	0.4
厨房、卫生间	2.0	0.7	0.5	0.4
挑出阳台	2.5	0.7	0.6	0.5
公共楼梯	3.5	0.7	0.6	0.5
电梯机房、空调机房	7.0	0.8	0.9	0.8
消防楼梯	3.5	0.7	0.5	0.3

注　大型设备按实际情况考虑。

1）场区地下水埋藏情况

勘探时水位标高为−2.5m。

2）历年最高水位记录

表 7-31　地层岩性及分布特征

层号	岩性	土层厚度/m	ES200/MPa	ES300/MPa	f_{ka}/kPa
1	杂填土	1.0～2.0			
2	粉土	2.2～3.0	8.0	8.0	140
3	粉质黏土	3.0～4.0	10.0	10.0	160
4	泥质粉砂岩				
5	粉砂岩				

1959 年最高水位标高：接近自然地面。

1971～1973 年最高水位标高：−1.5m。

近 3～5 年最高水位标高：−2.5m。

3）抗浮设防水位：

抗浮设防水位为−2.5m。

4）地下水和场地土的腐蚀性

地下水对混凝土结构和钢筋无侵蚀性影响。

5. 结构设计依据

（1）本工程所遵循的国家及地方规范、规程和标准

通用规范、规程和标准：

GB 50068—2001《建筑结构可靠度设计统一标准》

GB 50009—2001《建筑结构荷载规范》

GB 50223—2004《建筑工程抗震设防分类标准》

GB 50011—2001《建筑抗震设计规范》

GB 50010—2002《混凝土结构设计规范》

GB 50007—2002《建筑地基基础设计规范》

GB 50003—2001《砌体结构设计规范及局部修订》

JGJ/T 13—1994《设置钢筋混凝土构造柱多层砖房抗震技术规程》

GB 50203—2002《砌体工程施工质量验收规范》

JGJ 137—2001，J 129—2001《多孔砖砌体结构技术规范及局部修订》

GB 50204—2002《混凝土结构工程施工质量验收规范》

GB 8239—1997《普通混凝土小型空心砌块》

JGJ/T 14—1995《混凝土小型空心砌块及技术规程》

（2）《全国民用建筑工程设计技术措施》（结构专业）（2003 年版）

（3）初步设计审批意见

1）××工程初步设计审批意见。

2）××工程初步设计审查会会议纪要（____年__月__日发）。

3）××工程设计大纲。

（4）岩土工程勘察报告

名称：____；

编号：____；

编制单位：____；

编制日期：____年__月__日。

（5）抗浮设防水位分析论证报告

名称：____；

编号：____；

编制单位：____；

编制日期：____年__月__日。

（6）场地地震安全性评价工作报告

1）《××工程场地地震安全性评价工作报告》（中国××省××市地震局震害防御与工程地震研究所____年__月__日）。

2）关于《××工程场地地震安全性评价工作报告》的批复（中国××省××市地震局文件××震发抗［ ］号____年__月__日）。

（7）本工程结构设计所依据的其他相关文件

1）《××工程消防性能化设计报告》（建研防火设计性能化评估中心年月）。

2）中国××省××市公安局消防局会议纪要（第 期）——××工程消防安全性能化设计及评估报告专家论证会会议纪要（____年__月__日）。

3）《××工程消防性能化设计复核评估报告》（中国××省××市消防科学研究所中国科学技术大学火灾科学国家重点实验室____年__月__日）。

6. 结构设计采用的计算软件

（1）建研科技股份有限公司编制的“PK－PM系列软件”（新规范2005版本）。

（2）北京理正软件设计研究所编制的“5.3版理正结构设计工具箱系列软件”（新规范）。

7. 结构设计采用的通用图集

04G329－2《建筑物抗震构造详图》（单层砌体房屋）

04G329－3《建筑物抗震构造详图》（砖墙楼房）

04G329－4《建筑物抗震构造详图》（小砌块墙楼房）

04G329－5《建筑物抗震构造详图》（配筋砖砌体楼房）

04G329－6《建筑物抗震构造详图》（单层砌体房屋）

04G329－7《建筑物抗震构造详图》（局部框架房屋）

03SG615《配筋混凝土砌块砌体建筑结构构造》

03G363《多层砖房钢筋混凝土构造柱抗震节点详图》

05G613《混凝土小型空心砌块墙体结构构造》

03G101－1《混凝土结构施工图平面整体表示方法制图规则和构造详图》（框架、剪力墙）

04G612《砖墙结构构造》

06SG614－1《砌体填充墙结构构造》

07SG617《夹心保温墙结构构造》

05SG616《混凝土小型砌块块型尺寸》

03G322-1《钢筋混凝土过梁》

7.4.2　绘图说明

1. 施工图绘制说明

(1) 尺寸标注：

1) 图中尺寸标注单位一律为毫米（mm）；标高单位一律为米（m）。

2) 施工一律根据图中尺寸标注，不得测量图纸。当图中尺寸有冲突或尺寸无法确定时，需及时通知设计人员。施工单位在施工前需核对图中尺寸，包括与其他各专业图纸之间的核对。遇有图纸和实际情况的任何差异，需及时通知设计人员。

3) 图中墙、构造柱、梁与圈梁的定位，除特别注明外，均以轴线居中。

4) 未注明的梁顶标高均同楼板上皮标高。

(2) 本工程除基础平面图采用正投影法外，各层结构平面图均采用镜像投影法绘制。

(3) 本工程施工图楼盖部分是按“建筑结构施工图平面整体设计方法”（简称平法）绘制的。其制图规则和标准构造详图的依据是03G101-1《混凝土结构施工图平面整体表示方法制图规则和构造详图》。承包商和施工单位在施工前请全面理解该图集的所有内容，并审阅设计图纸。施工中出现难以确定的问题时请与结构专业负责人协商解决。

(4) 根据本工程具体情况，设计中对03G101-1图集有局部更改和补充，除本说明中注明的更改和补充外，其他均按03G101-1图集要求施工。

2. 03G101-1《混凝土结构施工图平面整体表示方法制图规则和构造详图》图集增补内容

梁平法改进及补充说明（不包括基础地梁）

(1) 图集第4.4.1条修改为：

当梁支座上部纵筋配置两排钢筋时，第1排非通长筋从墙边起延伸长度取 $Ln/3$ 与 $Ln/4+La$ 中较大值位置；第2排非通长筋从墙边起延伸长度取 $Ln/4$ 位置。

当梁支座上部纵筋配置3排钢筋时，第1排非通长筋从墙边起延伸长度取 $Ln/3+La$ 与 $Ln/4+2La$ 中较大值位置；第2排非通长筋从墙边起延伸长度取 $Ln/3$ 与 $Ln/4+La$ 中较大值位置；第3排非通长筋从墙边起延伸长度取 $Ln/4$ 位置。

其余条文同图集第4.4.1条。

(2) 图集第4.2.1条补充为：

当梁上集中标注的内容仅上部通长筋配置不适用于某跨时，可在梁原位标注中在该跨上部通长筋后加标注符号（TC）其余条文同第4.2.1条。

(3) 当梁支座上部纵筋或梁下部纵筋配置两排钢筋时，第2排非通长筋应相对梁中心线对称布置。

7.4.3　主要材料

1. 混凝土

(1) 混凝土强度等级见表7-32。

(2) 防水混凝土抗渗等级：与土壤、地下水直接接触的基础混凝土抗渗等级为 S6。

（3）混凝土耐久性

1）所有基础属于二 b 类环境类别；卫生间楼面板、屋面板为二 a 类环境类别，其他属于一类环境类别。

2）各类环境的混凝土结构均应满足《混凝土结构设计规范》表 3.4.2 混凝土耐久性的基本要求。

表 7-32　　混凝土强度等级

部位 / 层号	垫层	基础	梁板	构造柱	圈梁过梁	其他构件（如楼梯）
Ⅰ段基础	C15	C25	C25	C20	C20	C20
首层～5层			C25	C20	C20	C20

（4）混凝土保护层（mm）

混凝土保护层厚度应满足 03G101-1 图集页次 33 的要求。各部分主筋混凝土保护层厚度除表 7-33 要求外，同时应满足不小于钢筋直径的要求。

表 7-33

环境类别	混凝土梁	板、楼梯板	卫生间楼板、屋面板	条基底板下部钢筋	构造柱
一	25	15			25
二 a	30		20		
二 b（基础）	35			40	30

（5）混凝土外加剂

1）外加剂的选择与使用应满足 GB 50119—2003《混凝土外加剂应用技术规范》。选择各类外加剂时，应特别注意外加剂的适用范围，应考虑外加剂对混凝土后期收缩的影响，尽量选择对混凝土后期收缩影响小的外加剂。

2）各类外加剂应有厂商提供的推荐掺量与相应减水率、主要成分的化学名称、氧离子含量、含碱量以及施工中必要的注意事项。氯化钙不能作为混凝土的外加剂使用。

3）补偿收缩混凝土采用的外加剂应为 A 级或一级品，使用时应有专业技术支持。

2. 钢筋和预埋件用钢材

（1）普通钢筋（表 7-34）

表 7-34　　普通钢筋力学性能

符号	钢筋	强度设计值 f_y/(N/mm^2)	焊条
φ	HPB235	210	E43
Φ	HRB335	300	E50
Φ	HRB400	360	E50

（2）预埋件用钢材：

Q235B、D 碳素结构钢，焊条 E43××型。

Q345B、D 低合金高强度结构钢，焊条 E50××型。

钢筋与型钢焊接时随钢筋定焊条。

3. 承重墙体材料为蒸压粉煤灰砖，墙体材料强度等级见表 7-35

表 7-35 墙体材料强度等级

层号	砌块材料	水泥砂浆	混合砂浆
Ⅰ段基础-地下	MU20	M15	
首层～3 层	MU15		M15
3 层以上	MU15		M10

4. 油漆

凡外露钢铁件needs除锈后涂防腐漆，面漆 2 道，并定时维护。

5. 其他材料（见表 7-36）

表 7-36 其他材料

部位及用途	材料及强度等级	备注
填充墙	ASA 板	容重 $\gamma_0 \leqslant 6.0kN/m^3$
墙体内保温材料	ASA 板	
墙体外保温材料	复合墙体保温	

7.4.4 钢筋的连接与锚固

1. 钢筋的连接与锚固长度

(1) 受拉钢筋最小锚固长度 L_a 详 03G101-1 图集页次 33。

(2) 纵向受拉钢筋抗震锚固长度 L_{aE} 详 03G101-1 图集页次 34。

(3) 受拉钢筋绑扎搭接长度 L_1（非抗震）详 03G101-1 图集页次 34。

(4) 受拉钢筋绑扎搭接长度 L_1（抗震）详 03G101-1 图集页次 34。

2. 钢筋的接头形式及要求

(1) 轴心受拉及小偏心受拉构件的纵向受力钢筋不得采用绑扎搭接接头。

(2) 当纵向受力钢筋的直径 $d>22mm$ 时不得采用绑扎搭接接头。

(3) 当梁、条基底板的纵向钢筋采用机械连接或焊接时，接头质量应符合 JGJ 107—2003，J 257—2003《钢筋机械连接通用技术规程》或 JGJ 18—2003，J 257—2003《钢筋焊接及验收规程》中的要求。

(4) 本工程钢筋机械连接接头性能等级为 Ⅱ 级。

3. 构件纵向钢筋接头位置

一般楼盖梁板纵向钢筋接头位置：上铁在跨中 1/3 跨度范围，下铁在支座范围，同一截面钢筋接头数量不应超过同截面钢筋总根数的 50%。

7.4.5 基槽开挖的施工要求

1. 基槽土方开挖应由承包商根据相关图纸负责进行，开挖顺序应与施工降水、基础施工相协调。基槽开挖时严禁超挖及对槽底土质的扰动，当基底持力层湿度较大时，建议铺垫碾压一层级配砂石以减少施工期间的人为扰动。槽底应预留 200mm 厚土层，后用人工清槽。

2. 基槽开挖过程中若发现实际地质情况与勘察报告不符应及时通知勘察、设计及有关单位研究处理。

3. 基槽开挖后施工单位应普遍进行钎探（复合地基除外），详细记录并通知勘察、设计、监理和业主等有关单位共同验槽。待勘察、设计、施工、监理和业主等有关单位验槽合格后方可继续施工。

4. 基槽内若积水、结霜、结冰则不准浇筑混凝土垫层。若在验槽后又出现积水、结霜、结冰，则基槽应在排水、去冰霜后重新验槽。

（1）开挖后的基坑边坡应采取积极保护措施（如钢丝网薄板保护层）以避免由风、雨、冰、雪引起的边坡不稳和恶化。

（2）基础及地下室施工期间应防止地表水流入基坑，基坑应保持干净、无积水。

（3）基坑回填土及位于设备基础、地面、散水、踏步等基础下的回填土均按规范要求分层夯实回填3∶7灰土，每层厚度250mm，压实系数要求0.95。基坑回填时应两边同时进行，不得单面回填，以防引起基础变形。5.4.8冬期施工时应采取有效措施预防基底持力层受冻。

（4）除本说明外，尚应按其他有关的施工及验收规范要求进行施工。

5. 地下水施工要求

（1）施工降水系统由承包商负责提供及安装，保持降水面在最深基底下0.5m。停止降水时需征得设计人员同意。

（2）场地降水时应连续监测，承包商应有可靠措施防止因降水给周围建筑物、道路等设施带来不利影响。

6. 沉降观测

本工程可不进行沉降观测。

7.4.6 混凝土楼屋面板、梁的构造要求

1. 装配式钢筋混凝土楼板与预制构件

（1）预制板间应留有不小于60mm的配筋板缝。配筋板缝构造详如图7-22所示。

（2）预制板面上配有$\phi6@200$的双向钢筋现浇层，厚为50mm。

（3）预制板下应有现浇圈梁，圈梁内预留拉结筋与现浇层连成整体。

（4）楼面现浇层应拉通，在现浇层上后砌墙。

（5）跨度小于4.8m的靠外墙的预制板侧边应与墙或圈梁拉结，构造详见图7-23。当板的跨度不小于4.8m并与外墙平行时，拉结构造详见图7-24。

（6）装配式钢筋混凝土楼、屋面板，当圈梁在板下皮时，板端伸进外墙的长度不应小于120mm，伸入内墙的长度不小于100mm，在梁上的长度不应小于80mm。

（7）楼、屋盖的钢筋混凝土梁或屋架，应与墙、柱（包括构造柱）或圈梁可靠连接，梁与砖柱连接不应削弱砖柱截面，各层独立砖柱顶部应在两个方向均有可靠连接。跨度大于6m的屋架和跨度大于4.8m的梁，其支承面处应设置混凝土或钢筋混凝土垫块；当墙中设有圈梁时，垫块与圈梁应浇成整体。

（8）檩条或屋面板应与墙及屋架可靠连接，其构造如图7-25所示。坡屋顶房屋的屋架应与顶层圈梁可靠连接，其构造如图7-26所示。8度、9度时，顶层内纵墙宜增砌支撑山墙的踏步式墙垛，其构造如图7-27所示。房屋出入口处的檐口瓦应与屋面构件锚固。

(9) 不宜采用无锚固措施的钢筋混凝土预制挑檐。

(10) 装配式楼梯段应与平台板的梁可靠连接，不应采用无筋砖砌栏板。

(11) 预制阳台应与圈梁和楼板的现浇板带可靠连接。

2. 现浇楼板

(1) 不宜采用现浇板上另做敷设管道的焦渣层做法。单向现浇板中的分布筋（除注明者外），均不小于 ϕ6@250 且不小于单位宽度上受力钢筋截面面积的 15%，且不小于板截面面积的 0.15%。现浇楼板伸进纵横墙的长度不应小于 120mm。

(2) 现浇板外墙支座处可不单独设置圈梁，但应在外墙楼板支撑宽度内设置 2ϕ12 水平或者竖直放置的加强钢筋，以增强楼板边沿与墙体的连接，其构造详见图 7-28。

(3) 板下部受力钢筋伸入梁、墙支座的锚固长度不小于 $5d$，且应伸入到梁、墙支座中心线。HPB235 钢筋端头设 180°弯钩。

(4) 板上铁锚入梁、墙支座内锚固长度不小于 L_a（包括支座两边板上皮标高不同情况），当梁顶部有挑耳时应伸至挑耳外边。板钢筋在支座处的锚固大样详图集 04G101-4 页次 25。

(5) 板上铁两端直钩的长度为楼板厚度减去上铁保护层厚度。

(6) 双向板的下部受力钢筋，短向钢筋置于下排；长向钢筋置于上排。

(7) 当板底与梁底平时，板的下部钢筋伸入梁内需弯折后置于梁的下部纵向钢筋之上穿过。

(8) 各层楼板布筋时尽量将钢筋拉通放置。

(9) 现浇板上孔洞应预留，结构顶板平面图中只表示≥300mm×300mm 以上的板留洞。≥300mm×300mm 以上的洞口应设洞边加筋，做法详结构顶板平面图。当结构顶板图未交代时，一般每侧洞边加筋按洞口截断钢筋面积的一半设置且不小于 2ϕ12，洞边加筋长度为单向板（受力方向）、双向板（两个方向）沿跨度通长并满足 6.2.3 款的锚固要求。单向板非受力方向的洞边加筋长度为洞口宽度两侧各加 $40d$。圆形洞口还应在洞边设置 2ϕ12 环形附加钢筋；楼板留洞凡≤200mm×200mm 的均按有关专业图配合预留，不准后凿，钢筋绕过洞边不得切断。

(10) 屋面板上铁跨中范围设置 ϕ10@200 温度筋且与支座上铁搭接。

(11) 现浇板中预埋电气暗管时，不得采用铝管，管外径不应大于板厚的 1/3，管子交叉处不受此限制，但此时管子外皮上下保护层厚度应各≥25mm。

(12) 楼板留洞平面图中，虚线所示洞口钢筋通过不断，待管道、管线安装完毕后用提高一级强度的豆石混凝土灌实，施工时需采取措施，保证后浇混凝土的施工质量。

3. 梁

(1) 次梁

1) 次梁配筋构造详 03G101-1 图集页次 65。

2) 箍筋和拉筋弯钩构造详 03G101-1 图集页次 35。

3) 主次梁高度相同时，次梁的下部纵向钢筋应置于主梁的下部纵向钢筋之上。

(2) 主梁

1) 主梁纵向钢筋接头位置：上铁在跨中 1/3 跨度范围，下铁在支座范围，同一截面钢筋接头数量不应超过同截面钢筋总根数的 50%。

2）主梁钢筋构造做法可参照03G101－1图集中框架梁的对应做法。

3）主梁在次梁作用处箍筋应贯通布置，附加箍筋、附加吊筋构造做法详03G101－1图集页次62，吊筋型号及数量详见有关图纸。

4）悬挑梁钢筋构造做法详03G101－1图集页次66。

5）箍筋和拉筋弯钩构造详03G101－1图集页次35。

6）主梁高度小于次梁高度时，次梁支座做法同前面章节图2.15（b）。

7）当梁的腹板高度 $h_w \geq 450mm$ 时须配置腰筋，腰筋每侧配筋率为腹板面积的0.1％，腰筋间距≤200mm。

8）梁中双排纵筋间的净距，取25mm和 d 两者的较大值（d 为纵筋直径）。

9）凡在图纸中未注明的梁上开洞附加钢筋做法详前面章节如图7－15所示。

7.4.7 构造柱与圈梁、过梁

1. 必须先砌筑墙，后浇筑构造柱，构造柱最小截面为240mm×180mm，但不得大于300mm×240mm，构造柱与墙体的连接处宜砌成马牙槎，烧结普通砖马牙槎高300mm，宽60mm，并沿墙高每500mm设2ϕ6拉结钢筋，每边伸入墙内不小于1m。

2. 构造柱可不单独设置基础，但应伸入室外地面下500mm，或锚入距室外地面小于500mm的基础圈梁内。当遇管沟时，应伸到管沟下360mm。

3. 房屋内外墙交接处，未设置构造柱时，应沿墙高每隔500mm配置2ϕ6拉结钢筋，每边伸入墙内不宜小于1m。

4. 构造柱截面与配筋规格以及构造详04G329－3图集页次48～57的具体做法。

5. 单元入口处及高度≥500mm的女儿墙处均应设置构造柱，间距≤3000mm，或对应下面柱（构造柱）的位置设置，在转角处必须设置；构造柱纵筋应锚入下面的柱（构造柱）或屋面圈梁中。

6. 现浇钢筋混凝土圈梁应连续的设在同一水平面上，并形成封闭状，遇有洞口截断时，应在洞口上部增设相同截面和配筋的附加圈梁，附加圈梁与圈梁搭接长度，不小于其中到中垂直距离的2倍，且不得小于1m。也可采用04G329－3图集页次9中之局部增设构造柱的搭接做法。圈梁宜与预制板设在同一标高处或紧靠板底。

7. 圈梁配筋规格以及构造详04G329－3图集页次7～21的具体做法。

8. 本工程圈梁截面高度除注明外均为120mm。

9. 圈梁钢筋应伸入构造柱，并有可靠锚固。深入顶层圈梁的构造柱钢筋锚固长度当采用HPB235时，不宜小于35d，当采用HRB335或HRB400时，不宜小于40d。

10. 构造柱的纵筋应从圈梁的内侧通过，使构造柱的纵筋受到圈梁钢筋的约束。同时，构造柱的纵筋应上下贯通。没有单独设置圈梁处，构造柱的纵筋应通过楼板的边缘加强钢筋，保证构造柱纵筋在楼板标高位置处有拉结。

11. 门窗洞口处不得采用无筋砖过梁。过梁支撑长度，均不应小于240mm。墙体门窗洞口过梁配筋见下表，且过梁纵筋锚入墙体、混凝土柱或构造柱≥30d。

12. 本工程构造柱的设置位置要求见 GB 50011—2001《建筑抗震设计规范》表 7.3.1，圈梁的设置位置要求见表 7.3.3。

13. 底层及顶层的窗洞下沿纵横墙均增设通长的钢筋混凝土窗台压顶，高度 60mm，宽度同墙厚，纵筋除注明外均为 3ϕ6，两端各伸入构造柱。

14. 构造柱应有一定的外露面以便于检查质量，也可利用宽 60mm 的马牙槎的外露面。

7.4.8 楼梯间构造要求

1. 楼梯、电梯间的四角均设置构造柱。

2. 突出屋顶的楼、电梯间，构造柱应伸到顶部，并应与顶部圈梁连接，内外墙交界处应沿墙高每隔 500mm 设 2ϕ6 通长拉结钢筋，且每边伸入墙内部应小于 1m。

7.4.9 承重墙的设计与施工要求

1. 地面以下或室内防潮层以下的基础不得用多孔砖砌筑，应用实心材料。本工程蒸压类砖仅限采用 240mm×115mm×53mm 的实心砖，多孔和空心砖不得用于承重墙体。

2. 砌体采用的烧结砖应提前 1、2 天浇水润湿。

3. 砖砌体的砂浆应随铺随砌。砖砌体应上下错缝、内外搭接。宜采用一顺一丁式或梅花丁的砌筑形式。砌体灰缝应横平竖直，饱满密实，水平灰缝的砂浆饱满度不应低于 85%，水平缝厚度宜为 10mm，不应小于 8mm，也不应大于 12mm。

4. 砌体转角和交接处应同时砌筑。对不能同时砌筑的间断处，应砌成斜槎，不得留直槎。砌体接槎时，必须将接槎处的表面清理干净，浇水湿润并填实砂浆，保持灰缝平直。

5. 当洞口的宽度大于和等于 3m 时，洞口两侧应设置钢筋混凝土边框或壁柱。

6. 构造柱的施工应按绑扎钢筋、砌墙、支模板、浇混凝土的顺序进行。砌砖时，马牙槎尺寸从每层的柱角开始，先留大洞口，然后按 04G329 - 3 图集页次 52、57（对应不同烈度）的具体做法分段进退，以保证柱脚处有较大的混凝土截面。

7. 在构造柱脚处（圈梁顶面或楼面处）的模板上应预留出清除杂物的洞口，混凝土浇筑前必须将杂物清除，杂物清除后，将洞口封闭，并对模板和砖砌体进行浇水湿润，再浇筑混凝土。当 1 层构造柱分段浇筑时，二次浇筑段的下端位置也应按上述要求操作。

8. 采用板平圈梁施工时应采用硬架支模方法。

9. 墙身可预留竖槽（不得临时手工凿打），但不许留水平槽，斜槽或埋深水平暗管和斜暗管；管道不宜横穿墙垛、壁柱；确实需要时，应采用带孔的混凝土砌块砌筑。不得在长边小于 500mm 的承重墙、独立柱内埋设管线。

7.4.10 填充墙

1. 填充墙平面位置、门窗洞口尺寸、位置、标高和墙厚均应按照有关建筑图纸施工。

2. 填充墙结构构造做法详 06SG614 - 1 图集与 04G329 - 3 图集页次 85～87 的具体做法，使用图集前请仔细阅读图集说明并遵照执行。

3. 填充墙与主体墙、柱的连接处应设置拉结筋，做法详 04G329 - 3 图集页次 85。

4. 填充墙墙顶应与梁底或板底拉结，做法详 06SG614 - 1 图集页次 21、22。

5. 填充墙墙端、拐角、丁字交叉、十字交叉处均设置构造柱，且一段直墙上相邻构造柱间距不大于4m。构造柱配筋大样详06SG614－1图集页次24、25。

6. 填充墙高度大于4m时，内墙在墙高一半处或门洞上皮；外墙在墙高一半处或窗洞下皮设通长钢筋混凝土系梁一道，做法详06SG614－1图集页次16～20。

7. 填充墙门窗洞口过梁配筋见表7－37，过梁两端各伸过洞边300mm且过梁纵筋锚入混凝土墙、柱≥30d。

表7－37　填充墙门窗洞口过梁表

梁跨/mm	梁高/mm	上筋	下筋 墙厚≤240	箍筋
L≤1500	≥150	2ϕ8	2ϕ12	ϕ6@150
1500<L≤2000	≥200	2ϕ10	2ϕ14	ϕ6@100
2000<L≤3000	≥300	2ϕ10	2ϕ16	ϕ8@150

8. 当填充墙上遇有门窗洞口时，门窗洞口两侧均设抱框（大洞口两侧应设构造柱），做法详06SG614－1图集页次30。

9. 填充墙与柱、构造柱结合缝处为防止抹灰开裂，应在抹灰层下贴放钢丝网片。钢丝网片宽300mm，沿结合缝居中通长设置。

10. 填充墙高度≤4m、墙厚≤200mm时的内墙基础做法详06SG614－1图集页次31节点3（填充墙作为挡土墙时除外，应另行设计），且应保证地坪下回填土的密实度，压实系数不得小于0.94；外墙基础或填充墙较厚且较高时，基础另行设计。

7.4.11　幕墙

同第7.3.13节。

7.4.12　女儿墙

同第7.3.14节。

7.4.13　一般施工要求

具体要求同第7.3.15节。

7.4.14　构件代号（参见表7－38）

7.5　多、高层钢结构设计总说明之可共用说明

7.5.1　结构概述和设计标准

1. 工程概况

钢结构与钢筋混凝土结构此部分相同的内容，这里不再重复赘述，不同的部分特作以下补充说明：

2. 工程概述

____段（结构单元）：

主要使用功能为____；

1）最大长度____m，最大宽度____m；

2）主楼

檐口高度____m（以±0.00计）；局部出屋顶高度____m；

±0.00以上层数为____层；±0.00以下层数为____层；结构体系：地上为____的钢结构体系；地下为钢筋混凝土或钢骨混凝土结构体系。

3. 可变荷载作用

（3）雪荷载

1）基本雪压：S_0＝____ kN/m^2。

2）钢屋盖积雪荷载：____ kN/m^2。

（4）温度作用

1）温度作用设计依据：

根据北京气象局近 30 年统计数据，北京地区的高低温记录如下：

平均最高气温____℃，极端最高气温____℃；

平均最低气温－____℃，极端最低气温－____℃。

2）钢结构屋盖部分设计采用的温度和温差为：

① 安装校准温度（钢结构合拢温度）为：____±____℃。

② 室内设计的最大温度差（相对于安装校准温度）：

温度升高工况：＋____℃。

温度降低工况：－____℃。

③ 室外设计的最大温度差（相对于安装校准温度）：

温度升高工况：＋____℃。

温度降低工况：－____℃。

5. 结构设计依据

（1）本工程所遵循的国家及地方规范、规程和标准

1）通用规范、规程和标准：

GB 50068—2001《建筑结构可靠度设计统一标准》

GB 50009—2001《建筑结构荷载规范》

GB 50223—2004《建筑工程抗震设防分类标准》

GB 50011—2001《建筑抗震设计规范》

GB 50010—2002《混凝土结构设计规范》

GB 50007—2002《建筑地基基础设计规范》

GB 50003—2001《砌体结构设计规范》

GB 50017—2003《钢结构设计规范》

GB 50018—2002《冷弯薄壁型钢结构技术规范》

CECS 102：2002《门式钢架轻型房屋钢结构技术规程》

GB 50205—2001《钢结构工程施工质量验收规范》

JQJ 81—2002《建筑钢结构焊接技术规程》

GB 50045—95《高层民用建筑设计防火规范》2001 年版

GB 700—88《碳素结构钢》

GB/T 1591—2008《低合金高强度结构钢》

GB/T 12755—1991《建筑用压型钢板》

GB 1228—1231—1991《钢结构用高强度扭剪型大六角头螺栓、大六角头螺母、垫圈等技术条件》

YB 4104—2000《高层建筑结构用钢板》

JGJ 82—1991《钢结构高强度螺栓连接的设计、施工及验收规程》

JGJ 99—1998《高层民用建筑钢结构技术规程》

GB 8923—1988《涂装前钢材表面锈蚀等级和除锈等级》

JG 8—1999《钢桁架质量标准》

JG 9—1999《钢桁架检验及验收标准》

CECS 24：1990《钢结构防火涂料应用技术规程》

CECS 159：2004《矩形钢管混凝土结构技术规程》

CECS 28：1990《钢管混凝土结构设计与施工规程》

JGJ 138—2001《型钢混凝土组合结构技术规程》

JGJ 61—2003《网壳结构技术规程》

JGJ 7—1991《网架结构设计与施工规程》

JG 144—2002《门式钢架轻型房屋钢构件》

CECS 127：2001《点支式玻璃幕墙工程技术规范》

JGJ 102—2003《玻璃幕墙工程技术规范》

JGJ 94—1994《建筑桩基技术规范》

GB 50108—2001《地下工程防水技术规范》

GBJ 16—1987《建筑设计防火规范》(2001 年版)

(2)《全国民用建筑工程设计技术措施》(结构专业)(2003 版)

6. 风荷载风洞试验报告

名称：____；

编号：____；

编制单位：____；

编制日期：____年__月__日。

7. 钢结构设计采用的通用图集

03G102《钢结构设计制图深度和表示方法》

01（04）SG519《多、高层民用建筑钢结构节点构造详图》

03SG519-1《多、高层建筑钢结构节点连接》（次梁与主梁的简支螺栓连接；主梁的栓焊拼接）

04SG519-2《多、高层建筑钢结构节点连接》(主梁的全栓拼接)

05SG522《钢与混凝土组合楼（屋）盖结构构造》

04SG523《型钢混凝土组合结构构造》

06SG524《钢管混凝土组合结构构造》(圆钢管、矩形钢管)

07SG528　1《钢雨篷》(一)

07SG531《钢网架结构设计》

02（04）SG518-1《门式钢架轻型房屋钢结构》(无吊车)

06SG501《民用建筑钢结构防火构造》

7.5.2　绘图说明

7.5.2.1　施工图绘制说明

尺寸标注：

1）图中尺寸标注单位一律为毫米（mm）；标高单位一律为米（m）。

2）施工一律根据图中尺寸标注，不得测量图纸。当图中尺寸有冲突或尺寸无法确定时，需及时通知设计人员。施工单位在施工前需核对图中尺寸，包括与其他各专业图纸之间的核对。遇有图纸和实际情况的任何差异，须及时通知设计人员。

3）结构平面布置图中，符号▶—表示刚接，—表示铰接。

7.5.2.2　本图纸为钢结构设计图，制作单位应根据本设计图编制钢结构施工详图，如有修改必须经设计单位同意并签署相关文件后修改方能生效。

7.5.2.3　未经技术鉴定或设计许可不得改变结构的用途和使用环境。

7.5.3　主要材料

7.5.3.1　钢材：本工程结构用钢牌号除特别注明外，一般为Q235B与Q345-B。当钢板厚度大于16mm，小于50mm时的钢板及热轧型钢，选用Q345GJ-C，当钢板厚度不小于50mm时，选用Q345GJZ-C。

(1) 结构构件及部位：____均采用Q345B，其质量标准应符合GB/T 1591《低合金高强度结构钢》。

(2) 结构构件及部位：____均采用Q235B，其质量标准应符合现行GB/T 700《碳素结构钢》规定要求。

7.5.3.2　选用的钢材应符合下列规定

(1) 应具有抗拉强度，伸长率，屈服强度和硫、磷含量的合格保证，对焊接结构还应具有碳含量、冷弯试验的合格保证，钢材的抗拉强度实测值与屈服强度实测的比值不应小于1.2。

(2) 钢材应有明显的屈服台阶，伸长率应大于20%。

(3) 应有良好的可焊性和合格的冲击韧性。

(4) 钢板厚度不小于50mm时，板厚方向截面收缩率不应小于GB 5313—1985《厚度方向性能钢板》关于Z15级规定的容许值。

7.5.3.3　焊接用焊条

(1) 手工焊时，对于Q345（16Mn）钢，采用E50××型焊条（药皮类型为低氢碱性），其性能应符合GB/T 5118—1995《低合金钢焊条》的规定；E50××可于E5001－E5014中选择。

当Q235与Q235钢间焊接应采用E43××型焊条。其性能应符合GB/T 5117—1995《碳钢焊条》的规定；当Q235和Q345钢焊接时采用E43××型焊条，其性能应符合GB/T 5117—1995《碳钢焊条》的规定；E43××可于E4300～E4313中选择。

(2) 自动焊或半自动焊用的焊丝与焊剂（注：焊丝与焊剂应与主体金属强度相适应）

自动焊或半自动焊时应采用符合GB/T 14957—1994《熔化焊用钢丝》规定的焊丝，且应符合JGJ 81—2002《建筑钢结构焊接技术规程》的规定。

焊剂应符合GB/T 5293—1985《碳素钢埋弧焊用剂》或GB/T 12470—1990《低合金钢埋弧焊用剂》的规定。

焊丝的药剂型号为：

Q235钢：H08、H08A、H08E焊丝配合中锰、高锰型焊剂；

或：H08Mn、H08MnA配合无锰或低锰型焊剂。

Q345钢：H08A、H08E配合高锰型焊剂；

或：H08Mn、H08MnA配合中锰、高锰型焊剂；

或：H10Mn2配合无锰或低锰型焊剂。

(3) 熔嘴电渣焊及所用的焊丝：

Q235钢：H08MnA；

Q345钢：H08MnMoA。

7.5.3.4　螺栓

(1) 高强度螺栓：无特殊注明外均采用____级S大六角头摩擦型高强度螺栓；其技术条件须符合GB/T 1228—2006《钢结构用高强度大六角头螺栓》、GB/T 1229—2006《钢结构用高强度大六角头螺母》、GB/T 1230—2006《钢结构用高强度垫圈》、GB/T 1231—2006《钢结构用高强度大六角头螺栓、大六角头螺母、垫圈技术条件》的规定；高强度螺栓连接面应进行喷砂（丸）处理，抗滑移系数不得小于0.45（Q235钢）和0.50（Q345钢）。

(2) 普通螺栓：无特殊注明外一般采用C级，应符合现行国家标准GB 5780—2000《六角头螺栓-C级》。

(3) 锚栓：无特殊注明外采用Q235B钢制作。

(4) 栓钉：无特殊注明外均采用圆柱头焊；其技术条件应符合（GB 10433—1989）的规定。

7.5.3.5　普通钢筋

抗震等级为一、二级的框架结构纵向受力钢筋的抗拉强度实测值与屈服强度实测值的比值不应小于1.25。且钢筋的屈服强度实测值与强度标准值的比值不应大于1.3，普通钢筋规格见表7-38。

表 7-38 普通钢筋力学性能

符号	钢筋	强度设计值 f_y/(N/mm^2)	焊条
ϕ	HPB235	210	E43
Φ	HRB335	300	E50
Φ	HRB400	360	E50

7.5.3.6 组合楼板

组合楼板采用____型镀铝锌压型钢板。(参照劲扣钢承板____标准选用）厚度____，肋高____，肋间距____，成型板有效覆盖宽度____，转动惯性矩____以上，正弯矩断面模数____以上，负弯矩断面模数____以上。

7.5.3.7 油漆

凡外露钢铁件须除锈后涂防腐漆，底漆两道，____道中漆，____道面漆，并定时维护。底漆材料为：____，中漆材料为：____，面漆材料为：____。

7.5.4 钢结构的制造

7.5.4.1 钢柱分段制作，原则是两或三层一段，也可加长，分段点应在梁肩以上1.3m处，柱拼接点连接参考图集01SG519页次8的节点2和01SG519页次7的节点1施工；箱型柱支撑壁板间的连接焊缝为坡口全熔透对接焊缝；变截面箱型柱工厂拼接应参考标准图集01SG519页次11的3、4节点加工。柱在梁翼缘上下各500mm的节点范围内，柱翼缘与柱腹板间或箱形柱壁板间的连接焊缝，应采用坡口全熔透焊缝，具体坡口形式见图集01SG519页次10节点2。

7.5.4.2 梁的拼接位置一般须距支座1/10跨长且2倍梁高之外，抗震设防框架梁的侧向支撑设置应参考图集01SG519页次45的节点1设置。

7.5.4.3 本工程中的钢结构构件必须在有资质的、具有专门机械设备的建筑金属结构制造厂加工制作。制作前，制作单位应编制制作工艺。钢结构构件应严格按照国家GB 50205—2001《钢结构工程施工质量验收规范》进行制作。

7.5.4.4 主结构构件制造过程中必需做好记录，以备施工结束后检查，构件制作完成后应在制作单位进行预拼装。焊缝抽查如有缺陷时所有焊缝应做100%检查，检查应按国家现行规范进行。

7.5.4.5 放样和下料应根据工艺要求预留制作和安装时的焊缝收缩量及切割，铣端等需要的加工余量。

7.5.4.6 矫正可采用机械或有限度的加热（线状加热或点加热）矫正时不得损坏钢材材质。

7.5.4.7 组装、零件、部料应经检查合格，连接接触面和沿焊缝边缘30～50mm范围内的铁锈、毛料、污垢、冰雪等清除干净。板材、型材的拼装，应在组装前进行，构件的组装应在部件组装、焊接、矫正后进行。

7.5.4.8 施焊前，焊工应复查焊件接头质量和焊区的处理情况，当不符合要求时，应经修整合格后方可施焊。对接接头、T形接头、角接接头、十字接头等对接焊缝及对接和角接组合焊缝，应在焊缝的两端设置引弧和引出板，其材质和坡口形式应与焊件相同。引弧和引出的焊缝长度：手工电弧焊及气体保护焊应大于20mm；埋弧焊应大于50mm。焊接完毕应采用气割切除引弧和引出板，并修磨平整，不得用锤击落。

7.5.4.9 对于较特殊的焊接：

(1) 栓钉焊施焊后应进行弯曲试验检查，具体要求见GB 50205—2005，焊缝和热影响区不得有肉眼可见裂缝。

(2) 不同宽度和厚度的板材，在对焊时当厚度相差大于4mm以上时，应按1∶2.5的坡度进行对焊。

7.5.4.10 高强螺栓摩擦面处理后的抗滑移系数应符合设计要求，处理好的摩擦面，不得有飞边、毛刺、焊疤或污损等。经处理的摩擦面，出厂前应按批作抗滑移系数试验，最小值应符合设计要求，出厂时应按批附3套于构件相同材质、相同处理方法的试件，由安装单位复验抗滑移系数。在运输中试件摩擦面不得损伤。

7.5.4.11 所有梁柱构件均应铣两端，并与柱、梁轴线成标准角度。

7.5.4.12 高强螺栓孔应在车间内钻成孔，孔径比螺栓公称直径大1.5～2mm，孔壁粗糙度不应大于25μm，当螺栓孔位置不对或误差较大时，安装人员不得随意扩孔或烧孔。板材气割或机械剪切下料后，应进行边缘加工，其刨削量不应小于2mm。所有钢构件制造以前，应足尺放样，核对无误后方可下料制作。

7.5.4.13 本图纸中指定部位所设的栓钉，必须在浇筑混凝土前施焊，并应认真进行质量检查，不合格者补焊。

7.5.4.14 钢骨柱与钢骨梁的穿筋孔，均应在工厂制孔，不得在工地现场制孔。

7.5.4.15 钢梁预留孔洞应在工厂制孔，并应按设计要求进行补强，在工地安装时，未经设计允许，不得在工地现场制孔。

7.5.4.16 不允许在工地现场临时加焊板件，不允许用气焊扩孔。

7.5.4.17 消能梁段的腹板不得加焊板件，也不得开洞。

7.5.4.18 焊接钢梁、钢柱、钢支撑与钢骨混凝土中的钢构件均应在工厂中采用埋弧自动焊焊接成型，施焊前应进行工艺评定，证明施焊工艺符合国家标准GB 986—1988的相关规定。

7.5.4.19 对于跨度不小于8m的梁，应按有关要求进行起拱。对于要求起拱的构件，应在其顶部有明显标识，以避免安装时遗漏。

7.5.4.20 钢管相贯焊接连接时，采用相贯节点处，大直径钢管（主管）应贯通，小直径管（支管）端部应采用自动切管机精确切割成相贯线切口，支管壁厚小于等于6mm时可不切坡口，下料阶段不得用人工修补的方法修正切割完的支管。焊接节点间的杆件长度应考虑焊接收缩量，其值可通过试验确定。

7.5.5 构件连接

7.5.5.1 框架梁与框架柱之间的连接除特殊注明外均为刚接。连接时，需预先在工厂进行柱与悬臂梁段全熔透坡口焊接，然后在工地进行梁的拼接，其翼缘为全熔透坡口焊接，腹板为高强度螺栓摩擦型连接。

7.5.5.2 次梁与主梁的连接除特殊注明外均采用铰接。一般在工地现场，采用高强度螺栓摩擦型连接。

7.5.5.3 连接于主梁与柱上的支撑，其两端在工厂与柱、梁焊接，中段部分在工地现场与两端采用高强度螺栓摩擦型连接。

7.5.5.4 梁上下翼缘与腹板的拼接缝应错开，并避免与加劲肋重合，腹板的拼接缝与它平行的加劲肋至少相距200mm，腹板的拼缝与上下翼缘的拼缝至少相距200mm，对接焊缝应符合GB 50205—1995规范要求，且不低于一级。

7.5.5.5 所有主梁的加劲肋与上翼缘连接处，加劲肋上端要求刨平抵紧后施焊。

7.5.5.6 柱翼缘板与腹板和加劲板，梁支座的支承板下端要求刨平抵紧后施焊。

7.5.5.7 板件拼接和熔透焊缝为____级焊缝，角焊缝外观质量等级均为二级。

7.5.5.8 直角角焊缝的焊角尺寸除特殊注明外，均不小于6mm，长度为满焊。

7.5.6 焊缝连接

7.5.6.1 焊接时应选择合理的焊接工艺及焊接顺序，以减小钢结构中产生的焊接应力和焊接变形。

7.5.6.2 组合H型钢的腹板与翼缘的焊接应采用自动埋弧焊机焊，且四道连接焊缝均应双面满焊，不得单面焊接。

7.5.6.3 组合H型钢因焊接产生的变形应以机械或火焰矫正调直，具体做法应符合GB 50205—2001的相关规定。

7.5.6.4 构件角焊缝厚度范围见表7-39、表7-40。

7.5.6.5 焊接施工单位在施工过程中必须做好记录，以备施工结束后检查。

7.5.6.6 焊缝表面缺陷应做100%检查，焊缝内部缺陷的检查应严格按照GB 50205—2001《钢结构工程施工质量验收规范》执

表7-39 型钢组合构件焊缝设计尺寸（单位：mm）
角焊缝厚度角焊缝的最小焊脚尺寸 h_f
（T形连接的单面角焊缝，表中数值应增加1mm）

较厚焊件的厚度/mm	手工焊接（h_f）/mm	埋弧自动焊接（h_f）/mm
≤4	4	4
5～7	4	4
8～11	5	5
12～16	6	5
17～21	7	6
22～26	8	7
27～36	9	8

表7-40 角焊缝的最大焊脚尺寸 h_f

较薄焊件的厚度/mm	最大焊角尺寸 h_f/mm	较薄焊件的厚度/mm	最大焊角尺寸 h_f/mm
4	5	10	12
5	6	12	14
6	7	14	16
8	9		

注 板件（厚度为 t）边缘的角焊缝最大焊脚尺寸，尚应符合下列要求：
1. 当 $t \leqslant 6$mm时，$h_f \leqslant t$。
2. 当 $t > 6$mm时，$h_f \leqslant t-(1\sim2)$ mm。

行。所有一级焊缝按超声波B级进行100%检查，当其他全熔透焊缝有不合格时，应进行100%检查，检查方法应按国家现行规范GB 11345—1989进行。

7.5.6.7 应保证切割部位准确、切口整齐，切割前应将钢材切割区域表面的铁锈、污物等清除干净，切割后应清除毛刺、熔渣和飞溅物。

7.5.6.8 箱形截面柱在与翼缘对应位置的隔板应采用全熔透对接焊缝与壁板相连。工字形截面柱的横向加劲肋与柱翼缘应采用全熔透对接焊缝连接，与腹板可采用角焊缝连接，焊接质量均为二级。

7.5.7 螺栓的连接与固定

7.5.7.1 钢构件的连接螺栓，应经检查合格后方可紧固或焊接。

7.5.7.2 在每个节点上穿入的临时螺栓数量，应根据安装过程所承受的荷载计算确定，并不少于安装孔总数的1/3，且不少于2个，冲钉数不多于临时螺栓的30%，高强螺栓孔不得使用冲钉。

7.5.7.3 由制造厂处理的钢构件摩擦面，安装前应复验所附试件的抗滑移系数，合格后方可安装。现场处理的构件摩擦面，抗滑移系数应按国家现行标准《钢结构高强度螺栓连接的设计，施工及验收规程》的规定进行试验，并应符合设计要求。

7.5.7.4 钢构件拼装前，应清除飞边、毛刺、焊接飞溅物。摩擦面应保持干燥、整洁，不得在雨中作业。

7.5.7.5 高强度螺栓连接前应按批号分别存放，并应在同批内配套使用。在储存、运输和施工过程中不得混放，混用，并应轻装，轻卸，防止受潮，生锈，玷污和碰伤。

7.5.7.6 安装高强度螺栓时，螺栓应自由穿入孔内，不得强制敲打，并不得气割扩孔。穿入方向宜一致并便于操作。高强度螺栓不得作为临时安装螺栓。

7.5.7.7 高强度螺栓的安装应按一定顺序施拧，宜由螺栓群中央顺序向外拧紧，并应在当天终拧完毕。

7.5.8 钢结构的安装

7.5.8.1 钢结构安装前应对建筑物的定位轴线、基础轴线和标高、地脚螺栓位置进行检查，并应进行检测和办理交接验收。当基础工程分批进行交接时，每次交接验收不应少于一个安装单元的柱基础，并应符合下列规定：

(1) 基础混凝土强度达到设计要求。

(2) 基础周围回填夯实完毕。

(3) 基础的轴线标志基准点准确、齐全。

(4) 钢柱柱脚地脚螺栓埋设误差要求：每一个柱脚地脚螺栓之间埋设误差应小于2mm。

7.5.8.2 钢结构安装在校准、定位并形成空间刚度单元后，应及时对柱底板和基础顶面的空隙采用无收缩细石混凝土二次浇灌。

7.5.8.3 钢结构安装的测量和校正，应根据工程特点编制相应的安装工艺。柱子安装时，每一节柱子的定位轴线不应使用下根柱子的定位轴线，应将地面控制轴线引到高空，以保证每节柱子安装正确无误；楼层标高采用设计标高控制，由柱子拼接焊接引起的收缩变形，需要在构件制作时逐节考虑确定柱子的实际长度。

7.5.8.4　钢构件采用扩大拼装单元进行安装时，对容易变形的钢构件应进行强度和稳定性验算，必要时应采取加固措施。

7.5.8.5　钢结构的柱、梁、支撑等主要构件安装就位后应立即进行校正、固定。当天安装的钢构件应形成稳定的空间体系。钢结构安装、校正时，应根据风力、温差、日照等外界环境和焊接变形等因素的影响，采取相应的调整措施。

7.5.8.6　利用安装好的钢结构吊装其他构件和设备时，应征得设计单位同意，并应进行验算，采取相应得措施；对于多构件汇交的复杂节点，重要安装接头和工地拼装接头，宜在工厂进行预拼装。

7.5.8.7　设计要求顶紧的节点，接触面应有不少于75%的面紧贴。

7.5.8.8　钢结构安装就位，并经校正、固定，形成稳定的空间体系。

7.5.8.9　结构吊装时，应采取适当措施，防止产生过大的弯扭变形。

7.5.8.10　结构吊装就位后，应及时系牢支撑及其他连系构件，保证结构的稳定性。

7.5.8.11　所有上部结构的吊装，必须在下部结构就位、校正并系牢支撑构件以后才能进行。

7.5.9　钢结构防腐要求

7.5.9.1　除锈：除镀锌构件外，制作前钢构件表面均应进行喷砂（抛丸）除锈处理，不得手工除锈，除锈质量等级应达到国标GB/T 8923中Sa2 1/2级标准，表面处理后到涂底漆的时间间隔不应超过6h，在此期间表面应保持洁净，严禁沾水、油污等。

7.5.9.2　防腐涂层：底漆2遍，铁红C53－31红丹醇酸防锈漆，涂层厚度55～75μm；面漆2遍，灰色C04－42醇酸调和漆，涂层厚度55～75μm；修补漆等共4遍，各层如上，涂层干漆膜总厚度室内不小于125μm，室外不小于150μm，防火涂料不得与防锈底漆发生有害反应。

7.5.9.3　下列情况免涂油漆：

（1）埋于混凝土中的钢骨。

（2）与混凝土接触面。

（3）工地将焊接的部位及其两侧100，且要满足超声波探伤的范围。但工地焊接的部位及其两侧，应进行不影响焊接的除锈处理，之后涂专用坡口焊保护漆两道，漆膜厚度15μm。

（4）螺栓连接范围内，构件接触面。

（5）箱形柱内的封闭区域。

7.5.9.4　构件安装后应补漆的部位：

（1）螺栓连接范围内未涂油漆的部位。

（2）工地焊接区。

（3）经碰撞脱落的工厂油漆部分。

7.5.10　钢结构防火要求

7.5.10.1　钢结构耐火等级为____级，各承重构件的耐火极限要求见表7－41，钢柱、梁、桁架及其他屋面承重构件均用____型防火涂料做防火保护。

7.5.10.2　所用防火材料应满足建筑专业外观设计的相关要求，并且应通过消防部门的认可。

表 7-41　各承重构件的耐火极限要求

构件名称	耐火极限/h	防火材料类型
柱及转换桁架		
支撑及钢板剪力墙		
梁		
楼板		
楼梯		

7.5.11　填充墙

钢结构对填充墙的要求与钢筋混凝土结构此部分相同的内容，这里不再重复赘述，不同的部分特作以下补充说明：

当墙体净高>4m 时，在墙高中部设置与柱连接的通长钢筋混凝土水平圈梁一道，梁高 120mm，梁宽同墙厚，内置 4ϕ10 纵筋，ϕ6@250 箍筋。如遇洞口切断时，按图 7-29 处理。钢柱沿全柱高度范围内预焊拉墙筋，做法如图 7-30 所示，其他位置拉墙筋做法参照图 7-30。

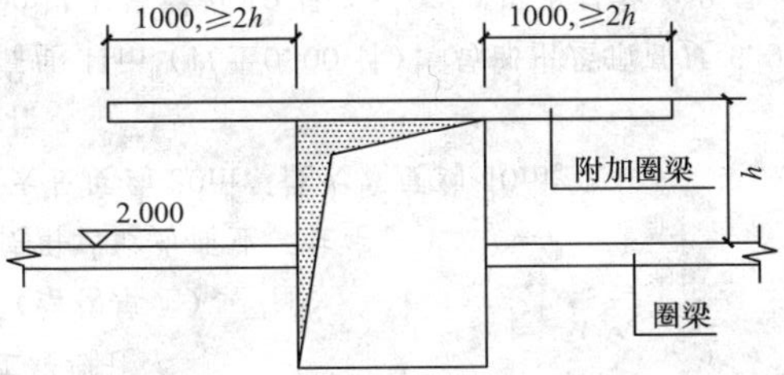

图 7-29　圈梁搭接示意图

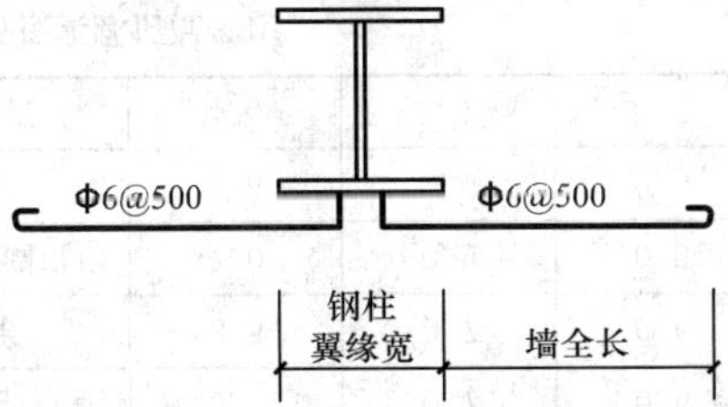

图 7-30　填充墙与钢柱拉结筋构造

7.5.12　构件代号（表 7-42）

表 7-42　构　件　代　号

支撑	V	框架柱	GKZ
剪力墙支撑	JV	非框架柱	GZ
框架柱柱脚	GZJ	水平支撑	SC
次梁	GL	垂直支撑	CC
悬臂梁	GXL	撑杆	CG
桁架	GHJ	垂直斜杆	CXG
框架梁	GKL	檩条	LT

7.6　多、高层钢结构设计总说明示例

7.6.1　结构概述和设计标准

7.6.1.1　工程概况

（1）建筑地点：某市的商业、住宅楼。

（2）总建筑面积：约1.5万m^2。

（3）工程概述

Ⅰ段（结构单元）：

主要使用功能为商业、住宅。

1）最大长度约30m，最大宽度约40m。

2）主楼

檐口高度41m（以±0.00计），局部出屋顶高度6.9m；

±0.00以上层数为10层，±0.00以下层数为2层；

结构体系：地上为钢框架-支撑的钢结构体系；地下为钢筋混凝土—钢骨混凝土结构体系；

基础形式为混凝土筏形基础，基础底标高为—6.750；

地基采用天然地基，持力层为第4层粉质黏土层，地基承载力特征值为200kPa。

3）本建筑与原有建筑物的关系

与原有建筑物的距离：约17.5m；（基础边至基础边）

原有建筑物基础埋深：7.5m。

（4）±0.000绝对标高：本工程设计标高±0.000相当于绝对标高45.000m。

7.6.1.2　抗震设防参数和结构设计标准

（1）抗震设防有关参数

1）拟建场地地震基本烈度：8度，相应的设计基本地震加速度值：0.2g。

2）场地类别：Ⅲ类。

3）设计地震分组：第一组。

4）本场地地基土层地震液化程度判定：无液化。

（2）结构设计标准

1）建筑结构安全等级为二级，结构重要性系数为1.0；

2）设计使用年限（耐久年限）混凝土结构为50年；

3）结构设计基准期（可靠度）为50年；

4）地基基础设计等级为甲级；

5）抗震设防类别为丙类，抗震设防烈度为8度，抗震构造措施按9度要求；

6）建筑物耐火等级为一级；

7）地下工程的防水等级为二级。

7.6.1.3　可变荷载作用

（1）正常使用活荷载标准值见表7-43（设计基准周期50年）

表7-43　正常使用活荷载标准值

部　位	活荷载 kN/m^2	组合值系数	频遇值系数	准永久值系数
上人屋面	2.0	0.7	0.5	0
不上人屋面	0.7	0.7	0.5	0.4
卧室、起居	2.0	0.7	0.5	0.4
厨房、卫生间	2.0	0.7	0.5	0.4
挑出阳台	2.5	0.7	0.6	0.5
公共楼梯	3.5	0.7	0.6	0.5
电梯机房、空调机房	7.0	0.9	0.9	0.8
消防楼梯	3.5	0.7	0.5	0.3
±0.00楼板	4.0	0.7	0.5	0.4

注　大型设备按实际情况考虑。

（2）风荷载

1）基本风压：$\omega_0=0.45kN/m^2$；

2）地面粗糙度类别：C类。

（3）雪荷载

基本雪压：$S_0=0.45kN/m^2$。

7.6.1.4 场地的工程地质条件和水文条件

（1）场地标准冻深：0.8m。

（2）地形概况

本工程场区地形基本平坦，勘探期间的钻孔孔口地面标高为46.5m。

（3）地层岩性及分布特征

依据的岩土工程勘察报告为____市____年__月__日提供的《××工程岩土工程勘察报告编号-××》（见表7-44）。

表7-44　地层岩性及分布特征

层号	岩性	厚/m	ES200/MPa	ES300/MPa	f_{ka}/kPa
1	杂填土	3.3～5.0			
2	黏质粉土	大部已挖	8.0	8.0	170
3	黏质粉土	0.0～6.1	10.0	10.0	180
3-1	粉质黏土		5.0	5.5	140
3-2	重粉质黏土		5.0	5.5	140
4	粉质黏土		1.6～5.3	30.0	200

（4）本场地不良地质状况分析及处理措施

本场地不存在影响场地整体稳定性的不良地质作用。

（5）水文地质条件

1）场区地下水埋藏情况

勘探时水位标高为40.00m。

2）历年最高水位记录

1959年最高水位标高：41.00m。

1971～1973年最高水位标高：41.00m。

近3～5年最高水位标高：40.00m。

3）抗浮设防水位：

抗浮设防水位为37.50m。

4）地下水和场地土的腐蚀性

地下水对混凝土结构和钢筋有弱腐蚀性。

7.6.1.5 结构设计依据

（1）本工程所遵循的国家及地方规范、规程和标准

GB 50068—2001《建筑结构可靠度设计统一标准》

GB 50009—2001《建筑结构荷载规范》

GB 50223—2004《建筑工程抗震设防分类标准》

GB 50011—2001《建筑抗震设计规范》

GB 50010—2002《混凝土结构设计规范》

GB 50007—2002《建筑地基基础设计规范》

GB 50003—2001《砌体结构设计规范》

GB 50017—2003《钢结构设计规范》

GB 50205—2001《钢结构工程施工质量验收规范》

JQJ 81—2002《建筑钢结构焊接技术规程》

GB 50045—1995《高层民用建筑设计防火规范》2001年版

GB 700—1988《碳素结构钢》

GB/T 1591—2008《低合金高强度结构钢》

GB/T 12755—1991《建筑用压型钢板》

GB 1228—1231—1991《钢结构用高强度扭剪型大六角头螺栓、大六角头螺母、垫圈等技术条件》

YB 4104—2000《高层建筑结构用钢板》

JGJ 82—1991《钢结构高强度螺栓连接的设计、施工及验收规程》

JGJ 99—1998《高层民用建筑钢结构技术规程》

GB 8923—1988《涂装前钢材表面锈蚀等级和除锈等级》

JG 8—1999《钢桁架质量标准》

JG 9—1999《钢桁架检验及验收标准》

CECS 24：1990《钢结构防火涂料应用技术规程》

JGJ 138—2001《型钢混凝土组合结构技术规程》

GB 50108—2001《地下工程防水技术规范》

GBJ 16—1987《建筑设计防火规范》（2001年版）

（2）《全国民用建筑工程设计技术措施》（结构专业）（2003年版）

（3）初步设计审批意见

1）××工程初步设计审批意见。

2）××工程初步设计审查会会议纪要（____年__月__日发）。

3）××工程设计大纲。

（4）岩土工程勘察报告

名称：____；

编号：____；

编制单位：____；

编制日期：____年__月__日。

（5）抗浮设防水位分析论证报告

名称：____；

编制日期：____年__月__日。

（6）场地地震安全性评价工作报告

1）《××工程场地地震安全性评价工作报告》（中国××省××市地震局震害防御与工程地震研究所____年__月__日）。

2）关于《××工程场地地震安全性评价工作报告》的批复（中国××省××市地震局文件××震发抗［ ］号____年__月__日）。

7.6.1.6　钢结构设计采用的通用图集

03G102《钢结构设计制图深度和表示方法》

01（04）SG519《多、高层民用建筑钢结构节点构造详图》

03SG519-1《多、高层建筑钢结构节点连接》（次梁与主梁的简支螺栓连接；主梁的栓焊拼接）

04SG519-2《多、高层建筑钢结构节点连接》（主梁的全栓拼接）

05SG522《钢与混凝土组合楼（屋）盖结构构造》

04SG523《型钢混凝土组合结构构造》

06SG501《民用建筑钢结构防火构造》

7.6.2　绘图说明

7.6.2.1　施工图绘制说明

尺寸标注：

1）图中尺寸标注单位一律为毫米（mm）；标高单位一律为米（m）。

2）施工一律根据图中尺寸标注，不得测量图纸。当图中尺寸有冲突或尺寸无法确定时，需及时通知设计人员。施工单位在施工前需核对图中尺寸，包括与其他各专业图纸之间的核对。遇有图纸和实际情况的任何差异，需及时通知设计人员。

3）结构平面布置图中，符号▶—表示刚接，—表示铰接。

7.6.2.2　本图纸为钢结构设计图，制作单位应根据本设计图编制钢结构施工详图，如有修改必须经设计单位同意并签署相关文件后修改方能生效。

7.6.2.3　未经技术鉴定或设计许可不得改变结构的用途和使用环境。

7.6.3　主要材料

7.6.3.1　钢材：本工程结构用钢牌号除特别注明外，一般为Q235B与Q345-B。当钢板厚度大于16mm，小于50mm时的钢板及热扎型钢，选用Q345GJ-C，当钢板厚度不小于50mm时，选用Q345GJZ-C。

（1）结构构件及部位：所有钢梁，钢柱及连接板件的材质均采用Q345B，其质量标准应符合GB/T 1591《低合金高强度结构钢》。

（2）结构构件及部位：支撑及地脚螺栓均采用Q235B，其质量标准应符合现行GB/T 700《碳素结构钢》规定要求。

7.6.3.2　选用的钢材应符合下列规定：

（1）应具有抗拉强度，伸长率，屈服强度和硫、磷含量的合格保证，对焊接结构还应具有碳含量、冷弯试验的合格保证，钢材的抗拉强度实测值与屈服强度实测的比值不应小于1.2。

（2）钢材应有明显的屈服台阶，伸长率应大于20%。

（3）应有良好的可焊性和合格的冲击韧性。

（4）钢板厚度不小于50mm时，板厚方向截面收缩率不应小于GB 5313—1985《厚度方向性能钢板》关于Z15级规定的容许值。

7.6.3.3　焊接用焊条：

（1）手工焊时，对于Q345（16Mn）钢，采用E50××型焊条（药皮类型为低氢碱性），其性能应符合GB/T 5118—1995《低合金钢焊条》的规定；E50××可于E5001～E5014中选择。

当Q235与Q235钢间焊接应采用E43××型焊条，其性能应符合GB/T 5117—1995《碳钢焊条》的规定；当Q235和Q345钢焊接时采用E43××型焊条，其性能应符合GB/T 5117—1995《碳钢焊条》的规定；E43××可于E4300～E4313中选择。

（2）自动焊或半自动焊用的焊丝与焊剂（注：焊丝与焊剂应与主体金属强度相适应）。

自动焊或半自动焊时应采用符合GB/T 14957—1994《熔化焊用钢丝》规定的焊丝，且应符合JGJ 81—2002《建筑钢结构焊接技术规程》的规定。

焊剂应符合GB/T 5293—1985《碳素钢埋弧焊用剂》或GB/T 12470—1990《低合金钢埋弧焊用剂》的规定。

焊丝的药剂型号为：

Q235钢：H08、H08A、H08E焊丝配合中锰、高锰型焊剂；

或：H08Mn、H08MnA配合无锰或低锰型焊剂。

Q345钢：H08A、H08E配合高锰型焊剂；

或：H08Mn、H08MnA配合中锰、高锰型焊剂；

或：H10Mn2 配合无锰或低锰型焊剂。

（3）熔嘴电渣焊及所用的焊丝：

Q235 钢：H08MnA；

Q345 钢：H08MnMoA。

7.6.3.4　螺栓：

（1）高强度螺栓：无特殊注明外均采用 10.9 级 S 大六角头摩擦型高强度螺栓；其技术条件须符合 GB/T 1228—2006《钢结构用高强度大六角头螺栓》、GB/T 1229—2006《钢结构用高强度大六角头螺母》、GB/T 1230—2006《钢结构用高强度垫圈》、GB/T 1231—2006《钢结构用高强度大六角头螺栓、大六角头螺母、垫圈技术条件》的规定。

高强度螺栓连接面应进行喷砂（丸）处理，抗滑移系数不得小于 0.45（Q235 钢）和 0.50（Q345 钢）。

（2）普通螺栓：无特殊注明外一般采用 C 级，应符合现行国家标准 GB 5780—2000《六角头螺栓- C 级》。

（3）锚栓：无特殊注明外采用 Q235B 钢制作。

（4）栓钉：无特殊注明外均采用圆柱头焊；其技术条件应符合（GB 10433—1989）的规定。

7.6.3.5　普通钢筋：

抗震等级为一、二级的框架结构纵向受力钢筋的抗拉强度实测值与屈服强度实测值的比值不应小于 1.25。且钢筋的屈服强度实测值与强度标准值的比值不应大于 1.3。普通钢筋规格见表 7-45。

7.6.3.6　组合楼板：

组合楼板采用闭口槽型镀铝锌压型钢板。（参照劲扣钢承板

表 7-45　　普通钢筋力学性能

符号	钢筋	强度设计值 f_y/(N/mm^2)	焊条
ϕ	HPB235	210	E43
Φ	HRB335	300	E50
Ф	HRB400	360	E50

DB—65 标准选用）厚度 0.91mm，肋高 65mm，肋间距 185mm，成型板有效覆盖宽度 555mm，转动惯性矩 95cm^4/m 以上，正弯矩断面模数 18.5cm^3/m 以上，负弯矩断面模数 16cm^3/m 以上。

7.6.3.7　油漆：

凡外露钢铁件需除锈后涂防腐漆，底漆 2 道，一道中漆，一道面漆，并定时维护。底漆材料为：环氧富锌底漆，中漆材料为：云铁氯化橡胶，面漆材料为：氯化橡胶丙烯酸磁漆。

7.6.4　钢结构的制造

具体要求同第 7.5.4 节。

7.6.5　构件连接

具体要求同第 7.5.5 节。

7.6.6　焊缝连接

具体要求同第 7.5.6 节。

7.6.7　螺栓的连接与固定

具体要求同第 7.5.7 节。

7.6.8　钢结构的安装

具体要求同第 7.5.8 节。

7.6.9 钢结构防腐要求

7.6.9.1 除锈：除镀锌构件外，制作前钢构件表面均应进行喷砂（抛丸）除锈处理，不得手工除锈，除锈质量等级应达到国标 GB/T 8923 中 Sa2 1/2 级标准，表面处理后到涂底漆的时间间隔不应超过 6h，在此期间表面应保持洁净，严禁沾水、油污等。

7.6.9.2 防腐涂层：底漆 2 遍，涂层厚度 55～75um；面漆与中漆各 1 遍，涂层厚度 55～75um；修补漆等共 4 遍，各层如上，涂层干漆膜总厚度室内不小于 125um，室外不小于 150um，防火涂料不得与防锈底漆发生有害反应。

7.6.9.3 下列情况免涂油漆：

（1）埋于混凝土中的钢骨。

（2）与混凝土接触面。

（3）工地将焊接的部位及其两侧 100，且要满足超声波探伤的范围。但工地焊接的部位及其两侧，应进行不影响焊接的除锈处理，之后涂专用坡口焊保护漆 2 道，漆膜厚度 15um。

（4）螺栓连接范围内，构件接触面。

（5）箱形柱内的封闭区域。

7.6.9.4 构件安装后应补漆的部位：

（1）螺栓连接范围内未涂油漆的部位。

（2）工地焊接区。

（3）经碰撞脱落的工厂油漆部分。

7.6.10 钢结构防火要求

7.6.10.1 钢结构耐火等级为一级，各承重构件的耐火极限要求见表 7－46。

表 7－46　各承重构件的耐火极限要求

构件名称	耐火极限（h）	防火材料类型
柱及转换桁架	3.0	厚型防火涂料或防火板材料
支撑及钢板剪力墙	2.0	超薄型或薄型防火涂料
梁	2.0	超薄型或薄型防火涂料
楼板	1.5	组合楼盖自防火
楼梯	1.5	超薄型或薄型防火涂料

7.6.10.2 所用防火材料应满足建筑专业外观设计的相关要求，并且应通过消防部门的认可。

7.6.11 填充墙

7.6.11.1 填充墙平面位置、门窗洞口尺寸、位置、标高和墙厚均应按照有关建筑图纸施工。

7.6.11.2 填充墙结构构造做法详 06SG614－1 图集与 04G329－3 图集页次 85～87 的具体做法，使用图集前请仔细阅读图集说明并遵照执行。

7.6.11.3 填充墙与主体混凝土墙应设置拉结筋，做法详 04G329－3 图集页次 85。钢柱沿全柱高度范围内预焊拉墙筋，做法如图 7－29 所示，其他位置拉墙筋做法参照图 7－30。

7.6.11.4 填充墙墙顶应与梁底或板底拉结，做法详 06SG614－1 图集页次 21、22。

7.6.11.5 填充墙墙端、拐角、丁字交叉、十字交叉处均设置构造柱，且一段直墙上相邻构造柱间距不大于4m。构造柱配筋大样详06SG614－1图集页次24、25。

7.6.11.6 填充墙高度大于4m时，内墙在墙高一半处或门洞上皮；外墙在墙高一半处或窗洞下皮设通长钢筋混凝土系梁一道，做法详06SG614－1图集页次16～20。系梁高120mm，梁宽同墙厚，内置4ϕ10纵筋，ϕ6@250箍筋。如遇洞口切断时，按图7.6.11.6处理。

7.6.11.7 填充墙门窗洞口过梁配筋见表7－47，过梁两端各伸过洞边300mm且过梁纵筋锚入混凝土墙、柱$\geqslant 30d$。

表7－47 填充墙门窗洞口过梁表

梁跨/mm	梁高/mm	上筋	上筋	箍筋
			墙厚≤240	
$L\leqslant 1500$	≥150	2ϕ8	2ϕ12	ϕ6@150
$1500<L\leqslant 2000$	≥200	2ϕ10	2ϕ14	ϕ6@100
$2000<L\leqslant 3000$	≥300	2ϕ10	2ϕ16	ϕ8@150

7.6.11.8 当填充墙上遇有门窗洞口时，门窗洞口两侧均设抱框（大洞口两侧应设构造柱），做法详06SG614－1图集页次30。

7.6.11.9 填充墙与柱、构造柱结合缝处为防止抹灰开裂，应在抹灰层下贴放钢丝网片。钢丝网片宽300mm，沿结合缝居中通长设置。

7.6.11.10 填充墙高度≤4m、墙厚≤200mm时的内墙基础做法详06SG614－1图集页次31节点3（填充墙作为挡土墙时除外，应另行设计），且应保证地坪下回填土的密实度，压实系数不得小于0.94；外墙基础或填充墙较厚且较高时，基础另行设计。

7.6.12 构件代号（参照表7－42）

附录A 深受弯构件承载力表

A.1 深受弯构件正截面受弯承载力表

1. 适用范围

(1) 混凝土强度等级：C30、C40；钢筋种类：HRB400、RRB400。

(2) 编制范围：深梁高度：h＝600mm、800mm、1000mm、1200mm、1500mm、1800mm；

宽度：b＝140mm、160mm、180mm、200mm、250mm、300mm；

梁的净跨：l_n＝1500mm、2100mm、2400mm、2700mm。

(3) 适用于一般结构中的连梁。

(4) 梁的混凝土保护层厚度 a_s 取值：当 $h \leqslant 800$mm 时，a_s＝80mm；

当 800mm＜$h \leqslant 1500$mm 时，a_s＝100mm；

当 $h \geqslant 0.575 l_n$ 时，$a_s = 0.1 \times h$mm。

2. 使用说明

(1) 按混凝土强度等级及梁的净跨查表：

混凝土强度等级 \ 梁的净跨 l_n/mm	1500	2100	2400	2700
C30	附表 A-1	附表 A-2	附表 A-3	附表 A-4
C40	附表 A-5	附表 A-6	附表 A-7	附表 A-8

(2) 深梁在附表 A-1～附表 A-8 中查得的下部纵向钢筋宜均匀布置在梁下边缘以上 0.2h 的范围内。

【例1】 已知：矩形截面梁 b＝250mm、h＝1800mm，计算弯矩设计值 M＝2041kN·m，梁的净跨 l_n＝2700mm，采用混凝土强度等级为 C40，钢筋采用 HRB400 级。

求：矩形截面梁纵向受拉钢筋截面积 A_s。

【解】 根据已知条件，查附表 A-8 得，A_s＝4500mm^2。

【例2】 已知：剪力墙开门洞，门洞高为 2400mm、宽为 2100mm，墙厚 b＝180mm，楼层高 H＝3200mm，跨中计算弯矩设计值 M＝343kN·m，两排钢筋 a_s＝80mm，采用混凝土强度等级为 C30，钢筋 HRB400 级。

求：剪力墙连梁跨中纵向受拉钢筋截面积 A_s。

【解】 根据已知条件得知：连梁宽 b＝180mm，高 h＝3200－2400＝800mm，梁的净跨 l_n＝2100mm

查附表 A－2 得：A_s＝1728mm^2。

附表 A－1　　深受弯构件正截面受弯承载力表

混凝土强度等级：C30、钢筋种类：HRB400、RRB400（单位：b、h—mm；M—kN·m；A_s—mm^2）

ρ(%)	l_n＝1500mm											
	b＝140											
	h＝600		h＝800		h＝1000		h＝1200		h＝1500		h＝1800	
	M	A_s	M	A_s	M	A_s	M	A_s	M	A_s	M	A_s
0.20	25.4	168	45.7	224	70.0	280	99.5	336	153.4	420	213.8	504
0.30	38.1	252	68.5	336	105.0	420	149.2	504	230.0	630	328.3	756
0.40	50.9	336	91.4	448	140.0	560	199.0	672	306.7	840	437.7	1008
0.50	63.6	420	114.2	560	175.0	700	248.7	840	383.4	1050	547.1	1260
0.60	76.3	504	137.1	672	210.0	840	298.5	1008	460.1	1260	656.5	1512
0.70	89.0	588	159.9	784	245.1	980	348.2	1176	536.8	1470	766.0	1764
0.80	101.7	672	182.8	896	280.1	1120	397.9	1344	613.5	1680	875.4	2016
0.90	112.6	756	202.4	1008	310.1	1260	440.6	1512	679.3	1890	969.3	2268
1.00	123.0	840	221.3	1120	339.0	1400	481.8	1680	742.7	2100	1059.8	2520
1.10	133.0	924	239.5	1232	366.9	1540	521.3	1848	803.7	2310	1146.8	2772
1.20	142.6	1008	256.9	1344	393.6	1680	559.3	2016	862.2	2520	1230.3	3024
1.30	151.7	1092	273.7	1456	419.3	1820	595.7	2184	918.4	2730	1310.5	3276
1.40	160.5	1176	289.7	1568	443.8	1960	630.6	2352	972.1	2940	1387.2	3528
1.50	168.8	1260	305.0	1680	467.2	2100	663.9	2520	1023.4	3150	1460.4	3780
1.60	176.7	1344	319.5	1792	489.6	2240	695.6	2688	1072.3	3360	1530.2	4032
1.70	184.2	1428	333.4	1904	510.8	2380	725.8	2856	1118.8	3570	1596.5	4284
1.80	191.3	1512	346.5	2016	530.9	2520	754.4	3024	1162.9	3780	1659.4	4536

ρ(%)	l_n＝1500mm											
	b＝160											
	h＝600		h＝800		h＝1000		h＝1200		h＝1500		h＝1800	
	M	A_s	M	A_s	M	A_s	M	A_s	M	A_s	M	A_s
0.20	29.1	192	52.2	256	80.0	320	113.7	384	175.3	480	250.1	576
0.30	43.6	288	78.3	384	120.0	480	170.5	576	262.9	720	375.2	864
0.40	58.1	384	104.5	512	160.0	640	227.4	768	350.5	960	500.2	1152
0.50	72.7	480	130.6	640	200.0	800	284.2	960	438.2	1200	625.3	1440
0.60	87.2	576	156.7	768	240.1	960	341.1	1152	525.8	1440	750.3	1728
0.70	101.7	672	182.8	896	280.1	1120	397.9	1344	613.5	1680	875.4	2016
0.80	116.3	768	208.9	1024	320.1	1280	454.8	1536	701.1	1920	1000.4	2304
0.90	128.6	864	231.3	1152	354.4	1440	503.6	1728	776.3	2160	1107.8	2592
1.00	140.6	960	252.9	1280	387.5	1600	550.6	1920	848.8	2400	1211.1	2880
1.10	152.0	1056	273.7	1408	419.3	1760	595.8	2112	918.5	2640	1310.6	3168
1.20	162.9	1152	293.6	1536	449.9	1920	639.2	2304	985.4	2880	1406.1	3456
1.30	173.4	1248	312.7	1664	479.2	2080	680.9	2496	1049.6	3120	1497.7	3744
1.40	183.4	1344	331.0	1792	507.2	2240	720.7	2688	1111.0	3360	1535.3	4032
1.50	192.9	1440	348.5	1920	534.0	2400	758.7	2880	1169.6	3600	1659.0	4320
1.60	202.0	1536	365.2	2048	559.5	2560	795.0	3072	1225.5	3840	1748.8	4608
1.70	210.5	1632	381.0	2176	583.7	2720	829.5	3264	1278.7	4080	1824.6	4896
1.80	218.6	1728	396.0	2304	606.7	2880	862.1	3456	1329.0	4320	1896.5	5184

续表

$\rho(\%)$	$l_n=1500mm$											
	$b=180$											
	$h=600$		$h=800$		$h=1000$		$h=1200$		$h=1500$		$h=1800$	
	M	A_s	M	A_s	M	A_s	M	A_s	M	A_s	M	A_s
0.20	32.7	216	58.8	288	90.0	360	127.9	432	197.2	540	281.4	648
0.30	49.0	324	88.1	432	135.0	540	191.9	648	295.8	810	422.1	972
0.40	65.4	432	117.5	576	180.0	720	255.8	864	394.4	1080	562.7	1296
0.50	81.7	540	146.9	720	225.0	900	319.8	1080	493.0	1350	703.4	1620
0.60	98.1	648	176.3	864	270.1	1080	383.7	1296	591.5	1620	844.1	1944
0.70	114.4	756	205.6	1008	315.1	1260	447.7	1512	690.1	1890	984.8	2268
0.80	130.8	864	235.0	1152	360.1	1440	511.6	1728	788.7	2160	1125.5	2592
0.90	144.7	972	260.2	1296	398.7	1620	566.5	1944	873.3	2430	1246.2	2916
1.00	158.1	1080	284.5	1440	435.9	1800	619.4	2160	954.9	2700	1362.5	3240
1.10	171.0	1188	307.9	1584	471.7	1980	670.3	2376	1033.3	2970	1474.4	3564
1.20	183.3	1296	330.3	1728	506.1	2160	719.1	2592	1108.6	3240	1581.9	3888
1.30	195.1	1404	351.8	1872	539.1	2340	766.0	2808	1180.8	3510	1684.9	4212
1.40	206.3	1512	372.4	2016	570.6	2520	810.8	3024	1249.9	3780	1783.5	4536
1.50	217.0	1620	392.1	2160	600.7	2700	853.6	3240	1315.8	4050	1877.6	4860
1.60	227.2	1728	410.8	2304	629.4	2880	894.4	3456	1378.7	4320	1967.4	5184
1.70	236.8	1836	428.6	2448	656.7	3060	933.2	3672	1438.5	4590	2052.7	5508
1.80	245.9	1944	445.5	2592	682.6	3240	969.9	3888	1495.2	4860	2133.5	5832

$\rho(\%)$	$l_n=1500mm$											
	$b=200$											
	$h=600$		$h=800$		$h=1000$		$h=1200$		$h=1500$		$h=1800$	
	M	A_s	M	A_s	M	A_s	M	A_s	M	A_s	M	A_s
0.20	36.3	240	65.3	320	100.0	400	142.1	480	219.1	600	312.6	720
0.30	54.5	360	97.9	480	150.0	600	213.2	720	328.6	900	468.9	1080
0.40	72.7	480	130.6	640	200.0	800	284.2	960	438.2	1200	625.3	1440
0.50	90.8	600	163.2	800	250.1	1000	355.3	1200	547.7	1500	781.6	1800
0.60	109.0	720	195.9	960	300.1	1200	426.4	1440	657.3	1800	937.9	2160
0.70	127.2	840	228.5	1120	350.1	1400	497.4	1680	766.8	2100	1094.2	2520
0.80	145.3	960	261.1	1280	400.1	1600	568.5	1920	876.4	2400	1250.5	2880
0.90	160.8	1080	289.2	1440	443.0	1800	629.5	2160	970.4	2700	1384.7	3240
1.00	175.7	1200	316.1	1600	484.4	2000	688.2	2400	1061.0	3000	1513.9	3600
1.10	190.0	1320	342.1	1760	524.1	2200	744.8	2640	1148.1	3300	1638.2	3960
1.20	203.7	1440	367.0	1920	562.3	2400	799.0	2880	1231.7	3600	1757.6	4320
1.30	215.8	1560	390.9	2080	598.9	2600	851.1	3120	1312.0	3900	1872.1	4680
1.40	229.3	1680	413.8	2240	634.0	2800	900.9	3360	1388.7	4200	1981.6	5040
1.50	241.1	1800	435.7	2400	667.5	3000	948.4	3600	1462.0	4500	2086.3	5400
1.60	252.4	1920	456.5	2560	699.4	3200	993.8	3840	1531.9	4800	2186.0	5760
1.70	263.2	2040	476.3	2720	729.7	3400	1036.8	4080	1598.3	5100	2280.7	6120
1.80	273.3	2160	495.0	2880	758.4	3600	1077.7	4320	1661.3	5400	2370.6	6480

续表

ρ(%)	l_n=1500mm											
	b=250											
	h=600		h=800		h=1000		h=1200		h=1500		h=1800	
	M	A_s	M	A_s	M	A_s	M	A_s	M	A_s	M	A_s
0.20	45.4	300	81.6	400	125.0	500	177.7	600	273.9	750	390.8	900
0.30	68.1	450	122.4	600	187.5	750	266.5	900	410.8	1125	586.2	1350
0.40	90.8	600	163.2	800	250.1	1000	355.3	1200	547.7	1500	781.6	1800
0.50	113.5	750	204.0	1000	312.6	1250	444.1	1500	684.7	1875	977.0	2250
0.60	136.2	900	244.8	1200	375.1	1500	533.0	1800	821.6	2250	1172.4	2700
0.70	159.0	1050	285.6	1400	437.6	1750	621.8	2100	958.5	2625	1367.8	3150
0.80	181.7	1200	326.4	1600	500.1	2000	710.6	2400	1095.5	3000	1563.2	3600
0.90	201.0	1350	361.4	1800	553.8	2250	786.9	2700	1213.0	3375	1730.9	4050
1.00	219.6	1500	395.2	2000	605.4	2500	860.3	3000	1326.2	3750	1892.4	4500
1.10	237.5	1650	427.6	2200	655.2	2750	930.9	3300	1435.1	4125	2047.8	4950
1.20	254.6	1800	458.8	2400	702.9	3000	998.8	3600	1539.7	4500	2197.0	5400
1.30	270.9	1950	488.7	2600	748.7	3250	1063.8	3900	1640.0	4875	2340.1	5850
1.40	286.6	2100	517.3	2800	792.5	3500	1126.1	4200	1735.9	5250	2477.1	6300
1.50	301.4	2250	544.6	3000	834.3	3750	1185.5	4500	1827.6	5625	2607.8	6750
1.60	315.6	2400	570.6	3200	874.2	4000	1242.2	4800	1914.9	6000	2732.5	7200
1.70	328.9	2550	595.3	3400	912.1	4250	1296.0	5100	1997.9	6375	2850.9	7650
1.80	341.6	2700	618.8	3600	948.0	4500	1347.1	5400	2076.6	6750	2963.2	8100

ρ(%)	l_n=1500mm											
	b=300											
	h=600		h=800		h=1000		h=1200		h=1500		h=1800	
	M	A_s	M	A_s	M	A_s	M	A_s	M	A_s	M	A_s
0.20	54.5	360	97.9	480	150.0	600	213.2	720	328.6	900	468.9	1080
0.30	81.7	540	146.9	720	225.0	900	319.8	1080	493.0	1350	703.4	1620
0.40	109.0	720	195.9	960	300.1	1200	426.4	1440	657.3	1800	937.9	2160
0.50	136.2	900	244.8	1200	375.1	1500	533.0	1800	821.6	2250	1172.4	2700
0.60	163.5	1080	293.8	1440	450.1	1800	639.6	2160	985.9	2700	1406.8	3240
0.70	190.7	1260	342.7	1680	525.1	2100	746.2	2520	1150.2	3150	1641.3	3780
0.80	218.0	1440	391.7	1920	600.1	2400	852.7	2880	1314.5	3600	1875.8	4320
0.90	241.2	1620	433.7	2160	664.5	2700	944.2	3240	1455.6	4050	2077.0	4860
1.00	263.5	1800	474.2	2400	726.5	3000	1032.4	3600	1591.4	4500	2270.9	5400
1.10	285.0	1980	513.2	2640	786.2	3300	1117.1	3960	1722.1	4950	2457.4	5940
1.20	305.5	2160	550.5	2880	843.5	3600	1198.5	4320	1847.6	5400	2636.5	6480
1.30	325.1	2340	586.4	3120	898.4	3900	1276.6	4680	1967.9	5850	2808.2	7020
1.40	343.9	2520	620.7	3360	951.0	4200	1351.3	5040	2083.1	6300	2972.5	7560
1.50	361.7	2700	653.5	3600	1001.2	4500	1422.6	5400	2193.1	6750	3129.4	8100
1.60	378.7	2880	684.7	3840	1049.0	4800	1490.6	5760	2297.9	7200	3279.0	8640
1.70	394.7	3060	714.4	4080	1094.5	5100	1555.3	6120	2397.5	7650	3421.1	9180
1.80	409.9	3240	742.5	4320	1137.6	5400	1616.5	6480	2492.0	8100	3555.9	9720

附表 A-2　　深受弯构件正截面受弯承载力表

混凝土强度等级：C30、钢筋种类：HRB400、RRB400（单位：b、h—mm；M—kN·m；A_s—mm^2）

ρ(%)	l_n=2100mm											
	b=140											
	h=600		h=800		h=1000		h=1200		h=1500		h=1800	
	M	A_s	M	A_s	M	A_s	M	A_s	M	A_s	M	A_s
0.20	26.7	168	47.5	224	72.2	280	104.3	336	156.7	420	222.8	504
0.30	40.1	252	71.2	336	108.4	420	156.4	504	235.0	630	334.3	756
0.40	53.4	336	95.0	448	144.5	560	208.6	672	313.4	840	445.7	1008
0.50	66.8	420	118.7	560	180.6	700	260.7	840	391.7	1050	557.1	1260
0.60	80.1	504	142.4	672	216.7	840	312.9	1008	470.1	1260	668.5	1512
0.70	93.5	588	166.2	784	252.8	980	365.0	1176	548.4	1470	780.0	1764
0.80	106.8	672	189.9	896	289.0	1120	417.1	1344	626.8	1680	891.4	2016
0.90	118.2	756	210.3	1008	320.0	1260	462.0	1512	694.0	1890	987.0	2268
1.00	129.2	840	229.9	1120	349.8	1400	505.3	1680	758.8	2100	1079.1	2520
1.10	139.7	924	248.8	1232	378.5	1540	547.0	1848	821.1	2310	1167.7	2772
1.20	149.7	1008	266.9	1344	406.1	1680	587.1	2016	881.0	2520	1252.8	3024
1.30	159.4	1092	284.3	1456	432.6	1820	625.6	2184	938.3	2730	1334.4	3276
1.40	168.5	1176	300.9	1568	457.9	1960	662.4	2352	993.3	2940	1412.5	3528
1.50	177.3	1260	316.8	1680	482.1	2100	697.7	2520	1045.7	3150	1487.1	3780
1.60	185.6	1344	332.0	1792	505.1	2240	731.3	2688	1095.7	3360	1558.2	4032
1.70	193.5	1428	346.4	1904	527.0	2380	763.4	2856	1143.2	3570	1625.7	4284
1.80	200.9	1512	360.0	2016	547.8	2520	793.8	3024	1188.2	3780	1689.8	4536

ρ(%)	l_n=2100mm											
	b=160											
	h=600		h=800		h=1000		h=1200		h=1500		h=1800	
	M	A_s	M	A_s	M	A_s	M	A_s	M	A_s	M	A_s
0.20	30.5	192	54.3	256	82.6	320	119.2	384	179.1	480	254.7	576
0.30	45.8	288	81.4	384	123.8	480	178.8	576	268.6	720	382.0	864
0.40	61.1	384	108.5	512	165.1	640	238.4	768	358.2	960	509.4	1152
0.50	76.3	480	135.7	640	206.4	800	298.0	960	447.7	1200	636.7	1440
0.60	91.6	576	162.8	768	247.7	960	357.6	1152	537.3	1440	764.0	1728
0.70	106.8	672	189.9	896	289.0	1120	417.1	1344	626.8	1680	891.4	2016
0.80	122.1	768	217.0	1024	330.2	1280	476.7	1536	716.3	1920	1018.7	2304
0.90	135.1	864	240.3	1152	365.7	1440	528.1	1728	793.2	2160	1128.0	2592
1.00	147.6	960	262.8	1280	399.8	1600	577.5	1920	867.2	2400	1233.3	2880
1.10	159.6	1056	284.3	1408	432.6	1760	625.2	2112	938.4	2640	1334.6	3168
1.20	171.1	1152	305.1	1536	464.1	1920	671.0	2304	1006.8	2880	1431.8	3456
1.30	182.1	1248	324.9	1664	494.4	2080	714.9	2496	1072.4	3120	1525.1	3744
1.40	192.6	1344	343.9	1792	523.3	2240	757.1	2688	1135.1	3360	1614.3	4032
1.50	202.6	1440	362.1	1920	550.9	2400	797.4	2880	1195.1	3600	1699.5	4320
1.60	212.1	1536	379.4	2048	577.3	2560	835.8	3072	1252.2	3840	1780.8	4608
1.70	221.1	1632	395.8	2176	602.3	2720	872.4	3264	1306.5	4080	1858.0	4896
1.80	229.6	1728	411.4	2304	626.0	2880	907.2	3456	1357.9	4320	1931.2	5184

续表

ρ(%)	l_n=2100mm											
	b=180											
	h=600		h=800		h=1000		h=1200		h=1500		h=1800	
	M	A_s	M	A_s	M	A_s	M	A_s	M	A_s	M	A_s
0.20	34.3	216	61.0	288	92.9	360	134.1	432	201.5	540	286.5	648
0.30	51.5	324	91.6	432	139.3	540	201.1	648	302.2	810	429.8	972
0.40	68.7	432	122.1	576	185.8	720	268.2	864	402.9	1080	573.0	1296
0.50	85.9	540	152.6	720	232.2	900	335.2	1080	503.7	1350	716.3	1620
0.60	103.0	648	183.1	864	278.6	1080	402.2	1296	604.4	1620	859.5	1944
0.70	120.2	756	213.7	1008	325.1	1260	469.3	1512	705.1	1890	1002.8	2268
0.80	137.4	864	244.2	1152	371.5	1440	536.3	1728	805.9	2160	1146.1	2592
0.90	152.0	972	270.4	1296	411.4	1620	594.1	1944	892.3	2430	1269.0	2916
1.00	166.1	1080	295.6	1440	449.8	1800	649.7	2160	975.6	2700	1387.5	3240
1.10	179.6	1188	319.9	1584	486.7	1980	703.3	2376	1055.7	2970	1501.4	3564
1.20	192.5	1296	343.2	1728	522.2	2160	754.8	2592	1132.7	3240	1610.8	3888
1.30	204.9	1404	365.5	1872	556.2	2340	804.3	2808	1206.4	3510	1715.7	4212
1.40	216.7	1512	386.9	2016	588.7	2520	851.7	3024	1277.0	3780	1816.1	4536
1.50	227.9	1620	407.4	2160	619.8	2700	897.0	3240	1344.5	4050	1912.0	4860
1.60	238.6	1728	426.8	2304	649.4	2880	940.3	3456	1408.7	4320	2003.4	5184
1.70	248.7	1836	445.3	2448	677.6	3060	981.5	3672	1469.8	4590	2090.2	5508
1.80	258.3	1944	462.9	2592	704.3	3240	1020.6	3888	1527.7	4860	2172.6	5832

ρ(%)	l_n=2100mm											
	b=200											
	h=600		h=800		h=1000		h=1200		h=1500		h=1800	
	M	A_s	M	A_s	M	A_s	M	A_s	M	A_s	M	A_s
0.20	38.2	240	67.8	320	103.2	400	149.0	480	223.9	600	318.4	720
0.30	57.2	360	101.7	480	154.8	600	223.5	720	335.8	900	477.5	1080
0.40	76.3	480	135.7	640	206.4	800	298.0	960	447.7	1200	636.7	1440
0.50	95.4	600	169.6	800	258.0	1000	372.4	1200	559.6	1500	795.9	1800
0.60	114.5	720	203.5	960	309.6	1200	446.9	1440	671.6	1800	955.1	2160
0.70	133.6	840	237.4	1120	361.2	1400	521.4	1680	783.5	2100	1114.2	2520
0.80	152.6	960	271.3	1280	412.8	1600	595.9	1920	895.4	2400	1273.4	2880
0.90	168.9	1080	300.4	1440	457.1	1800	660.1	2160	991.5	2700	1410.0	3240
1.00	184.5	1200	328.4	1600	499.7	2000	721.9	2400	1084.0	3000	1541.6	3600
1.10	199.5	1320	355.4	1760	540.8	2200	781.5	2640	1173.0	3300	1668.2	3960
1.20	213.9	1440	381.3	1920	580.2	2400	838.7	2880	1258.5	3600	1789.8	4320
1.30	227.7	1560	406.2	2080	618.0	2600	893.7	3120	1340.5	3900	1906.3	4680
1.40	240.8	1680	429.9	2240	654.1	2800	946.3	3360	1418.9	4200	2017.9	5040
1.50	253.3	1800	452.6	2400	688.7	3000	996.7	3600	1493.8	4500	2124.4	5400
1.60	265.1	1920	474.2	2560	721.6	3200	1044.8	3840	1565.2	4800	2225.9	5760
1.70	276.4	2040	494.8	2720	752.9	3400	1090.5	4080	1633.1	5100	2322.5	6120
1.80	287.0	2160	514.3	2880	782.5	3600	1134.0	4320	1697.4	5400	2414.0	6480

续表

ρ(%)	l_n=2100mm											
	b=250											
	h=600		h=800		h=1000		h=1200		h=1500		h=1800	
	M	A_s	M	A_s	M	A_s	M	A_s	M	A_s	M	A_s
0.20	47.7	300	84.8	400	129.0	500	186.2	600	279.8	750	397.9	900
0.30	71.5	450	127.2	600	193.5	750	279.3	900	419.7	1125	596.9	1350
0.40	95.4	600	169.6	800	258.0	1000	372.4	1200	559.6	1500	795.9	1800
0.50	119.2	750	212.0	1000	322.5	1250	465.6	1500	699.6	1875	994.8	2250
0.60	143.1	900	254.3	1200	387.0	1500	558.7	1800	839.5	2250	1193.8	2700
0.70	166.9	1050	296.7	1400	451.5	1750	651.8	2100	979.4	2625	1392.8	3150
0.80	190.8	1200	339.1	1600	516.0	2000	744.9	2400	1119.3	3000	1591.8	3600
0.90	211.1	1350	375.5	1800	571.3	2250	825.1	2700	1239.4	3375	1762.5	4050
1.00	230.7	1500	410.6	2000	624.7	2500	902.4	3000	1355.0	3750	1927.0	4500
1.10	249.4	1650	444.3	2200	676.0	2750	976.8	3300	1466.3	4125	2085.3	4950
1.20	267.4	1800	476.6	2400	725.2	3000	1048.4	3600	1573.2	4500	2237.2	5400
1.30	284.6	1950	507.7	2600	772.5	3250	1117.1	3900	1675.6	4875	2382.9	5850
1.40	301.0	2100	537.4	2800	817.7	3500	1182.9	4200	1773.7	5250	2522.4	6300
1.50	316.6	2250	565.8	3000	860.8	3750	1245.9	4500	1867.3	5625	2655.5	6750
1.60	331.4	2400	592.8	3200	902.0	4000	1305.9	4800	1956.5	6000	2782.4	7200
1.70	345.5	2550	618.5	3400	941.1	4250	1363.1	5100	2041.4	6375	2903.1	7650
1.80	358.7	2700	642.9	3600	978.1	4500	1417.5	5400	2121.8	6750	3017.4	8100

ρ(%)	l_n=2100mm											
	b=300											
	h=600		h=800		h=1000		h=1200		h=1500		h=1800	
	M	A_s	M	A_s	M	A_s	M	A_s	M	A_s	M	A_s
0.20	57.2	360	101.7	480	154.8	600	223.5	720	335.8	900	477.5	1080
0.30	85.9	540	152.6	720	232.2	900	335.2	1080	503.7	1350	716.3	1620
0.40	114.5	720	203.5	960	309.6	1200	446.9	1440	671.6	1800	955.1	2160
0.50	143.1	900	254.3	1200	387.0	1500	558.7	1800	839.5	2250	1193.8	2700
0.60	171.7	1080	305.2	1440	464.4	1800	670.4	2160	1007.4	2700	1432.6	3240
0.70	200.3	1260	356.1	1680	541.8	2100	782.1	2520	1175.2	3150	1671.3	3780
0.80	229.0	1440	407.0	1920	619.2	2400	893.9	2880	1343.1	3600	1910.1	4320
0.90	253.3	1620	450.6	2160	685.6	2700	990.1	3240	1487.2	4050	2115.0	4860
1.00	276.8	1800	492.7	2400	749.6	3000	1082.9	3600	1626.0	4500	2312.4	5400
1.10	299.3	1980	533.1	2640	811.2	3300	1172.2	3960	1759.6	4950	2502.3	5940
1.20	320.9	2160	572.0	2880	870.3	3600	1258.1	4320	1887.8	5400	2684.7	6480
1.30	341.5	2340	609.2	3120	927.0	3900	1340.5	4680	2010.7	5850	2859.5	7020
1.40	361.2	2520	644.9	3360	981.2	4200	1419.5	5040	2128.4	6300	3026.8	7560
1.50	379.9	2700	678.9	3600	1033.0	4500	1495.0	5400	2240.8	6750	3186.6	8100
1.60	397.7	2880	711.4	3840	1082.4	4800	1567.1	5760	2347.9	7200	3338.9	8640
1.70	414.6	3060	742.2	4080	1129.3	5100	1635.8	6120	2449.6	7650	3483.7	9180
1.80	430.5	3240	771.5	4320	1173.8	5400	1701.0	6480	2546.1	8100	3620.9	9720

附表 A-3　　深受弯构件正截面受弯承载力表

混凝土强度等级：C30、钢筋种类：HRB400、RRB400（单位：b、h—mm；M—kN·m；A_s—mm²）

ρ(%)	l_n=2400mm											
	b=180											
	h=600		h=800		h=1000		h=1200		h=1500		h=1800	
	M	A_s	M	A_s	M	A_s	M	A_s	M	A_s	M	A_s
0.20	35.2	216	62.2	288	94.3	360	135.8	432	203.6	540	289.1	648
0.30	52.7	324	93.3	432	141.5	540	203.7	648	305.4	810	433.6	972
0.40	70.3	432	124.4	576	188.6	720	271.7	864	407.2	1080	578.2	1296
0.50	87.9	540	155.5	720	235.8	900	339.6	1080	509.0	1350	722.7	1620
0.60	105.5	648	186.6	864	282.9	1080	407.5	1296	610.8	1620	867.3	1944
0.70	123.1	756	217.7	1008	330.1	1260	475.4	1512	712.7	1890	1011.8	2268
0.80	140.7	864	248.7	1152	377.2	1440	543.3	1728	814.5	2160	1156.4	2592
0.90	155.6	972	275.4	1296	417.7	1620	601.8	1944	901.8	2430	1280.4	2916
1.00	170.0	1080	301.1	1440	456.7	1800	658.2	2160	986.0	2700	1399.9	3240
1.10	183.9	1188	325.9	1584	494.2	1980	712.5	2376	1067.0	2970	1514.9	3564
1.20	197.1	1296	349.6	1728	530.2	2160	764.7	2592	1144.7	3240	1625.3	3888
1.30	209.8	1404	372.4	1872	564.7	2340	814.8	2808	1219.3	3510	1731.1	4212
1.40	221.9	1512	394.2	2016	597.8	2520	862.8	3024	1290.6	3780	1832.4	4536
1.50	233.4	1620	415.0	2160	629.3	2700	908.7	3240	1358.8	4050	1929.2	4860
1.60	244.3	1728	434.8	2304	659.4	2880	952.6	3456	1423.7	4320	2021.3	5184
1.70	254.7	1836	453.7	2448	688.0	3060	994.3	3672	1485.4	4590	2109.0	5508
1.80	264.5	1944	471.5	2592	715.1	3240	1033.9	3888	1543.9	4860	2192.1	5832

ρ(%)	l_n=2400mm											
	b=200											
	h=600		h=800		h=1000		h=1200		h=1500		h=1800	
	M	A_s	M	A_s	M	A_s	M	A_s	M	A_s	M	A_s
0.20	39.1	240	69.1	320	104.8	400	150.9	480	226.2	600	321.2	720
0.30	58.6	360	103.6	480	157.2	600	226.4	720	339.4	900	481.8	1080
0.40	78.1	480	138.2	640	209.6	800	301.9	960	452.5	1200	642.4	1440
0.50	97.7	600	172.7	800	262.0	1000	377.3	1200	565.6	1500	803.0	1800
0.60	117.2	720	207.3	960	314.4	1200	452.8	1440	678.7	1800	963.6	2160
0.70	136.8	840	241.8	1120	366.8	1400	528.2	1680	791.8	2100	1124.2	2520
0.80	156.3	960	276.4	1280	419.1	1600	603.7	1920	905.0	2400	1284.8	2880
0.90	172.9	1080	306.0	1440	464.1	1800	668.7	2160	1002.0	2700	1422.7	3240
1.00	188.9	1200	334.6	1600	507.4	2000	731.3	2400	1095.6	3000	1555.5	3600
1.10	204.3	1320	362.1	1760	549.1	2200	791.7	2640	1185.5	3300	1683.2	3960
1.20	219.0	1440	388.5	1920	589.1	2400	849.7	2880	1271.9	3600	1805.9	4320
1.30	233.1	1560	413.8	2080	627.5	2600	905.3	3120	1354.8	3900	1923.5	4680
1.40	246.5	1680	438.0	2240	664.2	2800	958.7	3360	1434.0	4200	2036.0	5040
1.50	259.3	1800	461.1	2400	699.3	3000	1009.7	3600	1509.7	4500	2143.5	5400
1.60	271.5	1920	483.1	2560	732.7	3200	1058.4	3840	1581.9	4800	2245.9	5760
1.70	283.0	2040	504.1	2720	764.4	3400	1104.8	4080	1650.5	5100	2343.3	6120
1.80	293.9	2160	523.9	2880	794.6	3600	1148.8	4320	1715.5	5400	2435.6	6480

续表

ρ(%)	l_n=2400mm											
	b=250											
	h=600		h=800		h=1000		h=1200		h=1500		h=1800	
	M	A_s	M	A_s	M	A_s	M	A_s	M	A_s	M	A_s
0.20	48.8	300	86.4	400	131.0	500	188.7	600	282.8	750	401.5	900
0.30	73.3	450	129.6	600	196.5	750	283.0	900	424.2	1125	602.3	1350
0.40	97.7	600	172.7	800	262.0	1000	377.3	1200	565.6	1500	803.0	1800
0.50	122.1	750	215.9	1000	327.5	1250	471.6	1500	707.0	1875	1003.8	2250
0.60	146.5	900	259.1	1200	392.9	1500	566.0	1800	848.4	2250	1204.5	2700
0.70	170.9	1050	302.3	1400	458.4	1750	660.3	2100	989.8	2625	1405.3	3150
0.80	195.4	1200	345.5	1600	523.9	2000	754.6	2400	1131.2	3000	1606.0	3600
0.90	215.2	1350	382.5	1800	580.1	2250	835.9	2700	1252.6	3375	1778.4	4050
1.00	235.2	1500	418.3	2000	634.3	2500	914.2	3000	1369.5	3750	1944.3	4500
1.10	255.4	1650	452.6	2200	686.4	2750	989.6	3300	1481.9	4125	2104.0	4950
1.20	273.8	1800	485.5	2400	736.4	3000	1062.1	3600	1589.9	4500	2257.3	5400
1.30	291.4	1950	517.2	2600	784.4	3250	1131.7	3900	1693.5	4875	2404.3	5850
1.40	308.2	2100	547.5	2800	830.2	3500	1198.4	4200	1792.5	5250	2545.0	6300
1.50	324.2	2250	576.4	3000	874.1	3750	1262.1	4500	1887.2	5625	2679.4	6750
1.60	339.4	2400	603.9	3200	915.8	4000	1323.0	4800	1977.4	6000	2807.4	7200
1.70	353.7	2550	630.1	3400	955.6	4250	1380.9	5100	2063.1	6375	2929.1	7650
1.80	367.3	2700	654.9	3600	993.2	4500	1436.0	5400	2144.4	6750	3044.5	8100
ρ(%)	l_n=2400mm											
	b=300											
	h=600		h=800		h=1000		h=1200		h=1500		h=1800	
	M	A_s	M	A_s	M	A_s	M	A_s	M	A_s	M	A_s
0.20	58.6	360	103.6	480	157.2	600	226.4	720	339.4	900	481.8	1080
0.30	87.9	540	155.5	720	235.8	900	339.6	1080	509.0	1350	722.7	1620
0.40	117.2	720	207.3	960	314.4	1200	452.8	1440	678.7	1800	963.6	2160
0.50	146.5	900	259.1	1200	392.9	1500	566.0	1800	848.4	2250	1204.5	2700
0.60	175.8	1080	310.9	1440	471.5	1800	679.2	2160	1018.1	2700	1445.4	3240
0.70	205.1	1260	362.8	1680	550.1	2100	792.4	2520	1187.8	3150	1686.4	3780
0.80	234.4	1440	414.6	1920	628.7	2400	905.6	2880	1357.4	3600	1927.3	4320
0.90	259.4	1620	459.1	2160	696.2	2700	1003.0	3240	1503.1	4050	2134.0	4860
1.00	283.4	1800	501.9	2400	761.1	3000	1097.0	3600	1643.4	4500	2333.2	5400
1.10	306.5	1980	543.1	2640	823.6	3300	1187.5	3960	1778.3	4950	2524.8	5940
1.20	328.5	2160	582.7	2880	883.7	3600	1274.5	4320	1907.9	5400	2708.8	6480
1.30	349.7	2340	620.6	3120	941.2	3900	1358.0	4680	2032.1	5850	2885.2	7020
1.40	369.8	2520	657.0	3360	996.3	4200	1438.0	5040	2151.1	6300	3054.0	7560
1.50	389.0	2700	691.6	3600	1048.9	4500	1514.6	5400	2264.6	6750	3215.3	8100
1.60	407.2	2880	724.7	3840	1099.0	4800	1587.6	5760	2372.8	7200	3368.9	8640
1.70	424.5	3060	756.1	4080	1146.7	5100	1657.1	6120	2475.7	7650	3515.0	9180
1.80	440.8	3240	785.9	4320	1191.8	5400	1723.2	6480	2573.2	8100	3653.4	9720

附表 A－4　　深受弯构件正截面受弯承载力表

混凝土强度等级：C30、钢筋种类：HRB400、RRB400（单位：b、h—mm；M—kN·m；A_s—mm²）

ρ(%)	l_n=2700mm											
	b=140											
	h=600		h=800		h=1000		h=1200		h=1500		h=1800	
	M	A_s	M	A_s	M	A_s	M	A_s	M	A_s	M	A_s
0.20	28.0	168	49.3	224	74.5	280	107.0	336	160.0	420	226.8	504
0.30	42.0	252	73.9	336	111.7	420	160.5	504	240.1	630	340.3	756
0.40	56.0	336	98.5	448	148.9	560	214.0	672	320.1	840	453.7	1008
0.50	70.0	420	123.1	560	186.2	700	267.5	840	400.1	1050	567.1	1260
0.60	84.0	504	147.8	672	223.4	840	321.0	1008	480.1	1260	680.5	1512
0.70	98.0	588	172.4	784	260.6	980	374.5	1176	560.1	1470	794.0	1764
0.80	112.0	672	197.0	896	297.8	1120	428.0	1344	640.1	1680	907.4	2016
0.90	123.9	756	218.2	1008	329.8	1260	474.1	1512	708.8	1890	1004.7	2268
1.00	135.4	840	238.5	1120	360.6	1400	518.5	1680	775.0	2100	1098.5	2520
1.10	146.4	924	258.1	1232	390.2	1540	561.3	1848	838.6	2310	1188.7	2772
1.20	156.9	1008	276.9	1344	418.6	1680	602.4	2016	899.7	2520	1275.4	3024
1.30	167.0	1092	295.0	1456	445.9	1820	641.9	2184	958.3	2730	1358.4	3276
1.40	176.6	1176	312.2	1568	472.0	1960	679.7	2352	1014.4	2940	1437.9	3528
1.50	185.8	1260	328.7	1680	496.9	2100	715.9	2520	1068.0	3150	1513.8	3780
1.60	194.5	1344	344.4	1792	520.7	2240	750.4	2688	1119.0	3360	1586.2	4032
1.70	202.7	1428	359.3	1904	543.2	2380	783.3	2856	1167.5	3570	1654.9	4284
1.80	210.5	1512	373.5	2016	564.6	2520	814.5	3024	1213.5	3780	1720.1	4536

ρ(%)	l_n=2700mm											
	b=160											
	h=600		h=800		h=1000		h=1200		h=1500		h=1800	
	M	A_s	M	A_s	M	A_s	M	A_s	M	A_s	M	A_s
0.20	32.0	192	56.3	256	85.1	320	122.3	384	182.9	480	259.3	576
0.30	48.0	288	84.4	384	127.6	480	183.4	576	274.3	720	388.9	864
0.40	64.0	384	112.6	512	170.2	640	244.6	768	365.8	960	518.5	1152
0.50	80.0	480	140.7	640	212.7	800	305.7	960	457.2	1200	648.1	1440
0.60	96.0	576	168.9	768	255.3	960	366.9	1152	548.7	1440	777.8	1728
0.70	112.0	672	197.0	896	297.8	1120	428.0	1344	640.1	1680	907.4	2016
0.80	128.0	768	225.2	1024	340.4	1280	489.2	1536	731.6	1920	1037.0	2304
0.90	141.6	864	249.3	1152	376.9	1440	541.8	1728	810.1	2160	1148.3	2592
1.00	154.7	960	272.6	1280	412.1	1600	592.6	1920	885.7	2400	1255.4	2880
1.10	167.3	1056	295.0	1408	445.9	1760	641.5	2112	958.4	2640	1358.5	3168
1.20	179.3	1152	316.5	1536	478.4	1920	688.5	2304	1028.3	2880	1457.5	3456
1.30	190.8	1248	337.1	1664	509.6	2080	733.6	2496	1095.2	3120	1552.5	3744
1.40	201.8	1344	356.8	1792	539.4	2240	776.8	2688	1159.3	3360	1643.3	4032
1.50	212.3	1440	375.7	1920	567.9	2400	818.2	2880	1220.5	3600	1730.1	4320
1.60	222.3	1536	393.6	2048	595.0	2560	857.6	3072	1278.8	3840	1812.7	4608
1.70	231.7	1632	410.7	2176	620.8	2720	895.2	3264	1334.3	4080	1891.3	4896
1.80	240.6	1728	426.9	2304	645.3	2880	930.9	3456	1386.9	4320	1965.8	5184

续表

ρ(%)	l_n=2700mm											
	b=180											
	h=600		h=800		h=1000		h=1200		h=1500		h=1800	
	M	A_s	M	A_s	M	A_s	M	A_s	M	A_s	M	A_s
0.20	36.0	216	63.3	288	95.7	360	137.6	432	205.8	540	291.7	648
0.30	54.0	324	95.0	432	143.6	540	206.4	648	308.6	810	437.5	972
0.40	72.0	432	126.7	576	191.5	720	275.2	864	411.5	1080	583.3	1296
0.50	90.0	540	158.3	720	239.3	900	344.0	1080	514.4	1350	729.2	1620
0.60	108.0	648	190.0	864	287.2	1080	412.8	1296	617.3	1620	875.0	1944
0.70	126.0	756	221.7	1008	335.1	1260	481.5	1512	720.2	1890	1020.8	2268
0.80	143.9	864	253.3	1152	382.9	1440	550.3	1728	823.0	2160	1166.6	2592
0.90	159.3	972	280.5	1296	424.0	1620	609.6	1944	911.3	2430	1291.8	2916
1.00	174.0	1080	306.7	1440	463.6	1800	666.7	2160	996.4	2700	1412.4	3240
1.10	188.2	1188	331.9	1584	501.7	1980	721.7	2376	1078.2	2970	1528.4	3564
1.20	201.7	1296	356.0	1728	538.2	2160	774.6	2592	1156.8	3240	1639.7	3888
1.30	214.7	1404	379.2	1872	573.3	2340	825.3	2808	1232.1	3510	1746.5	4212
1.40	227.1	1512	401.4	2016	606.8	2520	873.9	3024	1304.2	3780	1848.7	4536
1.50	238.9	1620	422.6	2160	638.9	2700	920.5	3240	1373.1	4050	1946.3	4860
1.60	250.0	1728	442.8	2304	669.4	2880	964.8	3456	1438.7	4320	2039.3	5184
1.70	260.6	1836	462.0	2448	698.4	3060	1007.1	3672	1501.1	4590	2127.8	5508
1.80	270.7	1944	480.2	2592	725.9	3240	1047.2	3888	1560.2	4860	2211.6	5832

ρ(%)	l_n=2700mm											
	b=200											
	h=600		h=800		h=1000		h=1200		h=1500		h=1800	
	M	A_s	M	A_s	M	A_s	M	A_s	M	A_s	M	A_s
0.20	40.0	240	70.4	320	106.4	400	152.9	480	228.6	600	324.1	720
0.30	60.0	360	105.6	480	159.6	600	229.3	720	342.9	900	486.1	1080
0.40	80.0	480	140.7	640	212.7	800	305.7	960	457.2	1200	648.1	1440
0.50	100.0	600	175.9	800	265.9	1000	382.2	1200	571.6	1500	810.2	1800
0.60	120.0	720	211.1	960	319.1	1200	458.6	1440	685.9	1800	972.2	2160
0.70	139.9	840	246.3	1120	372.3	1400	535.0	1680	800.2	2100	1134.2	2520
0.80	159.9	960	281.5	1280	425.5	1600	611.5	1920	914.5	2400	1296.3	2880
0.90	177.0	1080	311.7	1440	471.1	1800	677.3	2160	1012.6	2700	1435.3	3240
1.00	193.4	1200	340.8	1600	515.1	2000	740.8	2400	1107.1	3000	1569.3	3600
1.10	209.1	1320	368.7	1760	557.4	2200	801.9	2640	1198.0	3300	1698.2	3960
1.20	224.1	1440	395.6	1920	598.0	2400	860.6	2880	1285.3	3600	1821.9	4320
1.30	238.6	1560	421.4	2080	637.0	2600	917.0	3120	1369.0	3900	1940.6	4680
1.40	252.3	1680	446.0	2240	674.3	2800	971.1	3360	1449.1	4200	2054.1	5040
1.50	265.4	1800	469.6	2400	709.9	3000	1022.7	3600	1525.6	4500	2162.6	5400
1.60	277.8	1920	492.0	2560	743.8	3200	1072.0	3840	1598.6	4800	2265.9	5760
1.70	289.6	2040	513.3	2720	776.0	3400	1119.0	4080	1667.9	5100	2364.2	6120
1.80	300.7	2160	533.6	2880	806.6	3600	1163.6	4320	1733.6	5400	2457.3	6480

续表

ρ(%)	l_n=2700mm											
	b=250											
	h=600		h=800		h=1000		h=1200		h=1500		h=1800	
	M	A_s	M	A_s	M	A_s	M	A_s	M	A_s	M	A_s
0.20	50.0	300	88.0	400	133.0	500	191.1	600	285.8	750	405.1	900
0.30	75.0	450	131.9	600	199.5	750	286.6	900	428.7	1125	607.6	1350
0.40	100.0	600	175.9	800	265.9	1000	382.2	1200	571.6	1500	810.2	1800
0.50	125.0	750	219.9	1000	332.4	1250	477.7	1500	714.4	1875	1012.7	2250
0.60	149.9	900	263.9	1200	398.9	1500	573.3	1800	857.3	2250	1215.3	2700
0.70	174.9	1050	307.9	1400	465.4	1750	668.8	2100	1000.2	2625	1417.8	3150
0.80	199.9	1200	351.8	1600	531.9	2000	764.4	2400	1143.1	3000	1620.3	3600
0.90	221.2	1350	389.6	1800	588.9	2250	846.6	2700	1265.7	3375	1794.2	4050
1.00	241.7	1500	425.9	2000	643.9	2500	926.0	3000	1383.9	3750	1961.6	4500
1.10	261.3	1650	460.9	2200	696.8	2750	1002.4	3300	1497.5	4125	2122.7	4950
1.20	280.2	1800	494.5	2400	747.6	3000	1075.8	3600	1606.7	4500	2277.4	5400
1.30	298.2	1950	526.7	2600	796.2	3250	1146.3	3900	1711.3	4875	2425.7	5850
1.40	315.4	2100	557.5	2800	842.8	3500	1213.8	4200	1811.4	5250	2567.7	6300
1.50	331.7	2250	587.0	3000	887.3	3750	1278.4	4500	1907.1	5625	2703.2	6750
1.60	347.3	2400	615.0	3200	929.7	4000	1340.1	4800	1998.2	6000	2832.4	7200
1.70	362.0	2550	641.7	3400	970.0	4250	1398.7	5100	2084.8	6375	2955.2	7650
1.80	375.9	2700	667.0	3600	1008.3	4500	1454.5	5400	2167.0	6750	3071.6	8100

ρ(%)	l_n=2700mm											
	b=300											
	h=600		h=800		h=1000		h=1200		h=1500		h=1800	
	M	A_s	M	A_s	M	A_s	M	A_s	M	A_s	M	A_s
0.20	60.0	360	105.6	480	159.6	600	229.3	720	342.9	900	486.1	1080
0.30	90.0	540	158.3	720	239.3	900	344.0	1080	514.4	1350	729.2	1620
0.40	120.0	720	211.1	960	319.1	1200	458.6	1440	685.9	1800	972.2	2160
0.50	149.9	900	263.9	1200	398.9	1500	573.3	1800	857.3	2250	1215.3	2700
0.60	179.9	1080	316.7	1440	478.7	1800	687.9	2160	1028.8	2700	1458.3	3240
0.70	209.9	1260	369.4	1680	558.5	2100	802.6	2520	1200.3	3150	1701.4	3780
0.80	239.9	1440	422.2	1920	638.2	2400	917.2	2880	1371.7	3600	1944.4	4320
0.90	265.5	1620	467.5	2160	706.7	2700	1016.0	3240	1518.9	4050	2153.0	4860
1.00	290.0	1800	511.1	2400	772.7	3000	1111.2	3600	1660.7	4500	2354.0	5400
1.10	313.6	1980	553.1	2640	836.1	3300	1202.8	3960	1797.0	4950	2547.3	5940
1.20	336.2	2160	593.4	2880	897.1	3600	1290.9	4320	1928.0	5400	2732.9	6480
1.30	357.8	2340	632.1	3120	955.5	3900	1375.5	4680	2053.5	5850	2910.9	7020
1.40	378.5	2520	669.0	3360	1011.4	4200	1456.6	5040	2173.7	6300	3081.2	7560
1.50	398.1	2700	704.4	3600	1064.8	4500	1534.1	5400	2288.5	6750	3243.9	8100
1.60	416.7	2880	738.0	3840	1115.7	4800	1608.1	5760	2397.8	7200	3398.9	8640
1.70	434.4	3060	770.0	4080	1164.0	5100	1678.5	6120	2501.8	7650	3546.3	9180
1.80	451.1	3240	800.4	4320	1209.9	5400	1745.4	6480	2600.3	8100	3686.0	9720

附表 A-5　　深受弯构件正截面受弯承载力表

混凝土强度等级：C30、钢筋种类：HRB400、RRB400（单位：b、h—mm；M—kN·m；A_s—mm²）

ρ(%)	l_n=1500mm											
	b=140											
	h=600		h=800		h=1000		h=1200		h=1500		h=1800	
	M	A_s	M	A_s	M	A_s	M	A_s	M	A_s	M	A_s
0.20	26.3	168	47.1	224	72.2	280	102.6	336	158.2	420	225.8	504
0.30	39.4	252	70.7	336	108.3	420	154.0	504	237.3	630	338.7	756
0.40	52.5	336	94.3	448	144.5	560	205.3	672	316.4	840	451.5	1008
0.50	65.7	420	117.9	560	180.6	700	256.6	840	395.5	1050	564.4	1260
0.60	78.8	504	141.4	672	216.7	840	307.9	1008	474.7	1260	677.3	1512
0.70	92.0	588	165.0	784	252.8	980	359.2	1176	553.8	1470	790.2	1764
0.80	105.1	672	188.6	896	288.9	1120	410.5	1344	632.9	1680	903.1	2016
0.90	116.8	756	209.7	1008	321.3	1260	456.6	1512	703.9	1890	1004.4	2268
1.00	128.2	840	230.3	1120	352.9	1400	501.5	1680	773.0	2100	1103.1	2520
1.10	139.3	924	250.4	1232	383.7	1540	545.1	1848	840.4	2310	1199.2	2772
1.20	150.1	1008	269.9	1344	413.6	1680	587.7	2016	905.9	2520	1292.7	3024
1.30	160.6	1092	288.9	1456	442.7	1820	629.0	2184	969.7	2730	1383.7	3276
1.40	170.8	1176	307.4	1568	471.0	1960	669.2	2352	1031.6	2940	1472.0	3528
1.50	180.6	1260	325.3	1680	498.4	2100	708.2	2520	1091.7	3150	1557.8	3780
1.60	190.2	1344	342.7	1792	525.0	2240	746.0	2688	1150.0	3360	1641.0	4032
1.70	199.4	1428	359.5	1904	550.8	2380	782.7	2856	1206.5	3570	1721.7	4284
1.80	208.3	1512	375.8	2016	575.8	2520	818.2	3024	1261.2	3780	1799.7	4536

ρ(%)	l_n=1500mm											
	b=160											
	h=600		h=800		h=1000		h=1200		h=1500		h=1800	
	M	A_s	M	A_s	M	A_s	M	A_s	M	A_s	M	A_s
0.20	30.0	192	53.9	256	82.6	320	117.3	384	180.8	480	258.0	576
0.30	45.0	288	80.8	384	123.8	480	175.9	576	271.2	720	387.0	864
0.40	60.1	384	107.8	512	165.1	640	234.6	768	361.6	960	516.0	1152
0.50	75.1	480	134.7	640	206.4	800	293.2	960	452.1	1200	645.1	1440
0.60	90.1	576	161.6	768	247.7	960	351.9	1152	542.5	1440	774.1	1728
0.70	105.1	672	188.6	896	288.9	1120	410.5	1344	632.9	1680	903.1	2016
0.80	120.1	768	215.5	1024	330.2	1280	469.2	1536	723.3	1920	1032.1	2304
0.90	133.5	864	239.7	1152	367.2	1440	521.8	1728	804.4	2160	1147.8	2592
1.00	146.6	960	263.2	1280	403.3	1600	573.1	1920	883.4	2400	1260.6	2880
1.10	159.2	1056	286.2	1408	438.5	1760	623.0	2112	960.4	2640	1370.5	3168
1.20	171.6	1152	308.5	1536	472.7	1920	671.6	2304	1035.3	2880	1477.4	3456
1.30	183.5	1248	330.2	1664	505.9	2080	718.9	2496	1108.2	3120	1581.3	3744
1.40	195.2	1344	351.3	1792	538.2	2240	764.8	2688	1179.0	3360	1682.3	4032
1.50	206.4	1440	371.8	1920	569.6	2400	809.4	2880	1247.7	3600	1780.4	4320
1.60	217.3	1536	391.6	2048	600.0	2560	852.6	3072	1314.3	3840	1875.5	4608
1.70	227.9	1632	410.9	2176	629.5	2720	894.5	3264	1378.9	4080	1967.6	4896
1.80	238.1	1728	429.5	2304	658.0	2880	935.0	3456	1441.4	4320	2056.8	5184

续表

ρ(%)	l_n=1500mm b=180 h=600		h=800		h=1000		h=1200		h=1500		h=1800	
	M	A_s	M	A_s	M	A_s	M	A_s	M	A_s	M	A_s
0.20	33.8	216	60.6	288	92.9	360	132.0	432	203.4	540	290.3	648
0.30	50.7	324	90.9	432	139.3	540	197.9	648	305.1	810	435.4	972
0.40	67.6	432	121.2	576	185.7	720	263.9	864	406.9	1080	580.6	1296
0.50	84.4	540	151.5	720	232.2	900	329.9	1080	508.6	1350	725.7	1620
0.60	101.3	648	181.8	864	278.6	1080	395.9	1296	610.3	1620	870.8	1944
0.70	118.2	756	212.2	1008	325.0	1260	461.9	1512	712.0	1890	1015.0	2268
0.80	135.1	864	242.5	1152	371.5	1440	527.8	1728	813.7	2160	1161.1	2592
0.90	150.2	972	269.7	1296	413.1	1620	587.0	1944	905.0	2430	1291.3	2916
1.00	164.9	1080	296.2	1440	453.7	1800	644.7	2160	993.9	2700	1413.2	3240
1.10	179.2	1188	322.0	1584	493.3	1980	700.9	2376	1080.5	2970	1541.8	3564
1.20	193.0	1296	347.1	1728	531.7	2160	755.6	2592	1164.8	3240	1662.0	3888
1.30	206.5	1404	371.5	1872	569.2	2340	808.7	2808	1246.7	3510	1779.0	4212
1.40	219.6	1512	395.2	2016	605.5	2520	860.4	3024	1326.3	3780	1892.6	4536
1.50	232.2	1620	418.3	2160	640.8	2700	910.5	3240	1403.6	4050	2002.9	4860
1.60	244.5	1728	440.6	2304	675.0	2880	959.2	3456	1478.6	4320	2109.9	5184
1.70	256.4	1836	462.2	2448	708.2	3060	1006.2	3672	1551.3	4590	2213.6	5508
1.80	267.8	1944	483.2	2592	740.3	3240	1051.9	3888	1621.6	4860	2313.9	5832

ρ(%)	l_n=1500mm b=200 h=600		h=800		h=1000		h=1200		h=1500		h=1800	
	M	A_s	M	A_s	M	A_s	M	A_s	M	A_s	M	A_s
0.20	37.5	240	67.4	320	103.2	400	146.6	480	226.0	600	322.5	720
0.30	56.3	360	101.0	480	154.8	600	219.9	720	339.0	900	483.8	1080
0.40	75.1	480	134.7	640	206.4	800	293.2	960	452.1	1200	645.1	1440
0.50	93.8	600	168.4	800	258.0	1000	366.6	1200	565.1	1500	806.3	1800
0.60	112.6	720	202.1	960	309.6	1200	439.9	1440	678.1	1800	967.6	2160
0.70	131.4	840	235.7	1120	361.2	1400	513.2	1680	791.1	2100	1128.9	2520
0.80	150.1	960	269.4	1280	412.8	1600	586.5	1920	904.1	2400	1290.1	2880
0.90	166.9	1080	299.6	1440	459.0	1800	652.3	2160	1005.5	2700	1434.8	3240
1.00	183.2	1200	329.1	1600	504.1	2000	716.4	2400	1104.3	3000	1575.8	3600
1.10	199.1	1320	357.7	1760	548.1	2200	778.8	2640	1200.5	3300	1713.1	3960
1.20	214.5	1440	385.6	1920	590.8	2400	839.5	2880	1294.2	3600	1846.7	4320
1.30	229.4	1560	412.8	2080	632.4	2600	898.6	3120	1385.2	3900	1976.7	4680
1.40	244.0	1680	439.1	2240	672.8	2800	956.0	3360	1473.7	4200	2102.9	5040
1.50	258.0	1800	464.7	2400	712.0	3000	1011.7	3600	1559.6	4500	2225.5	5400
1.60	271.7	1920	489.5	2560	750.0	3200	1065.8	3840	1642.9	4800	2344.3	5760
1.70	284.8	2040	513.6	2720	786.9	3400	1118.1	4080	1723.6	5100	2459.5	6120
1.80	297.6	2160	536.9	2880	822.6	3600	1168.8	4320	1801.8	5400	2571.0	6480

续表

ρ(%)	l_n=1500mm											
	b=250											
	h=600		h=800		h=1000		h=1200		h=1500		h=1800	
	M	A_s	M	A_s	M	A_s	M	A_s	M	A_s	M	A_s
0.20	46.9	300	84.2	400	129.0	500	183.3	600	282.5	750	403.2	900
0.30	70.4	450	126.3	600	193.5	750	274.9	900	423.8	1125	604.7	1350
0.40	93.8	600	168.4	800	258.0	1000	366.6	1200	565.1	1500	806.3	1800
0.50	117.3	750	210.5	1000	322.5	1250	458.2	1500	706.3	1875	1007.9	2250
0.60	140.7	900	252.6	1200	387.0	1500	549.8	1800	847.6	2250	1209.5	2700
0.70	164.2	1050	294.7	1400	451.4	1750	641.5	2100	988.9	2625	1411.1	3150
0.80	187.7	1200	336.8	1600	515.9	2000	733.1	2400	1130.1	3000	1612.7	3600
0.90	208.6	1350	374.5	1800	573.8	2250	815.3	2700	1256.9	3375	1793.5	4050
1.00	229.0	1500	411.3	2000	630.2	2500	895.5	3000	1380.4	3750	1969.7	4500
1.10	248.8	1650	447.2	2200	685.1	2750	973.5	3300	1500.7	4125	2141.4	4950
1.20	268.1	1800	482.0	2400	738.5	3000	1049.4	3600	1617.7	4500	2308.4	5400
1.30	286.8	1950	516.0	2600	790.5	3250	1123.2	3900	1731.5	4875	2470.8	5850
1.40	304.9	2100	548.9	2800	841.0	3500	1195.0	4200	1842.1	5250	2628.6	6300
1.50	322.5	2250	580.9	3000	890.0	3750	1264.6	4500	1949.5	5625	2781.8	6750
1.60	339.6	2400	611.9	3200	937.5	4000	1332.2	4800	2053.6	6000	2930.4	7200
1.70	356.0	2550	642.0	3400	983.6	4250	1397.6	5100	2154.5	6375	3074.4	7650
1.80	372.0	2700	671.1	3600	1028.2	4500	1461.0	5400	2252.2	6750	3213.8	8100

ρ(%)	l_n=1500mm											
	b=300											
	h=600		h=800		h=1000		h=1200		h=1500		h=1800	
	M	A_s	M	A_s	M	A_s	M	A_s	M	A_s	M	A_s
0.20	56.3	360	101.0	480	154.8	600	219.9	720	339.0	900	483.8	1080
0.30	84.4	540	151.5	720	232.2	900	329.9	1080	508.6	1350	725.7	1620
0.40	112.6	720	202.1	960	309.6	1200	439.9	1440	678.1	1800	967.6	2160
0.50	140.7	900	252.6	1200	387.0	1500	549.8	1800	847.6	2250	1209.5	2700
0.60	168.9	1080	303.1	1440	464.3	1800	659.8	2160	1017.1	2700	1451.4	3240
0.70	197.0	1260	353.6	1680	541.7	2100	769.8	2520	1186.6	3150	1693.3	3780
0.80	225.2	1440	404.1	1920	619.1	2400	879.7	2880	1356.2	3600	1935.2	4320
0.90	250.3	1620	449.4	2160	688.6	2700	978.4	3240	1508.3	4050	2152.2	4860
1.00	274.8	1800	493.6	2400	756.2	3000	1074.5	3600	1656.5	4500	2363.7	5400
1.10	298.6	1980	536.6	2640	822.1	3300	1168.2	3960	1800.8	4950	2569.7	5940
1.20	321.7	2160	578.5	2880	886.2	3600	1259.3	4320	1941.3	5400	2770.1	6480
1.30	344.2	2340	619.2	3120	948.6	3900	1347.9	4680	2077.8	5850	2965.0	7020
1.40	365.9	2520	658.7	3360	1009.2	4200	1434.0	5040	2210.6	6300	3154.4	7560
1.50	387.0	2700	697.1	3600	1068.0	4500	1517.6	5400	2339.4	6750	3338.2	8100
1.60	407.5	2880	734.3	3840	1125.0	4800	1598.6	5760	2464.4	7200	3516.5	8640
1.70	427.3	3060	770.4	4080	1180.3	5100	1677.2	6120	2585.4	7650	3689.3	9180
1.80	446.3	3240	805.3	4320	1233.8	5400	1753.2	6480	2702.7	8100	3856.5	9720

附表 A-6　　**深受弯构件正截面受弯承载力表**

混凝土强度等级：C30、钢筋种类：HRB400、RRB400（单位：b、h—mm；M—kN·m；A_s—mm²）

ρ(%)	l_n=2100mm, b=140											
	h=600		h=800		h=1000		h=1200		h=1500		h=1800	
	M	A_s	M	A_s	M	A_s	M	A_s	M	A_s	M	A_s
0.20	27.6	168	49.0	224	74.5	280	107.5	336	161.7	420	229.9	504
0.30	41.4	252	73.5	336	111.8	420	161.3	504	242.5	630	344.9	756
0.40	55.2	336	98.0	448	149.1	560	215.0	672	323.3	840	459.8	1008
0.50	69.0	420	122.5	560	186.3	700	268.8	840	404.2	1050	574.8	1260
0.60	82.8	504	146.9	672	223.6	840	322.6	1008	485.0	1260	689.7	1512
0.70	96.6	588	171.4	784	260.8	980	376.3	1176	565.8	1470	804.7	1764
0.80	110.4	672	195.9	896	298.1	1120	430.1	1344	646.6	1680	919.6	2016
0.90	122.7	756	217.9	1008	331.5	1260	478.4	1512	719.2	1890	1022.7	2268
1.00	134.7	840	239.3	1120	364.1	1400	525.6	1680	789.8	2100	1123.2	2520
1.10	146.3	924	260.2	1232	395.8	1540	571.5	1848	858.7	2310	1221.1	2772
1.20	157.7	1008	280.5	1344	426.7	1680	616.2	2016	925.6	2520	1316.3	3024
1.30	168.7	1092	300.2	1456	456.7	1820	659.7	2184	990.8	2730	1409.0	3276
1.40	179.4	1176	319.4	1568	485.9	1960	702.1	2352	1054.0	2940	1499.0	3528
1.50	189.7	1260	338.0	1680	514.2	2100	743.2	2520	1115.5	3150	1586.3	3780
1.60	199.7	1344	356.0	1792	541.7	2240	783.1	2688	1175.0	3360	1671.1	4032
1.70	209.4	1428	373.5	1904	568.3	2380	821.8	2856	1232.8	3570	1753.2	4284
1.80	218.8	1512	390.5	2016	594.1	2520	859.3	3024	1288.7	3780	1832.6	4536

ρ(%)	l_n=2100mm, b=160											
	h=600		h=800		h=1000		h=1200		h=1500		h=1800	
	M	A_s	M	A_s	M	A_s	M	A_s	M	A_s	M	A_s
0.20	31.5	192	56.0	256	85.2	320	122.9	384	184.8	480	262.7	576
0.30	47.3	288	84.0	384	127.8	480	184.3	576	277.1	720	394.1	864
0.40	63.1	384	112.0	512	170.3	640	245.8	768	369.5	960	525.5	1152
0.50	78.8	480	139.9	640	212.9	800	307.2	960	461.9	1200	656.9	1440
0.60	94.6	576	167.9	768	255.5	960	368.6	1152	554.3	1440	788.2	1728
0.70	110.4	672	195.9	896	298.1	1120	430.1	1344	646.6	1680	919.6	2016
0.80	126.1	768	223.9	1024	340.7	1280	491.5	1536	739.0	1920	1051.0	2304
0.90	140.2	864	249.0	1152	378.9	1440	546.8	1728	821.9	2160	1168.8	2592
1.00	153.9	960	273.5	1280	416.1	1600	600.6	1920	902.7	2400	1283.7	2880
1.10	167.3	1056	297.3	1408	452.4	1760	653.1	2112	981.3	2640	1395.5	3168
1.20	180.2	1152	320.5	1536	487.7	1920	704.2	2304	1057.9	2880	1504.4	3456
1.30	192.8	1248	343.1	1664	522.0	2080	754.0	2496	1132.3	3120	1610.2	3744
1.40	205.0	1344	365.0	1792	555.3	2240	802.3	2688	1204.6	3360	1713.1	4032
1.50	216.8	1440	386.3	1920	587.7	2400	849.3	2880	1274.8	3600	1812.9	4320
1.60	228.2	1536	406.9	2048	619.1	2560	894.9	3072	1342.9	3840	1909.8	4608
1.70	239.3	1632	426.9	2176	649.5	2720	939.2	3264	1408.9	4080	2003.6	4896
1.80	250.0	1728	446.2	2304	678.9	2880	982.0	3456	1472.8	4320	2094.4	5184

续表

ρ(%)	l_n=2100mm											
	b=180											
	h=600		h=800		h=1000		h=1200		h=1500		h=1800	
	M	A_s	M	A_s	M	A_s	M	A_s	M	A_s	M	A_s
0.20	35.5	216	63.0	288	95.8	360	138.2	432	207.8	540	295.6	648
0.30	53.2	324	94.5	432	143.7	540	207.4	648	311.8	810	443.4	972
0.40	71.0	432	126.0	576	191.6	720	276.5	864	415.7	1080	591.2	1296
0.50	88.7	540	157.4	720	239.5	900	345.6	1080	519.6	1350	739.0	1620
0.60	106.4	648	188.9	864	287.5	1080	414.7	1296	623.5	1620	886.8	1944
0.70	124.2	756	220.4	1008	335.4	1260	483.8	1512	727.5	1890	1034.6	2268
0.80	141.9	864	251.9	1152	383.3	1440	553.0	1728	831.4	2160	1182.3	2592
0.90	157.7	972	280.2	1296	426.3	1620	615.1	1944	924.6	2430	1314.9	2916
1.00	173.2	1080	307.7	1440	468.1	1800	675.7	2160	1015.5	2700	1444.2	3240
1.10	188.2	1188	334.5	1584	508.9	1980	734.8	2376	1104.0	2970	1570.0	3564
1.20	202.7	1296	360.6	1728	548.6	2160	792.3	2592	1190.1	3240	1692.4	3888
1.30	216.9	1404	386.0	1872	587.2	2340	848.2	2808	1273.8	3510	1811.5	4212
1.40	230.6	1512	410.6	2016	624.7	2520	902.6	3024	1355.2	3780	1927.2	4536
1.50	243.9	1620	434.5	2160	661.2	2700	955.5	3240	1434.2	4050	2039.6	4860
1.60	256.8	1728	457.7	2304	696.5	2880	1006.8	3456	1510.8	4320	2148.5	5184
1.70	269.2	1836	480.2	2448	730.7	3060	1056.6	3672	1585.0	4590	2254.1	5508
1.80	281.3	1944	502.0	2592	763.8	3240	1104.8	3888	1656.9	4860	2356.3	5832

ρ(%)	l_n=2100mm											
	b=200											
	h=600		h=800		h=1000		h=1200		h=1500		h=1800	
	M	A_s	M	A_s	M	A_s	M	A_s	M	A_s	M	A_s
0.20	39.4	240	70.0	320	106.5	400	153.6	480	230.9	600	328.4	720
0.30	59.1	360	105.0	480	159.7	600	230.4	720	346.4	900	492.6	1080
0.40	78.8	480	139.9	640	212.9	800	307.2	960	461.9	1200	656.9	1440
0.50	98.5	600	174.9	800	266.2	1000	384.0	1200	577.4	1500	821.1	1800
0.60	118.3	720	209.9	960	319.4	1200	460.8	1440	692.8	1800	985.3	2160
0.70	138.0	840	244.9	1120	372.6	1400	537.6	1680	808.3	2100	1149.5	2520
0.80	157.7	960	279.9	1280	425.9	1600	614.4	1920	923.8	2400	1313.7	2880
0.90	175.3	1080	311.3	1440	473.6	1800	683.5	2160	1027.4	2700	1461.0	3240
1.00	192.4	1200	341.9	1600	520.2	2000	750.8	2400	1128.3	3000	1604.6	3600
1.10	209.1	1320	371.7	1760	565.5	2200	816.4	2640	1226.6	3300	1744.4	3960
1.20	225.3	1440	400.6	1920	609.6	2400	880.3	2880	1322.3	3600	1880.5	4320
1.30	241.0	1560	428.8	2080	652.5	2600	942.5	3120	1415.4	3900	2012.8	4680
1.40	256.2	1680	456.2	2240	694.2	2800	1002.9	3360	1505.8	4200	2141.4	5040
1.50	271.0	1800	482.8	2400	734.6	3000	1061.7	3600	1593.5	4500	2266.2	5400
1.60	285.3	1920	508.6	2560	773.9	3200	1118.7	3840	1678.6	4800	2387.2	5760
1.70	299.2	2040	533.6	2720	811.9	3400	1174.0	4080	1761.1	5100	2504.5	6120
1.80	312.5	2160	557.8	2880	848.7	3600	1227.5	4320	1841.0	5400	2618.1	6480

续表

ρ(%)	l_n=2100mm											
	b=250											
	h=600		h=800		h=1000		h=1200		h=1500		h=1800	
	M	A_s	M	A_s	M	A_s	M	A_s	M	A_s	M	A_s
0.20	49.3	300	87.5	400	133.1	500	192.0	600	288.7	750	410.5	900
0.30	73.9	450	131.2	600	199.6	750	288.0	900	433.0	1125	615.8	1350
0.40	98.5	600	174.9	800	266.2	1000	384.0	1200	577.4	1500	821.1	1800
0.50	123.2	750	218.7	1000	332.7	1250	480.0	1500	721.7	1875	1026.3	2250
0.60	147.8	900	262.4	1200	399.2	1500	576.0	1800	866.0	2250	1231.6	2700
0.70	172.5	1050	306.1	1400	465.8	1750	672.0	2100	1010.4	2625	1436.9	3150
0.80	197.1	1200	349.9	1600	532.3	2000	768.0	2400	1154.7	3000	1642.2	3600
0.90	219.1	1350	389.1	1800	592.0	2250	854.3	2700	1284.2	3375	1826.3	4050
1.00	240.5	1500	427.3	2000	650.2	2500	938.5	3000	1410.4	3750	2005.8	4500
1.10	261.3	1650	464.6	2200	706.9	2750	1020.5	3300	1533.3	4125	2180.5	4950
1.20	281.6	1800	500.8	2400	762.0	3000	1100.4	3600	1652.9	4500	2350.6	5400
1.30	301.2	1950	536.0	2600	815.6	3250	1178.1	3900	1769.2	4875	2516.0	5850
1.40	320.3	2100	570.3	2800	867.7	3500	1253.7	4200	1882.2	5250	2676.7	6300
1.50	338.8	2250	603.5	3000	918.3	3750	1327.1	4500	1991.9	5625	2832.7	6750
1.60	356.6	2400	635.8	3200	967.3	4000	1398.3	4800	2098.3	6000	2984.0	7200
1.70	373.9	2550	667.0	3400	1014.8	4250	1467.5	5100	2201.4	6375	3130.6	7650
1.80	390.7	2700	697.2	3600	1060.9	4500	1534.4	5400	2301.2	6750	3272.6	8100

ρ(%)	l_n=2100mm											
	b=300											
	h=600		h=800		h=1000		h=1200		h=1500		h=1800	
	M	A_s	M	A_s	M	A_s	M	A_s	M	A_s	M	A_s
0.20	59.1	360	105.0	480	159.7	600	230.4	720	346.4	900	492.6	1080
0.30	88.7	540	157.4	720	239.5	900	345.6	1080	519.6	1350	739.0	1620
0.40	118.3	720	209.9	960	319.4	1200	460.8	1440	692.8	1800	985.3	2160
0.50	147.8	900	262.4	1200	399.2	1500	576.0	1800	866.0	2250	1231.6	2700
0.60	177.4	1080	314.9	1440	479.1	1800	691.2	2160	1039.2	2700	1477.9	3240
0.70	207.0	1260	367.4	1680	558.9	2100	806.4	2520	1212.5	3150	1724.3	3780
0.80	236.5	1440	419.8	1920	638.8	2400	921.6	2880	1385.7	3600	1970.6	4320
0.90	262.9	1620	466.9	2160	710.4	2700	1025.2	3240	1541.1	4050	2191.6	4860
1.00	288.6	1800	512.8	2400	780.2	3000	1126.2	3600	1692.5	4500	2406.9	5400
1.10	313.6	1980	557.5	2640	848.2	3300	1224.6	3960	1840.0	4950	2616.6	5940
1.20	337.9	2160	601.0	2880	914.4	3600	1320.5	4320	1983.5	5400	2820.7	6480
1.30	361.5	2340	643.3	3120	978.7	3900	1413.7	4680	2123.0	5850	3019.2	7020
1.40	384.3	2520	684.3	3360	1041.2	4200	1504.4	5040	2258.6	6300	3212.0	7560
1.50	406.5	2700	724.2	3600	1101.9	4500	1592.5	5400	2390.3	6750	3399.3	8100
1.60	428.0	2880	762.9	3840	1160.8	4800	1678.0	5760	2518.0	7200	3580.8	8640
1.70	448.7	3060	800.4	4080	1217.8	5100	1761.0	6120	2641.7	7650	3756.8	9180
1.80	468.8	3240	836.7	4320	1273.0	5400	1841.3	6480	2761.4	8100	3927.1	9720

附表 A-7　　深受弯构件正截面受弯承载力表

混凝土强度等级：C40、钢筋种类：HRB400、RRB400（单位：b、h—mm；M—kN·m；A_s—mm^2）

$\rho(\%)$	$l_n=2400mm$											
	$b=140$											
	$h=600$		$h=800$		$h=1000$		$h=1200$		$h=1500$		$h=1800$	
	M	A_s	M	A_s	M	A_s	M	A_s	M	A_s	M	A_s
0.20	28.3	168	49.9	224	75.7	280	108.9	336	163.4	420	232.0	504
0.30	42.4	252	74.8	336	113.5	420	163.4	504	245.1	630	347.9	756
0.40	56.5	336	99.8	448	151.3	560	217.8	672	326.8	840	463.9	1008
0.50	70.6	420	124.7	560	189.2	700	272.3	840	408.5	1050	579.9	1260
0.60	84.8	504	149.7	672	227.0	840	326.8	1008	490.1	1260	695.9	1512
0.70	98.9	588	174.6	784	264.9	980	381.2	1176	571.8	1470	811.9	1764
0.80	113.0	672	199.6	896	302.7	1120	435.7	1344	653.5	1680	927.9	2016
0.90	125.6	756	222.0	1008	336.6	1260	484.7	1512	726.8	1890	1031.9	2268
1.00	137.9	840	243.8	1120	369.7	1400	532.4	1680	798.2	2100	1133.3	2520
1.10	149.8	924	265.0	1232	401.9	1540	579.0	1848	867.8	2310	1232.1	2772
1.20	161.4	1008	285.7	1344	433.3	1680	624.3	2016	935.5	2520	1328.2	3024
1.30	172.7	1092	305.8	1456	463.8	1820	668.4	2184	1001.3	2730	1421.6	3276
1.40	183.6	1176	325.3	1568	493.4	1960	711.2	2352	1065.2	2940	1512.4	3528
1.50	194.2	1260	344.3	1680	522.1	2100	752.9	2520	1127.3	3150	1600.6	3780
1.60	204.5	1344	362.7	1792	550.0	2240	793.3	2688	1187.6	3360	1686.1	4032
1.70	214.4	1428	380.5	1904	577.1	2380	832.5	2856	1245.9	3570	1768.9	4284
1.80	224.0	1512	397.8	2016	603.2	2520	870.5	3024	1302.4	3780	1849.1	4536

$\rho(\%)$	$l_n=2400mm$											
	$b=160$											
	$h=600$		$h=800$		$h=1000$		$h=1200$		$h=1500$		$h=1800$	
	M	A_s	M	A_s	M	A_s	M	A_s	M	A_s	M	A_s
0.20	32.3	192	57.0	256	86.5	320	124.5	384	186.7	480	265.1	576
0.30	48.4	288	85.5	384	129.7	480	186.7	576	280.1	720	397.7	864
0.40	64.6	384	114.1	512	173.0	640	249.0	768	373.4	960	530.2	1152
0.50	80.7	480	142.6	640	216.2	800	311.2	960	466.8	1200	662.8	1440
0.60	96.9	576	171.1	768	259.4	960	373.5	1152	560.2	1440	795.3	1728
0.70	113.0	672	199.6	896	302.7	1120	435.7	1344	653.5	1680	927.9	2016
0.80	129.2	768	228.1	1024	345.9	1280	497.9	1536	746.9	1920	1060.4	2304
0.90	143.6	864	253.7	1152	384.7	1440	553.9	1728	830.6	2160	1179.3	2592
1.00	157.6	960	278.6	1280	422.5	1600	608.5	1920	912.3	2400	1295.2	2880
1.10	171.3	1056	302.9	1408	459.3	1760	661.7	2112	991.8	2640	1408.1	3168
1.20	184.5	1152	326.5	1536	495.2	1920	713.4	2304	1069.1	2880	1517.9	3456
1.30	197.4	1248	349.5	1664	530.0	2080	763.8	2496	1144.3	3120	1624.7	3744
1.40	209.9	1344	371.8	1792	563.9	2240	812.8	2688	1217.4	3360	1728.5	4032
1.50	222.0	1440	393.5	1920	596.7	2400	860.4	2880	1288.4	3600	1829.2	4320
1.60	233.7	1536	414.5	2048	628.6	2560	906.6	3072	1357.2	3840	1926.9	4608
1.70	245.1	1632	434.9	2176	659.5	2720	951.4	3264	1423.9	4080	2021.6	4896
1.80	256.0	1728	454.6	2304	689.4	2880	994.9	3456	1488.4	4320	2113.3	5184

续表

ρ(%)	$l_n=2400$mm, $b=180$, $h=600$		$h=800$		$h=1000$		$h=1200$		$h=1500$		$h=1800$	
	M	A_s	M	A_s	M	A_s	M	A_s	M	A_s	M	A_s
0.20	36.3	216	64.2	288	97.3	360	140.0	432	210.1	540	298.2	648
0.30	54.5	324	96.2	432	145.9	540	210.1	648	315.1	810	447.4	972
0.40	72.7	432	128.3	576	194.6	720	280.1	864	420.1	1080	596.5	1296
0.50	90.8	540	160.4	720	243.2	900	350.1	1080	525.2	1350	745.6	1620
0.60	109.0	648	192.5	864	291.9	1080	420.1	1296	630.2	1620	894.7	1944
0.70	127.1	756	224.5	1008	340.5	1260	490.2	1512	735.2	1890	1043.8	2268
0.80	145.3	864	256.6	1152	389.2	1440	560.2	1728	840.2	2160	1193.0	2592
0.90	161.5	972	285.4	1296	432.8	1620	623.1	1944	934.5	2430	1325.7	2916
1.00	177.3	1080	313.4	1440	475.3	1800	684.5	2160	1026.3	2700	1457.1	3240
1.10	192.7	1188	340.8	1584	516.8	1980	744.4	2376	1115.7	2970	1584.1	3564
1.20	207.6	1296	367.3	1728	557.1	2160	802.6	2592	1202.8	3240	1707.6	3888
1.30	222.1	1404	393.2	1872	596.3	2340	859.3	2808	1287.4	3510	1827.8	4212
1.40	236.1	1512	418.3	2016	634.4	2520	914.4	3024	1369.6	3780	1944.5	4536
1.50	249.7	1620	442.7	2160	671.3	2700	968.0	3240	1449.4	4050	2057.9	4860
1.60	262.9	1728	466.3	2304	707.2	2880	1020.0	3456	1526.9	4320	2167.8	5184
1.70	275.7	1836	489.2	2448	741.9	3060	1070.4	3672	1601.9	4590	2274.3	5508
1.80	288.0	1944	511.4	2592	775.6	3240	1119.2	3888	1674.5	4860	2377.4	5832

ρ(%)	$l_n=2400$mm, $b=200$, $h=600$		$h=800$		$h=1000$		$h=1200$		$h=1500$		$h=1800$	
	M	A_s	M	A_s	M	A_s	M	A_s	M	A_s	M	A_s
0.20	40.4	240	71.3	320	108.1	400	155.6	480	233.4	600	331.4	720
0.30	60.5	360	106.9	480	162.2	600	233.4	720	350.1	900	497.1	1080
0.40	80.7	480	142.6	640	216.2	800	311.2	960	466.8	1200	662.8	1440
0.50	100.9	600	178.2	800	270.3	1000	389.0	1200	583.5	1500	828.4	1800
0.60	121.1	720	213.9	960	324.3	1200	466.8	1440	700.2	1800	994.1	2160
0.70	141.3	840	249.5	1120	378.4	1400	544.6	1680	816.9	2100	1159.8	2520
0.80	161.5	960	285.1	1280	432.4	1600	622.4	1920	933.6	2400	1325.5	2880
0.90	179.5	1080	317.1	1440	480.9	1800	692.4	2160	1038.3	2700	1474.2	3240
1.00	197.0	1200	348.3	1600	528.2	2000	760.6	2400	1140.3	3000	1619.0	3600
1.10	214.1	1320	378.6	1760	574.2	2200	827.1	2640	1239.7	3300	1760.1	3960
1.20	230.6	1440	408.2	1920	619.0	2400	891.8	2880	1336.4	3600	1897.4	4320
1.30	246.7	1560	436.9	2080	662.5	2600	954.8	3120	1430.4	3900	2030.9	4680
1.40	262.4	1680	464.8	2240	704.8	2800	1016.0	3360	1521.8	4200	2160.6	5040
1.50	277.5	1800	491.9	2400	745.9	3000	1075.5	3600	1610.5	4500	2286.5	5400
1.60	292.1	1920	518.1	2560	785.8	3200	1133.3	3840	1696.5	4800	2408.7	5760
1.70	306.3	2040	543.6	2720	824.4	3400	1189.3	4080	1779.9	5100	2527.0	6120
1.80	320.0	2160	568.2	2880	861.7	3600	1243.6	4320	1860.5	5400	2641.6	6480

续表

ρ(%)	l_n=2400mm											
	b=250											
	h=600		h=800		h=1000		h=1200		h=1500		h=1800	
	M	A_s	M	A_s	M	A_s	M	A_s	M	A_s	M	A_s
0.20	50.5	300	89.1	400	135.1	500	194.5	600	291.8	750	414.2	900
0.30	75.7	450	133.7	600	202.7	750	291.8	900	437.6	1125	621.3	1350
0.40	100.9	600	178.2	800	270.3	1000	389.0	1200	583.5	1500	828.4	1800
0.50	126.1	750	222.8	1000	337.8	1500	486.3	1500	729.4	1875	1035.6	2250
0.60	151.4	900	267.3	1200	405.4	1500	583.5	1800	875.3	2250	1242.7	2700
0.70	176.6	1050	311.9	1400	473.0	1750	680.8	2100	1021.1	2625	1449.8	3150
0.80	201.8	1200	356.4	1600	540.5	2000	778.0	2400	1167.0	3000	1656.9	3600
0.90	224.3	1350	396.4	1800	601.1	2250	865.5	2700	1297.9	3375	1842.7	4050
1.00	246.3	1500	435.3	2000	660.2	2500	950.8	3000	1425.4	3750	2023.8	4500
1.10	267.6	1650	473.3	2200	717.7	2750	1033.8	3300	1549.6	4125	2200.1	4950
1.20	288.3	1800	510.2	2400	773.7	3000	1114.8	3600	1670.5	4500	2371.7	5400
1.30	308.4	1950	546.1	2600	828.2	3250	1193.5	3900	1788.0	4875	2538.6	5850
1.40	327.9	2100	581.0	2800	881.0	3500	1270.0	4200	1902.2	5250	2700.7	6300
1.50	346.9	2250	614.8	3000	932.4	3750	1344.4	4500	2013.1	5625	2858.2	6750
1.60	365.2	2400	647.7	3200	982.2	4000	1416.6	4800	2120.6	6000	3010.8	7200
1.70	382.9	2550	679.5	3400	1030.5	4250	1486.6	5100	2224.8	6375	3158.8	7650
1.80	400.0	2700	710.3	3600	1077.2	4500	1554.5	5400	2325.7	6750	3302.0	8100

ρ(%)	l_n=2400mm											
	b=300											
	h=600		h=800		h=1000		h=1200		h=1500		h=1800	
	M	A_s	M	A_s	M	A_s	M	A_s	M	A_s	M	A_s
0.20	60.5	360	106.9	480	162.2	600	233.4	720	350.1	900	497.1	1080
0.30	90.8	540	160.4	720	243.2	900	350.1	1080	525.2	1350	745.6	1620
0.40	121.1	720	213.9	960	324.3	1200	466.8	1440	700.2	1800	994.1	2160
0.50	151.4	900	267.3	1200	405.4	1500	583.5	1800	875.3	2250	1242.7	2700
0.60	181.6	1080	320.8	1440	486.5	1800	700.2	2160	1050.3	2700	1491.2	3240
0.70	211.9	1260	374.2	1680	567.5	2100	816.9	2520	1225.4	3150	1739.7	3780
0.80	242.2	1440	427.7	1920	648.6	2400	933.6	2880	1400.4	3600	1988.3	4320
0.90	269.2	1620	475.7	2160	721.4	2700	1038.6	3240	1557.5	4050	2211.2	4860
1.00	295.5	1800	522.4	2400	792.2	3000	1140.9	3600	1710.5	4500	2428.5	5400
1.10	321.1	1980	567.9	2640	861.3	3300	1240.6	3960	1859.5	4950	2640.1	5940
1.20	346.0	2160	612.2	2880	928.5	3600	1337.7	4320	2004.6	5400	2846.1	6480
1.30	370.1	2340	655.3	3120	993.8	3900	1432.2	4680	2145.6	5850	3046.3	7020
1.40	393.5	2520	697.2	3360	1057.3	4200	1524.0	5040	2282.7	6300	3240.9	7560
1.50	416.2	2700	737.8	3600	1118.9	4500	1613.3	5400	2415.7	6750	3429.8	8100
1.60	438.2	2880	777.2	3840	1178.6	4800	1699.9	5760	2544.8	7200	3613.0	8640
1.70	459.5	3060	815.4	4080	1236.6	5100	1784.0	6120	2669.8	7650	3790.5	9180
1.80	480.0	3240	852.4	4320	1292.6	5400	1865.4	6480	2790.8	8100	3962.4	9720

附表 A－8　　深受弯构件正截面受弯承载力表

混凝土强度等级：C40、钢筋种类：HRB400、RRB400（单位：b、h—mm；M—kN·m；A_s—mm²）

ρ(%)	l_n=2700mm											
	b=140											
	h=600		h=800		h=1000		h=1200		h=1500		h=1800	
	M	A_s	M	A_s	M	A_s	M	A_s	M	A_s	M	A_s
0.20	28.9	168	50.8	224	76.8	336	115.2	420	165.5	420	234.0	504
0.30	43.4	252	76.2	336	115.2	420	165.5	504	247.7	630	351.0	756
0.40	57.8	336	101.6	448	153.6	560	220.7	672	330.2	840	468.1	1008
0.50	72.3	420	127.0	560	192.0	700	275.8	840	412.8	1050	585.1	1260
0.60	86.7	504	152.4	672	230.5	840	331.0	1008	495.3	1260	702.1	1512
0.70	101.2	588	177.9	784	268.9	980	386.2	1176	577.9	1470	819.1	1764
0.80	115.7	672	203.3	896	307.3	1120	441.3	1344	660.4	1680	936.1	2016
0.90	128.6	756	226.1	1008	341.7	1260	490.9	1512	734.5	1890	1041.1	2268
1.00	141.1	840	248.3	1120	375.3	1400	539.3	1680	806.6	2100	1143.4	2520
1.10	153.3	924	269.9	1232	408.0	1540	586.4	1848	876.9	2310	1243.0	2772
1.20	165.2	1008	291.0	1344	439.8	1680	632.3	2016	945.3	2520	1340.0	3024
1.30	176.8	1092	311.4	1456	470.8	1820	677.0	2184	1011.8	2730	1434.3	3276
1.40	187.9	1176	331.3	1568	500.9	1960	720.4	2352	1076.5	2940	1525.9	3528
1.50	198.8	1260	350.6	1680	530.1	2100	762.6	2520	1139.2	3150	1614.8	3780
1.60	209.3	1344	369.4	1792	558.4	2240	803.5	2688	1200.1	3360	1701.1	4032
1.70	219.4	1428	387.5	1904	585.8	2380	843.2	2856	1259.0	3570	1784.6	4284
1.80	229.2	1512	405.1	2016	612.4	2520	881.7	3024	1316.1	3780	1865.6	4536

ρ(%)	l_n=2700mm											
	b=160											
	h=600		h=800		h=1000		h=1200		h=1500		h=1800	
	M	A_s	M	A_s	M	A_s	M	A_s	M	A_s	M	A_s
0.20	33.0	192	58.1	256	87.8	320	126.1	384	188.7	480	267.5	576
0.30	49.6	288	87.1	384	131.7	480	189.1	576	283.0	720	401.2	864
0.40	66.1	384	116.2	512	175.6	640	252.2	768	377.4	960	534.9	1152
0.50	82.6	480	145.2	640	219.5	800	315.2	960	471.7	1200	668.7	1440
0.60	99.1	576	174.2	768	263.4	960	378.3	1152	566.1	1440	802.4	1728
0.70	115.7	672	203.3	896	307.3	1120	441.3	1344	660.4	1680	936.1	2016
0.80	132.2	768	232.3	1024	351.2	1280	504.4	1536	754.8	1920	1069.9	2304
0.90	146.9	864	258.4	1152	390.6	1440	561.0	1728	839.4	2160	1189.8	2592
1.00	161.3	960	283.7	1280	428.9	1600	616.3	1920	921.9	2400	1306.8	2880
1.10	175.3	1056	308.5	1408	466.3	1760	670.2	2112	1002.2	2640	1420.6	3168
1.20	188.8	1152	332.5	1536	502.7	1920	722.6	2304	1080.4	2880	1531.4	3456
1.30	202.0	1248	355.9	1664	538.1	2080	773.7	2496	1156.4	3120	1639.2	3744
1.40	214.8	1344	378.7	1792	572.4	2240	823.3	2688	1230.2	3360	1743.9	4032
1.50	227.2	1440	400.7	1920	605.8	2400	871.5	2880	1301.9	3600	1845.5	4320
1.60	239.2	1536	422.1	2048	638.1	2560	918.3	3072	1371.5	3840	1944.1	4608
1.70	250.8	1632	442.9	2176	669.5	2720	963.7	3264	1438.9	4080	2039.6	4896
1.80	262.0	1728	462.9	2304	699.8	2880	1007.7	3456	1504.1	4320	2132.1	5184

续表

ρ(%)	l_n=2700mm											
	b=180											
	h=600		h=800		h=1000		h=1200		h=1500		h=1800	
	M	A_s	M	A_s	M	A_s	M	A_s	M	A_s	M	A_s
0.20	37.2	216	65.3	288	98.8	360	141.9	432	212.3	540	300.9	648
0.30	55.8	324	98.0	432	148.2	540	212.8	648	318.4	810	451.3	972
0.40	74.4	432	130.7	576	197.5	720	283.7	864	424.5	1080	601.8	1296
0.50	92.9	540	163.3	720	246.9	900	354.6	1080	530.7	1350	752.2	1620
0.60	111.5	648	196.0	864	296.3	1080	425.6	1296	636.8	1620	902.7	1944
0.70	130.1	756	228.7	1008	345.7	1260	496.5	1512	743.0	1890	1053.1	2268
0.80	148.7	864	261.3	1152	395.1	1440	567.4	1728	849.1	2160	1203.6	2592
0.90	165.3	972	290.6	1296	439.4	1620	631.2	1944	944.3	2430	1338.6	2916
1.00	181.5	1080	319.2	1440	482.6	1800	693.4	2160	1037.1	2700	1470.1	3240
1.10	197.2	1188	347.0	1584	524.6	1980	754.0	2376	1127.5	2970	1598.2	3564
1.20	212.4	1296	374.1	1728	565.5	2160	813.0	2592	1215.4	3240	1722.8	3888
1.30	227.3	1404	400.4	1872	605.3	2340	870.4	2808	1300.9	3510	1844.1	4212
1.40	241.6	1512	426.0	2016	644.0	2520	926.2	3024	1384.0	3780	1961.8	4536
1.50	255.6	1620	450.8	2160	681.5	2700	980.5	3240	1464.7	4050	2076.2	4860
1.60	269.1	1728	474.9	2304	717.9	2880	1033.1	3456	1542.9	4320	2187.1	5184
1.70	282.1	1836	498.2	2448	753.2	3060	1084.2	3672	1618.7	4590	2294.5	5508
1.80	294.7	1944	520.8	2592	787.3	3240	1133.6	3888	1692.1	4860	2398.6	5832

ρ(%)	l_n=2700mm											
	b=200											
	h=600		h=800		h=1000		h=1200		h=1500		h=1800	
	M	A_s	M	A_s	M	A_s	M	A_s	M	A_s	M	A_s
0.20	41.3	240	72.6	320	109.7	400	157.6	480	235.9	600	334.3	720
0.30	62.0	360	108.9	480	164.6	600	236.4	720	353.8	900	501.5	1080
0.40	82.6	480	145.2	640	219.5	800	315.2	960	471.7	1200	668.7	1440
0.50	103.3	600	181.5	800	274.4	1000	394.0	1200	589.7	1500	835.8	1800
0.60	123.9	720	217.8	960	329.2	1200	472.8	1440	707.6	1800	1003.0	2160
0.70	144.6	840	254.1	1120	384.1	1400	551.6	1680	825.5	2100	1170.2	2520
0.80	165.2	960	290.4	1280	439.0	1600	630.4	1920	943.4	2400	1337.3	2880
0.90	183.7	1080	322.9	1440	488.2	1800	701.3	2160	1049.2	2700	1487.3	3240
1.00	201.6	1200	354.7	1600	536.2	2000	770.4	2400	1152.3	3000	1633.4	3600
1.10	219.1	1320	385.6	1760	582.9	2200	837.7	2640	1252.8	3300	1775.8	3960
1.20	236.0	1440	415.7	1920	628.4	2400	903.3	2880	1350.5	3600	1914.3	4320
1.30	252.5	1560	444.9	2080	672.6	2600	967.1	3120	1445.5	3900	2049.0	4680
1.40	268.5	1680	473.3	2240	715.5	2800	1029.1	3360	1537.8	4200	2179.8	5040
1.50	284.0	1800	500.9	2400	757.2	3000	1089.4	3600	1627.4	4500	2306.9	5400
1.60	299.0	1920	527.7	2560	797.7	3200	1147.9	3840	1714.4	4800	2430.1	5760
1.70	313.5	2040	553.6	2720	836.9	3400	1204.6	4080	1798.6	5100	2549.5	6120
1.80	327.5	2160	578.7	2880	874.8	3600	1259.6	4320	1880.1	5400	2665.1	6480

续表

ρ(%)	l_n=2700mm											
	b=250											
	h=600		h=800		h=1000		h=1200		h=1500		h=1800	
	M	A_s	M	A_s	M	A_s	M	A_s	M	A_s	M	A_s
0.20	51.6	300	90.7	400	137.2	500	197.0	600	294.8	750	417.9	900
0.30	77.5	450	136.1	600	205.8	750	295.5	900	442.2	1125	626.9	1350
0.40	103.3	600	181.5	800	274.4	1000	394.0	1200	589.7	1500	835.8	1800
0.50	129.1	750	226.9	1000	342.9	1250	492.5	1500	737.1	1875	1044.8	2250
0.60	154.9	900	272.2	1200	411.5	1500	591.0	1800	884.5	2250	1253.7	2700
0.70	180.7	1050	317.6	1400	480.1	1750	689.6	2100	1031.9	2625	1462.7	3150
0.80	206.5	1200	363.0	1600	548.7	2000	788.1	2400	1179.3	3000	1671.6	3600
0.90	229.6	1350	403.7	1800	610.2	2250	876.6	2700	1311.6	3375	1859.1	4050
1.00	252.0	1500	443.3	2000	670.2	2500	963.0	3000	1440.4	3750	2041.8	4500
1.10	273.8	1650	482.0	2200	728.6	2750	1047.2	3300	1565.9	4125	2219.7	4950
1.20	295.0	1800	519.6	2400	785.4	3000	1129.1	3600	1688.1	4500	2392.8	5400
1.30	315.6	1950	556.1	2600	840.7	3250	1208.9	3900	1806.9	4875	2561.2	5850
1.40	335.6	2100	591.6	2800	894.4	3500	1286.4	4200	1922.3	5250	2724.8	6300
1.50	355.0	2250	626.1	3000	946.5	3750	1361.7	4500	2034.3	5625	2883.6	6750
1.60	373.7	2400	659.6	3200	997.1	4000	1434.9	4800	2143.0	6000	3037.6	7200
1.70	391.8	2550	692.0	3400	1046.1	4250	1505.8	5100	2248.3	6375	3186.9	7650
1.80	409.4	2700	723.4	3600	1093.5	4500	1574.5	5400	2350.2	6750	3331.4	8100

ρ(%)	l_n=2700mm											
	b=300											
	h=600		h=800		h=1000		h=1200		h=1500		h=1800	
	M	A_s	M	A_s	M	A_s	M	A_s	M	A_s	M	A_s
0.20	62.0	360	108.9	480	164.6	600	236.4	720	353.8	900	501.5	1080
0.30	92.9	540	163.3	720	246.9	900	354.6	1080	530.7	1350	752.2	1620
0.40	123.9	720	217.8	960	329.2	1200	472.8	1440	707.6	1800	1003.0	2160
0.50	154.9	900	272.2	1200	411.5	1500	591.0	1800	884.5	2250	1253.7	2700
0.60	185.9	1080	326.7	1440	493.8	1800	709.3	2160	1061.4	2700	1504.5	3240
0.70	216.9	1260	381.1	1680	576.1	2100	827.5	2520	1238.3	3150	1755.2	3780
0.80	247.8	1440	435.6	1920	658.5	2400	945.7	2880	1415.2	3600	2006.0	4320
0.90	275.5	1620	484.4	2160	732.3	2700	1052.0	3240	1573.9	4050	2230.9	4860
1.00	302.4	1800	532.0	2400	804.3	3000	1155.6	3600	1728.5	4500	2450.2	5400
1.10	328.6	1980	578.4	2640	874.3	3300	1256.6	3960	1879.1	4950	2663.6	5940
1.20	354.1	2160	623.5	2880	942.5	3600	1355.0	4320	2025.7	5400	2871.4	6480
1.30	378.8	2340	667.4	3120	1008.8	3900	1450.6	4680	2168.2	5850	3073.4	7020
1.40	402.7	2520	710.0	3360	1073.3	4200	1543.7	5040	2306.7	6300	3269.7	7560
1.50	426.0	2700	751.4	3600	1135.8	4500	1634.1	5400	2441.2	6750	3460.3	8100
1.60	448.5	2880	791.5	3840	1196.5	4800	1721.9	5760	2571.5	7200	3645.1	8640
1.70	470.2	3060	830.4	4080	1255.3	5100	1807.0	6120	2697.9	7650	3824.2	9180
1.80	491.2	3240	868.0	4320	1312.2	5400	1889.4	6480	2820.2	8100	3997.6	9720

A.2　深受弯构件斜截面受剪配筋表

1. 适用范围

同A.1。

2. 使用说明

(1) 按混凝土强度等级及梁的净跨查表：

混凝土强度等级 \ 梁的净跨 l_n/mm	1500	2100	2400	2700
C30	附表A-9	附表A-10	附表A-11	附表A-12
C40	附表A-13	附表A-14	附表A-15	附表A-16

(2) 表中"$V \approx V_{max}$时的截面配筋"一栏表示：满足深受弯构件最小配筋率并使V等于并不大于V_{max}时的配筋。

附表A-9　　**深受弯构件斜截面受剪配筋表**

混凝土强度等级：C30，钢筋种类：HRB400、RRB400

梁净跨 l_n/mm	梁截面/mm^2		n(肢数)	V_{max}/kN	V_c/kN	$V \approx V_{max}$时的截面配筋	
	b	h				竖向钢筋	水平钢筋
1500	140	600	2	235	79	Φ8@120	Φ8@200
	140	800	2	245	108	Φ8@200	Φ8@200
	140	1000	2	281	136	Φ8@200	Φ8@200
	140	1200	2	328	164	Φ8@200	Φ8@200
	140	1500	2	389	201	Φ8@200	Φ8@200
	140	1800	2	459	243	Φ8@200	Φ8@200
	160	600	2	277	91	Φ8@120	Φ10@200
	160	800	2	311	123	Φ8@200	Φ8@200
	160	1000	2	321	155	Φ8@200	Φ8@200
	160	1200	2	375	187	Φ8@200	Φ8@200
	160	1500	2	444	230	Φ8@200	Φ8@200
	160	1800	2	525	278	Φ8@200	Φ8@200
	180	600	2	312	102	Φ8@100	Φ10@200
	180	800	2	377	138	Φ8@200	Φ10@200
	180	1000	2	389	175	Φ8@200	Φ8@200
	180	1200	2	422	211	Φ8@200	Φ8@200
	180	1500	2	500	259	Φ8@200	Φ8@200
	180	1800	2	591	313	Φ8@200	Φ8@200
	200	600	2	347	114	Φ8@100	Φ12@200
	200	800	2	443	154	Φ8@200	Φ12@200
	200	1000	2	470	194	Φ8@200	Φ8@200
	200	1200	2	469	234	Φ8@200	Φ8@200
	200	1500	2	556	287	Φ8@200	Φ8@200
	200	1800	2	656	348	Φ8@200	Φ8@200
	250	600	2	433	142	Φ10@100	Φ12@200
	250	800	2	554	192	Φ10@100	Φ12@200
	250	1000	2	674	242	Φ8@200	Φ10@200
	250	1200	2	711	293	Φ8@200	Φ8@200
	250	1500	2	694	359	Φ8@200	Φ8@200
	250	1800	2	820	435	Φ8@200	Φ8@200
	300	600	2	520	170	Φ10@100	Φ14@200
	300	800	2	665	231	Φ10@150	Φ14@200
	300	1000	2	809	291	Φ8@200	Φ12@200
	300	1200	2	953	351	Φ8@200	Φ10@200
	300	1500	2	987	431	Φ8@200	Φ10@200
	300	1800	2	984	522	Φ8@200	Φ10@200

附表 A－10　　深受弯构件斜截面受剪配筋表

混凝土强度等级：C30，钢筋种类：HRB400、RRB400

梁净跨 l_n/mm	梁截面/mm^2		n(肢数)	V_{max}/kN	V_c/kN	$V \approx V_{max}$时的截面配筋	
	b	h				竖向钢筋	水平钢筋
2100	140	600	2	256	79	Φ8@120	Φ8@200
	140	800	2	267	108	Φ8@200	Φ8@200
	140	1000	2	303	136	Φ8@200	Φ8@200
	140	1200	2	350	164	Φ8@200	Φ8@200
	140	1500	2	411	201	Φ8@200	Φ8@200
	140	1800	2	482	243	Φ8@200	Φ8@200
	160	600	2	302	91	Φ8@100	Φ10@200
	160	800	2	336	123	Φ8@150	Φ8@200
	160	1000	2	346	155	Φ8@200	Φ8@200
	160	1200	2	400	187	Φ8@200	Φ8@200
	160	1500	2	470	230	Φ8@200	Φ8@200
	160	1800	2	550	278	Φ8@200	Φ8@200
	180	600	2	340	102	Φ8@100	Φ10@200
	180	800	2	405	138	Φ8@100	Φ10@200
	180	1000	2	417	175	Φ8@200	Φ8@200
	180	1200	2	450	211	Φ8@200	Φ8@200
	180	1500	2	528	259	Φ8@200	Φ8@200
	180	1800	2	619	313	Φ8@200	Φ8@200
	200	600	2	378	114	Φ10@150	Φ12@200
	200	800	2	475	154	Φ10@120	Φ12@200
	200	1000	2	502	194	Φ8@100	Φ8@200
	200	1200	2	500	234	Φ8@200	Φ8@200
	200	1500	2	587	287	Φ8@200	Φ8@200
	200	1800	2	688	348	Φ8@200	Φ8@200
	250	600	2	472	142	Φ10@100	Φ12@200
	250	800	2	593	192	Φ10@100	Φ12@200
	250	1000	2	714	242	Φ10@100	Φ12@200
	250	1200	2	751	293	Φ8@200	Φ12@200
	250	1500	2	734	359	Φ8@200	Φ8@200
	250	1800	2	860	435	Φ8@200	Φ8@200
	300	600	2	567	170	Φ10@100	Φ14@200
	300	800	2	712	231	Φ10@100	Φ14@200
	300	1000	2	857	291	Φ10@150	Φ14@200
	300	1200	2	1001	351	Φ8@200	Φ14@200
	300	1500	2	1034	431	Φ8@200	Φ10@200
	300	1800	2	1032	522	Φ8@200	Φ10@200

附表 A-11　　深受弯构件斜截面受剪配筋表

混凝土强度等级：C30，钢筋种类：HRB400、RRB400

梁净跨 l_n/mm	梁截面/mm²		n(肢数)	V_{max}/kN	V_c/kN	$V \approx V_{max}$时的截面配筋	
	b	h				竖向钢筋	水平钢筋
2400	140	600	2	267	79	Φ8@130	Φ8@200
	140	800	2	278	108	Φ8@200	Φ8@200
	140	1000	2	314	136	Φ8@200	Φ8@200
	140	1200	2	362	164	Φ8@200	Φ8@200
	140	1500	2	422	201	Φ8@200	Φ8@200
	140	1800	2	493	243	Φ8@200	Φ8@200
	160	600	2	315	91	Φ8@100	Φ10@200
	160	800	2	349	123	Φ8@140	Φ8@200
	160	1000	2	359	155	Φ8@200	Φ8@200
	160	1200	2	413	187	Φ8@200	Φ8@200
	160	1500	2	482	230	Φ8@200	Φ8@200
	160	1800	2	563	278	Φ8@200	Φ8@200
	180	600	2	354	102	Φ8@100	Φ10@200
	180	800	2	420	138	Φ8@100	Φ10@200
	180	1000	2	432	175	Φ8@150	Φ8@200
	180	1200	2	465	211	Φ8@200	Φ8@200
	180	1500	2	542	259	Φ8@200	Φ8@200
	180	1800	2	633	313	Φ8@200	Φ8@200
	200	600	2	393	114	Φ10@150	Φ12@200
	200	800	2	490	154	Φ10@120	Φ12@200
	200	1000	2	518	194	Φ8@100	Φ10@200
	200	1200	2	516	234	Φ8@200	Φ8@200
	200	1500	2	603	287	Φ8@200	Φ8@200
	200	1800	2	704	348	Φ8@200	Φ8@200
	250	600	2	492	142	Φ10@100	Φ12@200
	250	800	2	613	192	Φ10@100	Φ12@200
	250	1000	2	734	242	Φ10@100	Φ12@200
	250	1200	2	771	293	Φ10@100	Φ12@200
	250	1500	2	753	359	Φ8@200	Φ8@200
	250	1800	2	880	435	Φ8@200	Φ8@200
	300	600	2	590	170	Φ10@100	Φ16@200
	300	800	2	736	231	Φ10@100	Φ16@200
	300	1000	2	880	291	Φ10@100	Φ14@200
	300	1200	2	1025	351	Φ10@150	Φ14@200
	300	1500	2	1057	431	Φ8@200	Φ10@200
	300	1800	2	1056	522	Φ8@200	Φ10@200

附表 A-12　　深受弯构件斜截面受剪配筋表

混凝土强度等级：C30，钢筋种类：HRB400、RRB400

梁净跨 l_n/mm	梁截面/mm^2		n(肢数)	V_{max}/kN	V_c/kN	$V \approx V_{max}$时的截面配筋	
	b	h				竖向钢筋	水平钢筋
2700	140	800	2	289	108	Φ8@200	Φ8@200
	140	1000	2	325	136	Φ8@200	Φ8@200
	140	1200	2	373	164	Φ8@200	Φ8@200
	140	1500	2	433	201	Φ8@200	Φ8@200
	140	1800	2	504	243	Φ8@200	Φ8@200
	160	800	2	361	123	Φ8@130	Φ8@200
	160	1000	2	372	155	Φ8@200	Φ8@200
	160	1200	2	426	187	Φ8@200	Φ8@200
	160	1500	2	495	230	Φ8@200	Φ8@200
	160	1800	2	576	278	Φ8@200	Φ8@200
	180	800	2	434	138	Φ8@100	Φ10@200
	180	1000	2	446	175	Φ8@150	Φ8@200
	180	1200	2	479	211	Φ8@200	Φ8@200
	180	1500	2	556	259	Φ8@200	Φ8@200
	180	1800	2	648	313	Φ8@200	Φ8@200
	200	800	2	506	154	Φ8@100	Φ12@200
	200	1000	2	534	194	Φ8@100	Φ8@200
	200	1200	2	532	234	Φ8@200	Φ8@200
	200	1500	2	618	287	Φ8@200	Φ8@200
	200	1800	2	719	348	Φ8@200	Φ8@200
	250	800	2	633	192	10@100	Φ12@200
	250	1000	2	754	242	Φ10@100	Φ12@200
	250	1200	2	790	293	Φ10@120	Φ10@200
	250	1500	2	773	359	Φ8@200	Φ8@200
	250	1800	2	899	435	Φ8@200	Φ8@200
	300	800	2	759	231	Φ10@100	Φ16@200
	300	1000	2	904	291	Φ10@120	Φ16@200
	300	1200	2	1049	351	Φ10@200	Φ16@200
	300	1500	2	1081	431	Φ8@200	Φ12@200
	300	1800	2	1079	522	Φ8@200	Φ10@200

附表 A－13　　深受弯构件斜截面受剪配筋表

混凝土强度等级：C40，钢筋种类：HRB400、RRB400

梁净跨 l_n/mm	梁截面/mm²		n(肢数)	V_{max}/kN	V_c/kN	$V \approx V_{max}$时的截面配筋	
	b	h				竖向钢筋	水平钢筋
1500	140	600	2	313	95	Φ10@100	Φ8@200
	140	800	2	327	128	Φ8@150	Φ8@200
	140	1000	2	375	161	Φ8@200	Φ8@200
	140	1200	2	438	195	Φ8@200	Φ8@200
	140	1500	2	519	239	Φ8@200	Φ8@200
	140	1800	2	614	289	Φ8@200	Φ8@200
	160	600	2	371	108	Φ10@130	Φ12@200
	160	800	2	415	146	Φ10@130	Φ10@200
	160	1000	2	429	185	Φ8@200	Φ8@200
	160	1200	2	501	223	Φ8@200	Φ8@200
	160	1500	2	594	273	Φ8@200	Φ8@200
	160	1800	2	701	331	Φ8@200	Φ8@200
	180	600	2	417	122	Φ10@100	Φ12@200
	180	800	2	504	165	Φ10@100	Φ12@200
	180	1000	2	519	208	Φ8@200	Φ8@200
	180	1200	2	563	251	Φ8@200	Φ8@200
	180	1500	2	668	308	Φ8@200	Φ8@200
	180	1800	2	789	372	Φ8@200	Φ8@200
	200	600	2	463	135	Φ10@100	Φ14@200
	200	800	2	592	183	Φ10@100	Φ14@200
	200	1000	2	628	231	Φ8@200	Φ10@200
	200	1200	2	626	278	Φ8@200	Φ8@200
	200	1500	2	742	342	Φ8@200	Φ8@200
	200	1800	2	877	413	Φ8@200	Φ8@200
	250	600	2	579	169	Φ12@100	Φ14@200
	250	800	2	740	229	Φ12@100	Φ14@200
	250	1000	2	900	288	Φ8@200	Φ14@200
	250	1200	2	949	348	Φ8@200	Φ8@200
	250	1500	2	928	427	Φ8@200	Φ8@200
	250	1800	2	1096	517	Φ8@200	Φ8@200
	300	600	2	695	203	Φ12@100	Φ16@200
	300	800	2	888	274	Φ10@200	Φ16@200
	300	1000	2	1081	346	Φ8@200	Φ14@200
	300	1200	2	1273	418	Φ8@200	Φ10@200
	300	1500	2	1318	513	Φ8@200	Φ10@200
	300	1800	2	1315	620	Φ8@200	Φ10@200

附表 A-14　　深受弯构件斜截面受剪配筋表

混凝土强度等级：C40，钢筋种类：HRB400、RRB400

梁净跨 l_n/mm	梁截面/mm^2		n(肢数)	V_{max}/kN	V_c/kN	$V \approx V_{max}$时的截面配筋	
	b	h				竖向钢筋	水平钢筋
2100	140	600	2	342	95	Φ10@120	Φ8@200
	140	800	2	356	128	Φ8@150	Φ8@200
	140	1000	2	405	161	Φ8@200	Φ8@200
	140	1200	2	468	195	Φ8@200	Φ8@200
	140	1500	2	549	239	Φ8@200	Φ8@200
	140	1800	2	643	289	Φ8@200	Φ8@200
	160	600	2	404	108	Φ10@100	Φ10@200
	160	800	2	449	146	Φ10@120	Φ8@200
	160	1000	2	463	185	Φ8@150	Φ8@200
	160	1200	2	535	223	Φ8@200	Φ8@200
	160	1500	2	627	273	Φ8@200	Φ8@200
	160	1800	2	735	331	Φ8@200	Φ8@200
	180	600	2	454	122	Φ10@100	Φ10@200
	180	800	2	541	165	Φ10@100	Φ10@200
	180	1000	2	557	208	Φ10@100	Φ8@200
	180	1200	2	602	251	Φ8@200	Φ8@200
	180	1500	2	705	308	Φ8@200	Φ8@200
	180	1800	2	827	372	Φ8@200	Φ8@200
	200	600	2	505	135	Φ10@100	Φ12@200
	200	800	2	634	183	Φ10@100	Φ12@200
	200	1000	2	671	231	Φ10@200	Φ12@200
	200	1200	2	668	278	Φ8@200	Φ8@200
	200	1500	2	784	342	Φ8@200	Φ8@200
	200	1800	2	919	413	Φ8@200	Φ8@200
	250	600	2	631	169	Φ12@100	Φ12@200
	250	800	2	793	229	Φ12@100	Φ12@200
	250	1000	2	953	288	Φ12@100	Φ12@200
	250	1200	2	1002	348	Φ8@200	Φ12@200
	250	1500	2	980	427	Φ8@200	Φ8@200
	250	1800	2	1148	517	Φ8@200	Φ8@200
	300	600	2	757	203	Φ12@100	Φ14@200
	300	800	2	951	274	Φ12@100	Φ14@200
	300	1000	2	1144	346	Φ12@100	Φ14@200
	300	1200	2	1336	418	Φ8@200	Φ14@200
	300	1500	2	1381	513	Φ8@200	Φ10@200
	300	1800	2	1378	620	Φ8@200	Φ10@200

附表 A-15　　**深受弯构件斜截面受剪配筋表**

混凝土强度等级：C40，钢筋种类：HRB400、RRB400

梁净跨 l_n/mm	梁截面/mm²		n(肢数)	V_{max}/kN	V_c/kN	$V \approx V_{max}$时的截面配筋	
	b	h				竖向钢筋	水平钢筋
2400	140	600	2	357	95	Φ10@150	Φ10@200
	140	800	2	371	128	Φ8@150	Φ10@200
	140	1000	2	420	161	Φ8@200	Φ10@200
	140	1200	2	483	195	Φ8@200	Φ8@200
	140	1500	2	563	239	Φ8@200	Φ8@200
	140	1800	2	658	289	Φ8@200	Φ8@200
	160	600	2	420	108	Φ10@120	Φ10@200
	160	800	2	466	146	Φ10@150	Φ10@200
	160	1000	2	480	185	Φ8@200	Φ10@200
	160	1200	2	552	223	Φ8@200	Φ8@200
	160	1500	2	644	273	Φ8@200	Φ8@200
	160	1800	2	752	331	Φ8@200	Φ8@200
	180	600	2	473	122	Φ10@100	Φ10@200
	180	800	2	560	165	Φ10@100	Φ10@200
	180	1000	2	577	208	Φ10@150	Φ10@200
	180	1200	2	621	251	Φ8@200	Φ10@200
	180	1500	2	724	308	Φ8@200	Φ8@200
	180	1800	2	846	372	Φ8@200	Φ8@200
	200	600	2	525	135	Φ10@100	Φ12@200
	200	800	2	655	183	Φ10@100	Φ12@200
	200	1000	2	692	231	Φ10@100	Φ10@200
	200	1200	2	690	278	Φ8@200	Φ10@200
	200	1500	2	805	342	Φ8@200	Φ8@200
	200	1800	2	940	413	Φ8@200	Φ8@200
	250	600	2	656	169	Φ12@100	Φ12@200
	250	800	2	819	229	Φ12@100	Φ12@200
	250	1000	2	980	288	Φ12@100	Φ12@200
	250	1200	2	1029	348	Φ10@100	Φ12@200
	250	1500	2	1006	427	Φ8@200	Φ8@200
	250	1800	2	1175	517	Φ8@200	Φ8@200
	300	600	2	788	203	Φ12@100	Φ16@200
	300	800	2	983	274	Φ12@100	Φ16@200
	300	1000	2	1176	346	Φ12@100	Φ16@200
	300	1200	2	1368	418	Φ10@100	Φ16@200
	300	1500	2	1412	513	Φ8@200	Φ12@200
	300	1800	2	1410	620	Φ8@200	Φ10@200

附表A-16　　深受弯构件斜截面受剪配筋表

混凝土强度等级：C40，钢筋种类：HRB400、RRB400

梁净跨 l_n/mm	梁截面/mm^2		n(肢数)	V_{max}/kN	V_c/kN	$V \approx V_{max}$时的截面配筋	
	b	h				竖向钢筋	水平钢筋
2700	140	800	2	386	128	Φ10@200	Φ10@200
	140	1000	2	435	161	Φ8@200	Φ10@200
	140	1200	2	498	195	Φ8@200	Φ10@200
	140	1500	2	578	239	Φ8@200	Φ8@200
	140	1800	2	673	289	Φ8@200	Φ8@200
	160	800	2	482	146	Φ10@150	Φ10@200
	160	1000	2	497	185	Φ8@150	Φ10@200
	160	1200	2	569	223	Φ8@200	Φ10@200
	160	1500	2	661	273	Φ8@200	Φ8@200
	160	1800	2	769	331	Φ8@200	Φ8@200
	180	800	2	579	165	Φ10@100	Φ10@200
	180	1000	2	596	208	Φ10@150	Φ10@200
	180	1200	2	640	251	Φ8@200	Φ10@200
	180	1500	2	743	308	Φ8@200	Φ8@200
	180	1800	2	865	372	Φ8@200	Φ8@200
	200	800	2	676	183	Φ10@100	Φ12@200
	200	1000	2	713	231	Φ10@100	Φ10@200
	200	1200	2	711	278	Φ10@200	Φ10@200
	200	1500	2	826	342	Φ8@200	Φ8@200
	200	1800	2	961	413	Φ8@200	Φ8@200
	250	800	2	845	229	Φ12@100	Φ12@200
	250	1000	2	1006	288	Φ12@100	Φ12@200
	250	1200	2	1056	348	Φ10@100	Φ12@200
	250	1500	2	1032	427	Φ10@200	Φ12@200
	250	1800	2	1201	517	Φ8@200	Φ8@200
	300	800	2	1014	274	Φ12@100	Φ16@200
	300	1000	2	1208	346	Φ12@100	Φ16@200
	300	1200	2	1400	418	Φ12@200	Φ16@200
	300	1500	2	1443	513	Φ8@200	Φ12@200
	300	1800	2	1442	620	Φ8@200	Φ10@200

【例3】 已知：矩形截面 b=250mm，h=1800mm，均布荷载作用下构件斜截面上的最大剪力设计值 V=1171kN，梁的净跨 l_n=2700mm，采用混凝土强度等级为C40、钢筋采用HRB400。

求：配置水平及竖向钢筋。

【解】 根据已知条件 V=1171kN＜V_{max}=1201kN，查附表A-16得：按 $V \approx V_{max}$ 配置水平钢筋Φ8@200、竖向钢筋Φ8@200。

附录B 楼　　梯

B.1 现浇钢筋混凝土板式楼梯配筋表

1. 适用范围

（1）现浇钢筋混凝土板式楼梯配筋表主要包括：板式楼梯梯段板（TB－1）配筋选用表（见附表B－1）、板式楼梯平台板（PTB－1）配筋表（见附表B－2）、板式楼梯平台梁（PTL－1）配筋表（见附表B－3）。

附表B－1　　板式楼梯梯段板（TB－1）配筋选用表

混凝土强度等级C25，钢筋种类HPB235

跨度/m	板厚/mm	活荷载									
		q＝2.0kN/m^2		q＝2.50kN/m^2		q＝3.0kN/m^2		q＝3.5kN/m^2		q＝4.0kN/m^2	
		板主筋	支座负筋	板主筋	支座负筋	板主筋	支座负筋	板主筋	支座负筋	板主筋	支座负筋
2700	80	ϕ12@150	ϕ8@200	ϕ12@150	ϕ8@200	ϕ12@150	ϕ8@200	ϕ12@150	ϕ8@200	ϕ12@100	ϕ8@200
	100	ϕ10@100	ϕ8@200	ϕ10@100	ϕ8@200	ϕ12@200	ϕ8@200	ϕ12@150	ϕ8@200	ϕ12@150	ϕ8@200
3000	100	ϕ12@150	ϕ8@200	ϕ12@150	ϕ8@200	ϕ12@150	ϕ8@200	ϕ12@150	ϕ8@200	ϕ12@150	ϕ8@200
	110	ϕ10@100	ϕ8@200	ϕ12@150	ϕ8@200	ϕ12@150	ϕ8@200	ϕ12@150	ϕ8@200	ϕ12@150	ϕ8@200
3300	110	ϕ12@150	ϕ8@150	ϕ12@120	ϕ8@150	ϕ12@150	ϕ8@150	ϕ12@120	ϕ8@150	ϕ12@120	ϕ8@150
	120	ϕ12@150	ϕ8@150	ϕ12@150	ϕ8@150	ϕ12@150	ϕ8@150	ϕ12@150	ϕ8@150	ϕ12@120	ϕ8@150
3600	120	ϕ12@150	ϕ8@150	ϕ12@150	ϕ8@150	ϕ12@120	ϕ8@150	ϕ12@120	ϕ8@200	ϕ12@120	ϕ8@150
	130	ϕ12@150	ϕ8@150	ϕ12@150	ϕ8@150	ϕ12@150	ϕ8@150	ϕ12@120	ϕ8@200	ϕ12@120	ϕ8@150
3900	130	ϕ12@120	ϕ8@150	ϕ12@120	ϕ8@150	ϕ12@120	ϕ8@150	ϕ12@120	ϕ8@200	ϕ12@100	ϕ8@150
	140	ϕ12@120	ϕ8@150	ϕ12@120	ϕ8@150	ϕ12@120	ϕ8@150	ϕ12@120	ϕ8@200	ϕ12@100	ϕ8@150
4200	140	ϕ12@120	ϕ10@150	ϕ12@120	ϕ10@150	ϕ12@100	ϕ10@150	ϕ12@100	ϕ10@150	ϕ12@100	ϕ10@150
	150	ϕ12@120	ϕ10@150	ϕ12@120	ϕ10@150	ϕ12@120	ϕ10@150	ϕ12@100	ϕ10@150	ϕ12@100	ϕ10@150

附表B－2　　板式楼梯平台板（PTB－1）配筋表

混凝土强度等级C25；钢筋种类HPB235

板跨度/mm	活荷载 q＝2.0kN/m^2		活荷载 q＝2.5kN/m^2		活荷载 q＝3.0kN/m^2		活荷载 q＝3.5kN/m^2		活荷载 q＝4.0kN/m^2	
	板厚 t/mm	配筋	板厚 t/mm	配筋	板厚 t/mm	配筋	板厚 t/mm	配筋	板厚 t/mm	配筋
1.35	80	ϕ6@150	80	ϕ6@150	80	ϕ6@150	80	ϕ6@150	80	ϕ6@150
1.5	80	ϕ6@150	80	ϕ6@150	80	ϕ8@200	80	ϕ8@200	80	ϕ8@200
1.65	80	ϕ8@200	80	ϕ8@200	80	ϕ8@200	80	ϕ8@150	80	ϕ8@150
1.8	100	ϕ8@200	100	ϕ8@200	100	ϕ8@200	100	ϕ8@200	100	ϕ8@150
1.95	100	ϕ8@200	100	ϕ8@200	100	ϕ8@150	100	ϕ8@150	100	ϕ8@150
2.1	100	ϕ8@150	100	ϕ8@150	100	ϕ8@150	100	ϕ8@150	100	ϕ8@100
2.25	100	ϕ8@150	100	ϕ8@150	100	ϕ8@100	100	ϕ8@100	100	ϕ8@100

附表 B-3 **板式楼梯平台梁（PTL-1）配筋表**

混凝土强度等级 C25，钢筋种类：主筋 HRB335、箍筋 HPB235

平台梁(PTL-1)跨度/m	梯段板(TB-1)跨度/m	断面 $b\times h$		配筋		断面 $b\times h$		配筋		断面 $b\times h$		配筋		断面 $b\times h$		配筋	
		b/mm	h/mm	主筋	箍筋	b/mm	h/mm	主筋	箍筋	b/mm	h/mm	主筋	箍筋	b/mm	h/mm	主筋	箍筋
		活荷载 $q=2.0\text{kN/m}^2$				活荷载 $q=2.5\text{kN/m}^2$				活荷载 $q=3.0\text{kN/m}^2$				活荷载 $q=3.5\text{kN/m}^2$			
2.7	2.7	200	300	2Φ14	φ6@200	200	300	2Φ14	φ6@200	200	300	2Φ14	φ6@200	200	300	2Φ16	φ6@200
2.7	3.0	200	300	2Φ14	φ6@200	200	300	2Φ16	φ6@200	200	300	2Φ16	φ6@200	200	300	2Φ16	φ6@200
2.7	3.3	200	300	2Φ16	φ6@200	200	300	2Φ16	φ6@200	200	300	2Φ16	φ6@200	200	300	2Φ16	φ6@200
2.7	3.6	200	300	2Φ16	φ6@200	200	300	2Φ16	φ6@200	200	300	2Φ18	φ6@200	200	300	2Φ18	φ6@200
2.7	3.9	200	300	2Φ16	φ6@200	200	300	2Φ18	φ6@200	200	300	2Φ18	φ6@200	200	300	2Φ18	φ6@200
2.7	4.2	200	300	3Φ14	φ6@200	200	300	3Φ14	φ6@200	200	300	2Φ18	φ6@200	200	350	2Φ18	φ6@200
3.0	2.7	200	300	2Φ16	φ6@200	200	300	2Φ16	φ6@200	200	300	2Φ16	φ6@200	200	300	2Φ18	φ6@200
3.0	3.0	200	300	2Φ16	φ6@200	200	300	2Φ18	φ6@200	200	300	2Φ18	φ6@200	200	300	2Φ18	φ6@200
3.0	3.3	200	300	2Φ16	φ6@200	200	300	3Φ14	φ6@200	200	300	2Φ18	φ6@200	200	300	3Φ16	φ6@200
3.0	3.6	200	300	3Φ14	φ6@200	200	300	3Φ16	φ6@200	200	300	2Φ20	φ6@200	200	300	3Φ16	φ6@200
3.0	3.9	200	300	3Φ16	φ6@200	200	300	3Φ16	φ6@200	200	300	3Φ16	φ6@200	200	300	3Φ18	φ6@200
3.0	4.2	200	300	3Φ16	φ6@200	200	300	3Φ16	φ6@200	200	300	3Φ18	φ6@200	200	300	3Φ18	φ6@200
3.3	2.7	200	300	3Φ14	φ6@200	200	300	3Φ16	φ6@200	200	300	2Φ18	φ6@200	200	300	3Φ16	φ6@200
3.3	3.0	200	300	3Φ16	φ6@200	200	300	3Φ16	φ6@200	200	300	3Φ16	φ6@200	200	300	3Φ16	φ6@200
3.3	3.3	200	300	3Φ16	φ6@200	200	300	3Φ16	φ6@200	200	300	3Φ18	φ6@200	200	300	3Φ18	φ6@200
3.3	3.6	200	300	3Φ16	φ6@200	200	300	3Φ18	φ6@200	200	300	3Φ18	φ6@200	200	300	3Φ18	φ6@200
3.3	3.9	200	300	2Φ18	φ6@200	200	300	3Φ18	φ6@200	200	300	3Φ18	φ6@200	200	300	3Φ20	φ6@200
3.3	4.2	200	300	3Φ18	φ6@200	200	300	3Φ20	φ6@200	200	300	3Φ20	φ6@200	200	300	3Φ20	φ6@200

续表

平台梁(PTL-1)跨度/m	梯段板(TB-1)跨度/m	断面 $b\times h$		配 筋		断面 $b\times h$		配 筋		断面 $b\times h$		配 筋		断面 $b\times h$		配 筋	
		b/mm	h/mm	主筋	箍筋	b/mm	h/mm	主筋	箍筋	b/mm	h/mm	主筋	箍筋	b/mm	h/mm	主筋	箍筋
		活荷载 q=2.0kN/m^2				活荷载 q=2.5kN/m^2				活荷载 q=3.0kN/m^2				活荷载 q=3.5kN/m^2			
3.6	2.7	200	300	3Φ16	ϕ6@200	200	300	3Φ16	ϕ6@200	200	300	3Φ18	ϕ6@200	200	300	3Φ18	ϕ6@200
3.6	3.0	200	300	3Φ18	ϕ6@200	200	300	3Φ18	ϕ6@200	200	300	3Φ18	ϕ6@200	200	300	3Φ20	ϕ6@200
3.6	3.3	200	300	3Φ18	ϕ6@200	200	300	3Φ18	ϕ6@200	200	300	3Φ20	ϕ6@200	200	300	3Φ20	ϕ6@200
3.6	3.6	200	300	3Φ18	ϕ6@200	200	350	3Φ18	ϕ6@200	200	350	3Φ18	ϕ6@200	200	350	3Φ18	ϕ6@200
3.6	3.9	200	300	3Φ20	ϕ6@200	200	350	3Φ18	ϕ6@200	200	350	3Φ18	ϕ6@200	200	350	3Φ20	ϕ6@200
3.6	4.2	200	300	3Φ20	ϕ6@200	200	350	3Φ20	ϕ6@200	200	350	3Φ20	ϕ6@200	200	350	3Φ20	ϕ6@200
3.9	2.7	200	350	3Φ16	ϕ6@200	200	350	3Φ16	ϕ6@200	200	350	3Φ18	ϕ6@200	200	350	3Φ18	ϕ6@200
3.9	3.0	200	350	3Φ18	ϕ6@200	200	350	3Φ18	ϕ6@200	200	350	3Φ18	ϕ6@200	200	350	3Φ18	ϕ6@200
3.9	3.3	200	350	3Φ18	ϕ6@200	200	350	3Φ18	ϕ6@200	200	350	3Φ20	ϕ6@200	200	350	3Φ20	ϕ6@200
3.9	3.6	200	350	3Φ18	ϕ6@200	200	350	3Φ20	ϕ6@200	200	350	3Φ20	ϕ6@200	200	400	3Φ18	ϕ8@200
3.9	3.9	200	350	3Φ20	ϕ6@200	200	350	3Φ20	ϕ6@200	200	350	3Φ20	ϕ6@200	200	400	3Φ20	ϕ8@200
3.9	4.2	200	350	3Φ20	ϕ6@200	200	350	3Φ22	ϕ6@200	200	350	3Φ22	ϕ6@200	200	400	3Φ20	ϕ8@200
4.2	2.7	200	400	3Φ16	ϕ8@200	200	400	3Φ16	ϕ8@200	200	400	3Φ18	ϕ8@200	200	400	3Φ18	ϕ8@200
4.2	3.0	200	400	3Φ18	ϕ8@200	200	400	3Φ18	ϕ8@200	200	400	3Φ18	ϕ8@200	200	400	3Φ20	ϕ8@200
4.2	3.3	200	400	3Φ18	ϕ8@200	200	400	3Φ18	ϕ8@200	200	400	3Φ20	ϕ8@200	200	400	3Φ20	ϕ8@200
4.2	3.6	200	400	3Φ18	ϕ8@200	200	400	3Φ18	ϕ8@200	200	400	3Φ20	ϕ8@200	200	400	3Φ20	ϕ8@200
4.2	3.9	200	400	3Φ20	ϕ8@200	200	400	3Φ20	ϕ8@200	200	400	3Φ22	ϕ8@200	200	400	3Φ20	ϕ8@200
4.2	4.2	200	400	3Φ20	ϕ8@200	200	400	3Φ22	ϕ8@200	200	400	3Φ22	ϕ8@200	200	400	3Φ22	ϕ8@200

（2）配筋表编制技术条件：

栏杆自重不大于 0.2kN/m；

50mm厚水磨石面层 1.7kN/m²；

20mm厚板底抹灰 0.38kN/m²；

梯段板倾角 $\alpha=25°\sim35°$。

平台板（PTB-1）跨度≤平台梁（PLT-1）跨度/2。

（3）楼梯间平面见附图B-1。

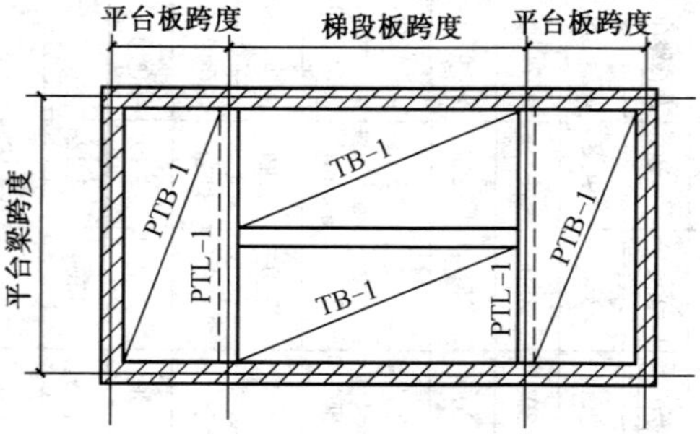

附图B-1 板式楼梯平面图

2. 基本假定

（1）平台板按沿跨度方向的两端简支单向板考虑。

（2）梯段板按沿跨度方向的两端简支单向板考虑。

（3）平台梁按沿跨度方向的两端简支梁考虑。

当实际情况不符合上述条件时，应另行考虑。

3. 选用方法

根据楼梯梯段板（TB-1）的跨度及荷载情况选择相应的板厚及配筋（见附表B-1）；根据平台板（PTB-1）的跨度及活荷载情况选择相应的板厚及配筋（见附表B-2）；根据平台梁（PTL-1）的跨度、梯段板（TB-1）的跨度、活荷载的情况选择相应的断面及配筋（见附表B-3）。

【例1】 如附图B-2所示一楼梯间，活荷载标准值 $q=2.0\text{kN/m}^2$，平台板受力及构造筋种类为HPB235，梯段板受力筋种类为HRB335或HPB235、构造筋种类为HPB235，平台梁纵向受力钢筋种类为HRB335；混凝土强度等级C25。主要材料做法：踏步面层贴预制水磨石板50mm厚；梯段板下抹20mm厚麻刀灰，采用金属条栏杆。

要求进行上述楼梯间的梯段板、平台梁、平台板的设计

根据上述给出的条件，梯段板（TB-1）的跨度3560mm、活荷载 $q=$

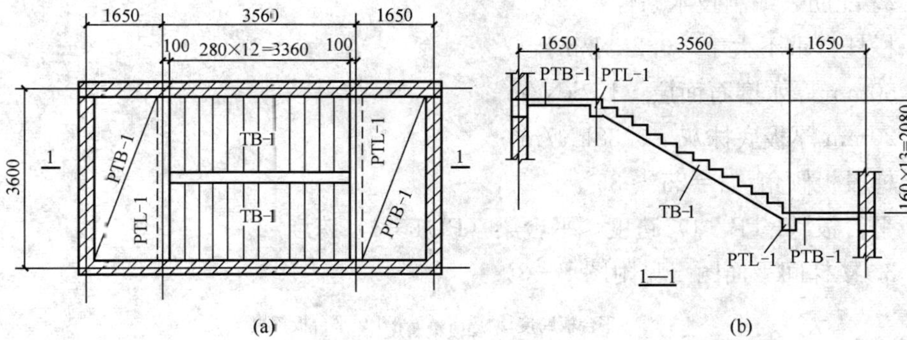

附图 B-2 楼梯间平面图、剖面图
(a) 平面图；(b) Ⅰ—Ⅰ剖面图

2.0kN/m²，查附表 B-1 得梯段板（TB-1）的厚度为 120mm、主筋 ϕ12@150mm、支座负筋 ϕ8@150mm；平台板（PTB-1）的跨度为 1650mm、q=2.0kN/m²，查附表 B-2 得平台板的厚度为 80mm，配筋为 ϕ8@200mm；平台梁（PTL-1）的跨度 3600mm、活荷载 q=2.0kN/m²、梯段板（TB-1）的跨度 3560mm，查附表 B-3 得平台梁（PTL-1）的断面（$b\times h$）为 200mm×300mm、主筋 3ϕ18、箍筋 ϕ8@200。

B.2 现浇钢筋混凝土梁式楼梯配筋表

1. 主要内容

现浇钢筋混凝土梁式楼梯配筋表主要包括：梁式楼梯踏步板（TB-1）配筋表（见附表 B-4）、梁式楼梯梯段梁（TL-1）配筋表（见附表 B-5）、梁式楼梯平台板（PTB-1）配筋表（见附表 B-6）、梁式楼梯平台梁（FTL-1）配筋表（见附表 B-7）。

附表 B-4　梁式楼梯踏步（TB-1）板配筋

本表适用：混凝土强度等级 C25；钢筋种类 HPB235

板跨度/mm	板厚/mm	活荷载 q=2.0kN/m²		活荷载 q=2.0kN/m²		活荷载 q=2.0kN/m²		活荷载 q=2.0kN/m²		活荷载 q=2.0kN/m²	
		板厚/mm	每踏步下配筋	板厚/mm	每踏步下配筋	板厚/mm	每踏步下配筋	板厚/mm	每踏步下配筋	板厚/mm	每踏步下配筋
1.2	40	40	2ϕ6	40	2ϕ6	40	2ϕ6	40	2ϕ6	40	2ϕ6
1.5	40	40	2ϕ6	40	2ϕ6	40	2ϕ6	40	2ϕ6	40	2ϕ6
1.8	40	40	2ϕ8	40	2ϕ8	40	2ϕ8	40	2ϕ8	40	2ϕ8
2.1	40	40	2ϕ8	40	2ϕ8	40	2ϕ8	40	2ϕ10	40	2ϕ10
2.4	40	40	2ϕ10	40	2ϕ10	40	2ϕ10	40	2ϕ10	40	2ϕ10

2. 配筋表编制技术条件

栏杆自重不大于　0.2kN/m；

50mm 厚水磨石面层　1.7kN/m^2；

20mm 厚板底抹灰　0.38kN/m^2；

梯段板倾角　$\alpha=25°\sim35°$。

平台板（FTB－1）跨度≤平台梁（PLT－1）跨度/2。

3. 楼梯间平面图（见附图 B－3）

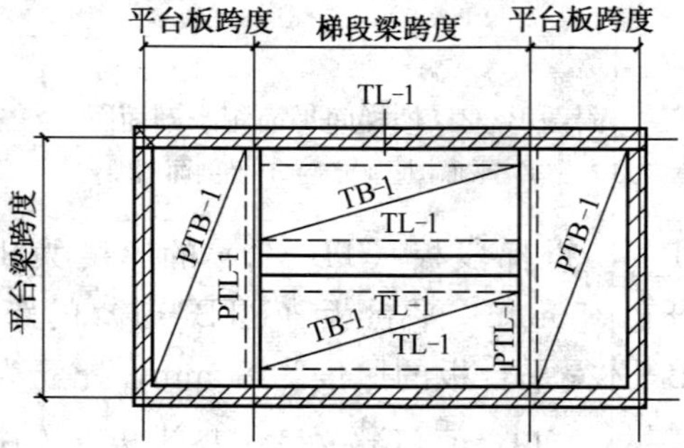

附图 B－3　梁式楼梯间平面图

4. 基本假定

(1) 踏步板按沿跨度方向的两端简支单向板考虑。

(2) 平台板按沿跨度方向的两端简支单向板考虑。

(3) 梯段梁按沿跨度方向的两端简支梁考虑。

(4) 平台梁按沿跨度方向的两端简支梁考虑。

当实际情况不符合上述条件时，应另行考虑。

5. 选用方法

根据楼梯踏步板（TB－1）的跨度及活荷载情况选择相应的板厚及配筋（见附表 B－4）；根据梯段梁（TL－1）的跨度、踏步板（TB－1）的跨度及活荷载情况选择相应的断面及配筋（见附表 B－5）；根据平台梁（PTL－1）的跨度、梯段梁（TL－1）的跨度、踏步板（TB－1）的跨度及活荷载的情况选择相应的断面及配筋（见附表 B－7）；根据平台板（PTB－1）的跨度及活荷载情况选择相应的板厚及配筋（见附表 B－6）。

附表 B-5 **梁式楼梯梯段梁（TL-1）配筋表**

混凝土强度等级 C25，钢筋种类：主筋 HRB335、箍筋 HPB235

梯段梁（TL-1）跨度/m	踏步板（TB-1）跨度/m	梁断面 $b\times h$		配筋		梁断面 $b\times h$		配筋		梁断面 $b\times h$		配筋		梁断面 $b\times h$		配筋	
		b/mm	h/mm	主筋	箍筋	b/mm	h/mm	主筋	箍筋	b/mm	h/mm	主筋	箍筋	b/mm	h/mm	主筋	箍筋
		活荷载 q=2.0kN/m²				活荷载 q=2.5kN/m²				活荷载 q=3.0kN/m²				活荷载 q=3.5kN/m²			
2.4	1.3	200	250	2Φ14	φ6@200	200	250	2Φ14	φ6@200	200	250	2Φ14	φ6@200	200	250	2Φ14	φ6@200
2.4	1.45	200	250	2Φ14	φ6@200	200	250	2Φ14	φ6@200	200	250	2Φ14	φ6@200	200	250	2Φ14	φ6@200
2.4	1.6	200	250	2Φ14	φ6@200	200	250	2Φ14	φ6@200	200	250	2Φ14	φ6@200	200	250	2Φ14	φ6@200
2.4	1.75	200	250	2Φ14	φ6@200	200	250	2Φ14	φ6@200	200	250	2Φ14	φ6@200	200	250	2Φ14	φ6@200
2.4	1.9	200	250	2Φ14	φ6@200	200	250	2Φ14	φ6@200	200	250	2Φ14	φ6@200	200	250	2Φ14	φ6@200
2.4	2.05	200	250	2Φ14	φ6@200	200	250	2Φ14	φ6@200	200	250	2Φ14	φ6@200	200	250	2Φ14	φ6@200
2.7	1.3	200	250	2Φ14	φ6@200	200	250	2Φ14	φ6@200	200	250	2Φ14	φ6@200	200	250	2Φ14	φ6@200
2.7	1.45	200	250	2Φ14	φ6@200	200	250	2Φ14	φ6@200	200	250	2Φ14	φ6@200	200	250	2Φ14	φ6@200
2.7	1.6	200	250	2Φ14	φ6@200	200	250	2Φ14	φ6@200	200	250	2Φ14	φ6@200	200	250	2Φ14	φ6@200
2.7	1.75	200	250	2Φ14	φ6@200	200	250	2Φ14	φ6@200	200	250	2Φ14	φ6@200	200	250	2Φ14	φ6@200
2.7	1.9	200	250	2Φ14	φ6@200	200	250	2Φ14	φ6@200	200	250	2Φ14	φ6@200	200	250	2Φ14	φ6@200
2.7	2.05	200	250	2Φ14	φ6@200	200	250	2Φ14	φ6@200	200	250	2Φ14	φ6@200	200	250	2Φ14	φ6@200
3	1.3	200	250	2Φ14	φ6@200	200	250	2Φ14	φ6@200	200	250	2Φ14	φ6@200	200	250	2Φ14	φ6@200
3	1.45	200	250	2Φ14	φ6@200	200	250	2Φ14	φ6@200	200	250	2Φ14	φ6@200	200	250	2Φ14	φ6@200
3	1.6	200	250	2Φ14	φ6@200	200	250	2Φ14	φ6@200	200	250	2Φ14	φ6@200	200	250	2Φ14	φ6@200
3	1.75	200	250	2Φ14	φ6@200	200	250	2Φ14	φ6@200	200	250	2Φ14	φ6@200	200	250	2Φ14	φ6@200
3	1.9	200	250	2Φ14	φ6@200	200	250	2Φ14	φ6@200	200	250	2Φ14	φ6@200	200	250	2Φ14	φ6@200
3	2.05	200	250	2Φ14	φ6@200	200	250	2Φ14	φ6@200	200	250	2Φ14	φ6@200	200	250	2Φ14	φ6@200
3.3	1.3	200	300	2Φ14	φ6@200	200	300	2Φ14	φ6@200	200	300	2Φ14	φ6@200	200	300	2Φ14	φ6@200
3.3	1.45	200	300	2Φ14	φ6@200	200	300	2Φ14	φ6@200	200	300	2Φ14	φ6@200	200	300	2Φ14	φ6@200

续表

梯段梁（TL-1）跨度/m	踏步板（TB-1）跨度/m	梁断面 $b\times h$		配筋		梁断面 $b\times h$		配筋		梁断面 $b\times h$		配筋		梁断面 $b\times h$		配筋	
		b/mm	h/mm	主筋	箍筋	b/mm	h/mm	主筋	箍筋	b/mm	h/mm	主筋	箍筋	b/mm	h/mm	主筋	箍筋
		活荷载 q=2.0kN/m²				活荷载 q=2.5kN/m²				活荷载 q=3.0kN/m²				活荷载 q=3.5kN/m²			
3.3	1.6	200	300	2Φ14	ϕ6@200	200	300	2Φ14	ϕ6@200	200	300	2Φ14	ϕ6@200	200	300	2Φ14	ϕ6@200
3.3	1.75	200	300	2Φ14	ϕ6@200	200	300	2Φ14	ϕ6@200	200	300	2Φ14	ϕ6@200	200	300	2Φ14	ϕ6@200
3.3	1.9	200	300	2Φ14	ϕ6@200	200	300	2Φ14	ϕ6@200	200	300	2Φ14	ϕ6@200	200	300	2Φ14	ϕ6@200
3.3	2.05	200	300	2Φ14	ϕ6@200	200	300	2Φ14	ϕ6@200	200	300	2Φ14	ϕ6@200	200	300	2Φ14	ϕ6@200
3.6	1.3	200	300	2Φ14	ϕ6@200	200	300	2Φ14	ϕ6@200	200	300	2Φ14	ϕ6@200	200	300	2Φ14	ϕ6@200
3.6	1.45	200	300	2Φ14	ϕ6@200	200	300	2Φ14	ϕ6@200	200	300	2Φ14	ϕ6@200	200	300	2Φ14	ϕ6@200
3.6	1.6	200	300	2Φ14	ϕ6@200	200	300	2Φ14	ϕ6@200	200	300	2Φ14	ϕ6@200	200	300	2Φ14	ϕ6@200
3.6	1.75	200	300	2Φ16	ϕ6@200	200	300	2Φ14	ϕ6@200	200	300	2Φ14	ϕ6@200	200	300	2Φ16	ϕ6@200
3.6	1.9	200	300	2Φ16	ϕ6@200	200	300	2Φ16	ϕ6@200	200	300	2Φ16	ϕ6@200	200	300	2Φ16	ϕ6@200
3.6	1.9	200	300	2Φ16	ϕ6@200	200	300	2Φ16	ϕ6@200	200	300	2Φ16	ϕ6@200	200	300	2Φ16	ϕ6@200
3.9	1.3	200	300	2Φ14	ϕ6@200	200	300	2Φ14	ϕ6@200	200	300	2Φ14	ϕ6@200	200	300	2Φ14	ϕ6@200
3.9	1.45	200	300	2Φ14	ϕ6@200	200	300	2Φ14	ϕ6@200	200	300	2Φ14	ϕ6@200	200	300	2Φ16	ϕ6@200
3.9	1.6	200	300	2Φ14	ϕ6@200	200	300	2Φ16	ϕ6@200	200	300	2Φ16	ϕ6@200	200	300	2Φ16	ϕ6@200
3.9	1.75	200	300	2Φ16	ϕ6@200	200	300	2Φ16	ϕ6@200	200	300	2Φ16	ϕ6@200	200	300	2Φ16	ϕ6@200
3.9	1.9	200	300	2Φ16	ϕ6@200	200	300	2Φ16	ϕ6@200	200	300	2Φ16	ϕ6@200	200	300	2Φ16	ϕ6@200
3.9	2.05	200	300	2Φ16	ϕ6@200	200	300	2Φ16	ϕ6@200	200	300	2Φ16	ϕ6@200	200	300	2Φ16	ϕ6@200
4.2	1.3	200	350	2Φ14	ϕ6@200	200	350	2Φ14	ϕ6@200	200	350	2Φ14	ϕ6@200	200	350	2Φ16	ϕ6@200
4.2	1.45	200	350	2Φ14	ϕ6@200	200	350	2Φ14	ϕ6@200	200	350	2Φ16	ϕ6@200	200	350	2Φ16	ϕ6@200
4.2	1.6	200	350	2Φ14	ϕ6@200	200	350	2Φ16	ϕ6@200	200	350	2Φ16	ϕ6@200	200	350	2Φ16	ϕ6@200
4.2	1.6	200	350	2Φ16	ϕ6@200	200	350	2Φ16	ϕ6@200	200	350	2Φ16	ϕ6@200	200	350	2Φ16	ϕ6@200
4.2	1.9	200	350	2Φ16	ϕ6@200	200	350	2Φ16	ϕ6@200	200	350	2Φ16	ϕ6@200	200	350	2Φ16	ϕ6@200
4.2	2.05	200	350	2Φ16	ϕ6@200	200	350	2Φ16	ϕ6@200	200	350	2Φ16	ϕ6@200	200	350	2Φ16	ϕ6@200

附表 B-6　　梁式楼梯平台板（PTB-1）配筋表

混凝土强度等级 C25；钢筋种类 HPB235

板跨度/mm	活荷载 q= 2.0kN/m²		活荷载 q= 2.5kN/m²		活荷载 q= 3.0kN/m²		活荷载 q= 3.5kN/m²		活荷载 q= 4.0kN/m²	
	板厚 t/mm	配筋/mm	板厚 t/mm	配筋/mm	板厚 t/mm	配筋/mm	板厚 t/mm	配筋/mm	板厚 t/mm	配筋/mm
1.35	80	ϕ6@150	80	ϕ6@150	80	ϕ6@150	80	ϕ6@150	80	ϕ6@150
1.5	80	ϕ6@150	80	ϕ6@150	80	ϕ8@200	80	ϕ8@200	80	ϕ8@200
1.65	80	ϕ8@200	80	ϕ8@200	80	ϕ8@200	80	ϕ8@150	80	ϕ8@150
1.8	100	ϕ8@200	100	ϕ8@200	100	ϕ8@200	100	ϕ8@200	100	ϕ8@150
1.95	100	ϕ8@200	100	ϕ8@200	100	ϕ8@150	100	ϕ8@150	100	ϕ8@150
2.1	100	ϕ8@150	100	ϕ8@150	100	ϕ8@150	100	ϕ8@150	100	ϕ8@100
2.25	100	ϕ8@150	100	ϕ8@150	100	ϕ8@100	100	ϕ8@100	100	ϕ8@100

【例 2】 如附图 B-4 所示一楼梯间，活荷载标准值 q_k=2.0kN/m²，平台板受力及构造筋种类为 HPB235，平台梁及梯段梁纵向受力钢筋种类为 HRB335，平台梁及梯段梁纵箍筋种类为 HPB235；混凝土强度等级 C25。主要材料做法：踏步面层贴预制水磨石板 50mm 厚；梯段板下抹 20mm 厚麻刀灰，采用金属条栏杆。

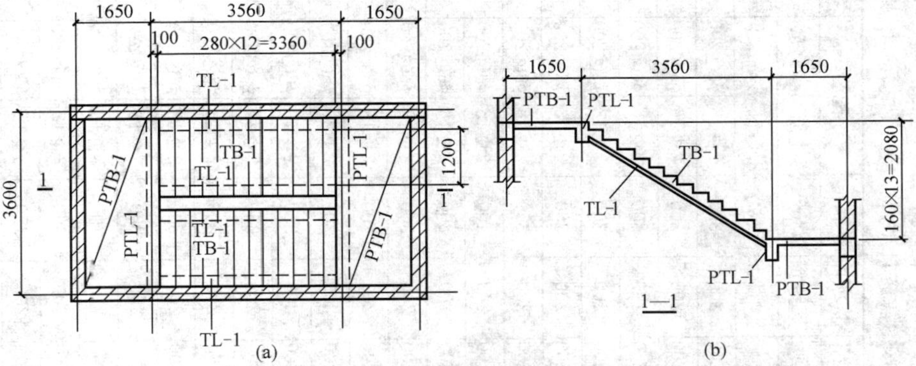

附图 B-4　楼梯间平面图、剖面图

（a）平面图；（b）1—1 剖面图

要求进行上述楼梯间的踏步板、梯段梁、平台梁、平台板的设计。

根据上述给出的条件，踏步板（TB-1）跨度为 1200mm、活荷载 q=2.0kN/m²，查附表 B-4 得踏步板厚度为 40mm，配筋为每个踏步下 2ϕ6；平台板（PTB-1）的跨度为 1650mm、q=2.0kN/m²，查附表 B-6 得平台板的厚度为 80mm，配筋为 ϕ8@200；梯段梁（TL-1）的跨度 3560mm、活荷载 q=2.0kN/m²，踏步板的跨度为 1200mm，查附表 B-5 得梯段梁（TL-1）的断面（$b\times h$）为 200mm×300mm，主筋 2ϕ14、箍筋为 ϕ6@200；平台梁（PTL-1）的跨度 3600mm、活荷载 q=2.0kN/m²、梯段梁（TL-1）的跨度 3560mm，查附表 B-7 得平台梁（PTL-1）的断面($b\times h$) 为200mm×350mm、主筋 3ϕ18、箍筋 ϕ8@200mm。

附表 B-7

梁式楼梯平台梁（PTL-1）配筋表

混凝土强度等级 C25，钢筋种类：主筋 HRB335、箍筋 HPB235

平台梁 (PTL-1) 跨度/m	梯段梁 (TL-1) 跨度/m	活荷载 q=2.0kN/m² 断面 $b\times h$ b/mm	h/mm	配筋 主筋	箍筋	活荷载 q=2.5kN/m² 断面 $b\times h$ b/mm	h/mm	配筋 主筋	箍筋	活荷载 q=3.0kN/m² 断面 $b\times h$ b/mm	h/mm	配筋 主筋	箍筋	活荷载 q=3.5kN/m² 断面 $b\times h$ b/mm	h/mm	配筋 主筋	箍筋
2.70	2.40	200	300	2Φ14	φ6@200	200	300	2Φ16	φ6@200	200	300	2Φ16	φ6@200	200	300	3Φ14	φ6@200
2.70	2.70	200	300	2Φ16	φ6@200	200	300	2Φ16	φ6@200	200	300	2Φ16	φ6@200	200	300	3Φ14	φ6@200
2.70	3.00	200	300	2Φ16	φ6@200	200	300	2Φ16	φ6@200	200	300	2Φ16	φ6@200	200	300	3Φ14	φ6@200
2.70	3.30	200	300	2Φ16	φ6@200	200	300	2Φ18	φ6@200	200	300	2Φ18	φ6@200	200	300	3Φ16	φ6@200
2.70	3.60	200	350	2Φ16	φ6@200	200	350	2Φ16	φ6@200	200	350	2Φ18	φ6@200	200	350	3Φ14	φ6@200
2.70	3.90	200	350	2Φ16	φ6@200	200	350	2Φ18	φ6@200	200	350	3Φ14	φ6@200	200	350	3Φ14	φ6@200
2.70	4.20	200	400	2Φ16	φ8@200	200	400	2Φ16	φ8@200	200	400	2Φ18	φ8@200	200	400	3Φ14	φ8@200
3.00	2.40	200	300	2Φ16	φ6@200	200	300	2Φ16	φ6@200	200	300	3Φ14	φ6@200	200	300	3Φ14	φ6@200
3.00	2.70	200	300	2Φ18	φ6@200	200	300	2Φ18	φ6@200	200	300	3Φ16	φ6@200	200	300	3Φ16	φ6@200
3.00	3.00	200	300	2Φ18	φ6@200	200	300	2Φ18	φ6@200	200	300	3Φ16	φ6@200	200	300	3Φ16	φ6@200
3.00	3.30	200	300	2Φ18	φ6@200	200	300	2Φ20	φ6@200	200	300	3Φ16	φ6@200	200	300	3Φ16	φ6@200
3.00	3.60	200	350	2Φ18	φ6@200	200	350	2Φ18	φ6@200	200	350	3Φ16	φ6@200	200	350	3Φ16	φ6@200
3.00	3.90	200	350	2Φ18	φ6@200	200	350	2Φ20	φ6@200	200	350	3Φ16	φ6@200	200	350	3Φ16	φ6@200
3.00	4.20	200	400	2Φ18	φ8@200	200	400	2Φ18	φ6@200	200	400	2Φ18	φ8@200	200	400	3Φ16	φ8@200
3.30	2.40	200	300	2Φ18	φ6@200	200	300	2Φ18	φ6@200	200	300	3Φ16	φ6@200	200	300	3Φ16	φ6@200
3.30	2.70	200	300	3Φ16	φ6@200	200	300	3Φ18	φ6@200	200	300	3Φ16	φ6@200	200	300	3Φ18	φ6@200
3.30	3.00	200	300	3Φ16	φ6@200	200	300	3Φ18	φ6@200	200	300	3Φ18	φ6@200	200	300	3Φ18	φ6@200
3.30	3.30	200	300	3Φ18	φ6@200	200	300	3Φ18	φ6@200	200	300	3Φ20	φ6@200	200	300	3Φ18	φ6@200
3.30	3.60	200	350	3Φ16	φ6@200	200	350	3Φ16	φ6@200	200	350	3Φ18	φ6@200	200	350	3Φ18	φ6@200
3.30	3.90	200	350	3Φ16	φ6@200	200	350	3Φ18	φ6@200	200	350	3Φ18	φ6@200	200	350	3Φ18	φ6@200

续表

平台梁(PTL-1)跨度/m	梯段梁(TL-1)跨度/m	断面 $b\times h$		配筋		断面 $b\times h$		配筋		断面 $b\times h$		配筋		断面 $b\times h$		配筋	
		b/mm	h/mm	主筋	箍筋	b/mm	h/mm	主筋	箍筋	b/mm	h/mm	主筋	箍筋	b/mm	h/mm	主筋	箍筋
		活荷载 q=2.0kN/m^2				活荷载 q=2.5kN/m^2				活荷载 q=3.0kN/m^2				活荷载 q=3.5kN/m^2			
3.30	4.20	200	400	3Φ16	φ8@200	200	400	3Φ16	φ6@200	200	400	3Φ18	φ8@200	200	400	3Φ18	φ6@200
3.60	2.40	200	300	3Φ16	φ6@200	200	300	3Φ18	φ6@200	200	300	3Φ18	φ6@200	200	300	3Φ18	φ6@200
3.60	2.70	200	300	3Φ18	φ6@200	200	300	3Φ18	φ6@200	200	300	3Φ18	φ6@200	200	300	3Φ18	φ6@200
3.60	3.00	200	300	3Φ18	φ6@200	200	300	3Φ18	φ6@200	200	300	3Φ20	φ6@200	200	300	3Φ20	φ6@200
3.60	3.30	200	300	3Φ18	φ6@200	200	300	3Φ20	φ6@200	200	300	3Φ20	φ6@200	200	300	3Φ20	φ6@200
3.60	3.60	200	350	3Φ18	φ6@200	200	350	3Φ18	φ6@200	200	350	3Φ20	φ6@200	200	350	3Φ20	φ6@200
3.60	3.90	200	350	3Φ18	φ6@200	200	350	3Φ20	φ6@200	200	350	3Φ20	φ6@200	200	350	3Φ20	φ6@200
3.60	4.20	200	400	3Φ18	φ8@200	200	400	3Φ18	φ8@200	200	400	3Φ18	φ8@200	200	400	3Φ20	φ8@200
3.90	2.40	200	350	3Φ16	φ6@200	200	350	3Φ18	φ6@200	200	350	3Φ18	φ6@200	200	350	3Φ18	φ6@200
3.90	2.70	200	350	3Φ18	φ6@200	200	350	3Φ20	φ6@200	200	350	3Φ18	φ6@200	200	350	3Φ20	φ6@200
3.90	3.00	200	350	3Φ18	φ6@200	200	350	3Φ18	φ6@200	200	350	3Φ20	φ6@200	200	350	3Φ20	φ6@200
3.90	3.30	200	350	3Φ18	φ6@200	200	350	3Φ20	φ6@200	200	350	3Φ20	φ6@200	200	350	3Φ20	φ6@200
3.90	3.60	200	350	3Φ20	φ6@200	200	350	3Φ20	φ6@200	200	350	3Φ20	φ6@200	200	350	3Φ22	φ6@200
3.90	3.90	200	350	3Φ20	φ6@200	200	350	3Φ20	φ6@200	200	350	3Φ22	φ6@200	200	350	3Φ22	φ6@200
3.90	4.20	200	400	3Φ20	φ8@200	200	400	3Φ20	φ8@200	200	400	3Φ20	φ8@200	200	400	3Φ22	φ8@200
4.20	2.40	200	400	3Φ16	φ8@200	200	400	3Φ18	φ8@200	200	400	3Φ18	φ8@200	200	400	3Φ18	φ8@200
4.20	2.70	200	400	3Φ18	φ8@200	200	400	3Φ18	φ8@200	200	400	3Φ18	φ8@200	200	400	3Φ20	φ8@200
4.20	3.00	200	400	3Φ18	φ8@200	200	400	3Φ18	φ8@200	200	400	3Φ20	φ8@200	200	400	3Φ20	φ8@200
4.20	3.30	200	400	3Φ18	φ8@200	200	400	3Φ20	φ8@200	200	400	3Φ20	φ8@200	200	400	3Φ20	φ8@200
4.20	3.60	200	400	3Φ20	φ8@200	200	400	3Φ20	φ8@200	200	400	3Φ20	φ8@200	200	400	3Φ22	φ8@200
4.20	3.90	200	400	3Φ20	φ8@200	200	400	3Φ20	φ8@200	200	400	3Φ22	φ8@200	200	400	3Φ22	φ8@200
4.20	4.20	200	400	3Φ20	φ8@200	200	400	3Φ22	φ8@200	200	400	3Φ22	φ8@200	200	450	3Φ22	φ8@200

附录C 预 埋 件

C.1 预埋件受弯剪承载力表

1. 适用范围

(1) 本表适用于由锚板和对称布置的双排直锚筋组成的受弯剪的预埋件（附图C-1）。

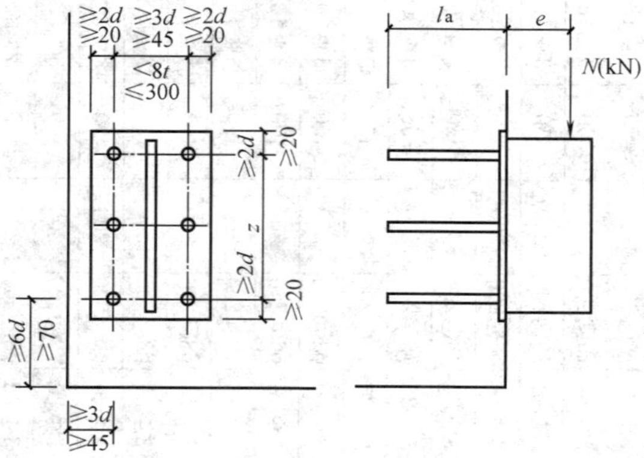

附图C-1 锚筋与锚板构造尺寸

(2) 锚板采用Q235B·F钢板，锚筋采用HRB335级钢筋，锚筋均为等间距布置。锚筋与锚板采用T形焊。

2. 使用说明

(1) 本表已考虑锚板弯曲变形。当选用更厚锚板时，本表略偏于安全。

(2) 混凝土按C20计算。当混凝土高于C20时，本表偏于安全。

(3) 受弯剪预埋件存在如下规律：

1) 双排三层（6根）锚筋的埋件较锚筋及锚板尺寸（z值）均相同的双排两层（4根）锚筋的埋件承载力大35%。

2) 双排四层（8根）锚筋的埋件较锚筋及锚板尺寸（z值）均相同的双排两层（4根）锚筋的埋件承载力大70%。

故当采用本表以外的锚筋时，可按上述原则换算。

(4) 由本表查得的承载力均为已乘重要性系数γ_0后的设计值。

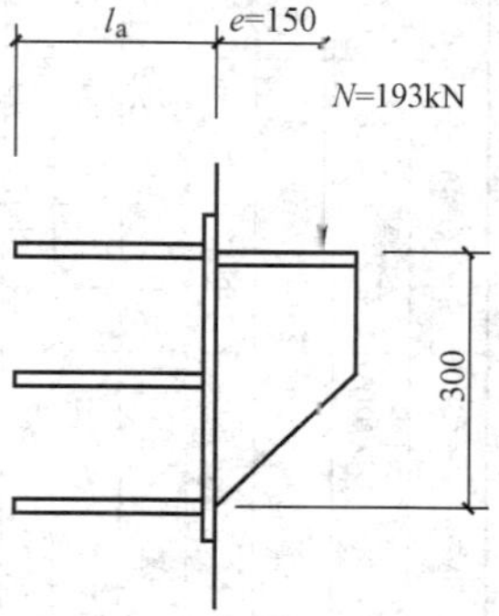

附图C-2 算例示意图

【例1】 已知：柱混凝土C30，柱侧钢牛腿（附图C-2）承受竖向荷载设计值$N=193$kN（已乘重要性系数γ_0）。

求：设计该预埋件。

【解】 近似取最外层锚筋中心线之间的距离为钢牛腿高度，即$z=300$mm，查附表C-1得，当混凝土C20，$e=150$mm，锚筋用6Φ22（双排三层），锚板

$t=14$mm 时，

$$[N]=205.1>N=193\text{kN}$$

满足要求。

锚筋竖向在 $z=300$mm 范围内等间距布置，锚筋水平间距及锚板尺寸，按附图C-2构造确定。

附表 C-1 预埋件受弯剪承载力设计值 [kN] 混凝土：C20

z /mm	e /mm	锚筋 锚板/mm													
		6Φ12 t=8	8Φ12 t=8	6Φ14 t=10	8Φ14 t=10	6Φ16 t=10	8Φ16 t=10	6Φ18 t=12	8Φ18 t=12	6Φ20 t=12	8Φ20 t=12	6Φ22 t=14	8Φ22 t=14	6Φ25 t=16	8Φ25 t=16
300	0	99.6	125.5	128.5	161.8	158.5	199.6	188.8		218.5		246.8		284.5	
	50	91.3	115.0	118.4	149.1	146.4	184.4	175.4		203.6		231.1		268.3	
	75	87.7	110.4	114.0	143.5	141.0	177.6	169.3		196.8		224.0		260.9	
	100	84.3	106.2	109.8	138.3	136.0	171.3	163.7		190.5		217.3		253.9	
	125	81.2	102.2	106.0	133.5	131.4	165.5	158.4		184.6		211.1		247.2	
	150	78.3	98.6	102.4	129.0	127.0	160.0	153.5		179.1		205.1		240.9	
	175	75.6	95.2	99.1	124.7	123.0	154.9	148.9		173.8		199.5		234.9	
	200	73.1	92.0	95.9	120.8	119.2	150.1	144.5		168.9		194.2		229.2	
350	0	99.6	125.5	128.5	161.8	158.5	199.6	188.8	237.7	218.5		246.8		284.5	
	50	92.4	116.4	119.8	150.8	148.0	186.4	177.2	223.1	205.6		233.2		270.5	
	75	89.2	112.3	115.8	145.9	143.3	180.4	171.9	216.4	199.7		227.0		264.0	
	100	86.2	108.5	112.2	141.2	138.9	174.8	166.9	210.1	194.1		221.1		257.8	
	125	83.4	105.0	108.7	136.9	134.7	169.6	162.2	204.2	188.8		215.5		251.9	
	150	80.8	101.7	105.5	132.8	130.8	164.7	157.7	198.6	183.8		210.2		246.3	
	175	78.3	98.6	102.4	129.0	127.0	160.0	153.5	193.3	179.1		205.1		240.9	
	200	76.0	95.6	99.5	125.3	123.5	155.6	149.5	188.3	174.6		200.3		235.7	
400	0	99.6	125.5	128.5	161.8	158.5	199.6	188.8	237.7	218.5	275.1	246.8	310.7	284.5	
	50	93.3	117.5	120.8	152.1	149.3	187.9	178.5	224.8	207.1	260.8	234.8	295.7	272.2	
	75	90.4	113.8	117.3	147.7	145.0	182.6	173.8	218.9	201.8	254.2	229.3	288.7	266.4	
	100	87.7	110.4	114.0	143.5	141.0	177.6	169.3	213.2	196.8	247.9	224.0	282.1	260.9	
	125	85.1	107.2	110.8	139.6	137.3	172.8	165.1	207.9	192.1	241.9	219	275.7	255.6	
	150	82.7	104.2	107.9	135.9	133.7	168.3	161	202.8	187.5	236.2	214.2	269.7	250.5	
	175	80.4	101.3	105.1	132.3	130.3	164.1	157.2	197.9	183.2	230.7	209.5	263.9	245.6	
	200	78.3	98.6	102.4	129.0	127.0	160.0	153.5	193.3	179.1	225.5	205.1	258.3	240.9	
450	0	99.6	125.5	128.5	161.8	158.5	199.6	188.8	237.7	218.5	275.1	246.8	310.7	284.5	358.3
	50	93.9	118.3	121.6	153.1	150.2	189.2	179.6	226.2	208.3	262.3	236.1	297.3	273.5	344.4
	75	91.3	115.0	118.4	149.1	146.4	184.4	175.4	220.8	203.6	256.3	231.1	291.0	268.3	337.9
	100	88.9	111.9	115.4	145.3	142.8	179.8	171.3	215.7	199.0	250.6	226.3	285.0	263.3	331.6
	125	86.5	109.0	112.6	141.7	139.3	175.5	167.4	210.8	194.7	245.2	221.7	279.2	258.5	325.5
	150	84.3	106.2	109.8	138.3	136.0	171.3	163.7	206.2	190.5	239.9	217.3	273.7	253.9	319.7
	175	82.2	103.5	107.2	135.1	132.9	167.4	160.2	201.7	186.6	234.9	213.1	268.4	249.4	314.0
	200	80.2	101.0	104.3	131.9	129.9	163.6	156.8	197.4	182.7	230.1	209.0	263.2	245.1	308.6

C.2　预埋件受拉弯剪承载力表

1. 适用范围

（1）本表适用于由锚板和对称布置的双排直锚筋组成的受拉弯剪的预埋件。

（2）锚板采用Q235B·F钢板，锚筋采用HPB235或HRB335级钢筋，锚筋均为等间距布置。锚筋与锚板采用T形焊。

2. 使用说明

（1）本表已考虑锚板弯曲变形。当采用更厚锚板时，本表略偏于安全。

（2）混凝土按C20计算。当混凝土高于C20时，本表偏于安全。

（3）由本表查得的承载力均为已乘重要性系数γ_0后的设计值。

【例2】 已知：板混凝土C20，板下通过∟50×5吊挂

N=25kN（设计值，已乘重要性系数γ_0）。

求：设计该预埋件。

【解】 板下吊重，N与锚板垂直，埋件受拉即$\alpha=90°$，查附表C-3，当$e=0$时，选$z=70$mm，4ϕ8，$t=6$mm，则

$$[N]=26.6\text{kN}>N=25\text{kN}$$

即可满足承载力要求。

锚筋及锚板其他尺寸，按附图C-3构造确定。

【例3】 已知：某柱间支撑与混凝土柱连接，如附图C-4所示。柱混凝土C25。

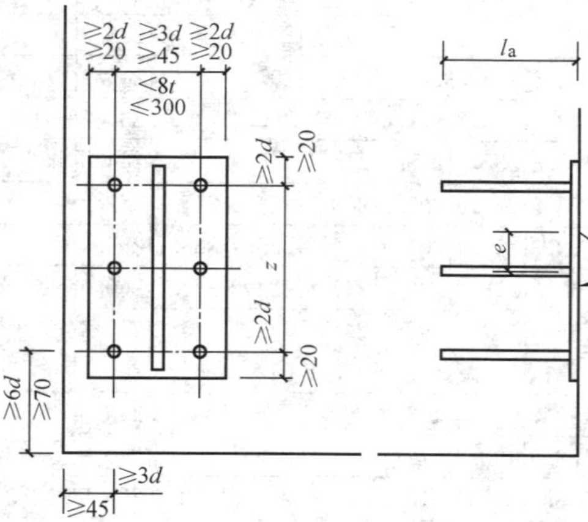

附图C-3　锚筋与锚板的构造尺寸

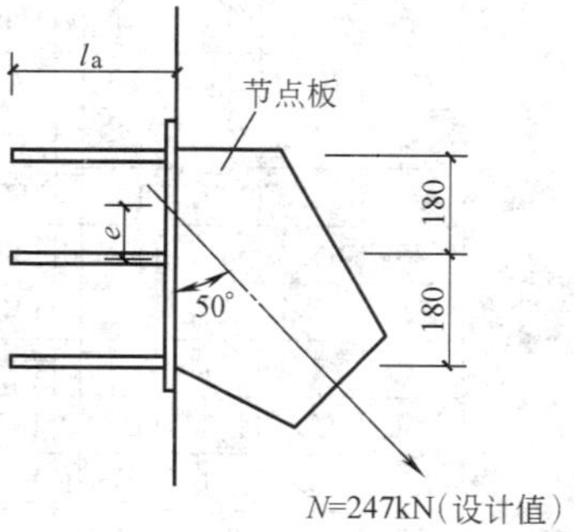

附图C-4　算例示意图

求：设计该预埋件。

【解】 参考节点板尺寸，近似取最外层锚筋中心线之间距离$z=350$mm，查附表C-7，当混凝土C20，$e=100$mm，$\alpha=50°$，6Φ25（双排3层），$t=16$时，

$$[N]=252.3>N=247\text{kN}$$

满足承载力要求。

锚筋竖向在 $z=350\text{mm}$ 范围内等间距布置，锚筋水平间距及锚板尺寸，按附图C-3构造确定。

【例4】 已知：某框架梁混凝土C30，梁侧通过∟50×5吊挂 $N=53.3\text{kN}$（设计值，已乘重要性系数 γ_0），如附图C-5所示。初定埋件：锚筋4Φ10，锚板 $t=8\text{mm}$。复核预埋件承载力。

【解】 由 $z=70\text{mm}$，$e=0$，$\alpha=0°$，查附表C-5，当锚筋采用4Φ10，锚板采用 $t=8\text{mm}$ 时，

$$[N]=54.0>N=53.3\text{kN}$$

承载力足够。

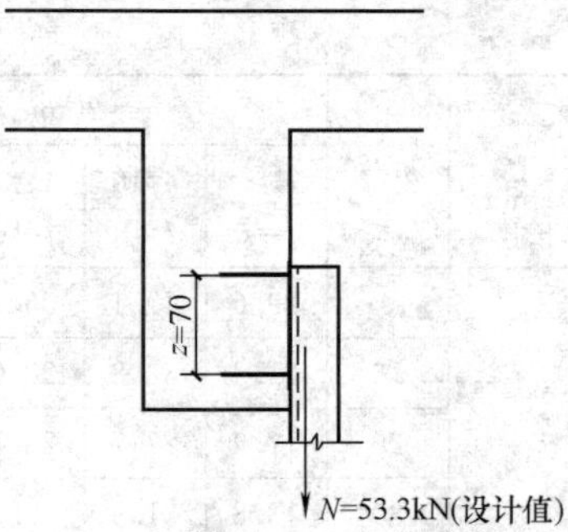

附图C-5 算例示意图

附表C-2 预埋件受拉弯剪承载力设计值[kN]（mm）混凝土：C20

e /mm	α(°)	z=70mm				z=100mm						
		4φ8 t=6	4φ10 t=8	4Φ8 t=6	4Φ10 t=8	4φ8 t=6	4φ10 t=8	4Φ8 t=6	4Φ10 t=8	4Φ12 t=8	4Φ14 t=10	4Φ16 t=10
0	0	29.6	45.1	36.3	54.0	29.6	45.1	36.3	54.0	73.8	95.2	117.4
	10	25.1	38.6	31.5	47.3	25.1	38.6	31.5	47.3	64.8	84.3	104.4
	20	22.4	34.6	28.6	43.3	22.4	34.6	28.6	43.3	59.4	77.8	96.6
	30	20.8	32.2	27.0	41.1	20.8	32.2	27.0	41.1	56.4	74.4	92.6
	40	20.0	31.1	26.3	40.2	20.0	31.1	26.3	40.2	55.2	73.3	91.5
	50	19.8	30.9	26.4	40.6	19.8	30.9	26.4	40.6	55.8	74.6	93.3
	60	20.2	31.7	27.3	42.3	20.2	31.7	27.3	42.3	58.2	78.2	98.1
	70	21.3	33.5	29.3	45.6	21.3	33.5	29.3	45.6	62.8	85.0	106.9
	80	23.3	36.8	32.6	51.2	23.3	36.8	32.6	51.2	70.5	96.3	121.6
	90	26.6	42.2	38.0	60.3	26.6	42.2	38.0	60.3	83.2	115.1	146
50	0	29.6	45.1	36.3	54.0	29.6	45.1	36.3	54.0	73.8	95.2	117.4
	10	23.4	36.1	29.6	44.6	23.9	36.8	30.2	45.4	62.2	81.2	100.6
	20	19.9	30.8	25.7	39.1	20.6	31.8	26.5	40.3	55.2	72.7	90.3
	30	17.7	27.6	23.3	35.7	18.6	28.8	24.3	37.2	51.0	67.6	84.3
	40	16.5	25.7	22.0	33.9	17.4	27.1	23.1	35.5	48.8	65.1	81.4
	50	14.3	22.7	20.4	32.4	16.8	26.3	22.7	35.1	48.2	64.7	81.1
	60	12.6	20.1	18.1	28.7	15.4	24.4	21.9	34.8	48.1	66.2	83.2
	70	11.7	18.5	16.7	26.4	14.2	22.5	20.2	32.1	44.3	61.2	77.7
	80	11.1	17.7	15.9	25.2	13.5	21.4	19.3	30.6	42.3	58.4	74.1
	90	11	17.4	15.6	24.8	13.3	21.1	19.0	30.2	41.6	57.5	73.0

续表

e /mm	α(°)	z=70mm				z=100mm						
		4φ8 t=6	4φ10 t=8	4Φ8 t=6	4Φ10 t=8	4φ8 t=6	4φ10 t=8	4Φ8 t=6	4Φ10 t=8	4Φ12 t=8	4Φ14 t=10	4Φ16 t=10
100	0	29.6	45.1	36.3	54.0	29.6	45.1	36.3	54.0	73.8	95.2	117.4
	10	21.9	33.8	28.0	42.3	22.8	35.1	28.9	43.7	59.8	73.2	97.0
	20	17.9	27.7	23.3	35.6	19.0	29.5	24.7	37.6	51.6	63.1	84.8
	30	13.8	21.9	19.7	31.3	16.8	46.1	22.2	34.0	46.6	62.0	77.5
	40	10.7	17.0	15.3	24.3	13.8	21.9	19.7	31.3	43.2	58.6	73.3
	50	9.0	14.3	12.9	20.4	11.6	18.4	16.5	26.2	36.2	50.1	63.5
	60	8.0	12.6	11.4	18.1	10.2	16.3	14.6	23.2	32.0	44.3	56.2
	70	7.3	11.6	10.5	16.6	9.4	15.0	13.5	21.4	29.5	40.8	51.8
	80	7.0	11.1	10.0	15.9	9.0	14.3	12.9	20.4	28.2	38.9	49.4
	90	6.9	10.9	9.9	15.6	8.9	14.1	12.7	20.1	27.7	38.4	48.7
150	0	29.6	45.1	36.3	54.0	29.6	45.1	36.3	54.0	73.8	95.2	117.4
	10	20.6	31.9	26.5	40.1	21.8	33.6	27.8	42.0	57.6	75.5	93.7
	20	14.7	23.4	21.0	32.7	17.7	27.5	23.1	35.3	48.5	64.1	79.9
	30	10.1	16	14.4	22.8	13.3	21.1	19.0	30.2	41.6	57.3	71.6
	40	7.8	12.4	11.2	17.8	10.3	16.4	14.8	23.5	32.4	44.7	56.8
	50	6.6	10.4	9.4	14.9	8.7	13.8	12.4	19.7	27.2	37.5	47.6
	60	5.8	9.2	8.3	13.2	7.7	12.2	11.0	17.4	24.0	33.2	42.1
	70	5.4	8.5	7.7	12.1	7.1	11.2	10.1	16	22.1	30.6	38.8
	80	5.1	8.1	7.3	11.6	6.8	10.7	9.6	15.3	21.1	29.2	37.1
	90	5.0	8.0	7.2	11.4	6.7	10.6	9.5	15.1	20.8	28.8	36.5
200	0	29.6	45.1	36.3	54.0	29.6	45.1	36.3	54.0	73.8	95.2	117.4
	10	19.5	30.2	25.1	38.2	20.9	32.3	26.8	40.5	55.6	72.9	90.6
	20	11.6	18.4	16.5	26.3	15.6	24.7	21.7	33.3	45.7	60.6	75.6
	30	7.9	12.6	11.3	18.0	10.6	16.9	15.2	24.1	33.3	46.0	58.4
	40	6.2	9.8	8.8	14.0	8.3	13.1	11.8	18.8	25.9	35.8	45.4
	50	5.2	8.2	7.4	11.7	6.9	11.0	9.9	15.7	21.7	30.0	38.1
	60	4.6	7.3	6.5	10.4	6.1	9.8	8.8	13.9	19.2	26.6	33.7
	70	4.2	6.7	6.0	9.6	5.7	9.0	8.1	12.8	17.7	24.5	31.1
	80	4.0	6.4	5.7	9.1	5.4	8.6	7.7	12.2	16.9	23.4	29.6
	90	4.0	6.3	5.7	9.0	5.3	8.4	7.6	12.1	16.6	23.0	29.2

附表 C-3 预埋件受拉弯剪承载力设计值［kN］(mm) 混凝土：C20

e/mm	α(°)	z=150mm											
		4φ8 $t=6$	6φ8 $t=6$	4φ10 $t=8$	6φ10 $t=8$	4Φ8 $t=6$	6Φ8 $t=6$	4Φ10 $t=8$	6Φ10 $t=8$	4Φ12 $t=8$	6Φ12 $t=8$	4Φ14 $t=10$	4Φ16 $t=10$
0	0	29.6	39.9	45.1	60.9	36.3	48.9	54.0	72.8	73.8	99.6	95.2	117.4
	10	25.1	34.4	38.6	52.9	31.5	43.2	47.3	64.8	64.8	88.7	84.3	104.4
	20	22.4	31.1	34.6	48.0	28.6	39.7	43.3	59.9	59.4	82.2	77.8	96.6
	30	20.8	29.2	32.2	45.2	27.0	37.8	41.1	57.4	56.4	78.8	74.4	92.6
	40	20.0	28.3	31.1	44.0	26.3	37.1	40.2	56.7	55.2	77.9	73.3	91.5
	50	19.8	28.3	30.9	44.2	26.4	37.6	40.6	57.8	55.8	79.4	74.6	93.3
	60	20.2	29.2	31.7	45.7	27.3	39.4	42.3	60.8	58.2	83.7	78.2	98.1
	70	21.3	31.1	33.5	48.9	29.3	42.6	45.6	66.3	62.8	91.3	85.0	106.9
	80	23.3	34.4	36.8	54.4	32.6	48.0	51.2	75.4	70.5	103.8	96.3	121.6
	90	26.6	39.9	42.2	63.3	38.0	57.0	60.3	90.5	83.2	124.9	115.1	146.0
50	0	29.6	39.9	45.1	60.9	36.3	48.9	54.0	72.8	73.8	99.6	95.2	117.4
	10	24.3	33.3	37.3	51.2	30.6	41.9	46.0	63.0	63.1	86.3	82.2	101.8
	20	21.1	29.3	32.7	45.3	27.2	37.6	41.2	57.0	56.5	78.2	74.3	92.4
	30	19.2	27	29.9	41.8	25.2	35.1	38.4	53.5	52.7	73.5	69.7	86.9
	40	18.2	25.7	28.3	39.9	24.1	33.9	37.0	52.0	50.8	71.4	67.7	84.5
	50	17.7	25.2	27.7	39.4	23.8	33.7	36.7	52.0	50.5	71.5	67.7	84.7
	60	17.8	25.5	27.9	40.0	24.2	34.6	37.6	53.7	51.8	73.9	69.8	87.7
	70	17.0	24.4	27.0	38.7	24.3	34.8	38.5	55.3	53.1	76.3	73.5	93.2
	80	16.2	23.3	25.7	36.9	23.2	33.3	36.7	52.8	50.7	72.8	70.1	88.9
	90	16.0	22.9	25.3	36.4	22.8	32.7	36.2	52.0	49.9	71.7	69.0	87.6
100	0	29.6	39.9	45.1	60.9	36.3	48.9	54.0	72.8	73.8	99.6	95.2	117.4
	10	23.5	32.2	36.2	49.6	29.8	40.7	44.8	61.3	61.4	84.0	80.2	99.3
	20	20.0	27.8	31.0	43.0	25.9	35.8	39.3	54.3	54	74.5	71.1	88.4
	30	17.9	25	27.9	38.9	23.6	32.8	36	50.2	49.5	68.9	65.7	81.9
	40	16.7	23.4	26.0	36.6	22.2	31.2	34.2	47.9	47.0	65.9	62.8	78.5
	50	14.9	21.0	23.6	33.3	21.3	30.0	33.5	47.3	46.1	65.0	61.9	77.7
	60	13.2	18.6	20.9	29.5	18.8	26.5	29.8	42.1	41.2	58.1	56.9	72.2
	70	12.1	17.1	19.3	27.2	17.3	24.4	27.5	38.8	38.0	53.5	52.5	66.6
	80	11.6	16.3	18.4	25.9	16.5	23.3	26.2	37.0	36.2	51.1	50.1	63.5
	90	11.4	16.1	18.1	25.5	16.3	23.0	25.9	36.5	35.7	50.3	49.3	62.6
150	0	29.6	39.9	45.1	60.9	36.3	48.9	54.0	72.8	73.8	99.6	95.2	117.4
	10	22.8	31.2	35.1	48.1	28.9	39.6	43.7	59.7	59.8	81.8	78.2	97.0
	20	19	26.3	29.5	40.8	24.7	34.1	37.6	51.9	51.6	71.2	68.1	84.8
	30	16.8	23.4	26.1	36.4	22.2	30.8	34	47.2	46.6	64.8	62.0	77.5
	40	13.8	19.3	21.9	30.6	19.7	27.5	31.3	43.7	43.2	60.3	58.6	73.3
	50	11.6	16.2	18.4	25.7	16.5	23.1	26.2	36.7	36.2	50.6	50.1	63.5
	60	10.2	14.3	16.3	22.7	14.6	20.4	23.2	32.4	32	44.7	44.3	56.2
	70	9.4	13.2	15.0	20.9	13.5	18.8	21.4	29.9	29.5	41.2	40.8	51.8
	80	9	12.6	14.3	20.0	12.9	18	20.4	28.5	28.2	39.3	38.9	49.4
	90	8.9	12.4	14.1	19.7	12.7	17.7	20.1	28.1	27.7	38.7	38.4	48.7

续表

e /mm	α(°)	z=150mm											
		4ϕ8 t=6	6ϕ8 t=6	4ϕ10 t=8	6ϕ10 t=8	4 Φ 8 t=6	6 Φ 8 t=6	4 Φ 10 t=8	6 Φ 10 t=8	4 Φ 12 t=8	6 Φ 12 t=8	4 Φ 14 t=10	4 Φ 16 t=10
200	0	29.6	39.9	45.1	60.9	36.3	48.9	54.0	72.8	73.8	99.6	95.2	117.4
	10	22.1	30.3	34.1	46.7	28.2	38.5	42.6	58.2	58.3	79.7	76.4	94.7
	20	18.1	25.0	28.1	38.8	23.6	32.6	36.0	49.7	49.5	68.2	65.4	81.5
	30	14.5	20.1	23.0	32.0	20.7	28.8	32.1	44.5	44.1	61.2	58.8	73.5
	40	11.3	15.7	17.9	24.9	16.1	22.4	25.6	35.5	35.3	49.0	48.8	61.9
	50	9.5	13.1	15.0	20.9	13.5	18.8	21.5	29.8	29.6	41.1	41.0	52.0
	60	8.4	11.6	13.3	18.5	12.0	16.6	19.0	26.4	26.2	36.4	36.2	46.0
	70	7.7	10.7	12.3	17.0	11.0	15.3	17.5	24.3	24.2	33.5	33.4	42.4
	80	7.4	10.2	11.7	16.2	10.5	14.6	16.7	23.2	23.1	32.0	31.9	40.4
	90	7.3	10.1	11.5	16.0	10.4	14.4	16.5	22.8	22.7	31.5	31.4	39.8

附表 C-4　预埋件受拉弯剪承载力设计值 [kN] (mm) 混凝土：C20

e /mm	α(°)	z=200mm												
		4ϕ8 t=6	6ϕ8 t=6	4ϕ10 t=8	6ϕ10 t=8	4 Φ 10 t=8	6 Φ 10 t=8	4 Φ 12 t=8	6 Φ 12 t=8	4 Φ 14 t=10	6 Φ 14 t=10	4 Φ 16 t=10	6 Φ 16 t=10	4 Φ 18 t=12
0	0	29.6	39.9	45.1	60.9	54.0	72.8	73.8	99.6	95.2	128.5	117.4	158.5	139.8
	10	25.1	34.4	38.6	52.9	47.3	64.8	64.8	88.7	84.3	115.3	104.4	142.7	125.5
	20	22.4	31.1	34.6	48.0	43.3	59.9	59.4	82.2	77.8	107.6	96.6	133.5	117.0
	30	20.8	29.2	32.2	45.2	41.1	57.4	56.4	78.8	74.4	103.8	92.6	129.1	112.8
	40	20.0	28.3	31.1	44.0	40.2	56.7	55.2	77.9	73.3	103.2	91.5	128.7	112.2
	50	19.8	28.3	30.9	44.2	40.6	57.8	55.8	79.4	74.6	105.9	93.3	132.4	115.1
	60	20.2	29.2	31.7	45.7	42.3	60.8	58.2	83.7	78.2	112.2	98.1	140.6	122.0
	70	21.3	31.1	33.5	48.9	45.6	66.3	62.8	91.3	85.0	123.4	106.9	155.0	134.0
	80	23.3	34.4	36.8	54.4	51.2	75.4	70.5	103.8	96.3	141.7	121.6	178.8	153.8
	90	26.6	39.9	42.2	63.3	60.3	90.5	83.2	124.9	115.1	172.6	146.0	219.0	187.3
50	0	29.6	39.9	45.1	60.9	54.0	72.8	73.8	99.6	95.2	128.5	117.4	158.5	139.8
	10	24.5	33.6	37.6	51.6	46.3	63.4	63.5	86.9	82.7	113.1	102.4	140.0	123.3
	20	21.4	29.8	33.2	46.0	41.7	57.7	57.2	79.1	75.2	103.8	93.4	128.9	113.3
	30	19.6	27.5	30.4	42.6	39.0	54.5	53.6	74.7	70.9	98.7	88.3	122.9	107.8
	40	18.6	26.3	29.0	40.9	37.7	53.1	51.8	72.9	69.0	96.9	86.2	120.9	106.0
	50	18.2	25.9	28.4	40.5	37.6	53.4	51.7	73.3	69.3	98.0	86.7	122.7	107.3
	60	18.4	26.4	28.8	41.3	38.7	55.3	53.3	76.1	71.7	102.4	90.1	128.4	112.2
	70	18.9	27.3	30.0	43.3	41.1	59.3	56.6	81.7	76.8	110.6	96.7	139.2	121.4
	80	18.0	26.0	28.6	41.3	40.8	59.1	56.3	81.5	77.9	112.7	98.8	142.9	126.8

续表

e/mm	α(°)	z=200mm												
		4φ8 t=6	6φ8 t=6	4φ10 t=8	6φ10 t=8	4Φ10 t=8	6Φ10 t=8	4Φ12 t=8	6Φ12 t=8	4Φ14 t=10	6Φ14 t=10	4Φ16 t=10	6Φ16 t=10	4Φ18 t=12
50	90	17.7	25.7	28.1	40.7	40.2	58.2	55.5	80.3	76.7	110.9	97.3	140.8	124.9
100	0	29.6	39.9	45.1	60.9	54.0	72.8	73.8	99.6	95.2	128.5	117.4	158.5	139.8
	10	23.9	32.8	36.8	50.4	45.4	62.1	62.2	85.1	81.2	110.9	100.6	137.4	121.1
	20	20.6	28.5	31.8	44.1	40.3	55.6	55.2	76.3	72.7	100.3	90.3	124.6	109.8
	30	18.6	26.0	28.8	40.3	37.2	51.8	51.0	71.1	67.6	94.1	84.3	117.3	103.3
	40	17.4	24.5	27.1	38.2	35.5	49.9	48.8	68.5	65.1	91.2	81.4	114.0	100.3
	50	16.8	23.9	26.3	37.3	35.1	49.5	48.2	68.1	64.7	91.2	81.1	114.3	100.6
	60	15.4	21.8	24.4	34.6	34.8	49.5	48.1	68.3	66.2	94.1	83.2	118.2	103.9
	70	14.2	20.1	22.5	31.9	32.1	45.6	44.3	62.9	61.2	87.0	77.7	110.4	99.7
	80	13.5	19.2	21.4	30.5	30.6	43.5	42.3	60.1	58.4	83.0	74.1	105.3	95.1
	90	13.3	18.9	21.1	30.0	30.2	42.9	41.6	59.1	57.5	81.8	73.0	103.7	93.6
150	0	29.6	39.9	45.1	60.9	54.0	72.8	73.8	99.6	95.2	128.5	117.4	158.5	139.8
	10	23.3	32.0	35.9	49.2	44.5	60.9	61.0	83.4	79.7	108.8	98.7	134.9	119.1
	20	19.8	27.4	30.6	42.4	38.9	53.7	53.4	73.7	70.3	97.0	87.5	120.6	106.5
	30	17.6	24.6	27.4	38.2	35.5	49.4	48.7	67.8	64.7	89.9	80.8	112.1	99.1
	40	16.3	23.0	25.5	35.8	33.6	47.0	46.2	64.6	61.7	86.2	77.2	107.8	95.3
	50	13.9	19.5	22.0	31.0	31.5	44.3	43.5	61.1	60.1	84.5	76.1	107.0	94.6
	60	12.3	17.3	19.5	27.4	27.9	39.2	38.4	54.1	53.1	74.7	67.4	94.8	86.5
	70	11.3	15.9	18.0	25.3	25.7	36.1	35.4	49.8	49.0	68.9	62.1	87.4	79.7
	80	10.8	15.2	17.1	24.1	24.5	34.5	33.8	47.5	46.7	65.7	59.3	83.4	76.1
	90	10.6	15.0	16.9	23.8	24.1	33.9	33.3	46.8	46.0	64.7	58.4	82.1	74.9
200	0	29.6	39.9	45.1	60.9	54.0	72.8	73.8	99.6	95.2	128.5	117.4	158.5	139.8
	10	22.8	31.2	35.1	48.1	43.7	59.7	59.8	81.8	78.2	106.8	97.0	132.5	117.1
	20	19.0	26.3	29.5	40.8	37.6	51.9	51.6	71.2	68.1	93.9	84.8	116.8	103.4
	30	16.8	23.4	26.1	36.4	34.0	47.2	46.6	64.8	62.0	86.1	77.5	107.4	95.2
	40	13.8	19.3	21.9	30.6	31.3	43.7	43.2	60.3	58.6	81.7	73.3	102.3	90.7
	50	11.6	16.2	18.4	25.7	26.2	36.7	36.2	50.6	50.1	69.9	63.5	88.7	81.5
	60	10.2	14.3	16.3	22.7	23.2	32.4	32.0	44.7	44.3	61.8	56.2	78.5	72.1
	70	9.4	13.2	15.0	20.9	21.4	29.9	29.5	41.2	40.8	57.0	51.8	72.3	66.4
	80	9.0	12.6	14.3	20.0	20.4	28.5	28.2	39.3	38.9	54.4	49.4	69.0	63.4
	90	8.9	12.4	14.1	19.7	20.1	28.1	27.7	38.7	38.4	53.6	48.7	68.0	62.4

附表 C-5　预埋件受拉弯剪承载力设计值［kN］（mm）混凝土：C20

e /mm	α(°)	z=250mm														
		4φ10 t=8	6φ10 t=8	8φ10 t=8	4Φ10 t=8	6Φ10 t=8	8Φ10 t=8	4Φ12 t=8	6Φ12 t=8	8Φ12 t=8	4Φ14 t=10	6Φ14 t=10	4Φ16 t=10	6Φ16 t=10	4Φ18 t=12	6Φ18 t=12
0	0	45.1	60.9	76.7	54.0	72.8	91.7	73.8	99.6	125.5	95.2	128.5	117.4	158.5	139.8	188.8
	10	38.6	52.9	67.2	47.3	64.8	82.1	64.8	88.7	112.5	84.3	115.3	104.4	142.7	125.5	171.4
	20	34.6	48.0	61.4	43.3	59.9	76.4	59.4	82.2	104.8	77.8	107.6	96.6	133.5	117	161.4
	30	32.2	45.2	58.1	41.1	57.4	73.6	56.4	78.8	101.0	74.4	103.8	92.6	129.1	112.8	157.1
	40	31.1	44.0	56.8	40.2	56.7	73.1	55.2	77.9	100.3	73.3	103.2	91.5	128.7	112.2	157.6
	50	30.9	44.2	57.3	40.6	57.8	74.9	55.8	79.4	102.8	74.6	105.9	93.3	132.4	115.1	163.1
	60	31.7	45.7	59.6	42.3	60.8	79.2	58.2	83.7	108.8	78.2	112.2	98.1	140.6	122.0	174.5
	70	33.5	48.9	64.2	45.6	66.3	86.8	62.8	91.3	119.5	85.0	123.4	106.9	155	134	193.9
	80	36.8	54.4	71.8	51.2	75.4	99.4	70.5	103.8	137	96.3	141.7	121.6	178.8	153.8	226
	90	42.2	63.3	84.4	60.3	90.5	120.6	83.2	124.9	166.5	115.1	172.6	146	219	187.3	280.9
50	0	45.1	60.9	76.7	54.0	72.8	91.7	73.8	99.6	125.5	95.2	128.5	117.4	158.5	139.8	188.8
	10	37.8	51.9	65.8	46.5	63.7	80.7	63.7	87.2	110.6	83	113.5	102.8	140.5	123.7	168.9
	20	33.4	46.4	59.2	42	58.1	74.1	57.6	79.7	101.6	75.7	104.5	94.0	129.8	114	157.2
	30	30.8	43.1	55.4	39.4	55.0	70.5	54.1	75.5	96.7	71.5	99.7	89.1	124.1	108.8	151.3
	40	29.4	41.5	53.5	38.2	53.8	69.2	52.5	73.9	95.0	69.8	98.1	87.2	122.4	107.2	150.2
	50	28.9	41.2	53.3	38.2	54.2	70.0	52.5	74.5	96.2	70.3	99.5	88.0	124.5	108.8	153.7
	60	29.3	42.1	54.8	39.4	56.4	73.2	54.2	77.5	100.6	73	104.2	91.6	130.7	114	162.5
	70	30.7	44.5	58.2	42.0	60.6	79.1	57.8	83.4	108.8	78.3	113.0	98.6	142.1	123.8	178.1
	80	30.6	44.5	58.3	43.7	63.6	83.3	60.4	87.8	115	83.5	121.3	105.9	153.9	135.8	197.5
	90	30.2	43.8	57.4	43.1	62.6	82	59.5	86.4	113.2	82.2	119.5	104.3	151.6	133.8	194.5
100	0	45.1	60.9	76.7	54	72.8	91.7	73.8	99.6	125.5	95.2	128.5	117.4	158.5	139.8	188.8
	10	37.1	50.9	64.6	45.8	62.6	79.4	62.7	85.8	108.8	81.8	111.8	101.3	138.4	122	166.6
	20	32.3	44.8	57.2	40.8	56.4	71.9	56.0	77.4	98.6	73.6	101.6	91.5	126.3	111.2	153.2
	30	29.5	41.2	52.8	37.9	52.8	67.6	52.0	72.5	92.8	68.9	95.9	85.9	119.4	105	145.9
	40	27.8	39.2	50.5	36.4	51.1	65.7	50.0	70.2	90.2	66.6	93.4	83.2	116.7	102.5	143.4
	50	27.1	38.5	49.8	36.0	51.0	65.8	49.6	70.1	90.4	66.4	93.8	83.2	117.5	103.2	145.4
	60	27.1	38.7	50.2	36.8	52.5	68.0	50.7	72.2	93.5	68.3	97.3	85.8	122.1	107.1	152.1
	70	25.0	35.7	46.3	35.7	51.0	66.1	49.2	70.3	91.3	68.0	97.2	86.3	123.4	110.7	158.3
	80	23.8	34.0	44.2	34.0	48.6	63.1	47.0	67.1	87.1	64.9	92.8	82.3	117.7	105.7	151.0
	90	23.5	33.5	43.5	33.5	47.9	62.1	46.2	66.1	85.8	63.9	91.4	81.1	115.9	104.0	148.7
150	0	45.1	60.9	76.7	54.0	72.8	91.7	73.8	99.6	125.5	95.2	128.5	117.4	158.5	139.8	188.8
	10	36.4	49.9	63.4	45.1	61.6	78.1	61.7	84.4	107.0	80.6	110.1	99.8	136.4	120.3	164.2
	20	31.3	43.4	55.4	39.7	54.8	69.9	54.5	75.2	95.8	71.7	98.9	89.2	123.0	108.5	149.4
	30	28.2	39.5	50.6	36.5	50.8	65.0	50.1	69.7	89.2	66.4	92.4	82.9	115.1	101.5	140.9
	40	26.4	37.2	47.8	34.7	48.7	62.5	47.7	66.9	85.9	63.7	89.2	79.7	111.4	98.3	137.3
	50	25.1	35.4	45.7	34.1	48.2	62.0	46.9	66.2	85.3	63.0	88.8	79.0	111.2	98.1	137.9
	60	22.2	31.3	40.4	31.7	44.8	57.8	43.7	61.8	79.7	60.4	85.4	76.6	108.4	98.3	139.0
	70	20.4	28.9	37.3	29.2	41.3	53.2	40.3	56.9	73.5	55.7	78.7	70.6	99.9	90.6	128.1
	80	19.5	27.6	35.6	27.8	39.4	50.8	38.4	54.3	70.1	53.1	75.1	67.4	95.3	86.4	122.3
	90	19.2	27.1	35.0	27.4	38.8	50	37.8	53.5	69.0	52.3	74.0	66.4	93.8	85.1	120.4

续表

e /mm	α(°)	z=250mm														
		4φ10 t=8	6φ10 t=8	8φ10 t=8	4Φ10 t=8	6Φ10 t=8	8Φ10 t=8	4Φ12 t=8	6Φ12 t=8	8Φ12 t=8	4Φ16 t=10	6Φ14 t=10	4Φ16 t=10	6Φ16 t=10	4Φ18 t=12	6Φ18 t=12
200	0	45.1	60.9	76.7	54.0	72.8	91.7	73.8	99.6	125.5	95.2	128.5	117.4	158.5	139.8	188.8
	10	35.8	49.0	62.2	44.3	60.6	76.9	60.8	83.1	105.3	79.4	108.4	98.4	134.4	118.7	162.0
	20	30.4	42.1	53.6	38.6	53.3	67.9	53.0	73.2	93.2	69.9	96.3	86.9	119.8	105.9	145.8
	30	27.1	37.8	48.5	35.2	48.9	62.5	48.3	67.2	85.9	64.2	89.1	80.1	111.1	98.3	136.2
	40	25.2	35.4	45.4	33.2	46.5	59.6	45.7	63.9	81.9	61.0	85.3	76.4	106.7	94.3	131.6
	50	21.2	29.8	38.2	30.3	42.5	54.6	41.8	58.7	75.4	57.8	81.1	73.3	102.9	93.5	131.2
	60	18.8	26.3	33.8	26.8	37.6	48.3	37.0	51.9	66.7	51.1	71.7	64.8	91.0	83.2	116.8
	70	17.3	24.3	31.2	24.7	34.7	44.5	34.1	47.8	61.5	47.1	66.1	59.7	83.9	76.7	107.6
	80	16.5	23.2	29.7	23.6	33.1	42.5	32.5	45.6	58.6	44.9	63.1	57.0	80.0	73.1	102.7
	90	16.2	22.8	29.3	23.2	32.6	41.9	32	44.9	57.8	44.3	62.1	56.1	78.8	72.0	101.1

附表 C-6　预埋件受拉弯剪承载力设计值［kN］(mm) 混凝土：C20

e /mm	α(°)	z=300mm											
		6φ10 t=8	8φ10 t=8	6Φ10 t=8	8Φ10 t=8	6Φ12 t=8	8Φ12 t=8	6Φ14 t=10	8Φ14 t=10	6Φ16 t=10	6Φ18 t=12	6Φ20 t=12	6Φ22 t=14
0	0	60.9	76.7	72.8	91.7	99.6	125.5	128.5	161.8	158.5	188.8	218.5	246.8
	10	52.9	67.2	64.8	82.1	88.7	112.5	115.3	146.2	142.7	171.4	199.2	226.8
	20	48.0	61.4	59.9	76.4	82.2	104.8	107.6	137.1	133.5	161.4	188.4	215.9
	30	45.2	58.1	57.4	73.6	78.8	101.0	103.8	132.9	129.1	157.1	183.9	212.2
	40	44.0	56.8	56.7	73.1	77.9	100.3	103.2	132.8	128.7	157.6	185.2	215.0
	50	44.2	57.3	57.8	74.9	79.4	102.8	105.9	136.9	132.4	163.1	192.3	224.8
	60	45.7	59.6	60.8	79.2	83.7	108.8	112.2	145.9	140.6	174.5	206.6	243.3
	70	48.9	64.2	66.3	86.8	91.3	119.5	123.4	161.4	155.0	193.9	230.7	274.2
	80	54.4	71.8	75.4	99.4	103.8	137.0	141.7	186.8	178.8	226.0	270.5	325.3
	90	63.3	84.4	90.5	120.6	124.9	166.5	172.6	230.1	219.0	280.9	339.3	415.5
50	0	60.9	76.7	72.8	91.7	99.6	125.5	128.5	161.8	158.5	188.8	218.5	246.8
	10	52.0	66.1	63.9	81.0	87.5	110.9	113.8	144.2	140.9	169.3	197.0	224.4
	20	46.6	59.6	58.4	74.5	80.1	102.1	105.0	133.8	130.4	157.9	184.4	211.6
	30	43.5	55.8	55.4	71.0	76.0	97.4	100.3	128.4	124.9	152.2	178.4	206.2
	40	41.9	54.0	54.3	69.8	74.5	95.9	98.9	127.1	123.4	151.4	178.1	207.1
	50	41.6	53.9	54.8	70.8	75.3	97.3	100.5	129.8	125.7	155.2	183.3	214.7
	60	42.7	55.5	57.1	74.1	78.5	101.9	105.5	136.8	132.3	164.4	194.9	230
	70	45.2	59.1	61.5	80.3	84.6	110.5	114.6	149.5	144.1	180.6	215.0	256.1
	80	46.9	61.6	67.0	88.0	92.5	121.4	127.9	167.8	162.2	207.3	248.3	299.1
	90	46.2	60.7	66	86.7	91.1	119.6	125.9	165.3	159.8	205.0	247.6	303.2
100	0	60.9	76.7	72.8	91.7	99.6	125.5	128.5	161.8	158.5	188.8	218.5	246.8
	10	51.2	65.0	63.0	79.8	86.3	109.4	112.4	142.4	139.1	167.3	194.7	222.0
	20	45.3	57.9	57.0	72.6	78.2	99.6	102.6	130.7	127.4	154.5	180.6	207.5
	30	41.8	53.7	53.5	68.6	73.5	94.1	97.1	124.2	120.9	147.6	173.2	200.5
	40	39.9	51.5	52.0	66.8	71.4	91.8	94.9	121.9	118.5	145.6	171.5	199.8

续表

e /mm	α(°)	z=300mm											
		6ϕ10 t=8	8ϕ10 t=8	6Φ10 t=8	8Φ10 t=8	6Φ12 t=8	8Φ12 t=8	6Φ14 t=10	8Φ14 t=10	6Φ16 t=10	6Φ18 t=12	6Φ20 t=12	6Φ22 t=14
100	50	39.4	50.9	52.0	67.2	71.5	92.3	95.7	123.4	119.7	148.1	175.0	205.4
	60	40.0	52.0	53.7	69.6	73.9	95.8	99.5	128.8	124.8	155.4	184.4	218.1
	70	38.7	50.4	55.3	71.9	76.3	99.3	105.5	137.2	133.9	168.9	201.4	240.2
	80	36.9	48.1	52.8	68.7	72.8	94.7	100.7	131.0	127.7	163.9	197.9	242.4
	90	36.4	47.3	52	67.6	71.7	93.3	99.1	129	125.8	161.4	194.9	238.7
150	0	60.9	76.7	72.8	91.7	99.6	125.5	128.5	161.8	158.5	188.8	218.5	246.8
	10	50.4	64.0	62.1	78.8	85.1	107.9	110.9	140.6	137.4	165.4	192.5	219.7
	20	44.1	56.3	55.6	70.9	76.3	97.2	100.3	127.7	124.6	151.3	176.9	203.6
	30	40.3	51.7	51.8	66.3	71.1	91.0	94.1	120.3	117.3	143.4	168.3	195.1
	40	38.2	49.1	49.9	64.1	68.5	88.0	91.2	117.1	114.0	140.3	165.3	193.0
	50	37.3	48.2	49.5	63.9	68.1	87.8	91.2	117.5	114.3	141.6	167.5	196.9
	60	34.6	44.8	49.5	64.0	68.3	88.3	94.1	121.7	118.2	147.4	175.0	207.3
	70	31.9	41.3	45.6	59.0	62.9	81.4	87.0	112.5	110.4	141.6	171.0	209.5
	80	30.5	39.4	43.5	56.3	60.1	77.7	83.0	107.4	105.3	135.1	163.2	199.9
	90	30.0	38.8	42.9	55.4	59.1	76.5	81.8	105.7	103.7	133.1	160.7	196.8
200	0	60.9	76.7	72.8	91.7	99.6	125.5	128.5	161.8	158.5	188.8	218.5	246.8
	10	49.6	63.0	61.3	77.7	84.0	106.4	109.5	138.8	135.7	163.5	190.4	217.4
	20	43.0	54.8	54.3	69.2	74.5	94.9	98.0	124.8	121.9	148.1	173.4	199.7
	30	38.9	49.8	50.2	64.2	68.9	88.1	91.3	116.6	113.8	139.3	163.7	190.1
	40	36.6	47.0	47.9	61.5	65.9	84.5	87.8	112.7	109.8	135.3	159.6	186.7
	50	33.3	42.9	47.3	60.9	65.0	83.7	87.2	112.2	109.3	135.6	160.5	189.1
	60	29.5	38.0	42.1	54.2	58.1	74.8	80.3	103.4	101.9	130.7	157.9	193.4
	70	27.2	35.0	38.8	50.0	53.5	69.0	74.0	95.3	93.9	120.5	145.5	178.2
	80	25.9	33.4	37.0	47.7	51.1	65.8	70.6	91.0	89.6	115.0	138.8	170.0
	90	25.5	32.9	36.5	47.0	50.3	64.8	69.5	89.6	88.2	113.2	136.7	167.4

附表 C-7　预埋件受拉弯剪承载力设计值［kN］（mm）混凝土：C20

e /mm	α(°)	z=350mm											
		8ϕ10 t=8	8Φ10 t=8	6Φ12 t=8	8Φ12 t=8	6Φ14 t=10	8Φ14 t=10	6Φ16 t=10	8Φ16 t=10	6Φ18 t=12	6Φ20 t=12	6Φ22 t=14	6Φ25 t=16
0	0	76.7	91.7	99.6	125.5	128.5	161.8	158.5	199.6	188.8	218.5	246.8	284.5
	10	67.2	82.1	88.7	112.5	115.3	146.2	142.7	180.9	171.4	199.2	226.8	264.2
	20	61.4	76.4	82.2	104.8	107.6	137.1	133.5	170.1	161.4	188.4	215.9	253.8
	30	58.1	73.6	78.8	101.0	103.8	132.9	129.1	165.2	157.1	183.9	212.2	251.6
	40	56.8	73.1	77.9	100.3	103.2	132.8	128.7	165.6	157.6	185.2	215	257.1
	50	57.3	74.9	79.4	102.8	105.9	136.9	132.4	171.1	163.1	192.3	224.8	271.3
	60	59.6	79.2	83.7	108.8	112.2	145.9	140.6	182.8	174.5	205.6	243.3	296.8
	70	64.2	86.8	91.3	119.5	123.4	161.4	155.0	202.7	193.9	230.7	274.2	338.8
	80	71.8	99.4	103.8	137.0	141.7	186.8	178.8	235.7	226.0	270.5	325.3	409.2
	90	84.4	120.6	124.9	166.5	172.6	230.1	219.0	291.9	280.9	339.3	415.5	537.2

续表

e /mm	α(°)	z=350mm											
		8φ10 t=8	8Φ10 t=8	6Φ12 t=8	8Φ12 t=8	6Φ14 t=10	8Φ14 t=10	6Φ16 t=10	8Φ16 t=10	6Φ18 t=12	6Φ20 t=12	6Φ22 t=14	6Φ25 t=16
50	0	76.7	91.7	99.6	125.5	128.5	161.8	158.5	199.6	188.8	218.5	246.8	284.5
	10	66.2	81.1	87.6	111.1	114.0	144.5	141.2	178.9	169.6	197.3	224.7	262.0
	20	59.8	74.8	80.4	102.5	105.4	134.3	130.8	166.6	158.4	184.9	212.2	249.9
	30	56.1	71.3	76.4	97.9	100.8	129.0	125.5	160.5	152.9	179.2	207.0	246.0
	40	54.4	70.3	75.0	96.5	99.5	127.9	124.1	159.5	152.2	179.0	208.2	249.6
	50	54.4	71.4	75.8	98.0	101.3	130.8	126.6	163.5	156.3	184.5	216.0	261.5
	60	56.1	74.8	79.2	102.8	106.4	138.1	133.4	173.1	165.8	196.5	221.8	283.5
	70	59.8	81.1	85.5	111.7	115.8	151.1	145.6	189.9	182.4	217.1	258.5	320.3
	80	64.2	91.7	96.1	126.4	131.3	172.5	165.8	217.8	209.7	251.2	302.5	381.3
	90	63.2	90.3	94.8	124.6	131.0	172.2	166.2	218.5	213.2	257.5	315.4	407.8
100	0	76.7	91.7	99.6	125.5	128.5	161.8	158.5	199.6	188.8	218.5	246.8	284.5
	10	65.3	80.2	86.6	109.8	112.8	142.9	139.6	176.9	167.9	195.4	222.7	259.9
	20	58.4	73.2	78.7	100.3	103.3	131.5	128.3	163.3	155.5	181.6	208.7	246.1
	30	54.3	69.2	74.2	95.0	98.0	125.4	122.0	156.1	148.9	174.7	202.1	240.6
	40	52.2	67.6	72.2	92.9	96.0	123.4	119.9	154.0	147.2	173.3	201.9	242.6
	50	51.7	68.2	72.5	93.7	97.0	125.1	121.4	156.6	150.1	177.3	208.0	252.3
	60	52.9	70.8	75.1	97.4	101.1	131.0	126.9	164.3	157.9	187.3	221.4	271.4
	70	53.7	76.2	80.5	104.8	109.0	142.0	137.2	178.6	172.1	205.1	244.5	303.7
	80	51.3	73.3	77.5	101.1	107.2	139.7	136.0	177.3	174.5	210.7	258.1	333.7
	90	50.5	72.1	76.4	99.6	105.6	137.6	133.9	174.6	171.8	207.5	254.2	328.6
150	0	76.7	91.7	99.6	125.5	128.5	161.8	158.5	199.6	188.8	218.5	246.8	284.5
	10	64.4	79.2	85.6	108.5	111.5	141.3	138.1	175.0	166.2	193.5	220.7	257.8
	20	57.0	71.6	77.1	98.2	101.3	128.9	125.8	160.2	152.6	178.4	205.2	242.4
	30	52.5	67.2	72.1	92.3	95.4	122.0	118.8	151.9	145.2	170.4	197.4	235.4
	40	50.1	65.2	69.7	89.6	92.8	119.1	115.9	148.7	142.5	167.9	195.9	235.9
	50	49.4	65.2	69.5	89.7	93.1	120.0	116.6	150.2	144.3	170.6	200.5	243.7
	60	48.6	67.3	71.5	92.6	96.3	124.7	120.9	156.4	150.7	178.9	211.8	260.3
	70	44.7	63.9	68.1	88.2	94.1	121.9	119.3	154.7	153.1	184.9	226.5	288.7
	80	42.7	61.0	64.9	84.2	89.8	116.3	113.9	147.6	146.1	176.5	216.1	279.4
	90	42.0	60.1	64.0	82.9	88.4	114.6	112.1	145.4	143.9	173.8	212.8	275.2
200	0	76.7	91.7	99.6	125.5	128.5	161.8	158.5	199.6	188.8	218.5	246.8	284.5
	10	63.5	78.3	84.6	107.3	110.3	139.8	136.7	173.1	164.6	191.6	218.7	255.7
	20	55.6	70.2	75.5	96.2	99.3	126.4	123.4	157.1	149.9	175.4	201.9	238.8
	30	50.9	65.4	70.1	89.7	92.9	118.7	115.7	147.9	141.6	166.3	192.9	230.5
	40	48.2	63.0	67.3	86.5	89.7	115.2	112.2	143.9	138.1	162.8	190.3	229.5
	50	47.0	62.6	66.7	86.0	89.5	115.2	112.1	144.3	138.9	164.4	193.5	235.7
	60	41.6	59.4	63.5	82.0	87.8	113.3	111.4	143.8	142.9	171.3	203.1	250.0
	70	38.3	54.8	58.5	75.6	80.9	104.4	102.7	132.5	131.7	159.1	194.8	251.9
	80	36.6	52.2	55.9	72.1	77.2	99.7	98.0	126.4	125.7	151.8	185.9	240.3
	90	36.0	51.5	55.0	71.0	76.0	98.1	96.5	124.5	123.8	149.5	183.1	236.7

附表 C-8　预埋件受拉弯剪承载力设计值［kN］（mm）混凝土：C20

e/mm	α(°)	z=400mm											
		6Φ12 t=8	8Φ12 t=8	6Φ14 t=10	8Φ14 t=10	6Φ16 t=10	8Φ16 t=10	6Φ18 t=12	8Φ18 t=12	6Φ20 t=12	8Φ20 t=12	6Φ22 t=14	6Φ25 t=16
0	0	99.6	125.5	128.5	161.8	158.5	199.6	188.8	237.7	218.5	275.1	246.8	284.5
	10	88.7	112.5	115.3	146.2	142.7	180.9	171.4	217.1	199.2	252.3	226.8	264.2
	20	82.2	104.8	107.6	137.1	133.5	170.1	161.4	205.5	188.4	239.7	215.9	253.8
	30	78.8	101	103.8	132.9	129.1	165.2	157.1	200.9	183.9	235.1	212.2	251.6
	40	77.9	100.3	103.2	132.8	128.7	165.6	157.6	202.5	185.2	237.8	215.0	257.1
	50	79.4	102.8	105.9	136.9	132.4	171.1	163.1	210.6	192.3	248.2	224.8	271.3
	60	83.7	108.8	112.2	145.9	140.6	182.8	174.5	226.5	206.6	268.0	243.3	296.8
	70	91.3	119.5	123.4	161.4	155.0	202.7	193.9	253.3	230.7	301.2	274.2	338.8
	80	103.8	137.0	141.7	186.8	178.8	235.7	226.0	297.7	270.5	356.1	325.3	409.2
	90	124.9	166.5	172.6	230.1	219	291.9	380.9	374.6	339.3	452.4	415.5	537.2
50	0	99.6	125.5	128.5	161.8	158.5	199.6	188.8	237.7	218.5	275.1	246.8	284.5
	10	87.8	111.3	114.2	144.7	141.3	179.1	169.9	215.1	197.5	250.1	225.0	262.3
	20	80.6	102.8	105.7	134.6	131.2	167.1	158.8	202.1	185.4	235.9	212.7	250.4
	30	76.7	98.3	101.2	129.5	125.9	161.1	153.4	196.1	179.8	229.7	207.7	246.7
	40	75.3	96.9	99.9	128.5	124.7	160.3	152.9	196.3	179.8	230.8	209.0	250.5
	50	76.3	98.6	101.8	131.5	127.3	164.4	157.1	202.7	185.4	239.1	217.1	262.7
	60	79.7	103.5	107.1	139.0	134.3	174.2	166.8	216.2	197.7	256.1	233.2	285.1
	70	86.2	112.6	116.7	152.3	146.7	191.4	183.7	239.6	218.7	285.0	260.4	322.5
	80	97.0	127.6	132.5	174.2	167.3	219.8	211.6	278.0	253.5	332.8	305.2	384.6
	90	97.7	128.6	135.1	177.8	171.4	225.6	219.9	289.4	265.5	349.6	325.2	420.4
100	0	99.6	125.5	128.5	161.8	158.5	199.6	188.8	237.7	218.5	275.1	246.8	284.5
	10	86.9	110.1	113.1	143.3	140	177.4	168.3	213.2	195.8	248.0	223.2	260.4
	20	79.1	100.8	103.8	132.2	128.9	164.1	156.2	198.8	182.4	232.1	209.6	247
	30	74.7	95.7	98.7	126.3	122.9	157.2	149.9	191.6	175.8	224.6	203.3	241.9
	40	72.9	93.8	96.9	124.5	120.9	155.3	148.4	190.5	174.7	224.1	203.4	244.3
	50	73.3	94.7	98.0	126.5	122.7	158.2	151.6	195.3	179.0	230.6	209.9	254.5
	60	76.1	98.7	102.4	132.7	128.4	166.4	159.8	206.9	189.5	245.2	223.9	274.3
	70	81.7	106.5	110.6	144.2	139.2	181.3	174.6	227.2	208.0	270.5	247.9	307.7
	80	81.5	106.4	112.7	147.1	142.9	186.7	183.4	239.5	221.5	289.2	271.2	350.7
	90	80.3	104.8	110.9	144.9	140.8	183.8	180.6	235.8	218.1	284.8	267.1	345.4

续表

e /mm	α(°)	z=400mm											
		6Φ12 t=8	8Φ12 t=8	6Φ14 t=10	8Φ14 t=10	6Φ16 t=10	8Φ16 t=10	6Φ18 t=12	8Φ18 t=12	6Φ20 t=12	8Φ20 t=12	6Φ22 t=14	6Φ25 t=16
150	0	99.6	125.5	128.5	161.8	158.5	199.6	188.8	237.7	218.5	275.1	246.8	284.5
	10	86.0	109.0	112.0	141.9	138.7	175.7	166.9	211.3	194.2	245.9	221.4	258.6
	20	77.7	99.0	102.0	129.9	126.7	161.3	153.7	195.5	179.6	228.5	206.5	243.7
	30	72.9	93.3	96.3	123.2	120.0	153.4	146.6	187.3	172.0	219.6	199.1	237.3
	40	70.6	90.8	94.0	120.7	117.3	150.6	144.2	185.0	169.9	217.8	198.1	238.3
	50	70.6	91.1	94.5	121.9	118.3	152.5	146.4	188.5	173.1	222.8	203.2	246.9
	60	72.8	94.3	98.1	127.0	123.1	159.3	153.3	198.3	182.0	235.2	215.3	264.4
	70	72.5	94.1	100.2	130.1	127.1	165.0	163.1	211.8	196.9	255.8	236.6	294.1
	80	69.2	89.8	95.6	124.1	121.3	157.5	155.6	202.1	187.9	244.0	230.1	297.5
	90	68.1	88.4	94.1	122.2	119.4	155.1	153.2	199.0	185.1	240.3	226.6	293
200	0	99.6	125.5	128.5	161.8	158.5	199.6	188.8	237.7	218.5	275.1	246.8	284.5
	10	85.1	107.9	110.9	140.6	137.4	174.1	165.4	209.5	192.5	243.8	219.7	256.7
	20	76.3	97.2	100.3	127.7	124.6	158.6	151.3	192.4	176.9	225.0	203.6	240.5
	30	71.1	91.0	94.1	120.3	117.3	149.9	143.4	183.1	168.3	214.9	195.1	232.9
	40	68.5	88.0	91.2	117.1	114.0	146.3	140.3	179.9	165.3	211.9	193.0	232.7
	50	68.1	87.8	91.2	117.5	114.3	147.2	141.6	182.2	167.5	215.4	196.9	239.6
	60	68.3	88.3	94.1	121.7	118.2	152.8	147.4	190.4	175.0	226.0	207.3	255.1
	70	62.9	81.4	87.0	112.5	110.4	142.7	141.6	183.1	171.0	221.2	209.5	270.8
	80	60.1	77.7	83.0	107.4	105.3	136.2	135.1	174.8	163.2	211.1	199.9	258.4
	90	59.1	76.5	81.8	105.7	103.7	134.1	133.1	172.1	160.7	207.9	196.8	254.5

附表 C-9　预埋件受拉弯剪承载力设计值［kN］(mm) 混凝土：C20

e /mm	α(°)	z=450mm													
		6Φ12 t=8	8Φ12 t=8	6Φ14 t=10	8Φ14 t=10	6Φ16 t=10	8Φ16 t=10	6Φ18 t=12	8Φ18 t=12	6Φ20 t=12	8Φ20 t=12	6Φ22 t=14	8Φ22 t=14	6Φ25 t=16	8Φ25 t=16
0	0	99.6	125.5	128.5	161.8	158.5	199.6	188.8	237.7	218.5	275.1	246.8	310.7	284.5	358.3
	10	88.7	112.5	115.3	146.2	142.7	180.9	171.4	217.1	199.2	252.3	226.8	287.1	264.2	334.3
	20	82.2	104.8	107.6	137.1	133.5	170.1	161.4	205.5	188.4	239.7	215.9	274.6	253.8	322.5
	30	78.8	101	103.8	132.9	129.1	165.2	157.1	200.9	183.9	235.1	212.2	271.0	251.6	321.0
	40	77.9	100.3	103.2	132.8	128.7	165.6	157.6	202.5	185.2	237.8	215.0	275.8	257.1	329.4
	50	79.4	102.8	105.9	136.9	132.4	171.1	163.1	210.6	192.3	248.2	224.8	289.7	271.3	349.2
	60	83.7	108.8	112.2	145.9	140.6	182.8	174.5	226.5	206.6	268.0	243.3	315.2	296.8	383.9
	70	91.3	119.5	123.4	161.4	155.0	202.7	193.9	253.3	230.7	301.2	274.2	357.6	338.8	441.2

续表

e /mm	α(°)	z=450mm													
		6Φ12 t=8	8Φ12 t=8	6Φ14 t=10	8Φ14 t=10	6Φ16 t=10	8Φ16 t=10	6Φ18 t=12	8Φ18 t=12	6Φ20 t=12	8Φ20 t=12	6Φ22 t=14	8Φ22 t=14	6Φ25 t=16	8Φ25 t=16
0	80	103.8	137.0	141.7	186.8	178.8	235.7	226.0	297.7	270.5	356.1	325.3	428.0	409.2	537.8
	90	124.9	166.5	172.6	230.1	219	291.9	280.9	374.6	339.3	452.4	415.5	554.0	537.2	716.3
50	0	99.6	125.5	128.5	161.8	158.5	199.6	188.8	237.7	218.5	275.1	246.8	310.7	284.5	358.3
	10	87.9	111.4	114.3	144.9	141.5	179.3	170.0	215.4	197.7	250.4	225.2	285.1	262.5	332.1
	20	80.8	103.0	105.9	134.9	131.4	167.4	159.0	202.5	185.7	236.3	213.0	270.9	250.8	318.6
	30	76.9	98.5	101.4	129.9	126.2	161.6	153.8	196.7	180.2	230.3	208.1	265.8	247.2	315.3
	40	75.6	97.3	100.3	129.0	125.1	160.8	153.4	197.0	180.4	231.5	209.7	268.9	251.3	321.8
	50	76.6	99.1	102.3	132.1	127.9	165.1	157.8	203.5	186.2	240.1	217.9	280.7	263.6	339.0
	60	80.1	104.1	107.6	139.7	134.9	175.1	167.6	217.3	198.6	257.4	234.3	303.2	286.4	370.1
	70	86.7	113.3	117.4	153.2	147.6	192.6	184.8	241.0	220	286.8	261.8	340.9	324.2	421.6
	80	97.8	128.6	133.5	175.5	168.5	221.5	213.1	280.0	255.2	335.2	307.3	403.3	387.2	507.6
	90	100.1	132.0	138.4	182.4	175.6	231.4	225.3	296.9	272.1	358.6	333.2	439.2	430.8	567.8
100	0	99.6	125.5	128.5	161.8	158.5	199.6	188.8	237.7	218.5	275.1	246.8	310.7	284.5	358.3
	10	87.1	110.4	113.3	143.6	140.3	177.8	168.7	213.6	196.2	248.5	223.6	283.0	260.8	330.0
	20	79.4	101.3	104.2	132.7	129.4	164.8	156.7	199.5	183.1	232.9	210.2	267.3	247.8	314.7
	30	75.2	96.3	99.2	127.0	123.5	158.0	150.7	192.6	176.6	225.7	204.3	260.8	242.9	309.8
	40	73.4	94.4	97.5	125.4	121.7	156.4	149.4	191.8	175.8	225.6	204.6	262.3	245.6	314.5
	50	74.0	95.6	98.9	127.6	123.7	159.6	152.8	196.9	180.4	232.5	211.5	272.2	256.3	329.4
	60	76.9	99.8	103.4	134.1	129.7	168.1	161.3	208.9	191.3	247.6	225.9	292.1	276.7	357.2
	70	82.6	107.8	111.9	145.9	140.8	183.5	176.5	229.8	210.3	273.6	250.6	325.8	310.8	403.6
	80	84.9	111.0	117.3	153.4	148.8	194.7	191.0	249.8	230.6	301.6	282.4	369.4	365.2	477.6
	90	83.6	109.3	115.5	151.1	146.6	191.7	188.1	246.0	227.1	297.1	278.2	363.8	359.6	470.3
150	0	99.6	125.5	128.5	161.8	158.5	199.6	188.8	237.7	218.5	275.1	246.8	310.7	284.5	358.3
	10	86.3	109.4	112.4	142.4	139.1	176.3	167.3	212.0	194.7	246.6	222.0	281.0	259.2	327.9
	20	78.2	99.6	102.6	130.7	127.4	162.3	154.5	196.6	180.6	229.7	207.5	263.8	244.8	311.0
	30	73.5	94.1	97.1	124.2	120.9	154.7	147.6	188.7	173.2	221.3	200.5	255.9	238.8	304.5
	40	71.4	91.8	94.9	121.9	118.5	152.2	145.6	186.8	171.5	219.9	199.8	256.1	240.3	307.5
	50	71.5	92.3	95.7	23.4	119.7	154.4	148.1	190.7	175	225.3	205.4	264.2	249.4	320.3
	60	73.9	95.8	99.5	128.8	124.8	161.6	155.4	201.1	184.4	238.5	218.1	281.7	267.6	345.3
	70	76.3	99.3	105.5	137.2	133.9	174.1	168.9	219.6	201.4	261.7	240.2	311.9	298.5	387.1
	80	72.8	94.7	100.7	131.0	127.7	166.1	163.9	213.2	197.9	257.4	242.4	315.3	313.4	407.6
	90	71.7	93.3	99.1	129.0	125.8	163.6	161.4	209.9	194.9	253.5	238.7	310.5	308.6	401.4
200	0	99.6	125.5	128.5	161.8	158.5	199.6	188.8	237.7	218.5	275.1	246.8	310.7	284.5	358.3
	10	85.5	108.4	111.4	141.2	138.0	174.8	166.0	210.3	193.3	244.7	220.5	279.1	257.5	325.8
	20	76.9	98.0	101.0	128.7	125.5	159.8	152.3	193.8	178.1	226.5	204.9	260.4	242.0	307.3
	30	71.9	92.0	95.1	121.6	118.5	151.4	144.8	184.9	169.9	217.0	196.9	251.3	234.9	299.4
	40	69.4	89.2	92.4	118.7	115.5	148.2	142.0	182.1	167.3	214.5	195.3	250.1	235.1	300.8
	50	69.2	89.2	92.7	119.4	116.0	149.5	143.7	184.9	169.9	218.6	199.7	256.7	242.8	311.7
	60	71.1	92.1	95.8	124.0	120.3	155.6	150.0	193.8	178.0	230.0	210.8	272.1	259.1	334.0
	70	66.8	86.6	92.4	119.7	117.2	151.9	150.4	194.9	181.7	235.3	222.5	288.2	287.1	371.9
	80	63.8	82.6	88.2	114.2	11.9	144.9	143.5	185.9	173.3	224.5	212.3	275.0	274.4	355.5
	90	62.8	81.4	86.8	112.5	110.2	142.7	141.3	183.1	170.7	221.1	209.1	270.8	270.3	350.1

参 考 文 献

[1] GB 50010—2002 混凝土结构设计规范 [S]. 北京：中国建筑工业出版社，2002.

[2] JGJ 3—2002 高层建筑混凝土结构技术设计规程 [S]. 北京：中国建筑工业出版社，2002.

[3] GB 50011—2001 建筑抗震设计规范 [S]. 北京：中国建筑工业出版社，2001.

[4] GB 50017—2003 钢结构设计规范 [S]. 北京：中国计划出版社，2003.

[5] 吴德安. 混凝土结构计算手册 [M]. 北京：中国建筑工业出版社，2002.

[6] 北京市建筑设计研究院. 建筑结构专题技术措施 [M]. 北京：中国建筑工业出版社，2007.